Manfred Nitzsche

Graphen für Einsteiger

Manfred Nitzsche

Graphen für Einsteiger

Rund um das Haus vom Nikolaus

3., überarbeitete und erweiterte Auflage

STUDIUM

Bibliografische Information der Deutschen Nationalbibliothek
Die Deutsche Nationalbibliothek verzeichnet diese Publikation in der Deutschen Nationalbibliografie; detaillierte bibliografische Daten sind im Internet über <http://dnb.d-nb.de> abrufbar.

Manfred Nitzsche
Ritterhufen 20
14165 Berlin

E-Mail: manfred_nitzsche@gmx.de

1. Auflage 2004
2. Auflage 2005
3. Auflage 2009

Lektorat: Ulrike Schmickler-Hirzebruch | Nastassja Vanselow

Vieweg+Teubner ist Teil der Fachverlagsgruppe Springer Science+Business Media.
www.viewegteubner.de

Umschlaggestaltung: KünkelLopka Medienentwicklung, Heidelberg

Gedruckt auf säurefreiem und chlorfrei gebleichtem Papier.

ISBN 978-3-8348-0813-4

Vorwort

Liebe Leserin, lieber Leser!

Dies ist ein mathematisches Sachbuch. Es behandelt ein Thema der Mathematik, das Sie aus Ihrer Schulzeit wahrscheinlich nicht kennen, die Graphentheorie. Ihre Anfänge reichen zwar bis ins 18. Jahrhundert zurück, aber richtig intensiv haben sich die Mathematiker erst in den letzten Jahrzehnten mit diesem Teil der Mathematik beschäftigt. Wenn Sie dieses Buch lesen, befassen Sie sich also mit einem aktuellen Thema der Mathematik, und Sie werden auch auf Fragen stoßen, auf die heute noch niemand eine Antwort weiß.

Mathematik ist immer auch Spiel, natürlich ein Denkspiel. Dieser Aspekt kommt hier nicht zu kurz. Aber manches, was zunächst wie Spielerei aussieht, kann man nutzbringend verwerten, wie Sie sehen werden. Auch das Umgekehrte ist wahr: Viele Teile der Graphentheorie sind aus praktischen Bedürfnissen entstanden.

Braucht man Vorkenntnisse?

An einzelnen Stellen kommen Brüche und Klammerausdrücke vor, aber sonst brauchen Sie eigentlich keine mathematischen Vorkenntnisse. Am meisten wird bei der Untersuchung der platonischen Körper gerechnet, aber auch nur mit Brüchen, außerdem gibt es bei den chromatischen Polynomen einiges zu rechnen. Man kann diese Abschnitte auslassen und versteht den Rest trotzdem.

Wie liest man dieses Buch?

Im 1. Kapitel werden die grundlegenden Begriffe eingeführt, die später überall vorkommen. Damit sollten Sie anfangen. Danach können Sie das Buch Kapitel für Kapitel durcharbeiten. Es ist aber auch möglich in jedes andere Kapitel einzusteigen. Dabei werden Sie hin und wieder auf unbekannte Begriffe stoßen. Für diesen Fall ist die Liste der Definitionen („Was ist was?") auf gelbem Papier am Ende des Buches gedacht.

Es darf nicht verschwiegen werden, dass jedes Mathematikbuch ein Arbeitsbuch ist. Sie sollten also bereit sein sich hin und wieder anzustrengen: Man muss nämlich die Begriffe genau kennen, um die Texte, in denen sie vorkommen, wirklich zu verstehen. Dazu dienen die Übungsaufgaben am Ende eines jeden Kapitels. Sie sollten einige von ihnen lösen. Suchen Sie sich die heraus, die Sie reizvoll finden! Lösungshinweise finden Sie jeweils nach den Aufgaben. Übrigens ist der Weg über Aufgaben und Anwendungen eine gute Möglichkeit in die Welt der Graphen einzudringen. Sie können deshalb auch versuchen, zuerst Aufgaben zu lösen und sich dann bei Bedarf die nötigen Informationen im vorangehenden Kapitel holen.

Das Wichtigste ist aber: Lassen Sie sich auf die hier vorgestellten Denkweisen ein, auch wenn es nicht immer einfach ist.

Ein Wort an die Mathe-Profis

Dies ist ein Mathematikbuch für Laien. Anders als in mathematischen Fachbüchern wird hier eher anschaulich vorgegangen. Wenn kein Fehler entstehen kann, werden manche Begriffe ohne exakte Definition benutzt, und auch die Beweise halten nicht an allen Stellen den strengen Augen eines professionellen Mathematikers stand. Das ist auch der Grund, warum ein Student, der sich von seinem Professor über Graphentheorie prüfen lassen möchte, dieses Buch gut zur Einstimmung und als Ergänzung lesen kann, sich aber dann ein richtiges Fachbuch vornehmen sollte.

Zusätzliche Informationen

Unter dieser Überschrift finden Sie am Ende der Kapitel präzisierende Hinweise. Sie sind für Leserinnen und Leser gedacht, denen die im Text angebotene Begriffsbildung oder die Beweisführung zu ungenau war. Vielleicht erhalten Sie wenigstens in einigen Punkten eine befriedigende Antwort. Aber es bleibt dabei: Lückenlose mathematische Strenge ist nicht das Ziel dieses Buchs, mathematisches Verstehen im Bereich der Graphen schon eher.

Hinweise für Lehrerinnen und Lehrer

Graphen bieten interessanten Stoff für einzelne Stunden, aber auch für längere Unterrichtseinheiten, und zwar in jeder Jahrgangsstufe, natürlich auch für Arbeitsgemeinschaften und Mathematik-Zirkel. Das Buch soll Ihnen – durch die im Vergleich zu Hochschul-Lehrbüchern vereinfachte Art der Darstellung und durch die große Zahl von Beispielen und Übungsaufgaben – die Unterrichtsvorbereitung erleichtern. Für Seminararbeiten in der Oberstufe und im Rahmen von selbstorganisiertem Lernen können sich aufgeweckte Schülerinnen und Schüler Teile von aktueller Mathematik selbst erarbeiten.

Mögliche Einstiege in das Thema können – wie in diesem Buch – bestimmte Linienzüge sein. Aber auch Probleme der Raum-Geometrie (GWE-Problem, platonische Körper) oder Färbungsaufgaben können am Anfang stehen oder auch das Einzige aus der Graphentheorie sein.

Eine Vereinfachung in der Begrifflichkeit und Formulierung mancher Sätze ergibt sich, wenn Sie das, was hier „einfacher Graph" genannt wird, als „Graph" bezeichnen. Bei Bedarf müssten Sie dann Graphen, die nicht einfach sind, „Multigraphen" nennen. Der Königsberger Brückengraph ist dann bereits ein Multigraph. Diese Alternative ist besonders dann interessant, wenn Sie nicht vorhaben, mehr als die Themen „Körper" oder „Farben" zu behandeln.

Zu den hier angebotenen Aufgaben können Sie sich leicht anspruchsvollere Alternativen ausdenken, wenn die hier angebotenen Aufgaben zu einfach erscheinen.

Das Thema ist geeignet die kreativen Fähigkeiten der Schüler zu fördern und das Problemlösen zu üben. „Zeichne Graphen mit der Eigenschaft . . .?“ ist reizvoll genug und die Suche nach sämtlichen Lösungen ergibt sich oftmals von selbst. Manche Aufgaben lassen sich auch so umformulieren, dass sie offener sind und unterschiedliche Lösungen zulassen. Auch dass Schüler selbst Aufgaben erfinden, ist beim Thema „Graphentheorie“ sehr gut möglich.

Im Gegensatz zum erklärenden Teil kommen in den Aufgaben viele Zählaufgaben vor. Auch hier wird die kreative Seite der Schüler angesprochen: Sie müssen selbst geeignete Zählstrategien suchen. Man kann diese kombinatorische Seite der Graphentheorie noch ausbauen.

„Graphentheorie macht mehr Spaß als Mathe“, der Schüler, der das gesagt hat, hat wohl etwas nicht ganz verstanden, aber er drückt das aus, was viele Schüler im Unterricht über Graphen empfinden.

Danke!

Für geduldige fachliche Unterstützung danke ich Hans Mielke. Viele Verbesserungen von Formulierungen verdanke ich Birgit Mielke, und Reinhard Nitzsche danke ich für zahlreiche Computer-Hilfen. Viele Kolleginnen und Kollegen haben mich bei meiner Arbeit beraten und vor allem ermutigt. Dank auch an Leserinnen und Leser der 1. und 2. Auflage, die mich durch diverse Anfragen zu einigen Umformulierungen veranlasst haben, und an die Mitarbeiterinnen und Mitarbeiter des Verlags Vieweg+Teubner für vielfältige Unterstützung.

Nicht zuletzt danke ich den Schülerinnen und Schülern des Beethoven-Gymnasiums in Berlin, die – ohne es zu wissen – mir manche Anregungen für Beispiele und Formulierungen gegeben haben.

Gegenüber der 1. und 2. Auflage enthält das Buch einige Ergänzungen und zusätzliche Aufgaben.

Und jetzt viel Spaß beim Lesen in einem Kapitel der aktuellen Mathematik!

Berlin, März 2009 Manfred Nitzsche

Inhaltsverzeichnis

1 Erste Graphen **1**
Das Haus von Nikolaus 1
Was ist ein Graph? 2
Auch das ist bei Graphen möglich! 3
Der Grad einer Ecke 4
Verschiedene Graphen – gleiche Graphen? 4
Zusätzliche Informationen 9
Aufgaben 10
Lösungshinweise 14

2 Über alle Brücken: Eulersche Graphen **19**
Das Königsberger Brückenproblem 19
Kantenzüge 21
Eulersche Graphen 21
Welche Graphen sind eulersch? 23
Praxis: Eulersche Touren finden 26
Zwei Folgerungen 27
Besuch eines Museums 28
Domino 29
Vollständige Vielecke 30
Zusätzliche Informationen 31
Aufgaben 31
Lösungshinweise 35

3 Durch alle Städte: Hamiltonsche Graphen **39**
Reisepläne 39
Hamiltonsche Graphen 39
Hamiltonsch und eulersch 40
Hamiltonsche Kreise finden 41
Hamiltonsche Graphen neu zeichnen 42
. . . dann ist der Graph nicht hamiltonsch 43
Kreise und Wege 46
Wie viele hamiltonsche Kreise gibt es? 47
Reguläre Graphen 48
Für Schachspieler 48
Hamiltons Spiel 51
Sitzordnungen 52
Eine billige Rundreise 52
Ein vielleicht unlösbares Problem 53

Gesucht: Bäcker mit Kenntnissen in Graphentheorie 54
Zusätzliche Informationen 55
Aufgaben 56
Lösungshinweise 62

4 Mehr über Grade von Ecken 71
Tennis-Turniere 71
Das handshaking lemma 72
Ecken mit ungeradem Grad 73
Jeder gegen jeden 74
Aufgaben 74
Lösungshinweise 75

5 Bäume 79
Was ist ein Baum? 79
Wege in Bäumen 81
Wie viele Kanten hat ein Baum? 82
„Äste absägen“ 83
Aufspannende Bäume 84
Labyrinthe, Irrgärten und Höhlen 86
Straßenbahnen, Fischteiche und Bindfäden 89
Eckengrade in Bäumen 90
Die billigsten Straßen 91
Der kürzeste Weg 92
Die kürzeste Tour des Briefträgers 96
Zusätzliche Informationen 98
Aufgaben 99
Lösungshinweise 103

6 Bipartite Graphen 109
Ein Frühstücksgraph 109
Bipartite Kreise 110
Können Bäume bipartit sein? 111
Bipartite Graphen erkennen 112
Bipartite Graphen für Schachspieler 114
Fachwerkhäuser 115
Heiratsvermittlung mit Graphen 118
Der Heiratssatz 120
Eine Folgerung aus dem Heiratssatz 120
Noch einmal: Der Frühstücksgraph 122
Schwierige Briefträgertouren 122
Zusätzliche Informationen 124
Aufgaben 124
Lösungshinweise 127

7 Graphen mit Richtungen: Digraphen **133**
Was ist ein Digraph? 133
Alles hat eine Richtung 134
Wer hat gewonnen? 134
Isomorphie bei Digraphen 135
Lauter Einbahnstraßen 135
Nur noch Einbahnstraßen? 136
Eulersche Digraphen 139
Hamiltonsche Digraphen 139
Turniergraphen 139
Wer ist der beste Spieler? 140
Ranking kann fragwürdig sein 143
Jeder Spieler hat gewonnen! 143
Ein klarer Fall: Es gibt ein eindeutiges Ranking 144
Könige und Vizekönige 146
Hier ist jeder ein König! 147
Wolf, Ziege und Kohlkopf 149
Das Spiel Nim 150
Umfüllaufgaben 151
Graphen für Zahlen 152
Ein Spiel, das Sie gewinnen können 153
Zusätzliche Informationen 154
Aufgaben 155
Lösungshinweise 159

8 Körper und Flächen **165**
Räumliche Graphen 165
Andere Wege vom Körper zum Graphen 168
Ebene und plättbare Graphen 168
Sind alle Graphen plättbar? 169
Elektrotechniker bevorzugen plättbare Graphen 174
Ebene Graphen haben Flächen 175
Die eulersche Formel 175
Zwei neue Beweise 177
Weitere Eigenschaften von Körpern aus der Sicht der Graphentheorie . . . 178
Die platonischen Körper 179
Platonische Graphen 180
Es gibt nicht mehr als 5 platonische Graphen 181
Es gibt nur 5 platonische Körper 183
Platonische Körper auf Kugeln 184
Parkett-Fußboden 185
Zusätzliche Informationen 186
Aufgaben 188
Lösungshinweise 192

9 Farben **197**
Farbige Landkarten 197
Aus Landkarten werden Graphen 198
Man kann auch Körper anmalen 200
Wir färben alle Graphen 201
Ampelschaltungen 203
Ein moderner Zoo 204
Das Problem mit den Museumswärtern 205
Die chromatische Zahl kann nicht größer sein als 207
Wie viele Farbmuster gibt es? 207
Chromatische Polynome für beliebige Graphen 211
Bekanntschaftsgraphen 215
Befreundet – bekannt – unbekannt 217
Kantenfärbung mit strengen Regeln 217
Der chromatische Index eines vollständigen Vielecks 218
Für den chromatischen Index kommen nur zwei Werte in Frage 220
Lateinische Quadrate und Sudoku-Rätsel 222
Zusätzliche Informationen 223
Aufgaben 225
Lösungshinweise 229

Was ist was? **237**

Literatur **241**

Stichwortverzeichnis **245**

1 Erste Graphen

Das Haus vom Nikolaus

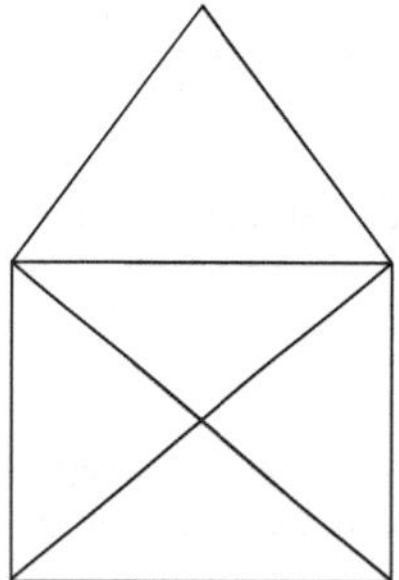

Kinder kennen dieses Bild. Man soll es zeichnen ohne den Stift abzusetzen und ohne eine Linie doppelt zu ziehen. Wer weiß, wie es geht, fängt links unten oder rechts unten an und er kann auch meist einen Spruch dazu aufsagen, zu jedem Strich eine Silbe: „Das - ist - das - Haus - vom - Ni - ko - laus."

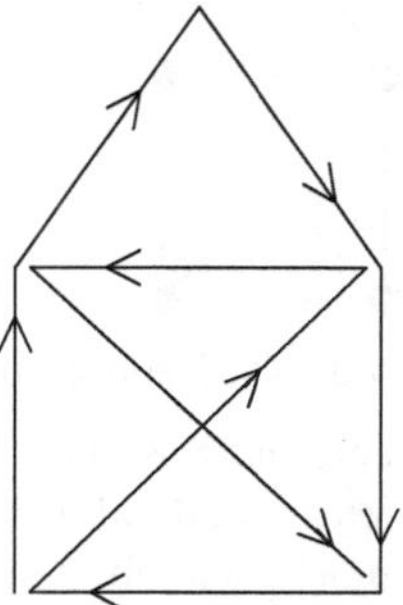

So kann man das Nikolaus-Haus zeichnen.

Wer aber die Lösung aus seiner Kinderzeit nicht mehr parat hat, kann sich leicht selbst überlegen, wo er anfangen muss: Es kann nur links oder rechts unten sein, weil nur dort drei Linien zusammentreffen. Alle anderen Punkte grenzen an zwei oder vier Linien; zu diesen Punkten kann man mit dem Stift hinkommen und von ihnen wieder weggehen, und dies ein- oder zweimal. In den beiden Punkten ganz unten fängt man an und dort hört man auch auf und geht außerdem noch einmal hindurch.

Einfacher wird die Aufgabe, wenn das Nikolaus-Haus noch einen „Keller" bekommt, weil man dann anfangen kann, wo man will. Zum Schluss kehrt man zum Anfangspunkt zurück:

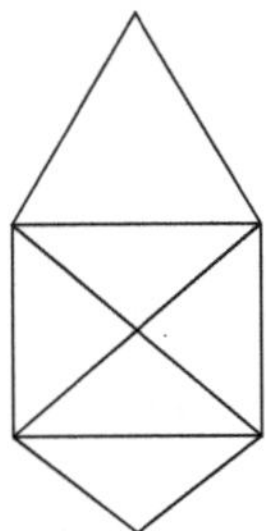

Ein Nikolaus-Haus mit Keller

Was ist ein Graph?

Das Nikolaus-Haus hat bereits alles, was ein Graph braucht: Es enthält Linien – man nennt sie Kanten; und diese Kanten werden von Punkten begrenzt – man nennt sie Ecken.

Unter einem **Graphen** verstehen wir also ein Gebilde, das aus **Ecken** und **Kanten** besteht. Jede Kante verbindet zwei Ecken. Es ist üblich, die Ecken als dicke Punkte zu zeichnen.

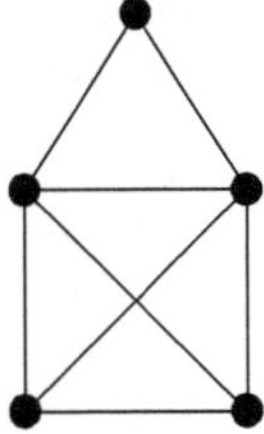

Ein Nikolaus-Haus als Graph gezeichnet

Unser Nikolaus-Haus hat also 5 Ecken und 8 Kanten. Der Punkt in der Mitte ist nur ein Kreuzungspunkt von zwei Kanten ist und zählt nicht als Ecke. Man könnte ihn hinzunehmen, aber dann ist es ein anderer Graph, nämlich einer mit 6 Ecken und 10 Kanten.

Statt „Ecken" ist auch das Wort „Knoten" gebräuchlich.

Wir haben die Kanten als gerade Strecken gezeichnet. Das ist aber nicht notwendig, sie könnten ebenso gebogen gezeichnet werden.

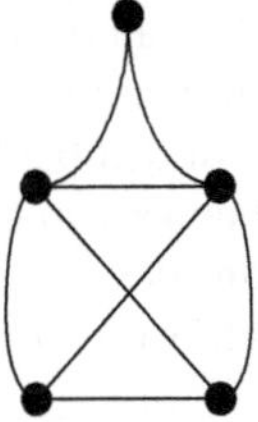

Ein etwas verändertes Nikolaus-Haus – aber derselbe Graph

Auch das ist bei Graphen möglich!

In einem Graphen wird zwar jede Kante durch zwei Ecken begrenzt. Aber es ist nicht notwendig, dass jede Ecke mit jeder anderen Ecke verbunden ist. Zum Beispiel ist der höchste Punkt des Nikolaus-Hauses nicht mit den beiden Punkte ganz unten verbunden. Es ist aber erlaubt, dass es mehrere Kanten zwischen zwei Ecken gibt, sie heißen **parallele** Kanten (oder **Mehrfachkanten**). Es darf sogar eine Ecke mit sich selbst verbunden sein, die entsprechende Kante nennt man **Schlinge.** Die meisten Graphen, die wir hier betrachten, haben keine parallelen Kanten und keine Schlingen. Solche Graphen nennt man **einfache Graphen**. Das Haus des Nikolaus ist also einfach, während der folgende Graph nicht einfach ist.

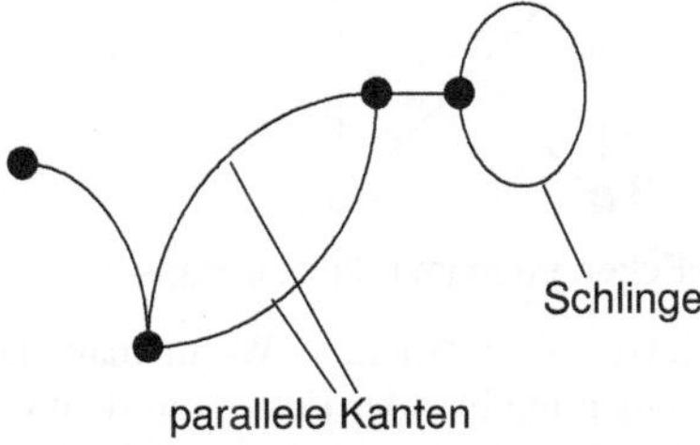

Ein Graph mit Besonderheiten

Unsere Festlegung des Begriffs des Graphen lässt es auch zu, dass eine Ecke überhaupt nicht mit einer weiteren Ecke verbunden ist. Eine solche Ecke heißt **isolierte Ecke**. Ja, es ist sogar möglich, dass ein Graph aus mehreren Teilen besteht, er ist dann nicht **zusammenhängend**. Die genaue Definition folgt später.

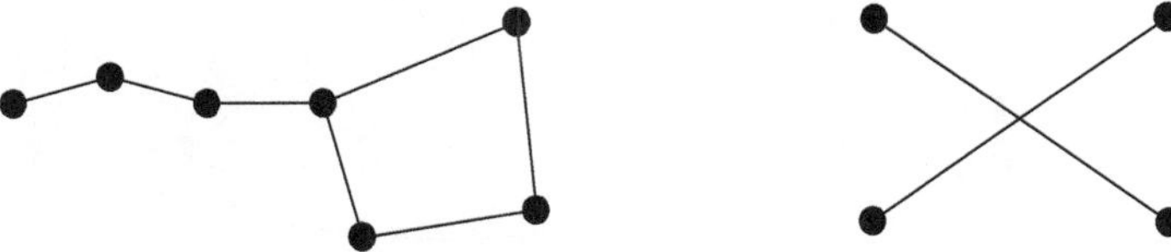
Ein zusammenhängender Graph

Ein nicht zusammenhängender Graph

Ein Graph mit zwei isolierten Ecken

Der Grad einer Ecke

Als wir das Nikolaus-Haus gezeichnet haben, haben wir darauf geachtet, wie viele Kanten in einer Ecke zusammentreffen. In einer der Ecken mit 3 Kanten mussten wir nämlich den Stift zuerst ansetzen. Die Anzahl der Kanten, die von einer Ecke ausgehen, erhält einen eigenen Namen: Man nennt sie den **Grad** dieser Ecke.

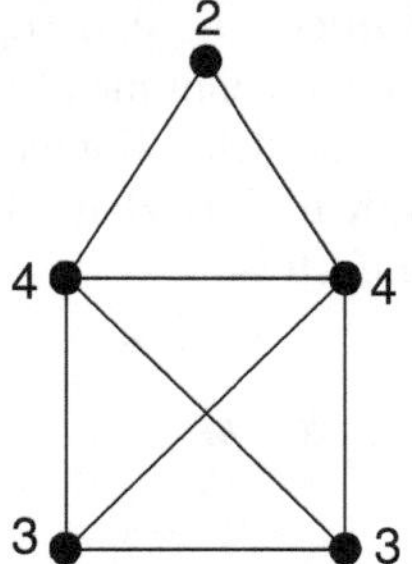

Die Eckengrade im Nikolaus-Haus

Wir können unser Ergebnis jetzt so ausdrücken: Wenn man das Nikolaus-Haus in einem Zug zeichnen will, muss man in einer der Ecken mit dem Grad 3 beginnen.

Isolierte Ecken haben den Grad 0. Hat eine Ecke eine Schlinge, so zählen wir die beiden Enden der Schlinge einzeln. Somit erhöht eine Schlinge den Grad der Ecke um 2. In den folgenden Beispielen kann man das sehen.

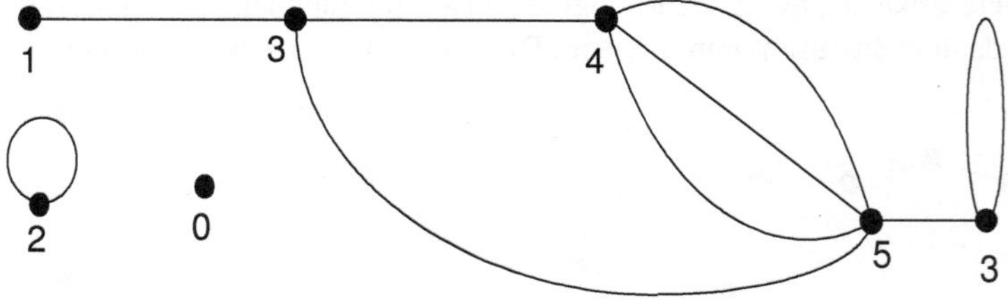

Ein Graph und seine Eckengrade

Verschiedene Graphen – gleiche Graphen?

Wir haben schon gesehen, dass die Kanten eines Graphen nicht gerade sein müssen. Überhaupt kommt es bei einem Graphen nicht auf die genaue Form an. Es muss nur Ecken geben, und die Ecken können irgendwie miteinander verbunden sein.

Nicht einmal die genaue Lage der Ecken ist wichtig. So ist zum Beispiel der folgende Graph nur ein verwandeltes Nikolaus-Haus.

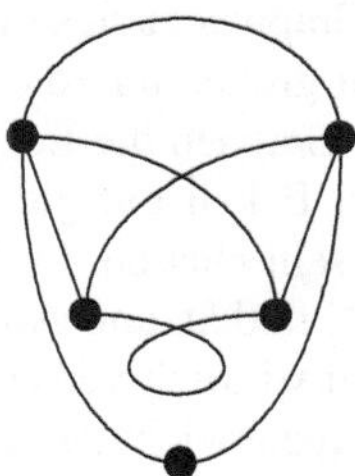

Ein Nikolaus-Haus?

Sie haben Zweifel? In der folgenden Zeichnung sehen Sie die Verwandlung.

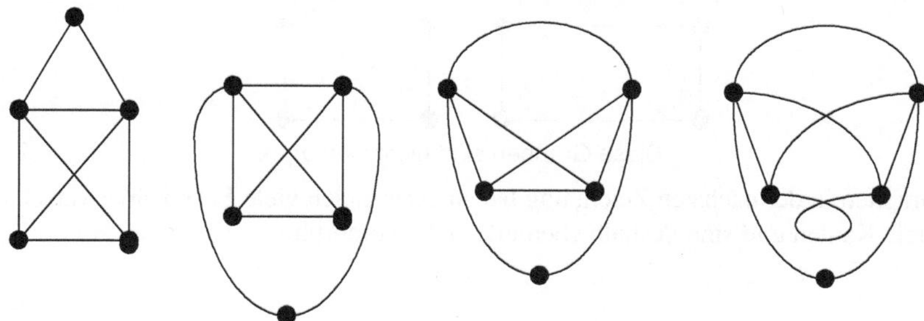

Eine Verwandlung des Nikolaus-Hauses

Das eigentliche Nikolaus-Haus und der neue Graph sind nicht gleich, aber sie stehen in einer engen Beziehung miteinander. Wir sagen, zwei Graphen sind **isomorph**, wenn man den einen durch Umzeichnen des anderen erhalten kann.

Will man also aus einem Graphen einen dazu isomorphen Graphen herstellen, so darf man die Ecken beliebig verschieben, nur nicht so, dass sie aufeinander fallen. Und die Kanten dürfen verbogen, gedehnt oder zusammengezogen werden. Mit anderen Worten: Alle elastischen Verformungen sind erlaubt! Was wir nicht tun dürfen, ist, Kanten durchschneiden (denn die losen Enden stellen neue Ecken dar und die Teilstücke sind neue Kanten) oder verknoten (denn die Knoten müsste man als neue Ecken ansehen).

Nehmen wir z.B. die beiden folgenden Graphen. Wir können uns von ihrer Isomorphie leicht überzeugen: Verschiebt man in dem linken Graph die Ecke D in die Mitte des Vierecks und biegt die Diagonale e nach außen, so entsteht der rechte Graph.

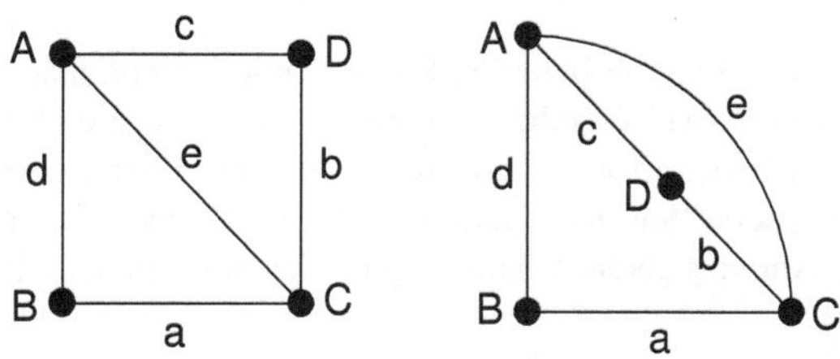

Graphen, die zueinander isomorph sind

Wir können die Isomorphie zweier Graphen auch so begründen: Wir benennen zuerst in dem einen Graphen die Ecken mit großen und die Kanten mit kleinen Buchstaben und versuchen dann in dem anderen Graphen die Ecken und Kanten mit den gleichen Buchstaben zu kennzeichnen, wobei Ecken mit gleichen Buchstaben durch Kanten mit gleichen Buchstaben verbunden sein müssen. In der vorigen Zeichnung verbindet zum Beispiel die Kante b die Ecken C und D, und zwar in beiden Graphen.

Der Nachweis, dass zwei Graphen wirklich verschieden – in unserer Sprache also nicht isomorph – sind, ist manchmal recht leicht zu führen. Dafür einige Beispiele:

Die folgenden Graphen sind nicht isomorph, weil sie nicht die gleiche Anzahl von Ecken haben.

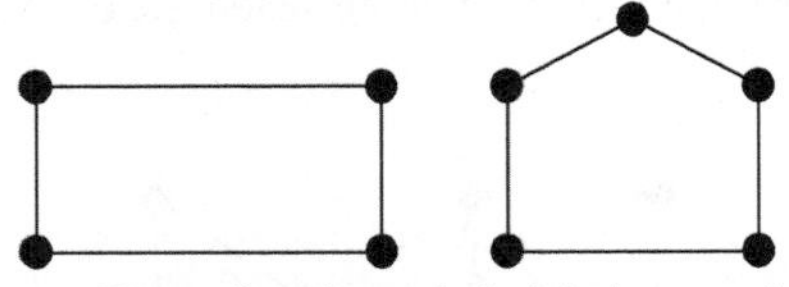

Diese Graphen sind nicht isomorph.

Die Graphen in der nächsten Zeichnung haben zwar gleich viele Ecken, aber verschieden viele Kanten und sind deshalb ebenfalls nicht isomorph.

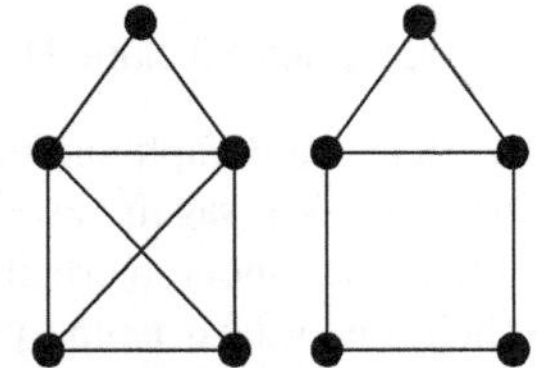

Auch diese Graphen sind nicht isomorph.

Aber selbst wenn zwei Graphen gleich viele Ecken und gleich viele Kanten haben, müssen sie nicht isomorph sein, wie das folgenden Beispiel zeigt.

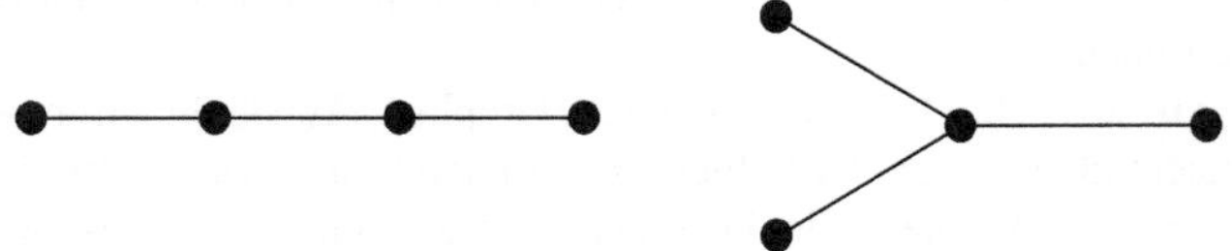

4 Ecken und 3 Kanten - aber nicht isomorph

Der eine Graph hat eine Ecke mit dem Grad 3, der andere nicht, also können sie nicht isomorph sein. Sind nun zwei Graphen isomorph, wenn sie gleich viele Ecken und gleich viele Kanten haben und wenn außerdem der eine Graph ebenso viele Ecken vom Grad 1 wie der andere hat und wenn das gleiche für jede andere Gradzahl gilt? Auch hier lautet die Antwort „Nein", denn es gibt Gegenbeispiele, z.B. das folgende:

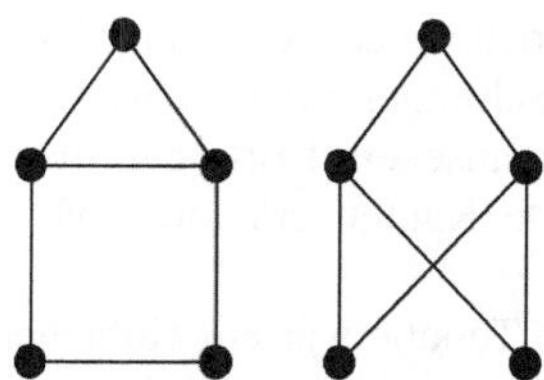

Noch zwei Graphen, die nicht isomorph sind

5 Ecken, 6 Kanten, 3 Ecken mit dem Grad 2, 2 Ecken mit dem Grad 3 – alles stimmt überein, trotzdem sind auch diese Graphen nicht isomorph. Wir können das z.B. daran sehen, dass in dem linken Graphen die Ecken mit dem Grad 3 direkt miteinander verbunden sind, in dem rechten jedoch nicht.

Ob zwei Graphen isomorph sind oder nicht, ist manchmal wirklich nicht leicht zu erkennen. Das gilt z.B. für die folgenden Graphen.

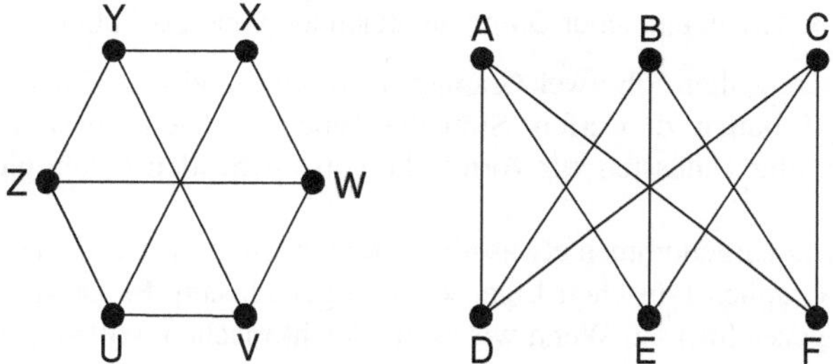

Sind diese Graphen isomorph?

Diese Graphen sind tatsächlich isomorph. Rechts ist nämlich jede der Ecken A, B, C mit jeder der Ecken D, E, F verbunden, aber die Ecken A, B, C sind untereinander nicht verbunden, ebenso D, E, F nicht. Links gilt das gleiche für U, W, Y sowie V, X, Z.

Einfacher, aber nicht so anschaulich ist der Nachweis der Isomorphie über eine Tabelle. Wir sehen uns dazu die Tabelle an, die zu dem Sechseck in der vorigen Zeichnung gehört.

	U	V	W	X	Y	Z
U	0	1	0	1	0	1
V	1	0	1	0	1	0
W	0	1	0	1	0	1
X	1	0	1	0	1	0
Y	0	1	0	1	0	1
Z	1	0	1	0	1	0

Ein Graph als Tabelle

Man kann aus ihr für jedes Paar von Ecken ablesen, wie viele Kanten zwischen ihnen verlaufen. Wenn wir U, W, Y durch A, B, C ersetzen und außerdem V, X, Z durch D, E, F, entsteht für den rechts gezeichneten Graphen genau dieselbe Tabelle.

Ein Graph als Tabelle – das ist eine gute Möglichkeit, einen Graphen in einen Computer einzugeben!

Man kann an einer solchen Tabelle manche Eigenschaften des Graphen auf einen Blick erkennen: Hat der Graph Schlingen oder nicht? Wir müssen uns die Diagonale von links oben nach rechts unten ansehen. Dort kann man für jede Ecke ablesen, wie viele Schlingen sie hat. Parallele Kanten erkennen wir daran, dass irgendwo eine andere Zahl als 0 oder 1 steht.

Unser erstes Beispiel für eine Tabelle war ein einfacher Graph. In der Diagonalen von links oben nach rechts unten stehen lauter Nullen und sonst sind nur Nullen und Einsen eingetragen. Es folgt ein komplizierteres Beispiel:

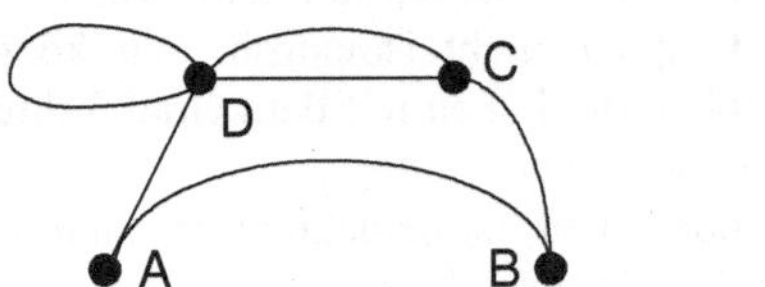

	A	B	C	D
A	0	1	0	1
B	1	0	1	0
C	0	1	0	2
D	1	0	2	1

Ein nicht einfacher Graph als Zeichnung und als Tabelle

Wenn wir wissen wollen, ob zwei Graphen isomorph sind, brauchen wir nur einen Blick auf ihre Tabellen zu werfen. Sind die Tabellen gleich, so sind die Graphen isomorph. Allerdings müssten wir vorher die entsprechenden Ecken gleich bezeichnet haben.

Wir haben uns vorgenommen etwas über Graphen zu erfahren. Isomorphe Graphen haben alle für Graphen typischen Eigenschaften gemeinsam. Es ist völlig unwichtig, wie der Graph gezeichnet ist. Wenn wir es uns leicht machen wollen, können wir uns also immer eine passende Zeichnung des Graphen heraussuchen. Was für sie gilt, ist auch für alle anderen Zeichnungen dieses Graphen richtig.

Sind die folgenden Graphen isomorph?

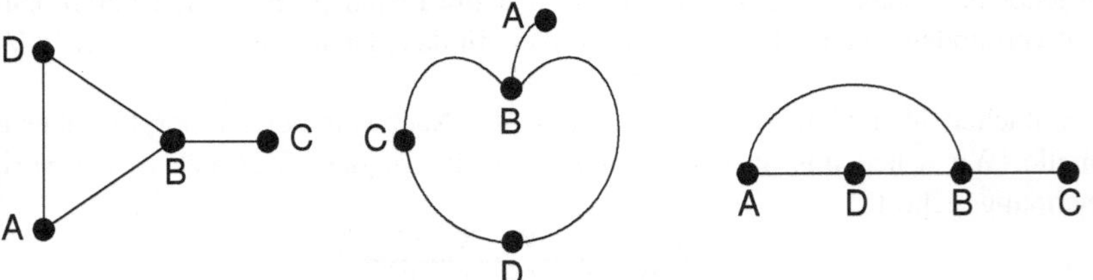

Nach dem bisher Gesagten ist jeder dieser drei Graphen zu jedem anderen isomorph. Wenn wir allerdings die Bezeichnungen der Ecken ernst nehmen, erkennen wir Unterschiede. Zum Beispiel hat die Ecke A im linken Graphen B und D als Nachbarn, aber im mittleren hat A nur B als Nachbar. Bei den Graphen ganz links und ganz rechts stimmt aber alles, wir können sie ohne Bedenken als isomorph ansehen. Man nennt Bezeichnungen von Ecken, wenn sie beachtet werden sollen, **Label**, der Graph ist dann ein **gelabelter Graph**. Der linke und der mittlere Graph sind also als gelabelte Graphen nicht isomorph. Meist erkennt man aus dem Zusammenhang, ob der Graph als gelabelter Graph anzusehen ist oder nicht.

Zusätzliche Informationen

- Hier wird definiert: „Ein Graph besteht aus Ecken und Kanten. Jede Kante verbindet zwei Ecken.“ Eine genaue Definition lautet so: Ein Graph G ist ein Paar von endlichen Mengen E und K. E ist nicht die leere Menge. Jedem Element von K ist eine zweielementige oder einelementige Teilmenge von E zugeordnet. Die Elemente von E heißen Ecken, die Elemente von K heißen Kanten.
- Falls Sie englische Bücher über Graphen zur Hand nehmen, beachten Sie bitte: Ecke heißt vertex, Kante heißt edge.
- Obwohl Graphen nach dem Wortlaut der exakten Definition etwas Allgemeineres sind, lässt sich jeder Graph durch eine Zeichnung repräsentieren. Deshalb werden in diesem Buch Ecken in erster Linie als Punkte und Kanten als Linien der euklidischen Ebene oder des Raumes aufgefasst.
- Die Menge der Ecken darf nicht leer sein, wohl aber die Menge der Kanten. Ein kantenloser Graph besteht also aus lauter isolierten Ecken.

Ein kantenloser Graph

- Auch der Begriff der Isomorphie lässt sich formal definieren:
  Seien G_1 und G_2 zwei Graphen. Entspricht jeder Ecke von G_1 eine Ecke von G_2 und sind zwei Ecken von G_2 genau dann verbunden, wenn die entsprechenden Ecken von G_1 verbunden sind, wobei auch die Anzahl der Kanten übereinstimmen muss, so heißen die Graphen isomorph. Noch genauer: Zwei Graphen $G_1(E_1,K_1)$ und $G_2(E_2,K_2)$ heißen isomorph, wenn es eine bijektive Abbildung $\phi : E_1 \rightarrow E_2$ und eine bijektive Abbildung $\psi : K_1 \rightarrow K_2$ gibt, die die folgende Eigenschaft hat: Wenn $k \in K_1$ eine Kante zwischen den Ecken A und B von G_1 ist, gilt: $\psi(k)$ ist eine Kante zwischen den Ecken $\varphi(A)$ und $\varphi(B)$.
- Der in der Graphentheorie übliche Name für eine Tabelle, die einen Graphen in der oben angegebenen Weise beschreibt, ist **Adjazenzmatrix**.
- Ist ein Graph nicht zusammenhängend, so besteht er aus Teilen, die jeder für sich zusammenhängend sind. Man nennt diese Teile **Komponenten,** z.B. hat der folgende Graph drei Komponenten:

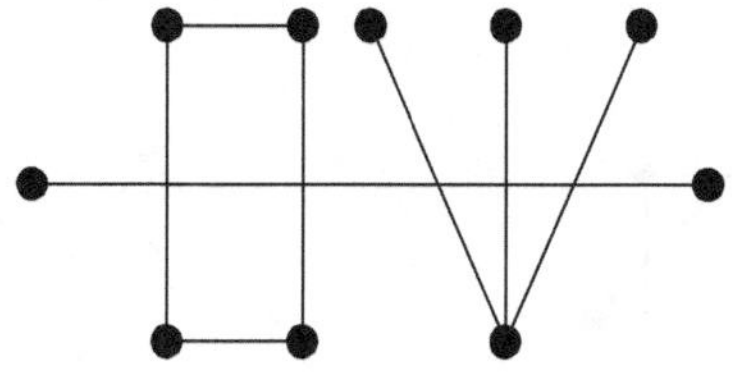

Ein Graph, der aus 3 Komponenten besteht

Die Definition für „zusammenhängend“ folgt im 2. Kapitel.

Aufgaben

1. Zeichnen Sie weitere Graphen, die zum Nikolaus-Haus isomorph sind.
2. Das Nikolaus-Haus hat 5 Ecken und 8 Kanten. Zeichnen Sie weitere Graphen mit 5 Ecken und 8 Kanten. Ihre Lösungen sollen nicht isomorph zum Nikolaus-Haus sein.
3. Zeichnen Sie je einen Graphen mit . . .
   a. 2 Ecken und 2 Kanten.
   b 2 Ecken und 3 Kanten.
   c. 3 Ecken und 1 Kante.
   d. 3 Ecken und 2 Kanten.
   e. 3 Ecken und 3 Kanten.
   f. 3 Ecken und 4 Kanten.
   g. 3 Ecken und 5 Kanten.
4. a. Zeichnen Sie einen Graphen, in dem jede Ecke den Grad 2 hat.
   b. Zeichnen Sie einen Graphen, in dem jede Ecke den Grad 3 hat.
5. Zeichnen Sie einen Graphen mit 4 Ecken, wovon eine Ecke den Grad 1, zwei Ecken den Grad 2 und eine den Grad 3 hat.
6. Zeichnen Sie einen Graphen mit 4 Ecken, wovon zwei den Grad 2 und zwei den Grad 3 haben.
7. Welche der folgenden Graphen sind einfach? Welche sind zusammenhängend?

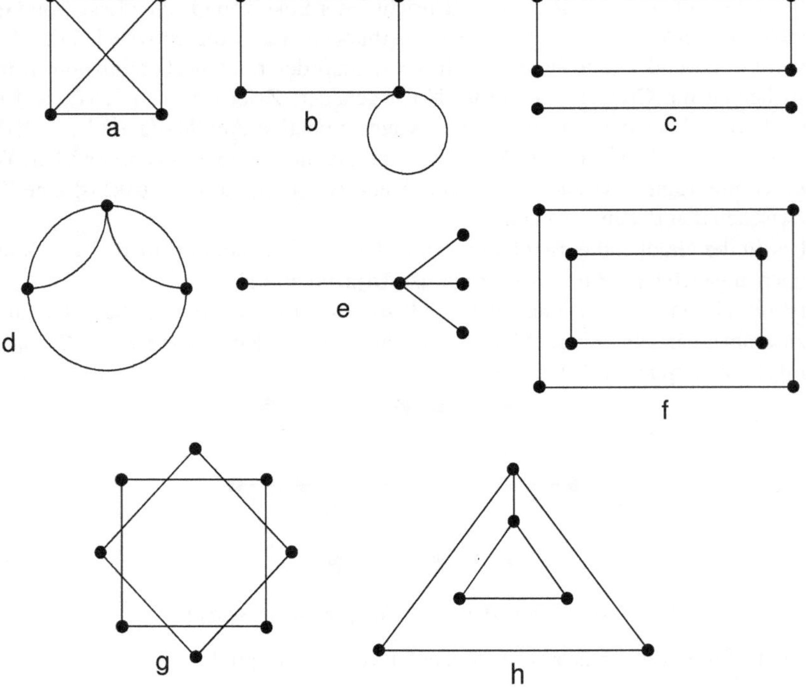

8. Schreiben Sie neben jede Ecke ihren Grad!

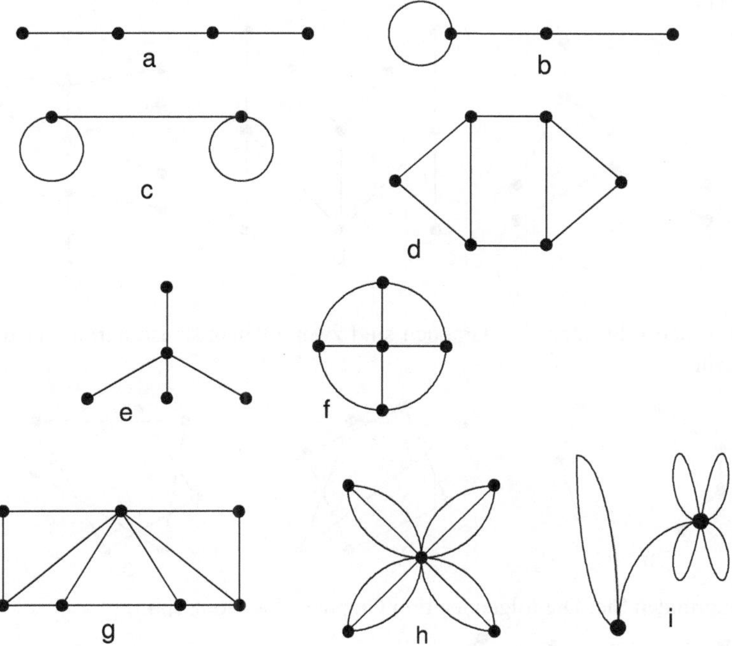

9. Begründen Sie, warum die folgenden Paare von Graphen isomorph sind.

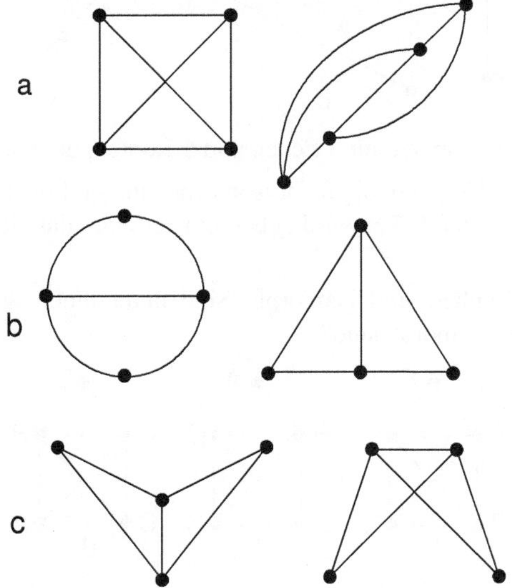

10. Von den folgenden drei Graphen sind zwei zueinander isomorph, der dritte aber nicht.

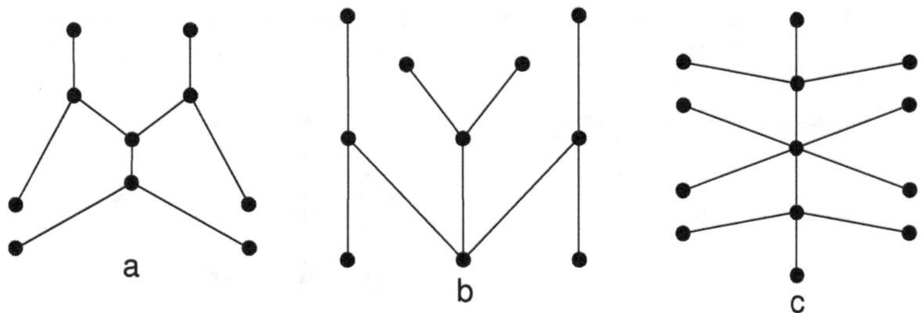

11. Von den folgenden drei Graphen sind zwei zueinander isomorph, der dritte aber nicht.

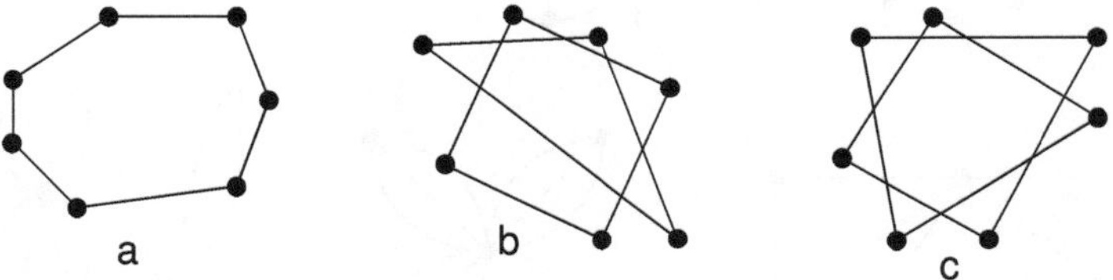

12. Begründen Sie: Die folgenden drei Graphen sind isomorph.

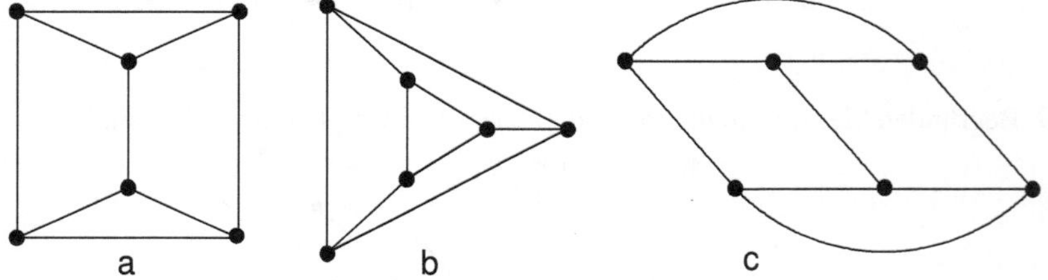

13. Zeichnen Sie zwei Graphen mit 4 Ecken und 5 Kanten, die nicht isomorph sind.
14. Zeichnen Sie zwei Graphen, die nicht isomorph sind und die beide 5 Ecken und 5 Kanten haben. Von den Ecken wird außerdem verlangt, dass ihre Gradzahlen 1, 2, 2, 2, 3 sind.
15. Die folgenden Graphen sind isomorph. Sind unter ihnen welche, die auch als gelabelte Graphen isomorph sind?

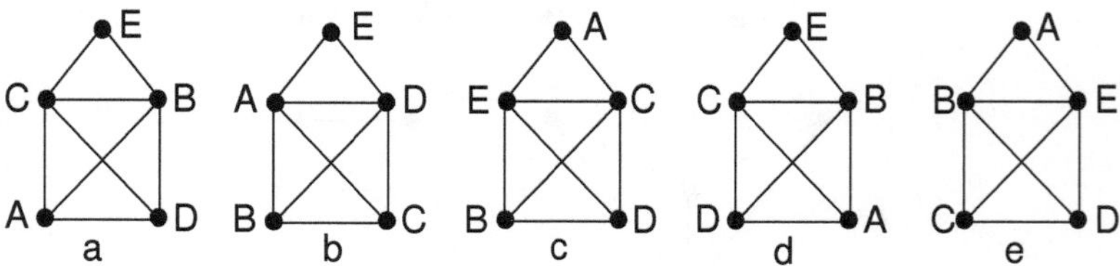

16.

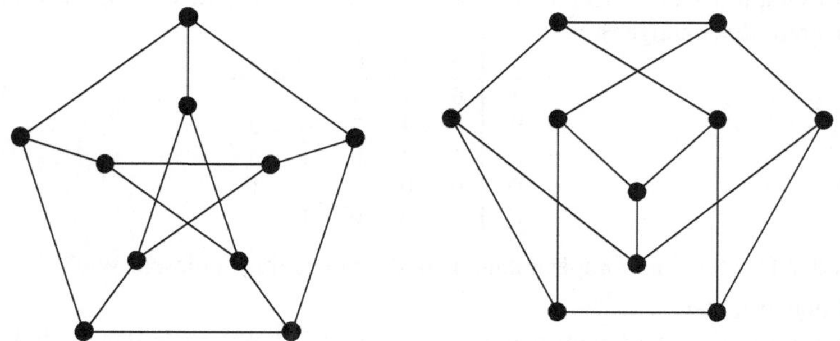

Der Graph mit dem Fünfeck und dem fünfzackigen Stern in der Mitte hat viele interessante Eigenschaften. Sie sind von Julius Petersen untersucht worden. Deshalb heißt dieser Graph **Petersen-Graph**.

JULIUS PETERSEN (1839 - 1910), ein dänischer Mathematiker, veröffentlichte 1891 eine Arbeit über Graphentheorie, unter anderem über den Graphen, von dem diese Aufgabe handelt. Er war damit seiner Zeit weit voraus, erst Jahrzehnte später wurde Graphentheorie ein Thema, mit dem sich Mathematiker ernsthaft befassten. So ging es ihm auch mit seinen wirtschaftswissenschaftlichen Ideen. Sie wurden zu seiner Zeit belächelt und erst in der zweiten Hälfte des 20. Jahrhunderts als herausragend erkannt.

Petersen kam aus einfachen Verhältnissen. Während seines Studiums musste er seinen Lebensunterhalt und den seiner Familie als Lehrer verdienen – 6 Stunden täglich an 6 Tagen in der Woche. Später gab er Schulbücher heraus, sie waren 100 Jahre lang die Grundlage des dänischen Mathematikunterrichts.

Schwierig: Begründen Sie, dass der Petersen-Graph zu dem in der rechten Zeichnung dargestellten Graphen, der eher wie ein Sechseck aussieht, isomorph ist! Empfehlung: Benennen Sie in beiden Zeichnungen die Ecken so, dass die Entsprechungen deutlich werden.

17. Schreiben Sie die Tabellen der folgenden Graphen auf:

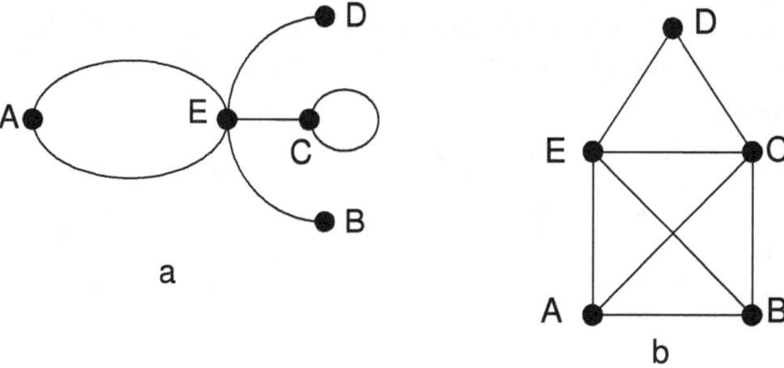

18. Ein Graph hat die folgende Tabelle. Fertigen Sie eine Zeichnung dazu an (oder mehrere Zeichnungen).

	A	B	C	D	E
A	0	1	1	0	0
B	1	2	3	0	0
C	1	3	0	1	0
D	0	0	1	1	1
E	0	0	0	1	0

19. In der Tabelle eines Graphen kann man die Eckengrade ablesen. Wie?

20. Graphen zählen:
Wie viele einfache Graphen mit 2 Ecken gibt es? Wie viele davon sind zusammenhängend?
Ebenso: Mit 3 (4) Ecken?

Lösungshinweise

1. Zwei Beispiele:

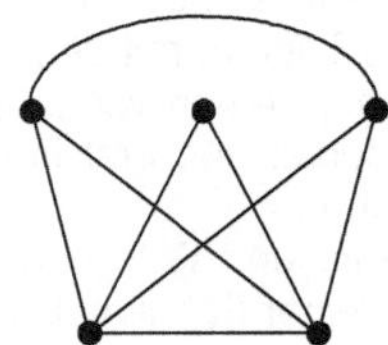

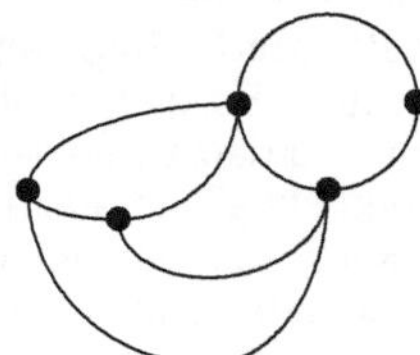

2.

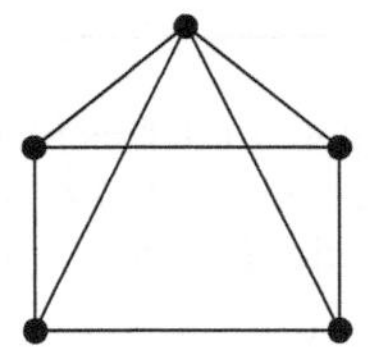

Man muss darauf achten, dass es wirklich ein neuer, d.h. kein isomorpher Graph wird. In diesem Beispiel gibt es eine Ecke mit dem Grad 4. So etwas hat das Nikolaus-Haus nicht, also ist dies eine Lösung der Aufgabe.

3. Einige der Aufgaben sind nur lösbar, wenn man auch Schlingen oder parallele Kanten einbezieht. Es gibt dann jeweils mehrere Lösungen. Dies ist bei der ersten und zweiten und der vorletzten und der letzten Aufgabe der Fall.

4. Beispiele:

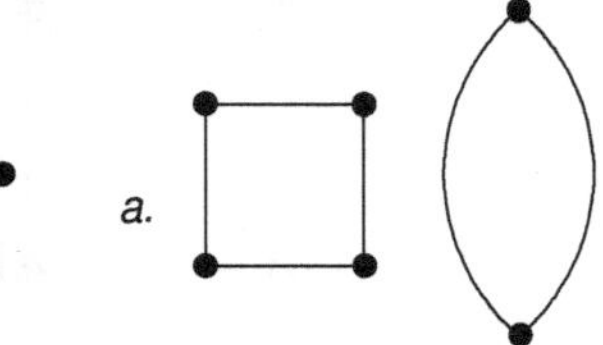

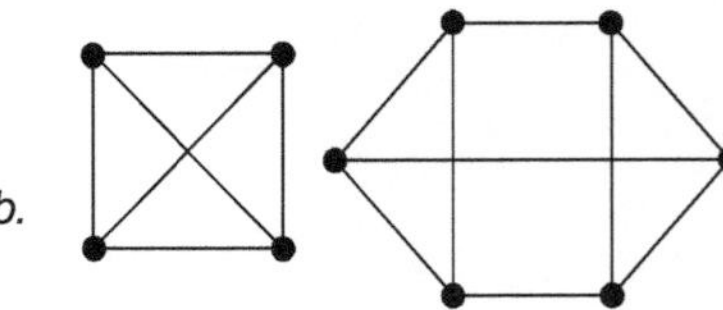

5.

6. Beispiele:

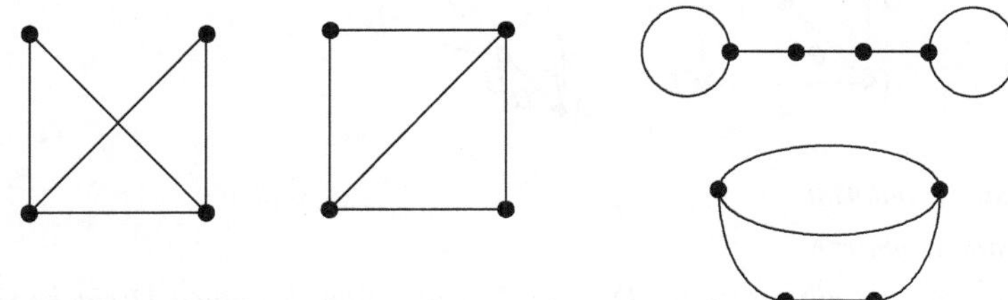

7. Einfach: a, c, e, f, g, h. Zusammenhängend: a, b, d, e, h.

8.

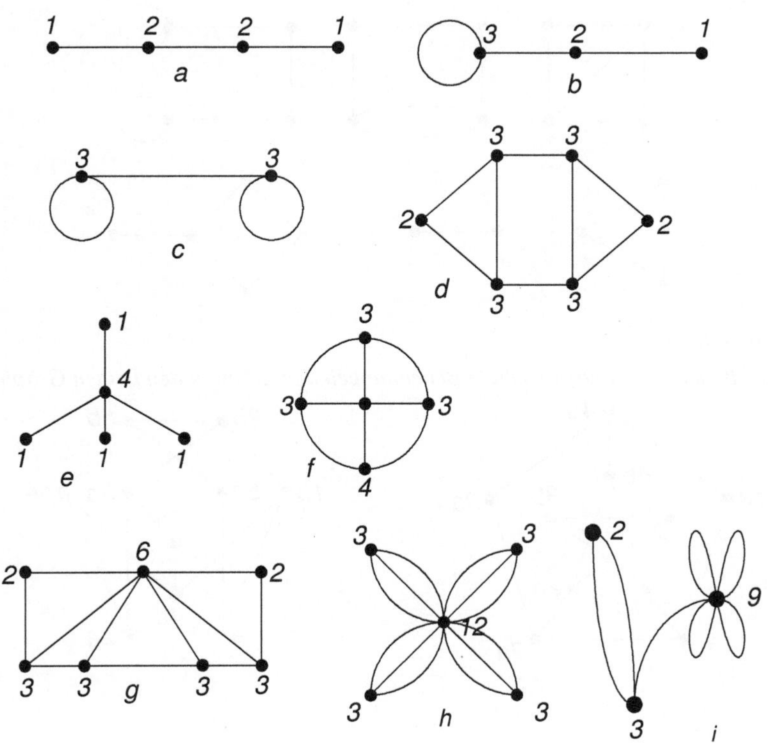

1 2 2 1
a

3 2 1
b

3 3
c

3 3
2 2
d
3 3

1
4
1 1 1
e

3
3 3
f
4

6
2 2
3 3 g 3 3

3 3
12
3 h 3

2
9
3 i

9. *So könnte man bei Aufgabe a die Ecken und Kanten bezeichnen, um die Isomorphie erkennbar zu machen:*

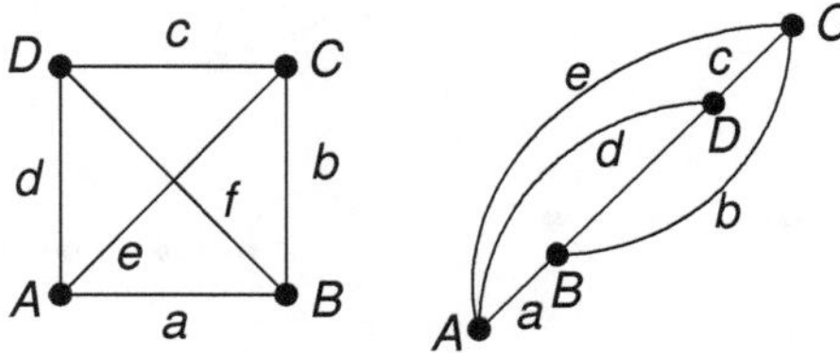

10. *a und b sind isomorph.*

11. *a und c sind isomorph.*

12. *In jedem Graphen gibt es zwei „Dreiecke". Die Ecken des einen Dreiecks sind mit denen des anderen verbunden.*

13. *Lösungsbeispiele:*

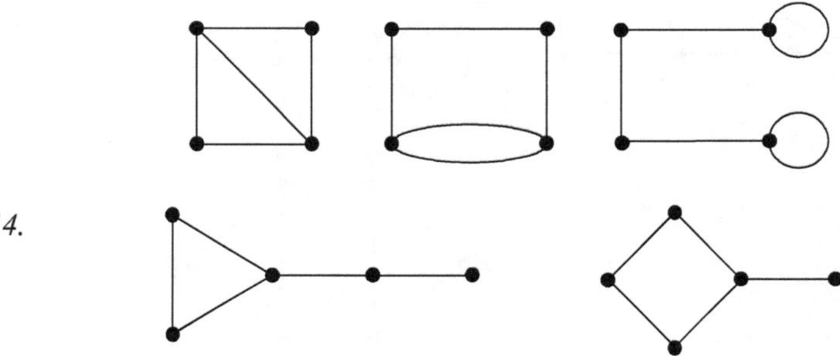

14.

15. *a und d.*

16. *Ein Beispiel für entsprechende Benennungen der Ecken in den beiden Graphen:*

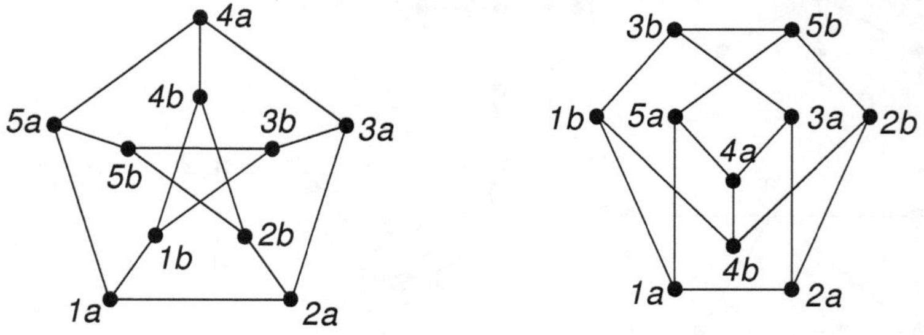

17.

a

	A	B	C	D	E
A	0	0	0	0	2
B	0	0	0	0	1
C	0	0	1	0	1
D	0	0	0	0	1
E	2	1	1	1	0

b

	A	B	C	D	E
A	0	1	1	0	1
B	1	0	1	0	1
C	1	1	0	1	1
D	0	0	1	0	1
E	1	1	1	1	0

18. Eine von vielen Möglichkeiten:

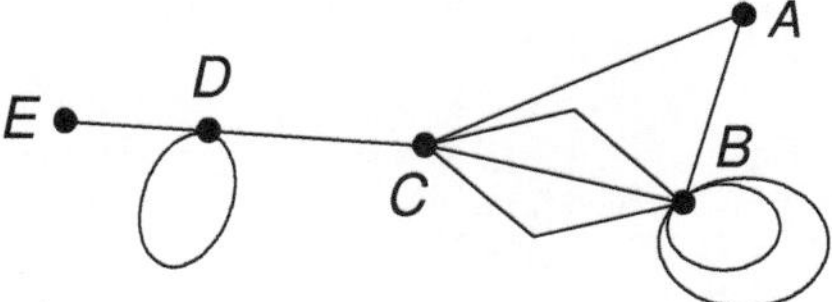

19. Man muss die Zahlen in einer Zeile (oder Spalte) addieren.

20.

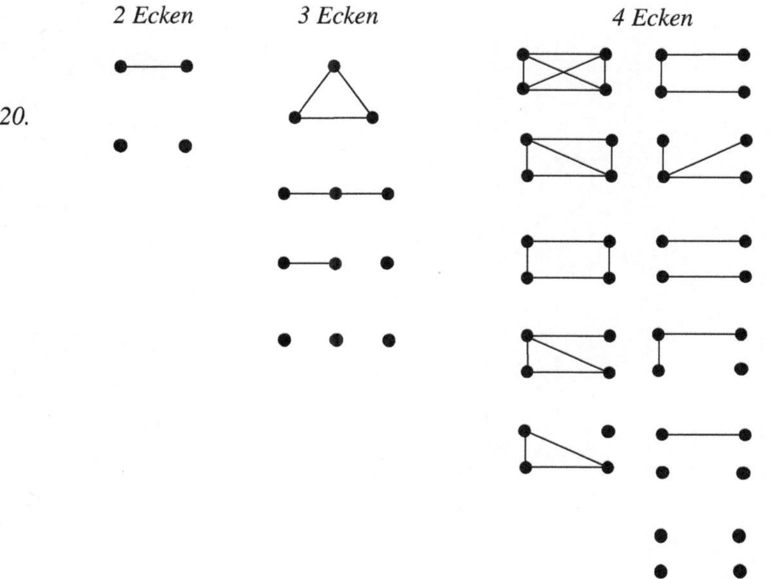

Die Anzahl der zusammenhängenden Graphen:

1 2 6

2 Über alle Brücken: Eulersche Graphen

Das Königsberger Brückenproblem

In Königsberg (heute Kaliningrad) gibt es einen Fluss, den Pregel, der sich im Stadtgebiet mehrfach teilt. Im 18. Jahrhundert sah der Stadtplan ungefähr so aus, wobei hier nur die Stadtteile und die Brücken eingezeichnet sind.

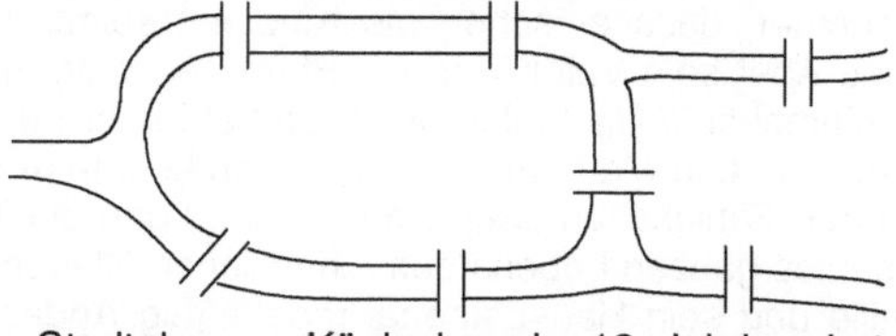

Stadtplan von Königsberg im 18. Jahrhundert

Damals kursierte die folgende Aufgabe: Kann man einen Spaziergang durch die Stadt machen und dabei über jede Brücke gehen, aber über jede nur einmal? Und nach dem Spaziergang möchte man wieder nach Hause, d.h. zum Ausgangspunkt zurückkehren. Dies ist das berühmte Königsberger Brückenproblem.

Leonhard Euler hat diese Aufgabe 1736 als erster gelöst. Seine Lösung fußt auf Ideen, von denen wir heute sagen, dass sie die Graphentheorie begründet haben.

Er ließ zuerst die Stadtteile zu Punkten zusammenschmelzen.

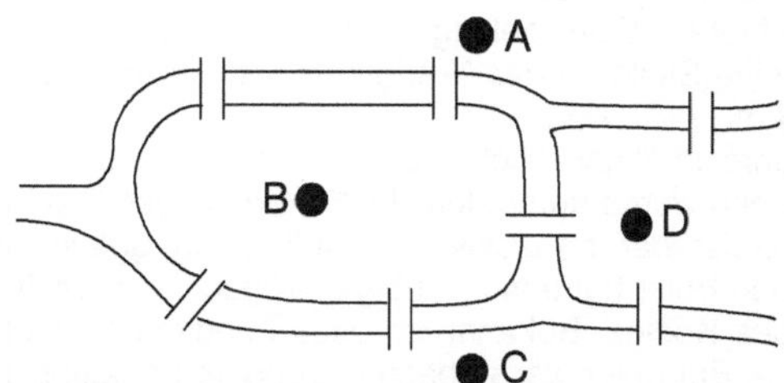

Die Stadtteile werden durch Punkte ersetzt.

Dann zeichnete er zwischen den Stadtteilen die Spazierwege über die Brücken als gerade oder gebogene Kanten und ließ die Feinheiten des Stadtplans weg – und damit hatte er das, was wir heute einen Graphen nennen.

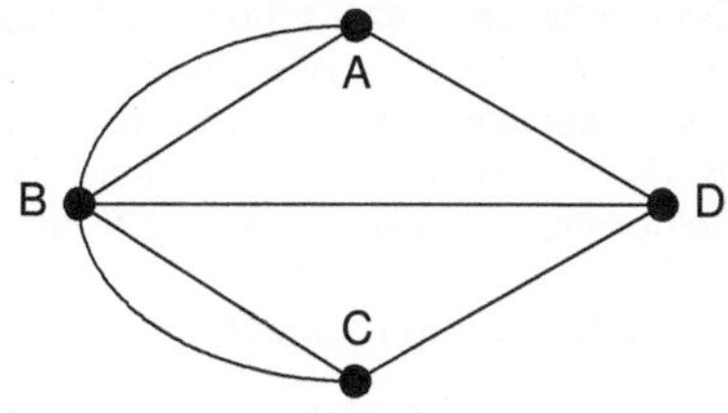

Stadtplan von Königsberg, vereinfacht

Jetzt erkennen wir auch Eulers Lösungsidee: Alle Ecken haben ungeraden Grad. Wie wir am Anfang beim Nikolaus-Haus gesehen haben, müsste jede Ecke Anfangs- oder Endpunkt des Spaziergangs sein! 4 Anfangs- bzw. Endpunkte kann es aber nicht geben. Und einen Rundgang, bei dem man zum Ausgangspunkt zurückkehrt, gibt es erst recht nicht. Die Königsberger Bürger hatten also keine Gelegenheit zu ihrem Wunsch-Spaziergang.

LEONHARD EULER (1707-1783) war ein ganz großer Mathematiker, manche sagen, der größte überhaupt. Er hat ungeheuer viel geschrieben und auf allen mathematischen Gebieten Ideen entwickelt, die heute noch wichtig sind.

Von ihm wird berichtet, dass er schon als Kind mit seinem mathematischen Talent aufgefallen ist. Aber sein Vater – er war Pfarrer – wollte, dass er Theologie studiert und später einmal sein Nachfolger wird. So betrieb er beides eine Zeitlang nebeneinander: Theologie und Mathematik. Schließlich konnte er seinen Vater von seinen mathematischen Fähigkeiten überzeugen und er gab die Theologie auf. Er war aber während seines ganzen Lebens dem christlichen Glauben verbunden und hielt für seine Familie und sein Hauspersonal regelmäßig Andachten ab – in der Zeit der Aufklärung für einen Wissenschaftler durchaus ungewöhnlich.

Mit 20 Jahren ging er nach St. Petersburg und hoffte dort Mitglied der mathematischen Abteilung der Akademie werden zu können. Diese Stelle erhielt er nicht, er arbeitete aber trotzdem auf allen Gebieten, die mit Mathematik zu tun haben. Er schrieb nicht nur viele rein mathematische Arbeiten, sondern z.B. auch ein Buch über Ballistik, das später das offizielle Lehrbuch der französischen Artillerie wurde, und er bereitete eine Vermessungs-Expedition nach Lappland vor. Nach 7 Jahren wurde er aber dann doch noch der offizielle Mathematiker der Petersburger Akademie. Er hatte in seiner Arbeit freie Hand und wurde reichlich entlohnt. Trotzdem war Euler in Russland nicht glücklich. Es gab ständig Machtkämpfe an der Spitze des Staates und zeitweise hatten Leute die Macht, die, wie wir heute sagen würden, ein Terror-Regime errichteten. Euler gelang es zwar, sich aus allem herauszuhalten, aber als ihm 1741 eine Stelle an der Akademie in Berlin angeboten wurde, verließ er St. Petersburg gern.

Obwohl er 25 Jahre in Berlin blieb, kann er sich auch dort nicht wohl gefühlt haben, denn das Leben wurde durch den Hof Friedrichs des Großen bestimmt, und der ließ nur den Geist der französischen Aufklärung gelten. Von Mathematik verstand er nichts und Euler hatte als gläubiger Mensch seinerseits keinen Sinn für die Auffassungen des Königs. Bekannt ist, dass Friedrich Menschen, die er nicht mochte, schikanierte. Bei Euler war er darin besonders erfinderisch, ja sogar, dass er auf einem Auge blind war (seit 1731), gab Anlass zu Spott. Aber eines kann man Friedrich nicht vorwerfen: Er hat Euler materiell gut versorgt und er hat auf seine Arbeit keinen Einfluss genommen, von gelegentlichen Hilfsdiensten, die mit Rechnen zu tun haben, abgesehen.

Als sich Euler aber 1766 die Möglichkeit bot wieder nach St. Petersburg zu gehen, tat er es sofort. Dort hatte sich inzwischen die politische Lage stabilisiert und Euler hatte eine geachtete Stellung. Allerdings traf ihn bald nach seiner Ankunft ein schwerer Schicksalsschlag: Er wurde auch noch auf dem anderen Auge blind. Trotzdem ließ sein Ideenreichtum nicht nach. Er wusste alle Formeln auswendig und diktierte seine neuen Erkenntnisse – 17 Jahre lang bis zu seinem letzten Lebenstag.

Er war verheiratet und hatte dreizehn Kinder, von denen aber sieben früh starben.

Kantenzüge

Beim Nikolaus-Haus und beim Königsberger Brückenproblem haben wir versucht, Graphen zu zeichnen, ohne den Stift abzusetzen. In Königsberg schaffen wir das nicht, jedenfalls nicht nach den strengen Regeln der Aufgabe. Ist es aber erlaubt über dieselbe Brücke mehr als einmal zu gehen und woanders zu enden als man angefangen hat, gibt es viele Lösungen. Was wir dann zeichnen, nennt man einen **Kantenzug**. Genauer: Eine Folge von aneinander stoßenden Kanten heißt Kantenzug. Wir können ihn zeichnen ohne den Stift abzusetzen.

Konsequenz dieser Definition ist, dass es erlaubt ist, über dieselbe Kante mehrmals zu fahren, erst recht darf man durch dieselbe Ecke mehrmals kommen. Ein Kantenzug darf sich also selbst überkreuzen. Auch eine einzelne Kante ist schon ein Kantenzug. In der folgenden Zeichnung sieht man zwei Beispiele für Kantenzüge, sie sind dick gezeichnet.

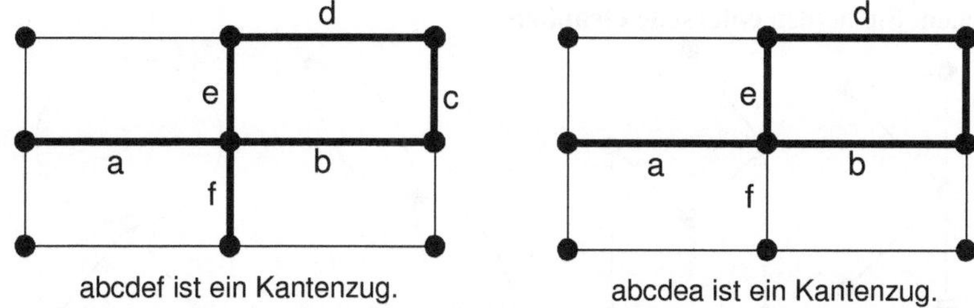

abcdef ist ein Kantenzug. abcdea ist ein Kantenzug.

Im 1. Kapitel wurde schon von zusammenhängenden Graphen gesprochen. Jetzt ist es leicht diesen Begriff nachträglich genau zu definieren:

Ein Graph heißt **zusammenhängend**, wenn es zu je zwei Ecken einen Kantenzug gibt, der sie verbindet.

Eulersche Graphen

Beim Königsberger Brückenproblem war nach einem besonderen Kantenzug gefragt. Er sollte die folgenden Eigenschaften haben:

- Der Kantenzug enthält keine Kante doppelt.
- Der Kantenzug enthält sämtliche Kanten des Graphen.
- Anfang und Ende des Kantenzugs stimmen überein.

Einen solchen Kantenzug nennt man eine **eulersche Tour**. Hat der Kantenzug die erste Eigenschaft, so sprechen wir nur von einer **Tour**. Eulersch ist die Tour erst dann, wenn sie durch den ganzen Graphen geht und geschlossen ist.

Unsere allererste Aufgabe bestand also darin, für das Nikolaus-Haus einen Kantenzug zu finden, der die ersten beiden Eigenschaften hat. Diese Aufgabe konnten wir lösen. Wir haben auch gesehen, dass wir nicht dort enden, wo wir angefangen haben. Die dritte Eigenschaft ist also nicht erfüllt, es gibt keine eulersche Tour im Nikolaus-Haus! Erst wenn wir die beiden Ecken mit ungeradem Grad durch eine zusätzliche Kante verbinden, können wir zum Anfangspunkt zurückkehren und eine eulersche Tour zeichnen, sogar ziemlich viele.

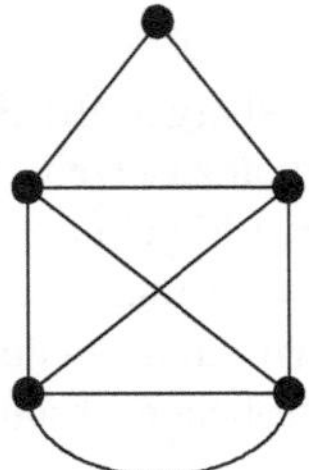

Ein Graph, in dem es eulerschen Touren gibt

Beim Königsberger Brückenproblem bestand die Aufgabe darin, für den vereinfachten Stadtplan eine eulersche Tour zu finden. Wie wir gesehen haben, gibt es keine.

In der nächsten Zeichnung sieht man aber vier Graphen, in denen es eulersche Touren gibt. Es ist üblich, die Graphen, die eine eulersche Tour enthalten, besonders zu benennen: Sie heißen **eulersche Graphen**.

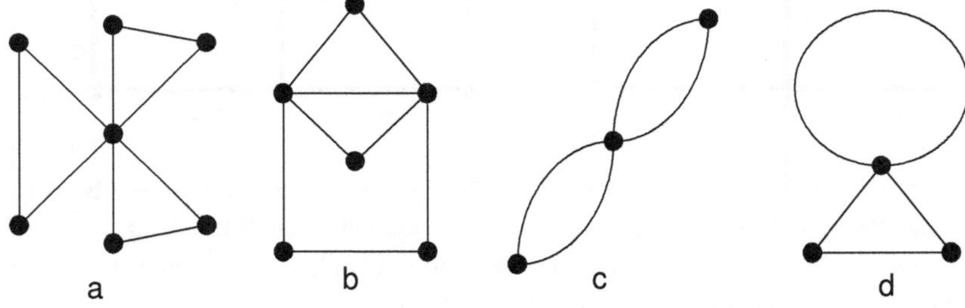

Vier eulersche Graphen

Einen eulerschen Graphen kann man also in einem Zug zeichnen, ohne den Stift abzusetzen und ohne eine Kante doppelt zu zeichnen, und außerdem endet die Linie in der Anfangsecke. Ein eulerscher Graph darf auch Schlingen und parallele Kanten haben. Das Nikolaus-Haus ist kein eulerscher Graph und auch der Königsberger Brückengraph ist nicht eulersch.

Wie wir schon beim Nikolaus-Haus gesehen haben, muss bei einem eulerschen Graphen eine Ecke jedes Mal, wenn sie beim Zeichnen überfahren wird, von einer Kante erreicht und auf einer anderen Kante verlassen werden. Jedes Überfahren einer Ecke erhöht also ihren Grad um 2. In der Anfangsecke trägt die eulersche Tour zwar nur 1 zum Grad bei, aber da die Anfangsecke zugleich Endecke ist, kommt eine weitere 1 hinzu, so dass Anfangen und Aufhören ebenfalls eine 2 zum Grad der Ecke beitragen. Wir erhalten also folgendes Ergebnis:

In einem eulerschen Graphen ist der Grad jeder Ecke eine gerade Zahl.

Damit kann man leicht sehen, welche Graphen nicht eulersch sind, nämlich alle, die mindestens eine ungerade Ecke haben.

Welche Graphen sind eulersch?

Wir haben uns soeben überzeugt, dass in eulerschen Graphen alle Ecken geraden Grad haben. Ist aber ein Graph schon dann eulersch, wenn jede Ecke eine gerade Zahl als Grad hat? In Graphen, die nicht zusammenhängend sind, ist das sicher falsch. Man wird also mindestens zusätzlich voraussetzen müssen, dass der Graph zusammenhängend ist. Aber das reicht dann bereits aus, wie wir gleich sehen werden.

Zusammenhängende Graphen, in denen der Grad jeder Ecke gerade ist, sind eulersch.

Der zweite Satz ist also für zusammenhängende Graphen die Umkehrung des ersten. Sein Beweis ist etwas lang und anstrengend. Versuchen wir es trotzdem!

Wir dürfen voraussetzen, dass wir einen Graphen haben, der zusammenhängend ist und in dem alle Ecken geraden Grad haben. Wir müssen beweisen, dass es in jedem solchen Graphen möglich ist, mit einem Rotstift in einem Zuge alle Kanten nachzufahren, und zwar keine doppelt, und zum Ausgangspunkt zurückzukehren.

Als Erstes lassen wir alle Schlingen außer Betracht. Wenn wir nämlich für den restlichen Graphen eine eulersche Tour gefunden haben, können wir sie leicht verbessern, indem wir die Schlingen nachträglich einfügen, wie es die folgende Skizze zeigt.

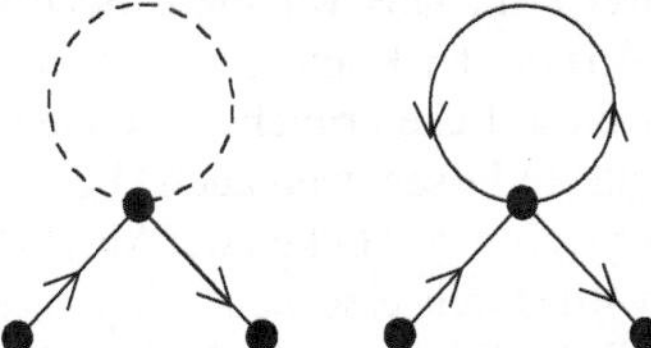

Ein Stück einer Tour ohne und mit Beachtung der Schlinge

Wir stellen nun in einer Art Baukastensystem eine eulersche Tour her. Unsere Zwischenergebnisse sind Touren, also Kantenzüge, die jede ihrer Kanten nur einmal enthalten. Dazu beginnen wir in einer beliebigen Ecke und nennen sie A. Da A keine isolierte Ecke sein kann, gibt es mindestens eine Kante, die in A beginnt, ihr anderes Ende nennen wir B, wobei wir annehmen dürfen, dass B nicht gleich A ist, weil wir zunächst ohne Schlingen arbeiten. Unsere Tour führt also von A zu einer anderen Ecke B.

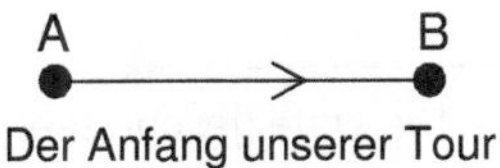

Der Anfang unserer Tour

Weil B geraden Grad hat, müssen in B mindestens zwei Kanten enden. Auf einer dieser Kanten sind wir soeben angekommen. In B muss also mindestens eine weitere Kante enden, genauer gesagt, eine ungerade Anzahl von weiteren Kanten. Auf ihr oder – falls es mehrere sind –, auf irgendeiner von ihnen können wir von B aus unseren Spaziergang durch den Graphen fortsetzen. Sollte diese neue Kante schon zu A zurückführen, dann haben wir die geschlossene Tour ABA. Wenn nicht, kommen wir zu einer neuen Ecke C.

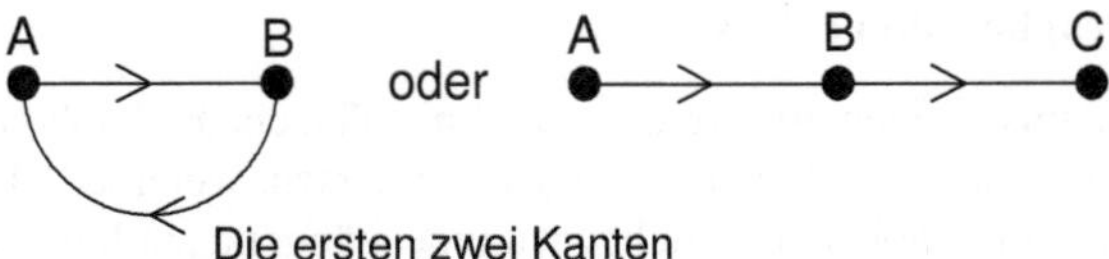

Die ersten zwei Kanten

Auch C hat geraden Grad, also muss es von C aus wieder mindestens eine Kante geben, auf der wir noch nicht waren. Sollte sie zu A zurückführen, so haben wir eine geschlossene Tour ABCA. Wir machen immer so weiter und kommen bei jedem Schritt entweder zu A zurück oder wir fügen der Tour eine neue Kante hinzu.

Wir könnten dabei auf eine Ecke stoßen, in der wir früher schon einmal waren, z.B. die Ecke Q. Dann sind in dieser Ecke schon zwei Kanten für unsere Tour verbraucht.

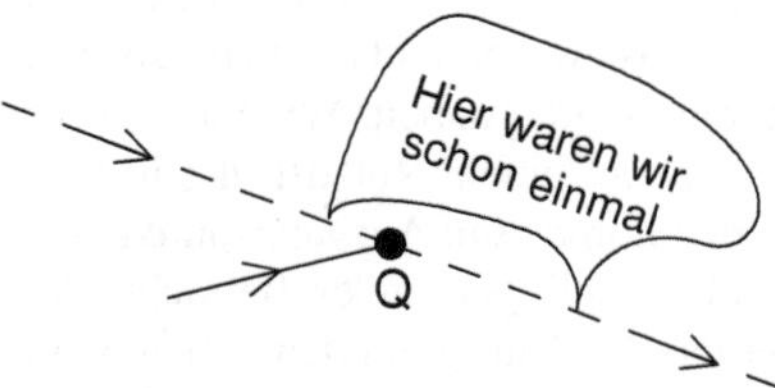

Es könnten auch mehr als zwei sein, falls wir diese Ecke schon mehrmals passiert haben. Auf jeden Fall ist die Anzahl der Kanten, die schon zu unserer Tour gehören, gerade. Wenn wir nun erneut diese Ecke erreichen, können wir sie auch wieder auf einer noch nicht benutzten Kante verlassen, weil auch Q geraden Grad hat.

Es sieht nun so aus, als gäbe es in jeder Ecke zwei Möglichkeiten: Wir kommen zu A zurück oder unsere Tour wird durch eine neue Kante verlängert. Das zweite ist nicht beliebig oft möglich, weil der Graph nur endlich viele Kanten hat. Also treffen wir irgendwann auf unsere Anfangsecke A und brauchen nicht nach neuen Kanten zu suchen, denn in A beginnt erst eine Kante unserer Tour! Somit schließt sich unsere Tour auf jeden Fall in A. Es könnte so aussehen, wie in dem folgenden Beispiel.

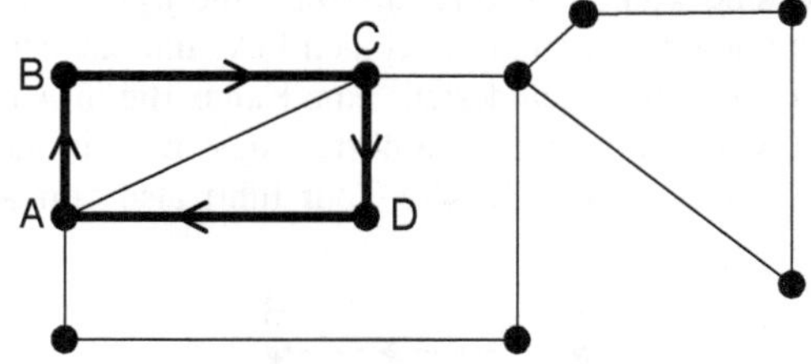

Die erste geschlossene Tour

Vielleicht hat diese Tour auch schon die dritte Eigenschaft eulerscher Touren: Sie enthält bereits sämtliche Kanten des Graphen. Dann haben wir Glück und wir sind fertig. Aber es könnte leider auch sein, dass diese Tour nicht alle Kanten des Graphen enthält – so wie in unserem Beispiel.

Dann sind noch Kanten übrig. Wenn von diesen Kanten keine einzige eine Ecke auf unserer bisherigen Tour hätte, wäre der Graph nicht zusammenhängend. Wir haben aber vorausgesetzt, dass der Graph zusammenhängend ist. Mindestens eine von den übrig gebliebenen Kanten endet also in einer Ecke unserer schon gezeichneten geschlossenen Tour. Wir nehmen diese Ecke als neue Anfangsecke – so wie vorhin die Ecke A – und machen es wie oben. Unweigerlich kommen wir zu dieser neuen Anfangsecke zurück, weil dort bisher 3 (oder 5 oder 7...) Kanten beginnen und auch diese Ecke geraden Grad hat. Sollten wir unterwegs auf eine Ecke der ersten Tour stoßen, so macht das gar nichts, denn für die erste Tour sind bisher 2 (oder 4 oder 6...) Kanten verbraucht worden. Wenn wir jetzt auf einer weiteren Kante ankommen, muss noch eine Kante frei sein, auf der wir diese Ecke wieder verlassen können, denn auch in dieser Ecke endet eine gerade Anzahl von Kanten.

Und nun sieht es so aus: Wir haben zwei geschlossene Touren, die mindestens eine Ecke gemeinsam haben, etwa so:

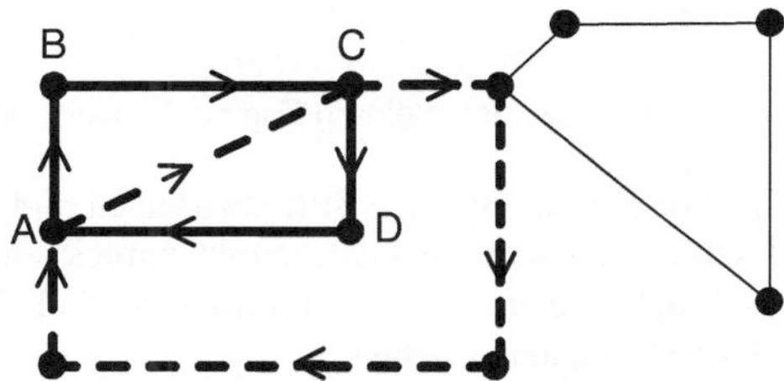

Die ersten beiden Touren: durchgezogen und gestrichelt

Es ist leicht aus diesen beiden Touren eine einzige zu machen: Man beginnt in einer beliebigen Ecke der einen Tour, fährt auf ihr entlang, bis man auf eine Ecke der anderen Tour stößt, durchläuft diese vollständig und setzt dann seine Fahrt auf der ersten Tour fort, bis man zur Ausgangsecke zurückgekehrt ist.

Sollte diese größere Tour noch immer nicht alle Kanten des Graphen enthalten – auch das passiert in unserem Beispiel –, so wiederholen wir das Verfahren, bis keine Kanten mehr übrig sind. Eventuell vorhandene Schlingen fügen wir nachträglich ein, wie am Anfang beschrieben. Die letzte Tour ist dann eine eulersche Tour, und die haben wir ja gesucht.

Fazit: Ein zusammenhängender Graph, in dem jede Ecke geraden Grad hat, ist eulersch. Vorher hatten wir uns schon davon überzeugt, dass in einem eulerschen Graphen der Grad jeder Ecke gerade ist. Wir wissen also jetzt:

Ein zusammenhängender Graph ist genau dann eulersch, wenn der Grad jeder Ecke gerade ist.

Bei unserer Überlegung kam mehrfach der Begriff „geschlossen“ vor: Wir halten für künftige Anwendungen ausdrücklich fest: Ein Kantenzug oder eine Tour heißt **geschlossen**, wenn Anfangs- und Endecke übereinstimmen. Ist das nicht der Fall, nennt man den Kantenzug oder die Tour **offen**.

Praxis: Eulersche Touren finden

Wir nehmen uns ein nicht allzu schwieriges Beispiel vor:

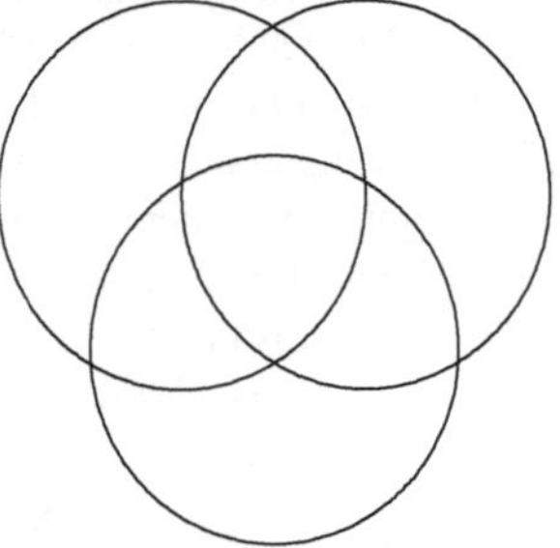

Diese Figur ist in einem Zug nachzuzeichnen.

Man soll diese Figur zeichnen, ohne den Stift abzusetzen und ohne eine Linie doppelt zu zeichnen und schließlich zum Ausgangspunkt zurückkehren. Zuerst denken wir uns dieses Bild als Graph, indem wir die Schnittpunkte als Ecken und die dazwischen liegenden Kreisbögen als Kanten ansehen.

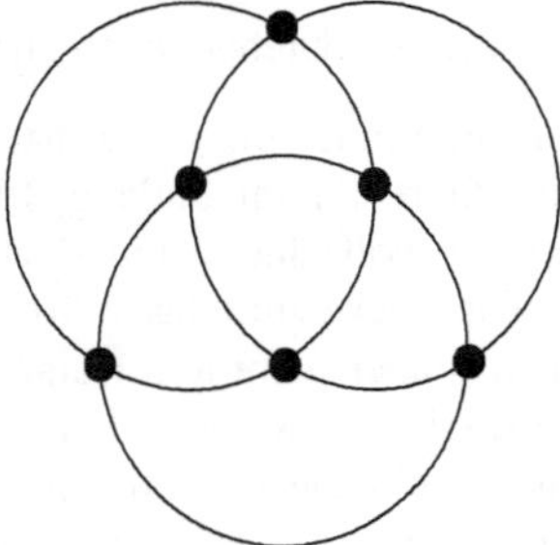

Die vorige Zeichnung – jetzt als Graph

Wir sehen jetzt auch, dass die Aufgabe lösbar ist: Alle Ecken haben den Grad 4 und das ist eine gerade Zahl. Natürlich können wir auf gut Glück loszeichnen und dabei vielleicht sogar eine Lösung finden. Wenn wir uns aber an das Verfahren aus dem letzten Kapitel erinnern, gelingt es nicht nur zufällig, sondern mit Sicherheit.

Zuerst teilen wir den Graphen in geschlossene Touren ein, die keine Kante doppelt enthalten. Das könnten in unserem Beispiel die drei Kreise sein. Und dann bauen wir eine eulersche Tour auf: Wir beginnen in einer beliebigen Ecke und wechseln immer dann, wenn es möglich ist, auf einen Kreis, auf dem wir noch nicht waren. Treffen wir aber auf einen Kreis, auf dem wir früher schon waren, so bleiben wir auf dem Kreis, auf dem wir gerade sind, bis er ganz durchwandert ist. Die folgende Abbildung soll dies verdeutlichen, die Pfeile beschreiben die eulersche Tour.

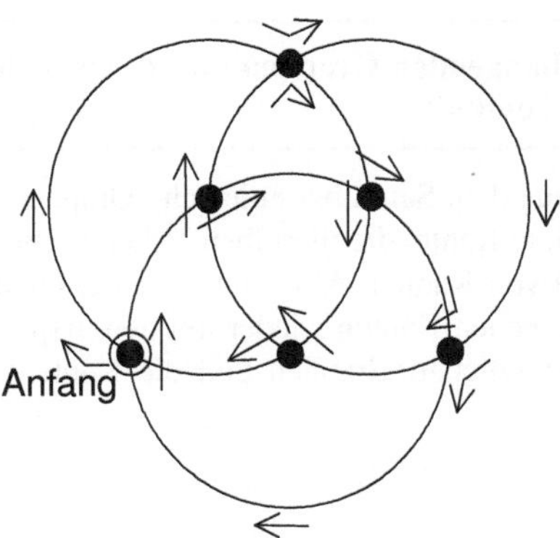

Eine eulersche Tour

Man nennt eine Vorgehensweise, die genau festgelegt ist und garantiert zu einem vorgegebenen Ziel führt, einen Algorithmus. Wir haben soeben einen Algorithmus zum Auffinden einer eulerschen Tour kennen gelernt. Er ist auch als **Algorithmus von Hierholzer** bekannt. Selbstverständlich kann man auch auf andere Art und Weise eine eulersche Tour finden, z.B. durch Probieren.

C.F.B. HIERHOLZER (1840-1871) hat in seinem kurzen Leben 3 mathematische Arbeiten geschrieben, darunter eine über eulersche Graphen, in der er den nach ihm benannten Algorithmus entwickelte. Diese Arbeit ist erst nach seinem Tode veröffentlicht worden (1873).

Zwei Folgerungen

Manche Graphen enthalten lauter Ecken mit geradem Grad bis auf zwei, die ungeraden Grad haben. Das Nikolaus-Haus ist ein Beispiel dafür. Solche Graphen sind nicht eulersch. Aber wir können trotzdem den Graphen zeichnen ohne den Stift abzusetzen und ohne eine Linie doppelt zu zeichnen. Dazu verbinden wir vorübergehend die beiden ungeraden Ecken miteinander. Dann entsteht nämlich ein eulerscher Graph und wir zeichnen in ihm eine eulersche Tour. Nehmen wir die Zusatzkante wieder weg, bleibt eine Tour durch alle Ecken des Graphen übrig. Allerdings ist sie nicht geschlossen, die beiden ungeraden Ecken sind Anfang und Ende.

Einen Graphen, der zwei Ecken mit ungeradem Grad und sonst lauter Ecken mit geradem Grad enthält, kann man in einen Zug zeichnen, ohne eine Linie doppelt zu zeichnen.

Wenn man erlaubt, dass Kanten doppelt durchlaufen werden, erweist sich sogar bei jedem Graphen, dass man ihn in einem Zuge zeichnen und zur Ausgangsecke zurückkehren kann. Der folgende Satz sagt uns das genau:

In jedem zusammenhängenden Graphen gibt es einen Kantenzug, der jede Kante genau zweimal enthält.

Der Beweis ergibt sich aus dem Satz über eulersche Graphen: Zeichnet man zu jeder Kante eine zweite, parallele Kante, die dieselben Ecken verbindet, so beginnt in jeder Ecke eine gerade Anzahl von Kanten. Also gibt es in dem neuen Graphen eine eulersche Tour. Lässt man die neuen Kanten wieder mit den ursprünglichen verschmelzen, so erhält man den ursprünglichen Graphen und die Kanten werden genau zweimal durchlaufen.

Besuch eines Museums

Meist stehen die ausgestellten Gegenstände zu beiden Seiten von Gängen. Auf unserem Rundgang durch die Ausstellung möchten wir gern an allen Gegenständen vorbeikommen, aber an allen nur einmal. Und am Ende möchten wir wieder am Eingang sein, der zugleich Ausgang ist.

Ausstellungsräume

Ist ein solcher Rundgang möglich?

Die Antwort finden wir mit einem Graphen: Die Abzweige und Kreuzungen der Gänge machen wir zu Ecken, die beiden Seiten der Gänge zu Kanten. Dann ist der Grad jeder Ecke eine gerade Zahl, weil die Kanten immer nur paarweise auftreten. Wie das in unserem Beispiel aussieht, zeigt die nächste Zeichnung.

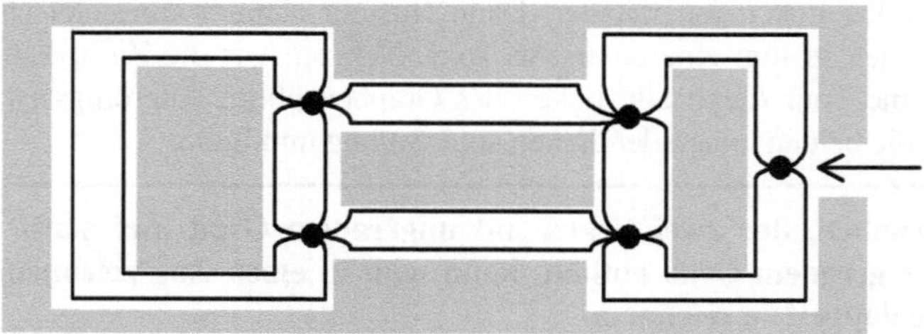

Eine Ausstellung und ihr Graph

Der Graph ist also eulersch und wir können einen Rundgang der gewünschten Art finden. Wie man das macht, haben wir oben gesehen.

Domino

Ein Dominospiel enthält gewöhnlich alle Steine mit den Zahlenpaaren, die aus den Zahlen 0 bis 6 gebildet werden können, wobei 0 für „leer" steht und jeder Stein genau einmal vorkommt.

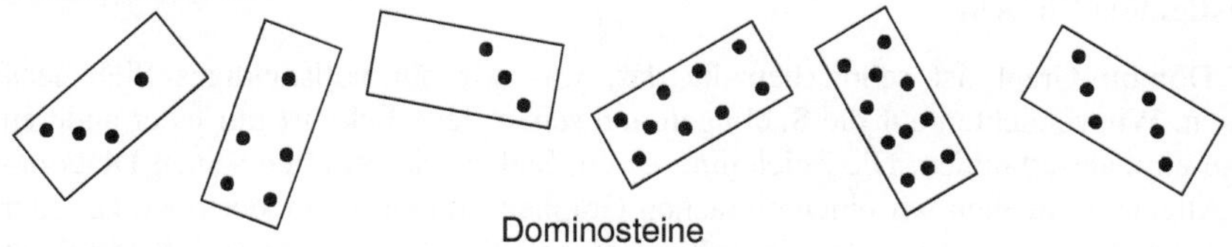

Dominosteine

Die Spielregel ist dann: Lege die Steine so aneinander, dass gleiche Zahlen benachbart sind.

Ist es möglich nach dieser Regel eine Kette zu legen, die sich schließt, keine Verzweigungen enthält und bei der alle 28 Steine untergebracht werden? Wie das gemeint ist, zeigt das folgende Bild, das vielleicht ein Teil einer solchen geschlossenen Kette sein könnte.

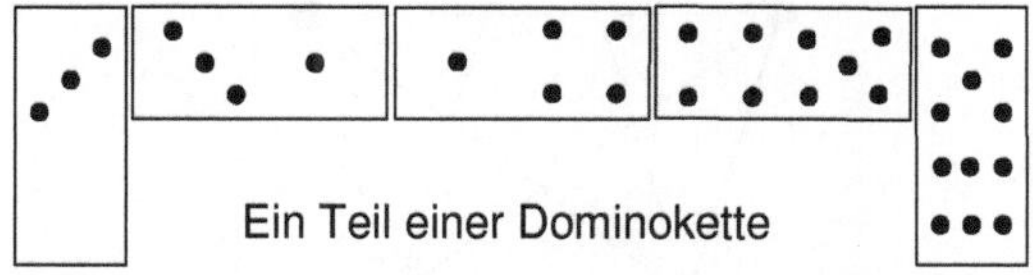

Ein Teil einer Dominokette

Wir lösen die Aufgabe natürlich mit einem Graphen: Die Zahlen 0 bis 6 sind die Ecken, und die Steine entsprechen den Kanten. Wir erhalten dann einen Graphen mit 7 Ecken, und von jeder Ecke gehen zu den 6 anderen Ecken Kanten. Außerdem hat jede Ecke eine Schlinge, sie steht für die Steine mit zwei gleichen Augenzahlen.

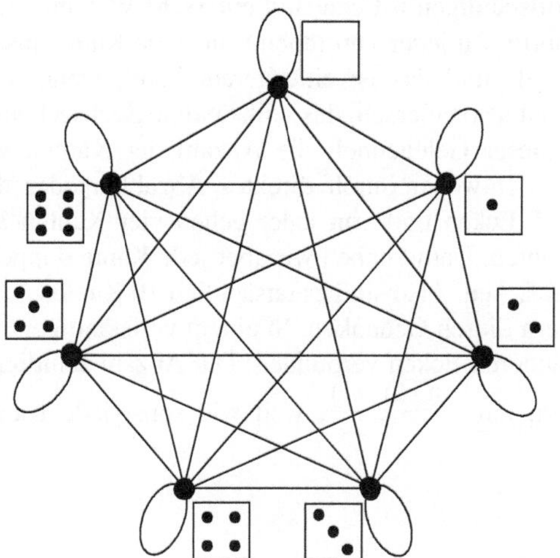

Jeder Kante entspricht ein Dominostein.

Jede Ecke hat somit den Grad 8. Deshalb ist unser Graph eulersch und es gibt eine eulersche Tour (sogar viele). Sie sagt uns auch genau, wie wir die Dominosteine legen müssen, und das ist dann eine Lösung der Aufgabe.

Vollständige Vielecke

Der Domino-Graph ist schon beinahe das, was wir ein vollständiges Siebeneck nennen. Wir verzichten auf die Schlingen und sehen: Jede Ecke ist mit jeder anderen genau einmal verbunden. Die Zeichnung ist ein Siebeneck mit allen seinen Diagonalen. Allgemein nennen wir einen einfachen Graphen, in dem von jeder Ecke zu jeder anderen Ecke eine Kante geht, ein **vollständiges Vieleck** (oder einen **vollständigen Graphen**). Das Nikolaus-Haus ist ein Fünfeck, aber nicht vollständig, dazu fehlen ihm zwei Kanten. Der Domino-Graph ist ein vollständiges Siebeneck mit zusätzlichen Schlingen an jeder Ecke. Ein vollständiges Fünfeck sieht so aus:

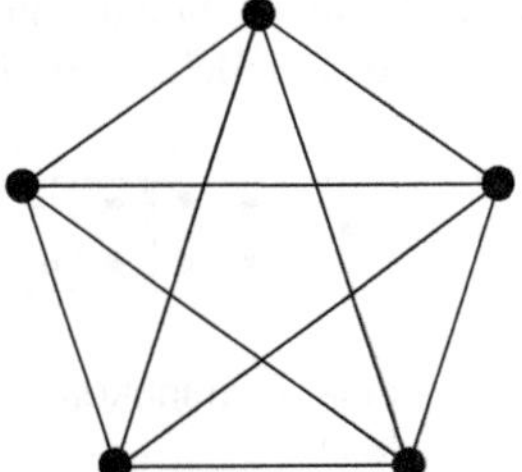

Ein vollständiges Fünfeck

Hier ist jede Ecke mit vier anderen Ecken verbunden, sie hat also den Grad 4. Somit ist ein vollständiges Fünfeck eulersch.

Aber nicht alle vollständigen n-Ecke sind eulersch! Wählen wir eine Ecke aus, so bleiben n–1 Ecken übrig. Zu jeder von ihnen führt eine Kante, also haben alle Ecken den gleichen Grad n–1; und das ist eine gerade Zahl, wenn n ungerade ist. Das vollständige Fünfeck ist also eulersch, das vollständige Sechseck aber nicht.

Wir können bei dieser Gelegenheit die Anzahl der Kanten eines vollständigen Fünfecks feststellen – entweder durch direktes Abzählen oder durch die folgende Überlegung: Es gibt 5 Ecken und von jeder gehen vier Kanten aus. $5 \cdot 4 = 20$. Wir kommen so auf 20 Kanten. Damit haben wir aber jede Kante doppelt gezählt, denn sie gehört immer zu zwei Ecken. Also sind es tatsächlich 10 Kanten.

Wir verallgemeinern diesen Gedanken: In einem vollständigen n-Eck ist jede der n Ecken mit den n–1 anderen Ecken verbunden. Die Anzahl sämtlicher Kanten ist aber nicht $n \cdot (n-1)$, sondern nur $\frac{n \cdot (n-1)}{2}$, weil wie sonst jede Kante doppelt gezählt hätten.

Zusätzliche Informationen

- Hier wird definiert: In einem Graphen heißt eine Folge von aneinander stoßenden Kanten ein Kantenzug. Die genaue Definition lautet so: Eine endliche Folge $E_1k_1E_2k_2E_3$... heißt Kantenzug, wenn die Kante k_i zwischen den Ecken E_i und E_{i+1} liegt.
- Der Beweis des Kriteriums für eulersche Graphen kann auch durch vollständige Induktion nach der Anzahl der Kanten geschehen und ist dann deutlich kürzer. Allerdings erhält man dann nicht – so wie hier – einen Algorithmus zum Auffinden eulerscher Touren gleich mitgeliefert. Auch an anderen Stellen dieses Buches kann man die Begründungen manchmal durch Beweise mit vollständiger Induktion ersetzen.

Aufgaben

1. Entfernen Sie im Stadtplan von Königsberg Brücken, so dass der gewünschte Spaziergang möglich ist.
2. Fügen Sie im Stadtplan von Königsberg Brücken hinzu, so dass der gewünschte Spaziergang möglich ist.
3. Begründen Sie: Hat ein Graph 4 Ecken mit ungeradem Grad und sonst lauter Ecken mit geradem Grad, so kann man ihn in 2 Linien zeichnen, jede von ihnen ohne abzusetzen, und zwar so, dass insgesamt keine Strecke doppelt gezeichnet wird, d.h. man kann mit 2 Touren den ganzen Graphen abdecken.
4. Wie viele einfache eulersche Graphen mit 3 Ecken gibt es? Wie viele mit 4 Ecken? Mit 5 Ecken? Wie viele sind es, wenn man auch nicht einfache Graphen zulässt?
5. Wie viele eulersche Graphen mit genau 4 Kanten gibt es? Berücksichtigen Sie auch Graphen mit Schlingen und Mehrfachkanten.
6. Kann man die folgenden geometrischen Figuren zeichnen, ohne den Stift abzusetzen und ohne eine Strecke doppelt zu zeichnen?
   Schafft man es sogar, bis zum Ausgangspunkt zurückzukehren?
   Zeichnen Sie da, wo es geht, die eulerschen Touren ein.
   Zeichnen Sie bei den Graphen, die nicht eulersch sind, Touren durch alle Ecken ein, sofern das möglich ist.

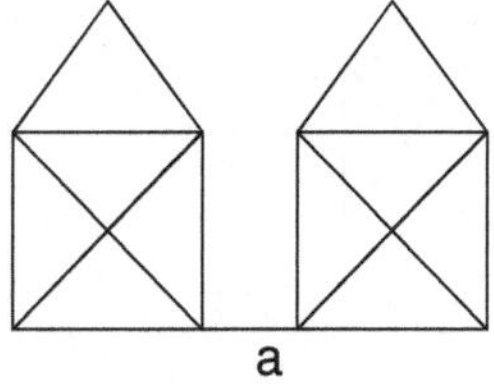
a

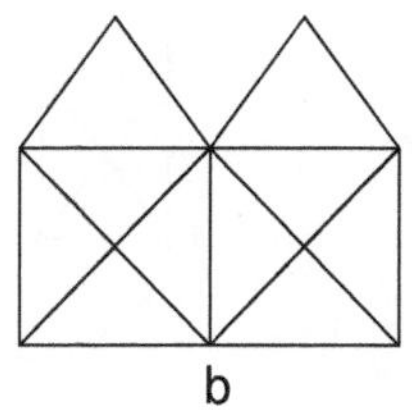
b

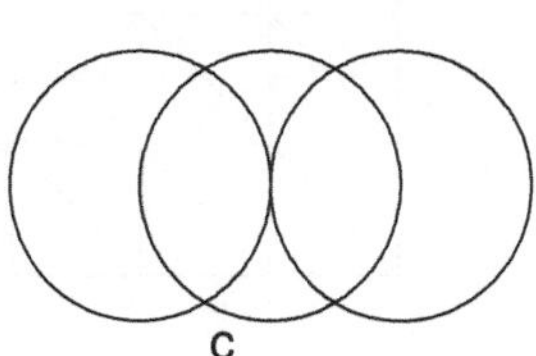
c

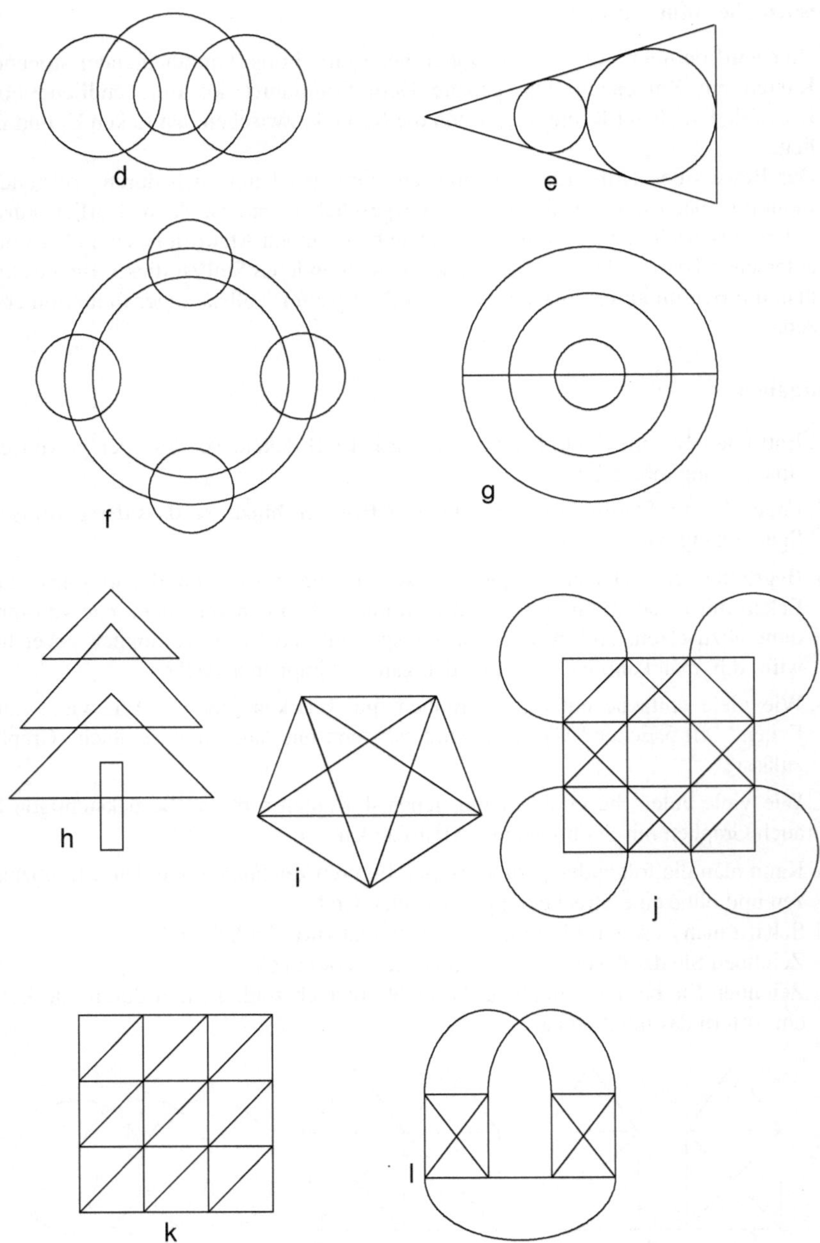
d
e
f
g
h
i
j
k
l

7. Schwierig: Auf wie viele Arten kann man das Haus von Nikolaus zeichnen? Um die Übersicht zu behalten, ist es nützlich die Kanten zu benennen. Dabei genügt für die Dachkanten ein Name, weil sie immer nur unmittelbar hintereinander gezeichnet werden können. Etwa so:

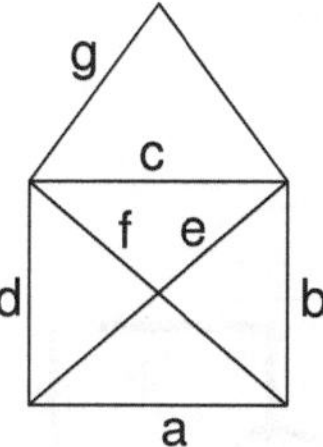

8. Fügen Sie in diesem Graphen Kanten, aber keine Ecken hinzu, so dass er eulersch wird. Versuchen Sie mit möglichst wenigen Kanten auszukommen.

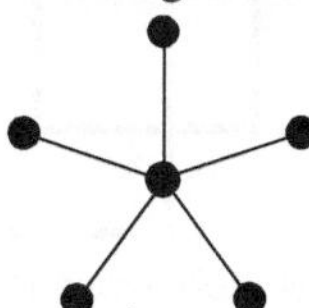

9.

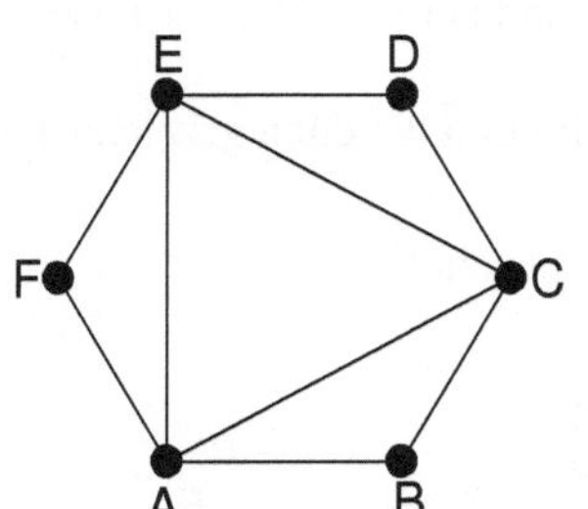

a. Zeichnen Sie mehrere eulersche Touren! (Am besten jede in einer neuen Zeichnung).
b. Zeichnen Sie mehrere Touren von B nach D.
c. Zeichnen Sie eine Tour von B nach D, die aus 7 Kanten besteht.
d. Eine schwierige Aufgabe: Wie viele eulersche Touren gibt es?
e. Ebenfalls schwierig: Wie viele Touren von B nach D gibt es?

10. Eine Wohnung:

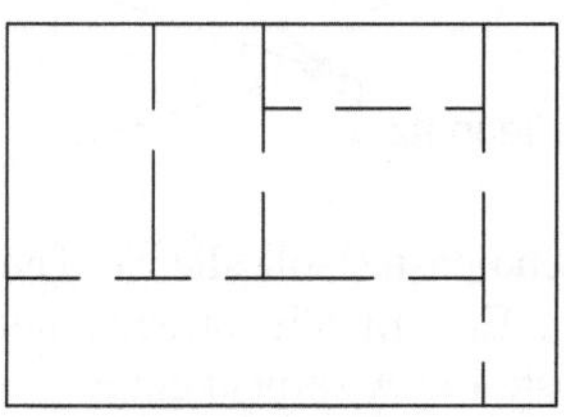

Ist es möglich in dieser Wohnung einen Rundgang zu machen, so dass man durch jede Tür genau einmal hindurch kommt?

11. Zeichnen Sie bei den folgenden Graphen Kantenzüge, die durch jede Kante genau zweimal hindurchgehen.

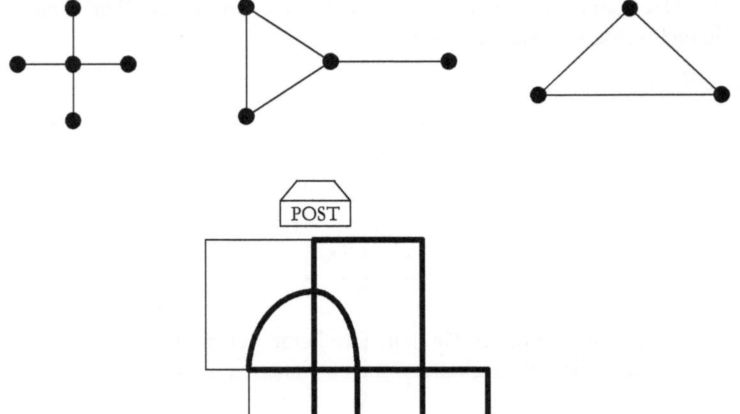

12.

Das Gebiet des Briefzustellers

a. Ist es möglich, dass ein Briefträger seine Tour bei der Postfiliale beginnt, die dick gezeichneten Straßen genau einmal abläuft und zum Schluss zur Postfiliale zurückkehrt?

b. Wie ist es, wenn das Zustellgebiet vergrößert wird und die dünn gezeichneten Straßen hinzukommen?

13. Kann man einen Draht so biegen, dass ein Würfel entsteht?
. . . dass ein Oktaeder entsteht?

14.

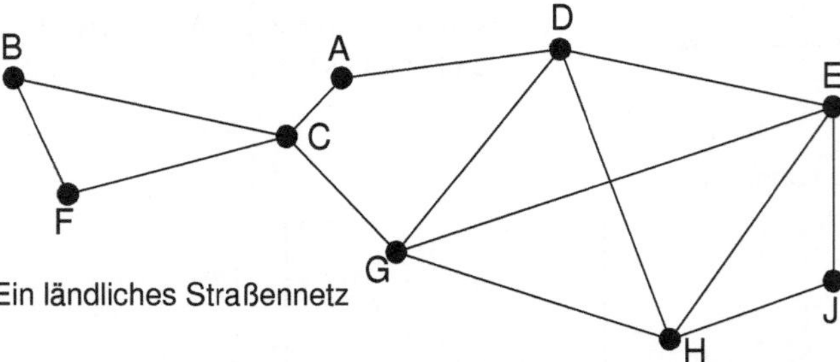

Ein ländliches Straßennetz

Ein Mitarbeiter des Straßendienstes soll alle Straßen in einem Gebiet auf mögliche Mängel kontrollieren. Er will alle Straßen nur einmal abfahren und zum Schluss zu seinem Betriebshof in A zurückkehren.

a. Ist das möglich? Wenn ja: Machen Sie einen Tourenvorschlag!

b. Ist das möglich, wenn die Straße von G nach H wegen einer Überschwemmung gesperrt ist?

15. Eine Verallgemeinerung der Domino-Aufgabe: Auf den Spielsteinen stehen die Zahlen 0 bis k und es gibt für jedes Zahlenpaar einen Spielstein. Begründen Sie, dass die Aufgabe, sämtliche Steine in einer geschlossenen Kette unterzubringen, nur für gerade Zahlen k lösbar ist.
16. Wenn k ungerade ist, werden aus dem Dominospiel die Steine 0/1, 2/3, . . . , k-1/k entfernt. Begründen Sie, dass die Domino-Aufgabe unter diesen Umständen lösbar ist.
17. Graphen in Form von Tabellen:
    a. Wie sieht die Tabelle für den Dominographen aus?
    b. Wie sieht die Tabelle für ein vollständiges Vieleck aus?

Lösungshinweise

1. *Beispiel:*

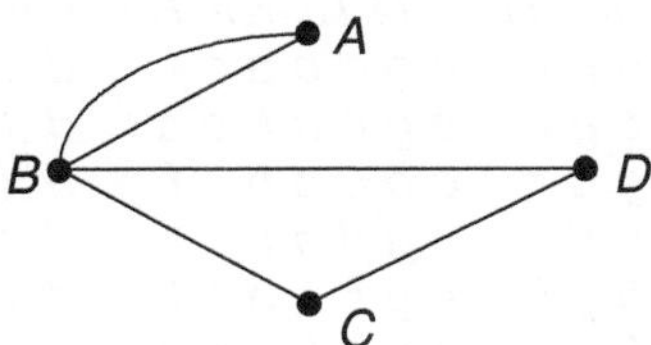

2. *Beispiel:*

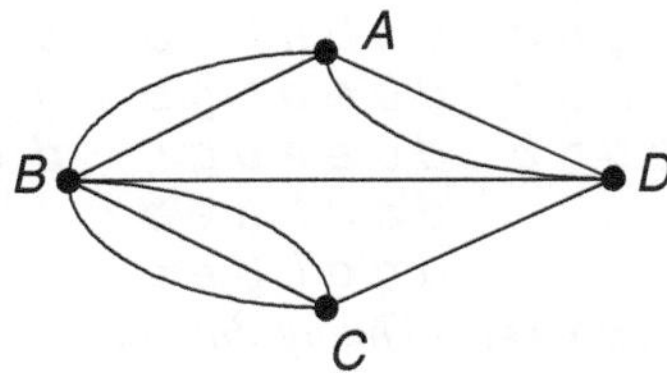

3. *Dies ist eine Erweiterung der vorigen Aufgabe: Wir verbinden je zwei Ecken mit ungeradem Grad miteinander und erhalten dadurch einen eulerschen Graphen. Trennen wir die beiden zusätzlichen Kanten wieder heraus, bleiben zwei Touren übrig, die eventuell gemeinsame Ecken, aber keine gemeinsamen Kanten enthalten.*
4. *Mit 3 und mit 4 Ecken gibt es jeweils nur einen, mit 5 Ecken sind es 4 Graphen. Die einfachen eulerschen Graphen mit 5 Ecken:*

 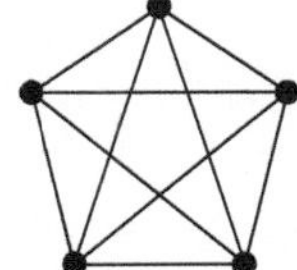  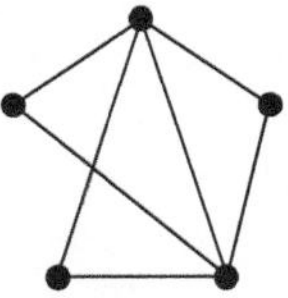

Mit 6 Ecken sind es übrigens 8 Graphen und mit 7 Ecken sind es 37.
Wenn auch nicht einfache Graphen zugelassen sind, kann man beliebig viele Schlingen hinzufügen.

5. *Die eulerschen Graphen mit 4 Kanten:*

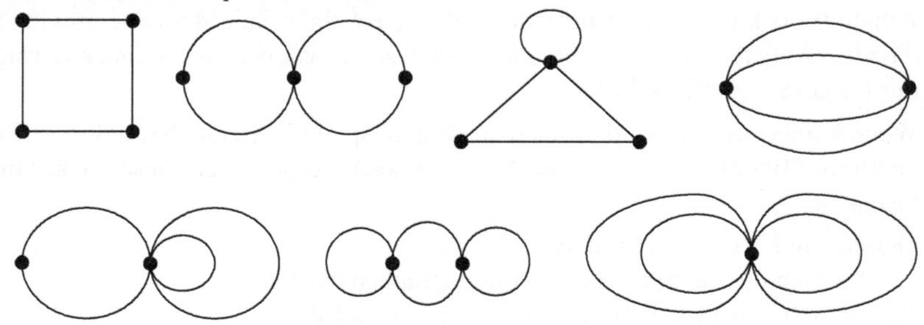

6. *Sie sind alle eulersch, bis auf a, b, g und k. Bei a, g und k gibt es jeweils eine Tour durch alle Ecken mit unterschiedlichem Anfangs- und Endpunkt.*

7. *Wenn man links unten beginnt, sind es 44 Touren. Hier sind sie:*

a b c d e g f	e b a d g c f	e g c b a d f	d f a e g c b
a b c g e d f	e b a d c g f	e g c b f d a	d f a e c g b
a b e d c g f	e b f c g d a	e g d a b c f	d f b c g e a
a b e d g c f	e b f g c d a	e g d a f c b	d f b g c e a
a b g c e d f	e c d a b g f	e g f a d c b	d g c f b e a
a b g d e g c	e c d a f g b	e g f b c d a	d g c f a e b
a f c e d g b	e c f a d g b	d c b a e g f	d g b a e c f
a f c g d e b	e c f b g d a	d c b g f e a	d g b f c e a
a f d e g c b	e c g b f d a	d c e a f g b	d g e a f c b
a f d e c g b	e c g a d g b	d c e a b g f	d g e a b c f
a f g c d e b		d c g f a e b	
a f g e d c b		d c g f b e a	

Wenn man die Touren in der Gegenrichtung durchläuft, sind es noch einmal 44 Stück.

8. *Beispiel:*

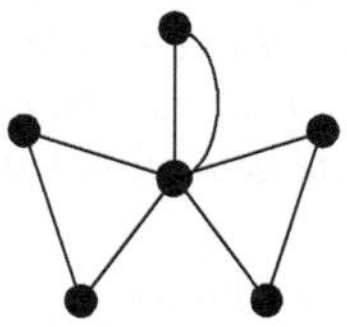

9. *a und d: Es gibt genau 16 eulersche Touren. Sie sind nach ihren Anfängen sortiert.*
ABCD...

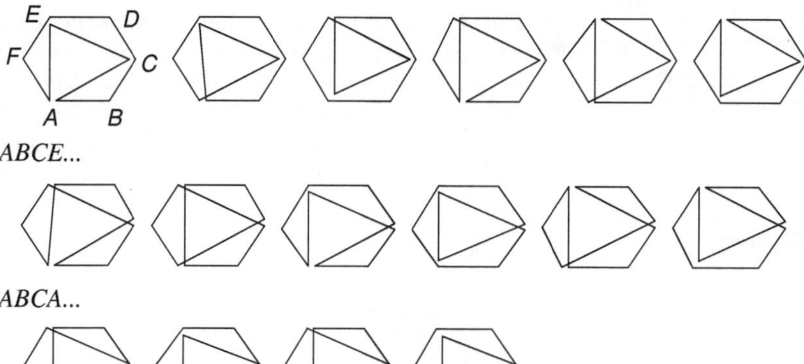

ABCE...

ABCA...

b, c und e: Die Lösungen sind hier nach der Anzahl der Kanten sortiert. Insgesamt gibt es 24 Touren von B nach D.

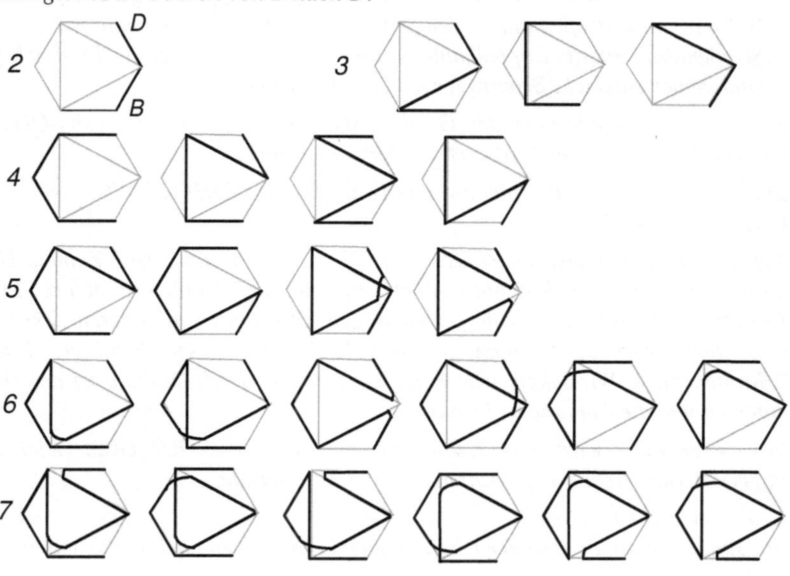

10.

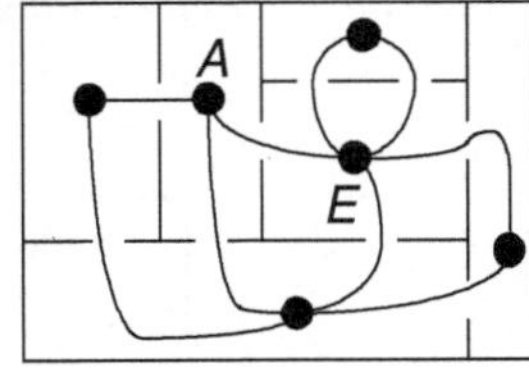

Man zeichnet in jeden Raum einen Punkt und durch jede Tür eine Verbindungslinie und erhält auf diese Weise einen Graph.
Die Frage ist dann, ob der entstandene Graph eulersch ist. In diesem Fall ist er nicht eulersch, denn er hat zwei ungerade Ecken. Man kann also keinen Rundgang machen. Aber es gibt eine Tour durch alle Räume, wenn man in A beginnt und in E endet (oder umgekehrt).

11. Beispiel:

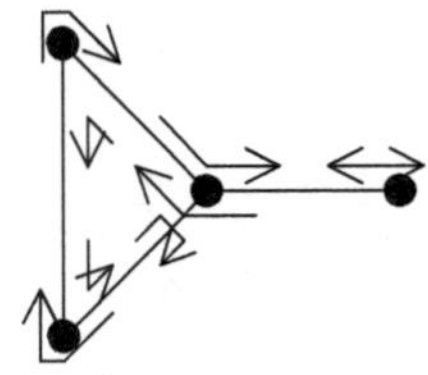

12. a. Der Graph ist eulersch, also kann er es schaffen.
b. Es entstehen zwei Ecken mit dem Grad 3. Er kann also bei der Postfiliale anfangen, aber nicht dort aufhören, ohne Straßen doppelt zu gehen.
Wenn in allen Straßen auf beiden Seiten Häuser stehen, kann man jeden Straßenabschnitt als Doppelkante auffassen. Graphen mit dieser Eigenschaft sind immer eulersch, Briefträger haben kein Problem.

13. Beim Würfel hat jede Ecke den Grad 3. Also geht es nicht. Aber beim Oktaeder hat jede Ecke den Grad 4. Also ist die Aufgabe lösbar.

14. a: Es ist möglich. Ein Beispiel für eine Tour: ADEJHGDHEGCBFGA.
b: Es ist nicht möglich.

15. Auf den Steinen stehen die Zahlen 0, 1, 2, . . . , k. Das sind k+1 Zahlen. Unser Graph hat also k+1 Ecken und von jeder Ecke führen k Kanten zu anderen Ecken. Es gibt also in jeder Ecke eine gerade Anzahl von Kanten zu anderen Ecken, und außerdem bewirkt der Stein mit den zwei gleichen Zahlen eine Schlinge, diese hat 2 Kantenenden. Wir sehen, jede Ecke hat geraden Grad. Deshalb ist der Graph eulersch und die Aufgabe ist lösbar.

16. Von jeder Ecke wird eine Kante entfernt. Da vorher der Grad jeder Ecke ungerade war (siehe vorige Aufgabe), ist er jetzt gerade.

17. a: Lauter Einsen
b: Lauter Einsen, aber in der Diagonalen von links oben nach rechts unten Nullen.

3 Durch alle Städte: Hamiltonsche Graphen

Reisepläne

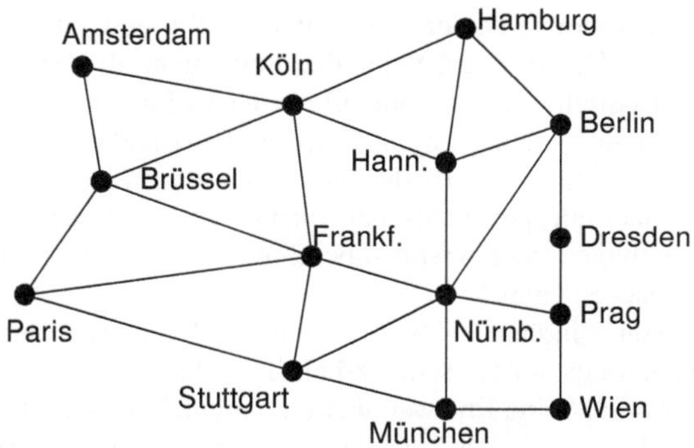

Ein Eisenbahn-Netzplan

Eine Gruppe Jugendlicher möchte mit einem Euro-Ticket eine Städtetour mit der Bahn machen. Die Fahrt soll in Berlin beginnen, durch alle in dem Netzplan eingezeichneten Städte führen, aber durch jede nur einmal, und wieder in Berlin enden. Es kommt darauf an, dass jede Stadt genau einmal besucht wird, aber nicht, dass jede Strecke abgefahren wird. Die gesuchte Route muss also keine eulersche Tour sein!

Hamiltonsche Graphen

Wir sehen: Der Eisenbahn-Netzplan ist ein Graph und wir können die Ideen der Graphentheorie darauf anwenden. Die Jugendlichen suchen nämlich in dem Graphen einen geschlossenen Kantenzug, und zwar einen speziellen, einen, der jede Ecke einmal, aber nicht mehr als einmal enthält. Solche Kantenzüge werden nach dem irischen Mathematiker Hamilton benannt: Ein geschlossener Kantenzug, der jede Ecke des Graphen genau einmal enthält, heißt **hamiltonscher Kreis.** Er geht durch jede Ecke, braucht aber nicht durch jede Kante zu führen.

Einen Graphen, der einen hamiltonschen Kreis enthält, nennt man dann einen **hamiltonschen Graphen.** In der folgenden Zeichnung sieht man ein Beispiel und ein Gegenbeispiel: Links kann man einen geschlossenen Kantenzug finden, der durch alle Ecken genau einmal hindurchgeht, rechts ist das aber nicht möglich.

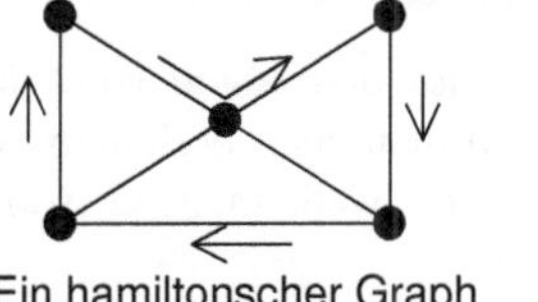
Ein hamiltonscher Graph

Kein hamiltonscher Graph

William Rowan HAMILTON (1805-1865) wurde in Dublin geboren und in Irland blieb er sein Leben lang. Er galt als Wunderkind, aber nicht auf dem Gebiet der Mathematik, sondern wegen seiner Sprachkenntnisse. Er soll mit 13 Jahren 13 Sprachen gesprochen haben, darunter mehrere orientalische. Erst später befasste er sich intensiver mit Mathematik und Physik. Er war darin so erfolgreich, dass er bereits mit 18 Jahren als neuer Newton gepriesen wurde. Mit 22 Jahren erhielt er den Lehrstuhl für Astronomie an der Universität Dublin, obwohl er sich dafür gar nicht beworben hatte. Hamilton arbeitete allerdings nicht als Astronom, sondern als Mathematiker. Er stellte die Algebra auf ein neues Fundament und in diesem Zusammenhang befasste er sich auch mit Graphen. Er erfand dazu sogar ein Spiel. Seine andere große Leistung betrifft die Fundamente der Physik: Er erfand eine Methode, mit der man alle physikalischen Phänomene – gleichgültig ob Licht, mechanische Bewegungen oder Kräfte – beschreiben und mit der man zuverlässige Vorhersagen machen kann.

Hamilton war von Kindheit an berühmt und er fühlte sich auch als Genie. Dabei lebte er keineswegs nur für seine Arbeit. Er liebte die Geselligkeit und war mit Dichtern befreundet. Seine Ehe war aber ein Unglück für ihn, denn seine Frau war nicht willens oder nicht in der Lage das zu tun, was in dieser Zeit üblich war, nämlich den Haushalt zu führen. Hamilton betrank sich häufig und sein Arbeitszimmer soll ein unbeschreibliches Durcheinander von Essensresten und Manuskripten gewesen sein.

Hamiltonsch und eulersch

Bevor wir uns weiter mit Eigenschaften von hamiltonschen Graphen befassen, vergleichen wir sie mit den eulerschen.

Bei den eulerschen Graphen kam es darauf an, dass man durch jede Kante genau einmal kommt, bei den hamiltonschen Graphen kommt man aber durch jede Ecke genau einmal. Graphen können beide Eigenschaften haben oder nur eine oder auch gar keine. Dazu können wir leicht Beispiele finden:

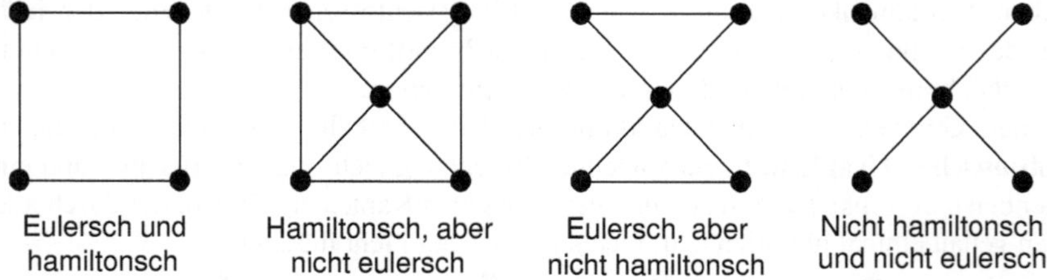

Hamiltonsch und eulersch: Das sind also zwei auf den ersten Blick ähnliche, aber ganz verschiedene Eigenschaften. Natürlich kann man auch bei einem hamiltonschen Graphen eine Kante nicht doppelt durchlaufen, weil man ja sonst durch die End-Ecken dieser Kante zweimal käme.

Hamiltonsche Kreise finden

Wir kehren nun zu unserem Eisenbahn-Netzplan zurück und versuchen eine Reiseroute zu finden, die durch jede Stadt genau einmal führt und in Berlin beginnt und endet. Wenn uns das gelingt, haben wir zugleich einen hamiltonschen Kreis gefunden, und dann ist der Graph hamiltonsch.

Unser Startpunkt soll also Berlin sein. Vielleicht finden wir es angenehm, zuerst nach Hannover und dann nach Köln zu fahren. Da wir jede Stadt nur einmal besuchen und somit nicht ein zweites Mal nach Hannover kommen wollen, können wir nicht mehr auf den Strecken Hannover - Hamburg und Hannover - Nürnberg fahren. Wir sollten sie streichen. Von Köln aus können wir vier Städte erreichen. Fahren wir nach Hamburg, so bleibt uns nichts weiter übrig, als anschließend nach Berlin zu fahren und unsere Reise ist schon zu Ende. Hamburg kann also nach Köln nicht das nächste Reiseziel sein. Fahren wir aber in eine der drei anderen Städte, z.B. nach Amsterdam, müssen wir alle nicht benutzten Eisenbahnstrecken, die nach Köln führen, streichen, da wir nicht ein zweites Mal nach Köln kommen wollen. In unserem Netzplan würde das so aussehen:

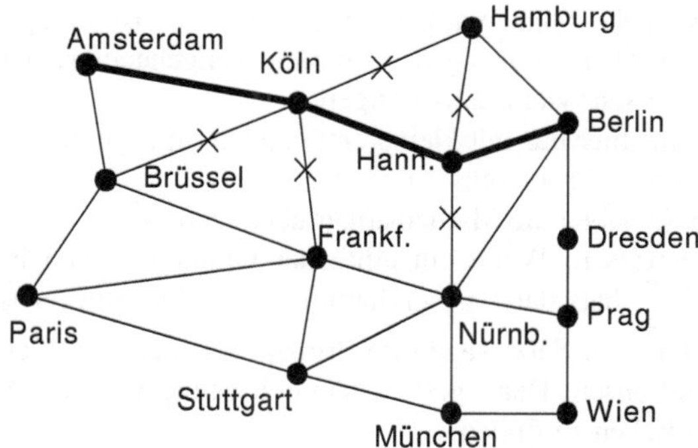

Kann die Reise mit Berlin-Hannover-Köln-Amsterdam anfangen?

Dadurch wird Hamburg zu einer Ecke mit dem Grad 1 und kann nie mehr erreicht werden. Es war also keine gute Idee mit Berlin - Hannover - Köln zu beginnen. Berlin - Hannover - Nürnberg ist aus ähnlichen Gründen nicht akzeptabel. Wenn die Reise zuerst nach Hannover führen soll, muss das nächste Ziel unbedingt Hamburg sein.

Wenn wir die Reiseroute Schritt für Schritt aufbauen, streichen wir also immer die nicht mehr benutzbaren Eisenbahnstrecken. Wir müssen dabei darauf achten, dass keine Ecken vom Grad 1 entstehen. Außerdem ist noch eine andere Sache wichtig: Es darf nicht passieren, dass wir ein Stück des Graphen abspalten, so dass zwei nicht miteinander zusammenhängende Teile entstehen, denn dann können wir höchstens die Städte in dem einen Teil, nicht aber in dem anderen besuchen.

Sie werden nun leicht selbst eine passende Reiseroute finden. In der Sprache der Graphentheorie ist sie ein hamiltonscher Kreis. Es gibt sogar mehrere Möglichkeiten. Wir verallgemeinern jetzt unsere Vorgehensweise. Wollen wir in einem Graphen einen hamiltonschen Kreis zeichnen (vorausgesetzt, es gibt einen), so können wir es folgendermaßen machen:

- Wenn wir eine Ecke passiert haben, streichen wir die nicht benutzten Kanten.
- Es dürfen keine Ecken mit dem Grad 1 entstehen.
- Es dürfen keine Teilgraphen abgespalten werden, die mit dem übrigen Graphen nicht zusammenhängen.

Das sind leider keine konstruktiven Regeln, es wird eher gesagt, was man nicht machen darf. Sie erinnern sich an das Königsberger Brückenproblem und die eulerschen Graphen: Hier war die Aufgabenstellung ähnlich, und wir haben gesehen, dass wir uns nur die Ecken ansehen müssen. Haben sie alle einen geraden Grad, so ist der Graph eulersch, sonst nicht. Außerdem haben wir einen Algorithmus kennen gelernt, mit dem wir garantiert eine eulersche Tour finden.

Erstaunlicherweise haben die Mathematiker noch keinen einfachen Algorithmus gefunden, mit dem man entscheiden kann, ob ein Graph hamiltonsch ist oder nicht, und auch keinen zum Auffinden eines hamiltonschen Kreises, obwohl dies ein ständiges Thema der Forschung ist. Sicher, für jeden einzelnen Graphen kann man entscheiden, ob er hamiltonsch ist, und wenn ja, einen hamiltonschen Kreis finden. Das kann man durch intelligentes Probieren schaffen. Bei Graphen mit sehr vielen Ecken kann das aber schwierig sein. Je mehr Ecken, desto schwieriger: Das ist nicht weiter überraschend. Aber worin sich die Mathematiker heute einig sind, ist wenig tröstlich: Mit steigender Eckenzahl wird die Lösung des Problems ungeheuer schwierig, so dass selbst schnelle Computer sehr viel Zeit benötigen.

Aber wir befassen uns hier nur mit kleineren Graphen und schaffen es durch intelligentes und phantasievolles Probieren!

Einige Teilergebnisse haben die Mathematiker aber schon gefunden, z.B. hat Dirac 1952 das Folgende bewiesen: Wenn ein einfacher Graph n Ecken und jede Ecke mindestens den Grad $\frac{n}{2}$ hat, dann ist er hamiltonsch. Der Beweis ist aber etwas schwierig. Dieser und andere Sätze sagen im Prinzip: Hat der Graph genügend viele Kanten, so ist er hamiltonsch. Dann gibt es nämlich genügend viele Möglichkeiten einen Kreis durch alle Ecken zu finden.

Hamiltonsche Graphen neu zeichnen

Hamiltonsche Graphen haben eine angenehme Eigenschaft: Man kann sie so umzeichnen, dass sie sehr übersichtlich werden. Die Ecken liegen ja sämtlich auf einem hamiltonschen Kreis, und diesen kann man als eine richtige Kreislinie zeichnen.

Dazu ein Beispiel: Im ersten Bild sehen wir links einen Graphen und rechts ist der hamiltonscher Kreis ABCDEFA hervorgehoben.

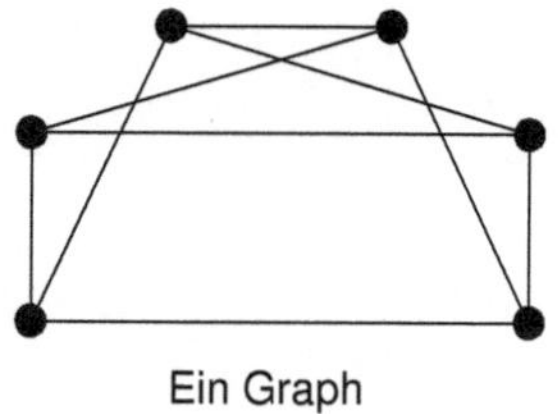
Ein Graph

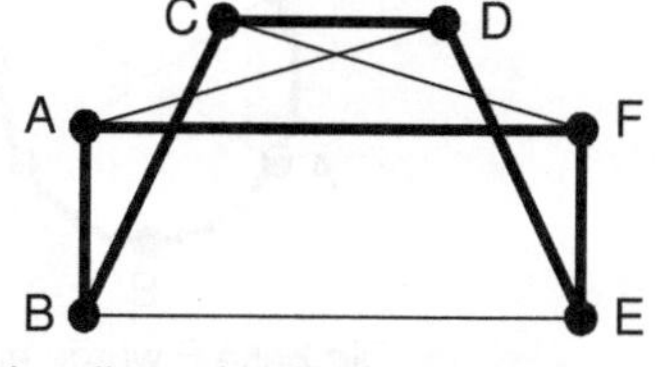

Ein hamiltonscher Kreis dieses Graphen

Nun ordnen wir die Ecken des hamiltonschen Kreises in der richtigen Reihenfolge auf einer Kreislinie an:

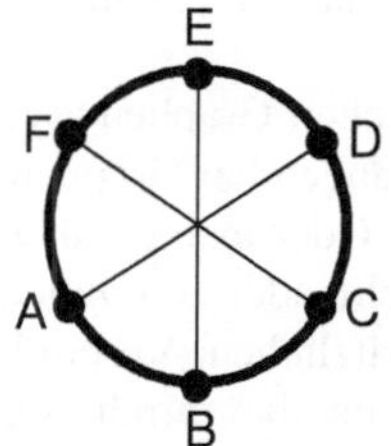

Ein dazu isomorpher Graph.
Seine Ecken liegen auf einem richtigen Kreis.

Die für den hamiltonschen Kreis nicht benötigten Kanten sind dann Diagonalen und – falls vorhanden – Schlingen.

. . . dann ist der Graph nicht hamiltonsch

Einen Kreis kann man nicht durch einen Schnitt an einer einzigen Stelle in zwei Teile zerschneiden, man braucht dafür zwei Schnitte.

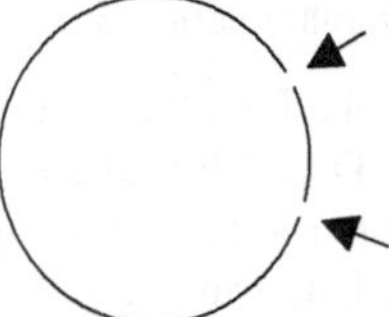
Erst zwei Schnitte teilen einen Kreis in zwei Stücke.

Ein dritter Schnitt macht aus dem Kreis drei Stücke. Allgemein: Durch n Schnitte zerfällt ein Kreis in n Teile.

Wir wenden diesen Gedanken auf einen hamiltonschen Graphen an. Zuerst zeichnen wir den Graphen so um, dass seine Ecken auf einem Kreis liegen. Entfernt man dann eine Ecke und mit ihr alle Kanten, die zu dieser Ecke führen, so bleibt der Graph immer noch zusammenhängend, selbst dann, wenn es außer dem hamiltonschen Kreis keine weiteren Kanten gibt. Für den Graphen aus dem letzten Beispiel würde das so wie in der folgenden Zeichnung aussehen, wenn man die Ecke E entfernt.

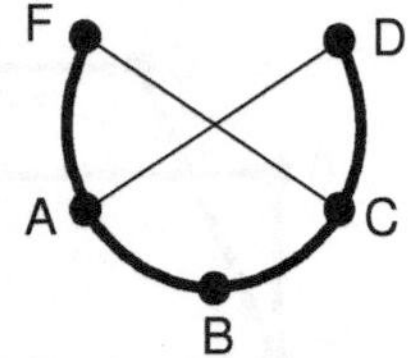

Die Ecke E wurde entfernt.

Wir können das auch anders formulieren: Ist es möglich, in einem Graphen eine Ecke zu entfernen und mit ihr alle Kanten, die in ihr enden, und zerfällt der Graph dann in zwei oder mehr Teile, die nicht miteinander zusammenhängen, so ist der Graph nicht hamiltonsch.

Entfernt man in einem hamiltonschen Graphen zwei Ecken, so erhält man möglicherweise wieder einen zusammenhängenden Graphen, z. B. wenn die beiden Ecken auf dem Kreis nebeneinander liegen. Oder man erhält zwei einzelne Teile des Kreises. Falls diese durch innere Kanten miteinander verbunden sind, bleibt der Graph zusammenhängend. Wenn es solche zusätzlichen Verbindungen nicht gibt, zerfällt der Graph in zwei Teile. Drei Teile können aber durch zwei Schnitte nicht entstehen. Wir sehen uns den folgenden hamiltonschen Graphen an.

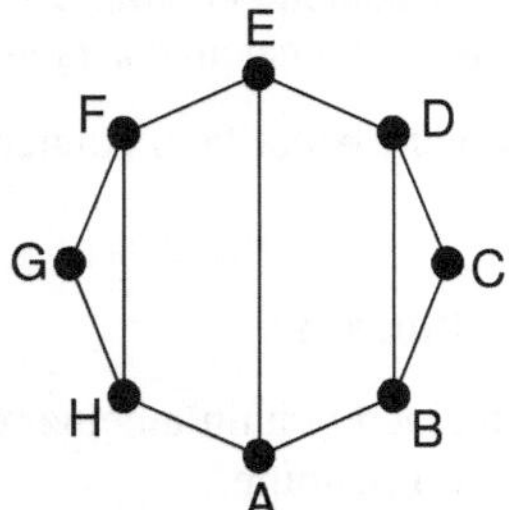

Ein hamiltonscher Graph

Leicht einzusehen ist, dass der restliche Graph zusammenhängend ist, wenn man zwei nebeneinander liegende Ecken, z.B. D und E und alle Kanten, die in D oder E enden, entfernt. Aber auch in anderen Fällen kann der Graph zusammenhängend bleiben, nachdem man zwei Ecken entfernt hat. Das ist z.B. bei G und E der Fall, wie die folgende Zeichnung zeigt.

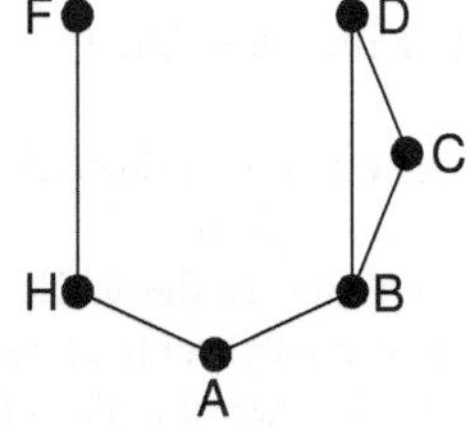

Die Ecken E und G wurden entfernt.

In anderen Fällen kann aber der Graph dadurch, dass wir zwei Ecken mit all ihren Kanten entfernen, in zwei Teile zerfallen, wobei ein Teil auch eine isolierte Ecke sein kann. In den folgenden Zeichnungen wurden die Ecken B und E bzw. B und D entfernt.

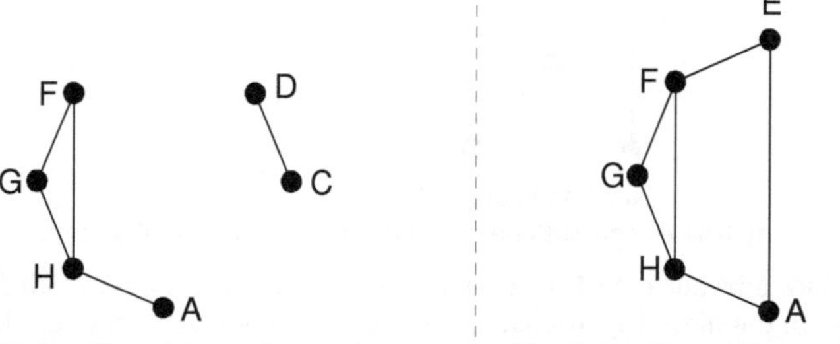

Die Ecken B und E wurden entfernt. Die Ecken B und D wurden entfernt.

Wie wir oben gesehen haben, ist es aber nicht möglich, aus dem Graphen durch Wegnehmen von zwei Ecken und ihren Kanten drei Teile zu erhalten.

Allgemein können wir sagen: Entfernt man aus einem hamiltonschen Graphen n Ecken und mit ihnen alle Kanten, die in diesen Ecken enden, so zerfällt er in höchstens n zusammenhängende Teilgraphen. „Höchstens" heißt es deshalb, weil zwischen den übrig gebliebenen Ecken möglicherweise Querverbindungen bestehen, die nicht Teil des hamiltonschen Kreises sind. Auf keinen Fall können $n+1$ oder mehr Teilgraphen entstehen. Wir erhalten also folgendes Ergebnis:

Löscht man in einem hamiltonschen Graphen n Ecken, so zerfällt der Graph in höchstens n Teilgraphen.

„Eine Ecke löschen" – das ist ein Abkürzung für die umständliche Formulierung „eine Ecke entfernen und mit ihr alle Kanten, die in dieser Ecke enden."

Ist es möglich, aus einem Graphen n Ecken und die daran hängenden Kanten zu entfernen, so dass dadurch n + 1 Teilgraphen entstehen, die nicht mehr zusammenhängen, so war der ursprüngliche Graph nicht hamiltonsch. Das ist der Inhalt des eingerahmten Satzes, nur anders formuliert.

Ein Beispiel: Löscht man in dem folgenden Graphen 2 Ecken, nämlich A und B, so bleiben 3 Teilgraphen übrig, die nicht miteinander zusammenhängen. Also ist der ursprüngliche Graph nicht hamiltonsch.

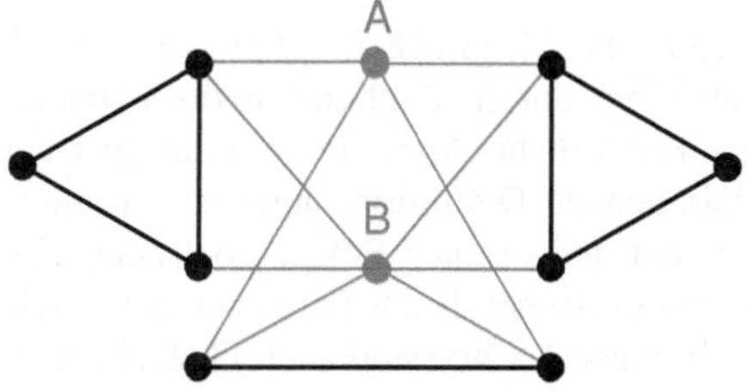

Ein Graph, der nicht hamiltonsch ist

Ein schlechtes Beispiel gibt es auch: Löscht man in dem folgenden Graphen eine beliebige Ecke, so bleibt der Rest zusammenhängend. Daraus zu schließen, dass der Graph hamiltonsch ist, wäre ein Fehler, denn er ist es nicht.

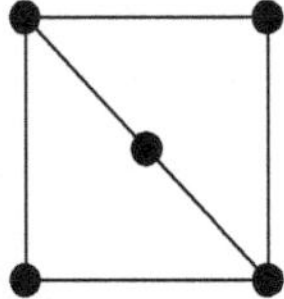

Nicht hamiltonsch!

Aber: Löscht man eine Kante, egal welche, so ist der Rest zusammenhängend.

Der eingerahmte Satz gibt nur eine Eigenschaft von Graphen an, die wirklich hamiltonsch sind. Graphen, die diese Eigenschaft nicht haben, können also unter gar keinen Umständen hamiltonsch sein. Wir können den Satz also gut benutzen um zu begründen, dass wir in einem Graphen keinen hamiltonschen Kreis finden können, aber nicht umgekehrt.

Hier kommt der Begriff **Teilgraph** vor. Wir holen die Definition jetzt nach: Ein Graph H heißt Teilgraph eines Graphen G, wenn alle Ecken von H auch Ecken von G und alle Kanten von von H auch Kanten von G sind. Ein Teilgraph von G entsteht also dadurch, dass wir aus dem gegebenen Graphen Kanten entfernen oder dass wir aus ihm Ecken entfernen und zugleich alle Kanten, die in diesen Ecken enden. Sie können dazu das folgende Nikolaus-Haus als Beispiel betrachten.

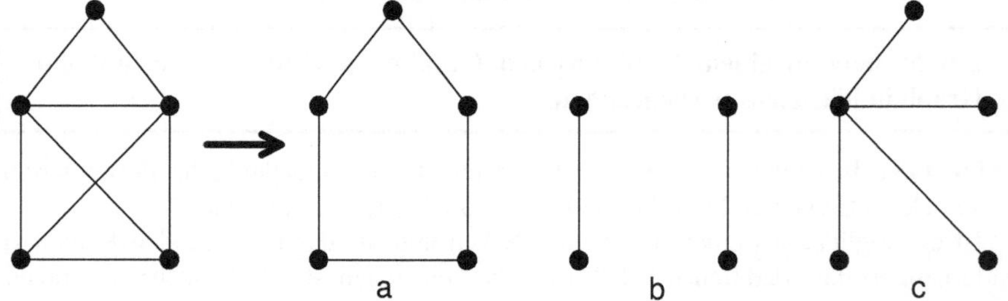

Ein Graph und drei seiner Teilgraphen

Kreise und Wege

Wenn sich die jungen Leute die Möglichkeit offen lassen wollen, ihre Reisepläne abzukürzen und nicht unbedingt durch sämtliche Städte kommen wollen, so ist ihre Route kein hamiltonscher Kreis mehr. Man nennt derartige Kantenzüge in Graphen auch einfach „Kreise“. Die genaue Definition lautet so: In einem Graphen heißt ein geschlossener Kantenzug, der jede seiner Ecken höchstens einmal enthält, **Kreis**. Oder: Ein Kreis ist ein geschlossener Kantenzug, der sich nicht selbst überkreuzt, jedenfalls nicht in Ecken. In diesem Sinne sind auch Dreiecke und Vierecke Kreise.

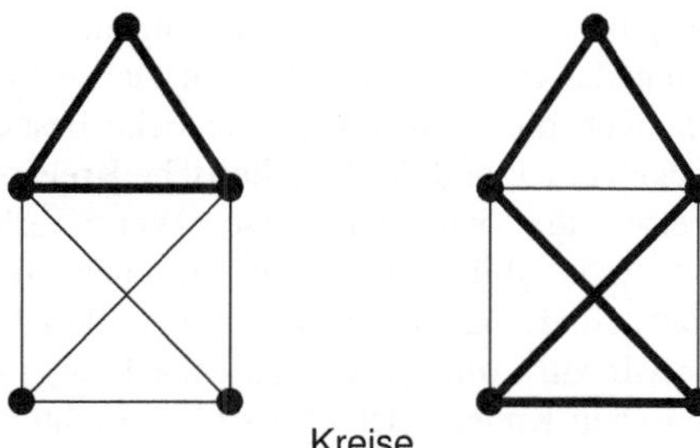
Kreise

Wir sehen, ein Kreis braucht nicht durch alle Ecken des Graphen hindurch zu führen. Tut er es dennoch, ist er ein hamiltonscher Kreis, und der Graph ist hamiltonsch.

Wesentlich bei einem Kreis ist also, dass er durch jede seiner Ecken nur einmal hindurch geht und dass er geschlossen ist. Lässt man die Forderung „geschlossen" fallen, so erhält man einen „Weg". Ein **Weg** ist also ein Kantenzug, der jede seiner Ecken höchstens einmal enthält. Ähnlich wie beim Kreis können wir auch sagen, ein Weg ist ein Kantenzug, der sich nicht überkreuzt. Somit ist ein Kreis ein geschlossener Weg.

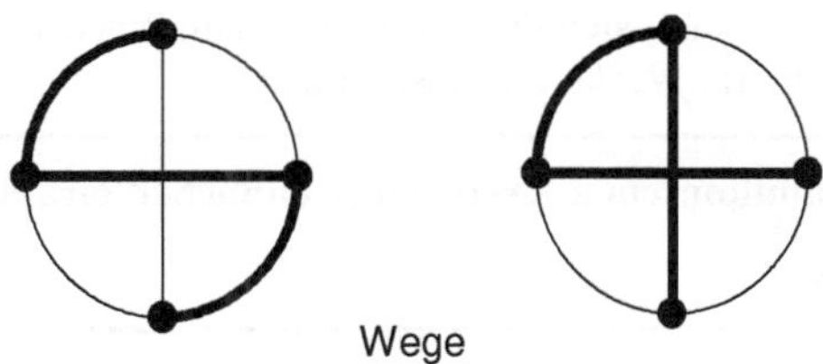
Wege

Wie viele hamiltonsche Kreise gibt es?

Wir erinnern uns: Ein vollständiges Vieleck enthält außer den Seiten sämtliche Diagonalen. Wir wissen auch, welche vollständigen Vielecke eulersch sind: Es sind die mit ungerader Eckenzahl.

Dass die vollständigen Vielecke ausnahmslos hamiltonsch sind, sieht man sofort. Wir können sogar herausfinden, wie viele hamiltonsche Kreise es gibt! Bei einem Dreieck finden wir nur einen einzigen hamiltonschen Kreis, das Dreieck selbst. Aber bei einem vollständigen Viereck gibt es schon 3 hamiltonsche Kreise:

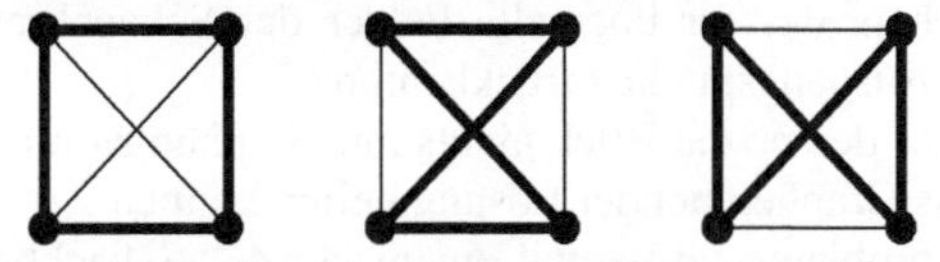
Die hamiltonschen Kreise eines vollständigen Vierecks

Hat das vollständige Vieleck n Ecken, so setzen wir den Stift in einer beliebigen Ecke an. Für den Anfang unseres hamiltonschen Kreises haben wir n–1 Kanten zur Auswahl. Wir entscheiden uns für eine von ihnen. Von der End-Ecke dieser Kante können wir zu n–2 weiteren Ecken gelangen, in denen wir noch nicht waren. Zu jeder

der n–1 ersten Kanten gibt es also n–2 Fortsetzungen. Zusammen haben wir (n–1) · (n–2) Möglichkeiten die ersten beiden Kanten zu zeichnen. Wir fahren mit dem Stift weiter, bis wir auch die letzte noch freie Ecke besucht haben; von dort kehren wir zur Anfangsecke zurück und der hamiltonsche Kreis ist fertig. Die Anzahl der hamiltonschen Kreise, die wir auf diese Weise erhalten können, ist (n–1) · (n–2) · (n–3) · . . . 1. Es ist üblich für diesen Rechenausdruck (n–1)! zu schreiben, gelesen:„n–1 Fakultät". Allerdings haben wir hierbei alle Kreise doppelt gezählt, denn die Kante, auf der wir zur Anfangsecke zurückkehren, ist zugleich die erste Kante desselben hamiltonschen Kreises, der in der Gegenrichtung durchlaufen wird. Aber da wir nicht darauf achten wollen, in welcher Richtung wir den Kreis durchlaufen, müssen wir unsere Anzahl noch halbieren. Wir erhalten das Ergebnis:

Die Anzahl der hamiltonschen Kreise eines vollständigen n-Ecks ist $\frac{(n-1)!}{2}$**.**

Damit haben wir auch eine obere Grenze für die Anzahl der hamiltonschen Kreise eines beliebigen einfachen Graphen gefunden. Ergänzen wir ihn nämlich zu einem vollständigen Vieleck, so kann sich die Anzahl der hamiltonschen Kreise nur vergrößern, aber nicht verkleinern. Wir können also sagen:

Die Anzahl der hamiltonschen Kreise eines einfachen Graphen mit n Ecken ist höchstens $\frac{(n-1)!}{2}$**.**

Reguläre Graphen

Die vollständigen Vielecke gehören zu den Graphen, in denen alle Ecken den gleichen Grad haben, und uns werden noch mehr solche Graphen begegnen. Man nennt sie **regulär**. Wenn man zusätzlich ausdrücken will, dass die Ecken dabei einen bestimmten Grad – etwa g – haben, nennt man den Graphen **regulär vom Grad g**. Zum Beispiel ist das vollständige n-Eck regulär vom Grad n–1.

Für Schachspieler

Kann ein Turm so ziehen, dass er über alle Felder des Schachbretts genau einmal kommt, und zu seinem Ausgangspunkt zurückkehren?

Diese Aufgabe hat auf den ersten Blick nichts mit Graphen zu tun, aber wir werden sogleich sehen, dass uns Graphen bei der Lösung helfen können.

Zur Vereinfachung probieren wir es mit einem 4×4 – Schachbrett. Aber was ist der Graph? Eine passende Möglichkeit ist, die Felder als Ecken und die Zugmöglichkeiten als Kanten zu nehmen.

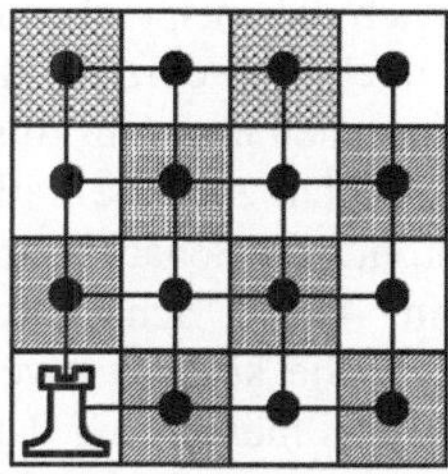

Zugmöglichkeiten eines Turms

Dabei gestehen wir dem Turm ausnahmsweise nur Einerschritte zu, als hätte er Fußfesseln. Dann ist die Aufgabe äquivalent zu der, einen hamiltonschen Kreis zu finden. Und den gibt es:

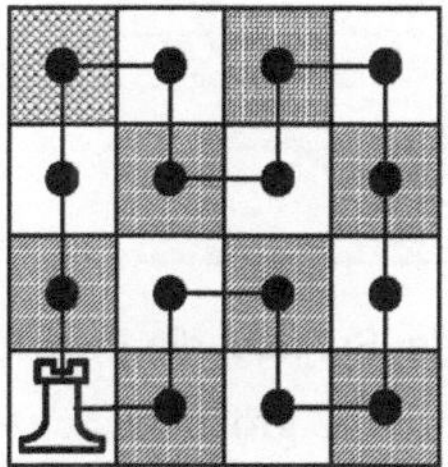

Der Turm zieht über jedes Feld genau einmal.

Die entsprechende Aufgabe für ein 5×5 – Schachbrett ist nicht lösbar. Das können Sie leicht einsehen. Um zu seinem Startfeld zurückzukehren, muss der Turm nämlich 25 mal ziehen, da das Schachbrett 25 Felder hat. Er wechselt bei jedem Zug die Farbe des Feldes. Wenn zum Beispiel das Startfeld schwarz ist, ist das 1. Feld, auf das er zieht, weiß. Ebenso ist das 3. weiß, und jedes andere mit ungerader Nummer ist ebenfalls weiß, auch das 25. Feld. Das kann dann nicht das Startfeld sein, denn das ist schwarz. Allgemein: Soll ein Turm auf einem $n \times n$ – Schachbrett über alle Felder genau einmal ziehen und zum Ausgangspunkt zurückkehren, so ist dies möglich, falls n gerade ist, und es ist nicht möglich, falls n ungerade ist.

Lässt man allerdings auch große Schritte zu, so kann ein Turm durchaus auch auf einem Schachbrett mit ungerader Eckenzahl alle Felder besuchen und zum Ausgangspunkt zurückkehren. Die folgende Zeichnung zeigt ein 3×3 – Schachbrett mit einem solchen hamiltonschen Kreis.

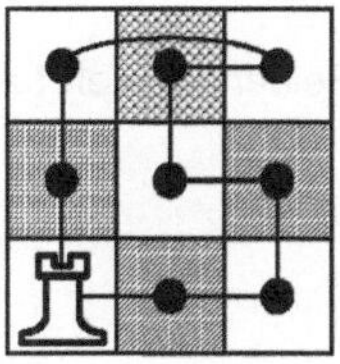

Ein hamiltonscher Kreis mit einem großen Schritt

Nach dem Turm können wir versuchen die entsprechende Aufgabe für andere Figuren zu lösen. Dafür ist eigentlich nur noch eine einzige Figur interessant, der Springer. Kann er alle Felder genau einmal besuchen und zum Ausgangspunkt zurückkehren?

Auch ein Springer wechselt bei jedem Zug die Farbe des Feldes. Also kann die Aufgabe ebenfalls, wenn überhaupt, nur für Schachbretter lösbar sein, die eine gerade Anzahl von Feldern haben. Für ein 4×4 – Schachbrett ist sie aber trotzdem nicht lösbar. Das liegt an den Eckfeldern. Sie können jeweils nur von zwei bestimmten Feldern erreicht werden. Von ihnen aus müssen wir dann auch gleich zur gegenüber liegenden Ecke springen, sonst kommen wir nie dort hin. Es entsteht also ein Kreis, der nur 4 Felder enthält, und aus dem kommen wir nicht mehr heraus.

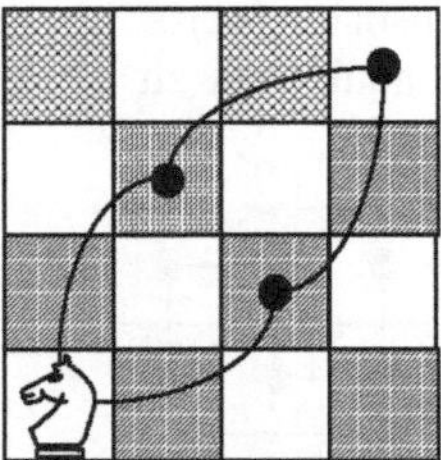

Wie erreicht der Springer die Eckfelder?

Für ein 6×6 – Schachbrett und für alle größeren Schachbretter mit gerader Felderzahl kann der Springer jedoch jedes Feld besuchen und zum Ausgangsfeld zurückkehren. Es ist aber sehr mühsam, eine Lösung zu finden. Hier ein Beispiel für 36 Felder:

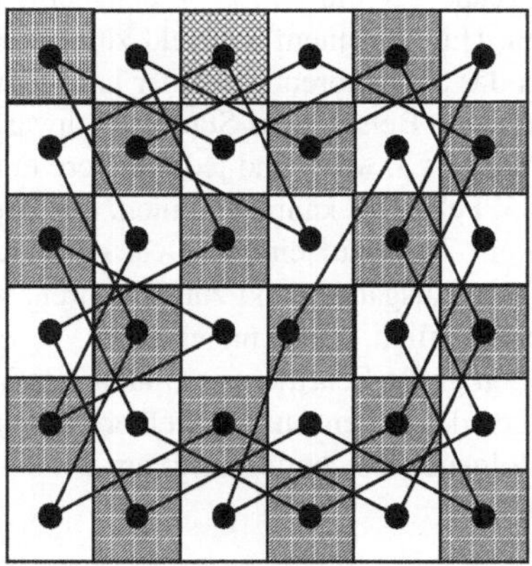

Ein Springer hüpft über alle Felder und kehrt zum Startfeld zurück.

Hamiltons Spiel

Auch ein großer Mathematiker kann sich für Spiele interessieren. Von Hamilton weiß man, dass er sogar ein Spiel erfunden hat. Es ist für zwei Spieler gedacht. Man benötigt ein Spielbrett, das folgendermaßen aussieht:

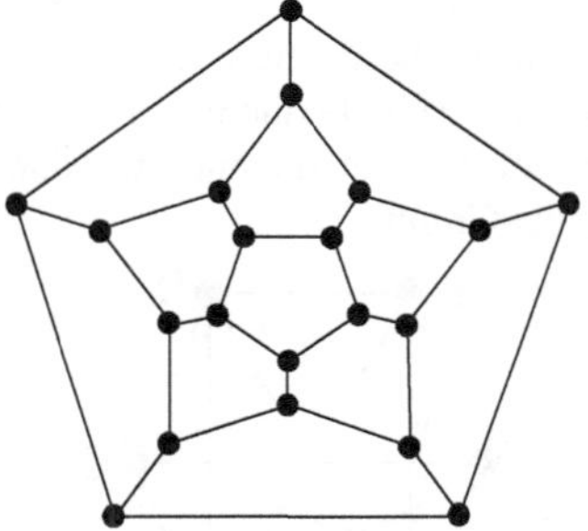

Hamiltons Spielbrett

Die Spielfelder stellen 20 Städte dar und das Spiel heißt „Reise um die Welt". Außerdem braucht man 20 Spielsteine mit den Nummern 1 bis 20. Diese dürfen auf die „Städte" gesetzt werden. Der erste Spieler beginnt die Reise, indem er die Steine 1 bis 5 nacheinander so setzt, dass sie eine zusammenhängende Kette bilden. Der zweite Spieler setzt die Reise durch die Welt fort, indem er die restlichen 15 Steine auf die Felder setzt, so dass insgesamt eine Rundreise entsteht. Da wir uns in Graphen auskennen, sehen wir sofort, dass die Figur auf dem Spielbrett ein Graph ist (der Dodekaeder-Graph, siehe Kapitel 8), und wir können die Spielregel so formulieren: Der erste Spieler gibt einen Weg vor, der aus 4 Kanten besteht. Der zweite Spieler ergänzt ihn zu einem hamiltonschen Kreis. Die folgende Zeichnung zeigt ein Beispiel.

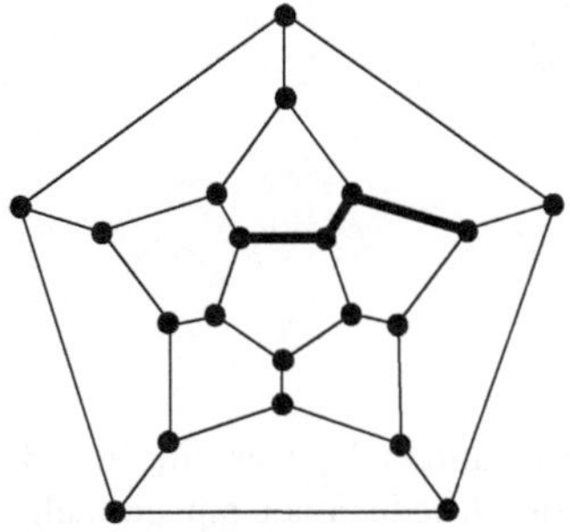

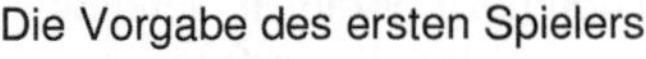

Die Vorgabe des ersten Spielers

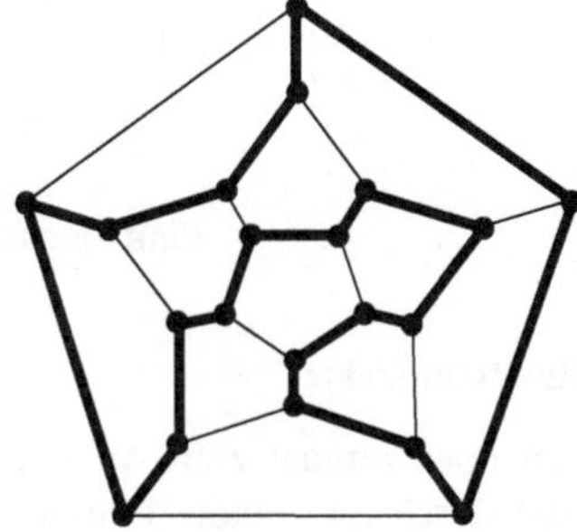

Des Gegenspieler ergänzt zu einem hamiltonschen Kreis.

Man kann beweisen, dass es immer mindestens zwei Lösungen gibt. Hamilton hat auch jemanden gefunden, der das Spiel vermarktet, aber der Verkaufs-Erfolg war enttäuschend.

Sitzordnungen

Sechs Personen sollen an einem runden Tisch Platz nehmen, so dass jeder zwischen zwei Personen sitzt, die er schon kennt. Die Personen heißen A, B, C, D, E und F und in den folgenden Gruppen kennt jeder jeden:

A, B, D, E B, C, F A, F C, D

Kann man die Personen wie gewünscht platzieren?

Auch diese Aufgabe lösen wir sehr bequem mit einem Graphen. Den Personen sollen die Ecken entsprechen und Kanten zeichnen wir dann, wenn sich die Personen kennen. Es entsteht der folgende Graph:

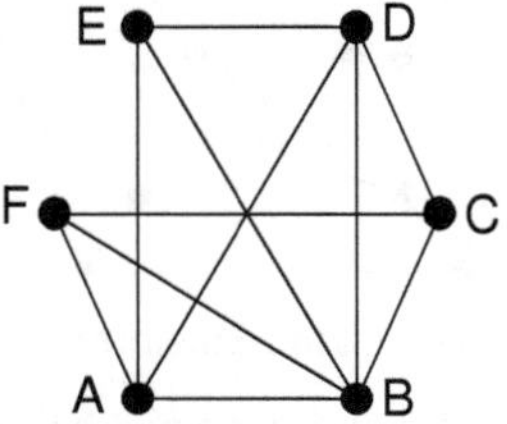

Der Bekanntschaftsgraph

Dieser Graph ist hamiltonsch. Wir setzen die Leute entsprechend einem hamiltonschen Kreis an den Tisch, dann sitzt jeder wie gewünscht neben zwei Bekannten. Ein Beispiel:

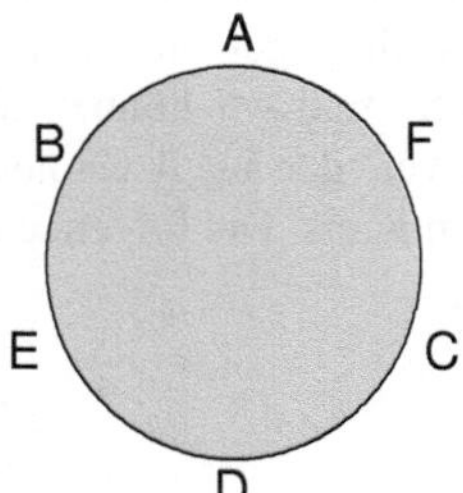

Eine mögliche Sitzordnung

Eine billige Rundreise

Wir kehren noch einmal zum Anfang des Kapitels zurück: Es war eine Rundreise geplant, die durch alle Städte führen sollte, aber durch jede Stadt nur einmal. Nun ändern wir die Aufgabe ab: Diesmal ist kein Pauschalpreis zu bezahlen, sondern für die Fahrt von einer Stadt zur anderen wird ein bestimmter Fahrpreis verlangt, der von der Streckenlänge abhängt, und der Fahrpreis für die gesamte Rundfahrt setzt sich aus den Preisen für die Einzelstrecken zusammen. Die Planung wird jetzt durch die knappe Kasse der Reiseteilnehmer erschwert, die Reise soll nämlich möglichst billig werden. Wir sehen uns das an einem einfachen Beispiel an:

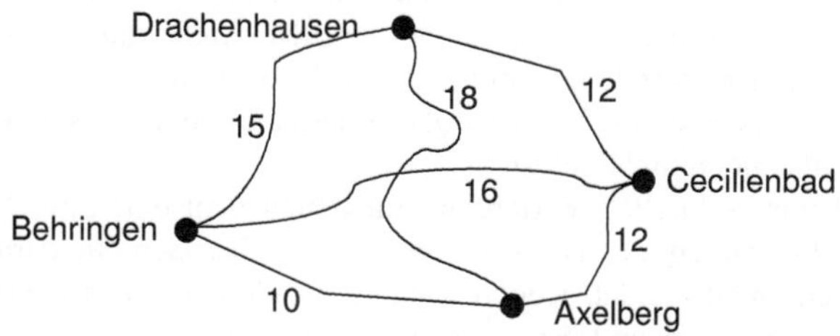

Was kostet eine Rundfahrt durch alle Städte?

Zum Glück sind hier nur drei verschiedene Rundfahrten möglich (wenn man von der Fahrtrichtung absieht) und wir können leicht ausrechnen, was jede Rundfahrt kostet:

Rundfahrt	Preis
A-B-D-C-A	49
A-B-C-D-A	56
A-C-B-D-A	61

Wir entscheiden uns für die erste Rundfahrt, denn sie ist am billigsten.

Die Städte und ihre Verbindungen stellen wieder einen Graphen dar. Neu sind die Zahlen, die neben den Kanten stehen. Man nennt eine Zuordnung, die jeder Kante eine Zahl zuordnet, eine **Bewertung** des Graphen und einen Graphen mit Bewertung einen **bewerteten Graphen**.

Ein vielleicht unlösbares Problem

Bei der geplanten Rundreise ist also ein hamiltonscher Kreis mit möglichst niedrigem Gesamtwert gesucht. Das Problem ist als **Traveling Salesman Problem** bekannt: Ein Geschäftsmann muss in mehreren Orten Kunden betreuen und danach in sein Büro zurückkehren. Er möchte seine Fahrtroute so planen, dass er durch jeden Ort nur einmal kommt und dass außerdem die zurückgelegte Strecke möglichst kurz wird.

In unserem Beispiel konnten wir die Aufgabe schnell lösen, weil es nur ein kleiner Graph war. Bei 6 Städten, von denen jede mit jeder anderen verbunden ist, sind 60 verschiedene Rundfahrten möglich. Das wissen wir, weil ein vollständiges 6-Eck $\frac{5!}{2} = 60$ hamiltonsche Kreise hat. Aber bei 20 Städten sind es schon 1 216 451 004 088 320 000. Diese Kreise müssen alle gefunden und der Gesamtwert für jeden von ihnen muss berechnet werden. Schafft ein Computer 10 000 000 solche Berechnungen in einer Sekunde, so braucht er für die Erledigung dieser Aufgabe ungefähr 193 Jahre. Es fragt sich, ob sich dann noch jemand für die Lösung interessiert.

Schön wäre es, man hätte einen Algorithmus, mit dem man bei jedem beliebigen bewerteten Graphen automatisch den hamiltonschen Kreis mit niedrigstem Wert findet, und das in einer vertretbaren Zeit. Eine solche Methode kennt aber zur Zeit niemand, obwohl Tausende von Mathematikern daran arbeiten. Das Traveling Salesman Problem ist also noch nicht gelöst.

Bekannt sind nur „schnelle" Verfahren, mit denen man eine „gute" Lösung der Aufgabe findet, ohne Garantie, dass es die beste ist. Sie beruhen alle darauf, dass man Kanten mit großem Wert meidet, jedoch Kanten mit kleinem Wert bevorzugt. Daran können wir bei unseren eigenen Lösungsversuchen denken.

Wenn man das Traveling Salesman Problem gelöst hat, wenn man also ein Verfahren kennt, mit dem man zu jedem beliebigen Graphen in nicht zu langer Zeit einen hamiltonschen Kreis mit kleinstem Gesamtwert finden kann (falls es überhaupt einen hamiltonschen Kreis gibt), dann hat man automatisch auch das Problem der hamiltonschen Graphen gelöst, d.h. man kann dann auch entscheiden, ob ein Graph hamiltonsch ist oder nicht.

Dass das so ist, können wir einsehen, wenn wir den Graphen, von dem wir prüfen wollen, ob er hamiltonsch ist, zu einem vollständigen Graphen ergänzen. An die Kanten des ursprünglichen Graphen schreiben wir dann eine 0, an die neuen Kanten eine 1. Ist das Traveling Salesman Problem gelöst, so finden wir einen hamiltonschen Kreis mit kleinstem Gesamtwert. Ist er 0, so benutzt dieser hamiltonsche Kreis nur Kanten des ursprünglichen Graphen; ist er größer als 0, so benutzt er auch neue Kanten. Im ersten Fall ist der ursprüngliche Graph hamiltonsch, im zweiten Fall nicht.

Die Aufgabe eine kürzeste Rundfahrt durch alle Städte zu finden, also das Traveling Salesman Problem, scheint mit einer anderen Aufgabe eng zusammenzuhängen, nämlich einen kürzesten Weg von einem Ort A zu einem Ort B zu finden. Dieser Zusammenhang besteht aber tatsächlich nicht; denn um einen kürzesten Weg von A nach B zu finden, gibt es bereits ein Verfahren, das ein Computer in vertretbarer Zeit lösen kann, den Algorithmus von Dijkstra. Wir werden ihn im Kapitel über Bäume kennen lernen. Leider hilft er uns nicht, eine Rundreise durch den ganzen Graphen zu finden und damit das Traveling Salesman Problem zu lösen.

Gesucht: Bäcker mit Kenntnissen in Graphentheorie

Nicht nur bei Rundreisen, sondern auch bei Produktionsprozessen treten bewertete Graphen auf und manchmal ist ein hamiltonscher Kreis mit niedrigstem Gesamtwert gesucht. Dafür ein Beispiel: Ein Bäcker will an einem Tag Mischbrot, Baguettebrot, außerdem Zwiebelbrötchen, Rosinenbrötchen und Knusperbrötchen backen. Wenn er mit einer Sorte fertig ist, müssen die Maschinen gereinigt und neu eingestellt werden. Jede dieser Änderungen dauert eine gewisse Zeit und wir wollen annehmen, dass sie unabhängig von der Richtung der Änderung ist; aber natürlich hängt sie von der Teigart und der Größe der Backprodukte ab. Wir könnten dies in einer Tabelle erfassen, wir zeichnen aber gleich den passenden Graphen, wobei die großen Buchstaben für die Brote und die kleinen für die Brötchen stehen. Die Zahlen sind Zeiteinheiten.

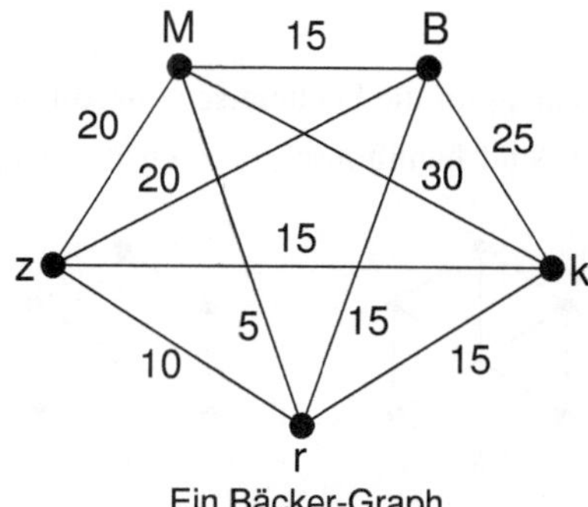

Ein Bäcker-Graph

Die unproduktiven Zwischenzeiten möchte der Bäcker möglichst kurz halten. Wir wandeln diese Aufgabe in eine Graphen-Aufgabe um. Wir kennen sie schon: Es ist ein hamiltonscher Kreis mit möglichst geringer Gesamtbewertung gesucht. Dieser Graph hat noch nicht allzu viele hamiltonsche Kreise und wir können durch Probieren günstige Lösungen finden und dem Bäcker vorschlagen: M-r-k-z-B-M oder M-r-z-k-B-M mit je 70 Zeiteinheiten.

Zusätzliche Informationen

- Bei manchen Graphen konnten wir sehen, dass sie nicht hamiltonsch sind: Wir können in ihnen eine Ecke entfernen und mit ihr alle Kanten, die in dieser Ecke enden. Ist der Restgraph nicht zusammenhängend, so ist der ursprüngliche Graph nicht hamiltonsch. Man nennt einen solchen Graphen einen **eckengelöschten Graphen**. Ist G der ursprüngliche Graph und E die Ecke, die wir herausnehmen, so bezeichnet man mit G–E den dadurch entstehenden eckengelöschten Graphen. Er enthält alle Ecken außer E und alle Kanten außer denen, die in E enden. Entsprechend schreibt man $G-\{E_1, E_2, E_3, ...\}$ für einen Graphen, der durch Löschung von mehreren Ecken entsteht.
- In dem Satz von Dirac, der eine hinreichende Bedingung für hamiltonsche Graphen liefert, ist $n \geq 2$ vorauszusetzen.

Aufgaben

1. Machen Sie einen Vorschlag für die Städtereise vom Anfang des Kapitels.
2. Die folgenden Graphen sind hamiltonsch. Zeichnen Sie je einen hamiltonschen Kreis ein.

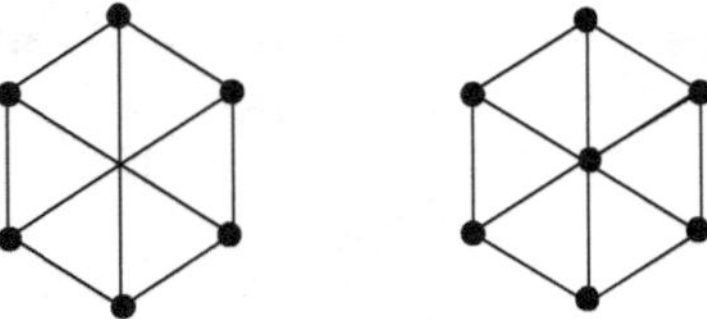

3. Von den folgenden Graphen sind drei nicht hamiltonsch. Finden Sie sie heraus. Zeichnen Sie bei den anderen jeweils einen hamiltonschen Kreis ein.

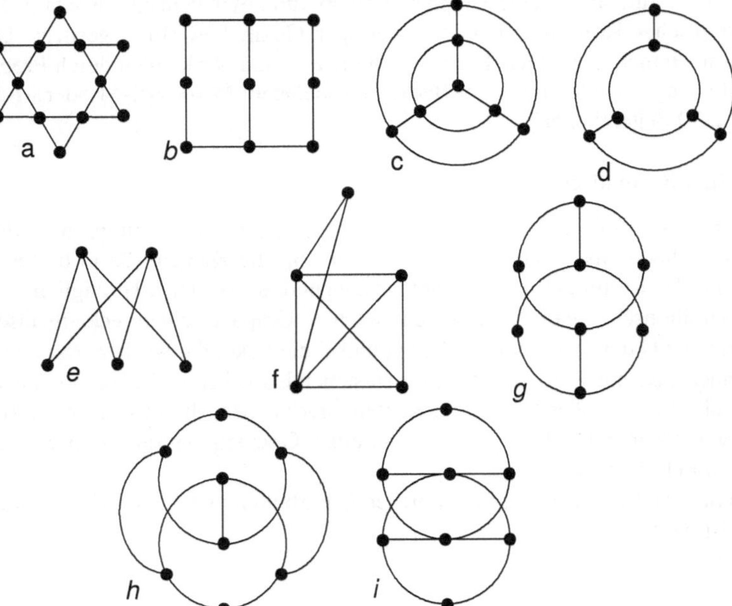

4. Zeichnen Sie einige der hamiltonschen Graphen der Aufgaben 2 und 3 so um, dass ihr hamiltonscher Kreis eine richtige geometrische Kreislinie bildet.
5. Begründen Sie, dass dieser Graph nicht hamiltonsch ist, indem Sie 2 Ecken entfernen

.

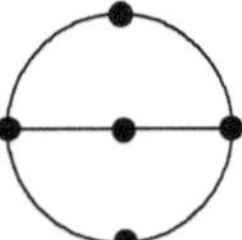

6. Ist ein Mühlebrett ein hamiltonscher Graph?
7. Begründen Sie, dass dieser Graph nicht hamiltonsch ist.

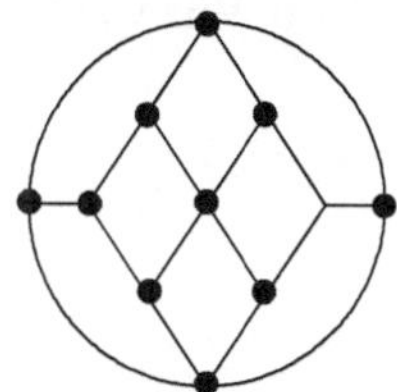

8. Begründen Sie, dass dieser Graph hamiltonsch ist, indem Sie einen hamiltonschen Kreis einzeichnen.

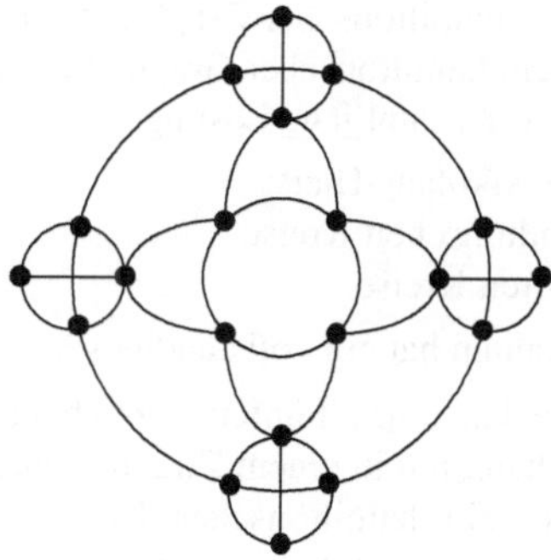

9. Begründen Sie:
   a. Alle Wege sind Touren.
   b. Nicht alle Touren sind Wege.
10. Gibt es einen Graphen, in dem eine eulersche Tour zugleich ein hamiltonscher Kreis ist?
11. Zeichnen Sie in einen Graphen, der nicht hamiltonsch ist, weitere Kanten ein, so dass ein hamiltonscher Graph entsteht. Versuchen Sie es mit möglichst wenigen Kanten.
12. Zeichnen Sie alle einfachen hamiltonschen Graphen
   a. mit 3 Ecken.
   b. mit 4 Ecken.
   c. Warum ist der Zusatz „einfach" in dieser Aufgabe wichtig?
13. Wie viele Kreise enthalten diese Graphen?
    Wie viele hamiltonsche Kreise enthalten sie?

a b

14.

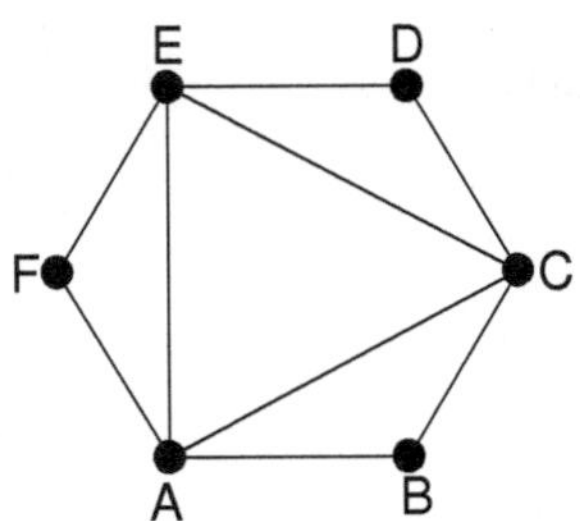

a. Wie viele hamiltonsche Kreise hat dieser Graph?
b. Wie viele Wege gibt es von B nach D?

15. Stellen Sie sich bei den folgenden Aufgaben einfache Graphen vor.
    a. Wie viele Ecken hat ein eulerscher Graph mit 6 Kanten?
    b. Wie viele Kanten hat ein eulerscher Graph mit 6 Ecken?
    c. Wie viele Ecken hat ein hamiltonscher Graph mit 6 Kanten?
    d. Wie viele Kanten hat ein hamiltonscher Graph mit 6 Ecken?

    Zusatz: Versuchen Sie jeweils sämtliche Lösungen zu finden!

16. Noch eine Aufgabe zum Nikolaus-Haus:
    a. Zeichnen Sie alle hamiltonschen Kreise.
    b. Zeichnen Sie alle anderen Kreise.

17. Wie viele Wege mit 3 Kanten hat ein vollständiges Viereck?

18. Wenn man alle Diagonalen eines Fünfecks zeichnet und die Seiten weglässt, entsteht ein Stern. Man kann ihn in einem Zug, der durch alle Spitzen geht, zeichnen. Der Stern ist also ein hamiltonscher Kreis. – Beim Sechseck entsteht ebenfalls ein Stern. Kann man auch bei ihm einen geschlossenen Linienzug durch alle Spitzen des Sterns, d.h. einen hamiltonschen Kreis zeichnen?

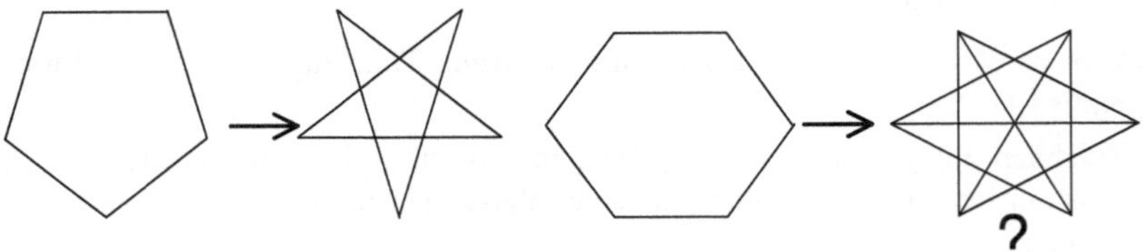

19.

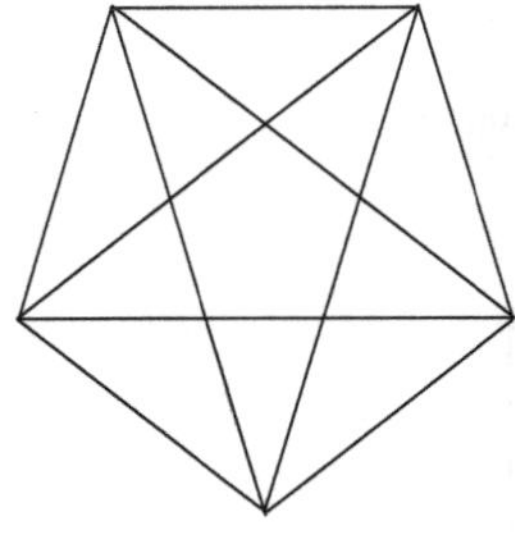

In ein regelmäßiges Fünfeck mit allen seinen Diagonalen soll eine Linie gezeichnet werden, die durch alle Ecken hindurchgeht, nur die vorgegebenen Strecken benutzt und zum Ausgangspunkt zurückführt. Das Fünfeck selbst ist eine solche Linie. Es gibt aber noch drei anders geformte Linien mit dieser Eigenschaft. Zwischen kongruenten Linien wird kein Unterschied gemacht. Zeichnen Sie alle diese Linien!
Welche Lösungen gibt es bei einem regelmäßigen Sechseck?

20. 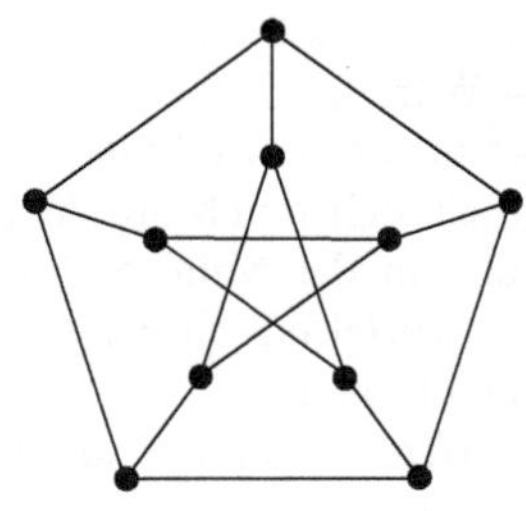

Sie sehen hier wieder den Petersen-Graphen, den Sie schon aus dem 1. Kapitel kennen (Aufgabe 16).

a. Zeichnen Sie einen Weg (keinen Kreis) durch alle 10 Ecken.
b. Zeichnen Sie Kreise durch 5, 6, 8 und 9 Ecken.
c. Die Aufgabe, einen hamiltonschen Kreis zu zeichnen, wäre eine Gemeinheit, weil es keinen gibt. Das zu beweisen, ist aber nicht einfach. Im 9. Kapitel („Farben") finden Sie einen Beweis (Lösungshinweis zu Aufgabe 10).

21. Schwierig: Versuchen Sie einen Graphen zu finden, in dem alle Ecken mindestens den Grad 4 haben und der nicht hamiltonsch ist.
22. Schwierig: Zeichnen Sie in diesem Graphen einen hamiltonschen Kreis.

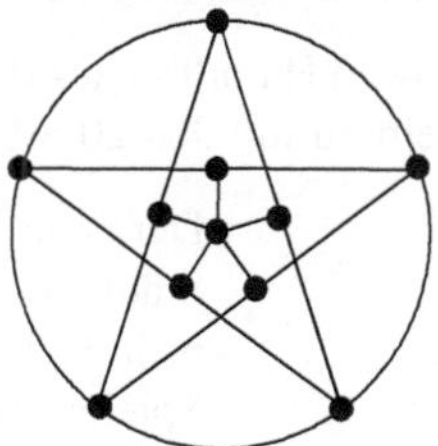

23. Ein Geschäftsmann muss an einem Tag Kunden besuchen, die an verschiedenen Orten wohnen. Er will durch jeden Ort genau einmal kommen. Sein Büro ist in A, wo er startet und wo er auch wieder ankommen möchte. Kann er das schaffen?

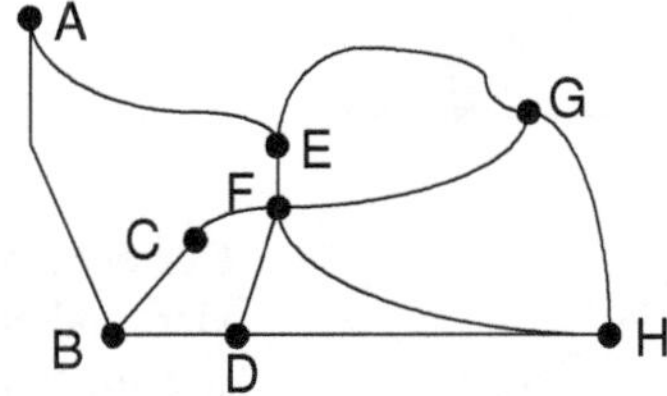

Die Landkarte des Geschäftsmanns

24. Zeichnen Sie auf einem 6×6 – Schachbrett (einem 8×8 – Schachbrett) den Weg eines Turms ein, der jedes Feld genau einmal betritt und dann zum Ausgangsfeld zurückkehrt.
25. Zeichnen Sie auf einem 4×4 – Schachbrett mehrere hamiltonsche Kreise eines Turms ein.

26.

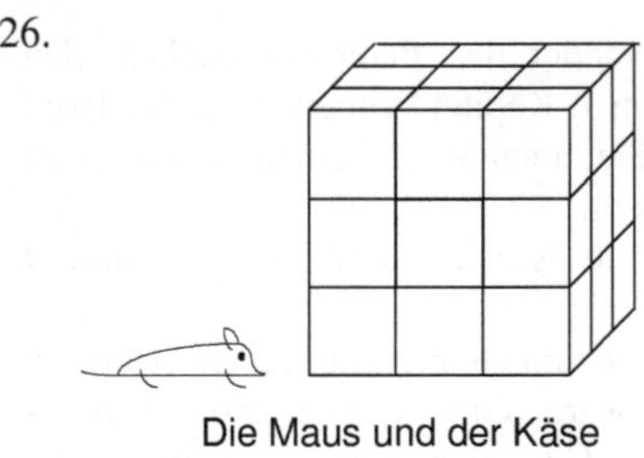

Die Maus und der Käse

Ein großer Käse hat die Form eines Würfels mit den Maßen $3 \times 3 \times 3$. Er besteht aus lauter kleinen $1 \times 1 \times 1$ – Würfeln.
Eine Maus beginnt in dem Würfel links unten zu fressen. Kann sie sich durch alle Würfel hindurchfressen und in der Mitte aufhören? Sie durchquert die Würfel nur an den Grenzflächen, nicht an den Kanten.
Kann sie es schaffen, wenn sie an einer anderen Stelle anfängt?

27. Diplomaten aus 6 Ländern sollen zu einer Konferenz an einem runden Tisch Platz nehmen. Das ist ziemlich schwierig, da es Konflikte unter ihnen gibt, und zwar zwischen den Ländern A und B, zwischen C und B, zwischen E und B, zwischen C und D sowie zwischen E und F, und deshalb sollen ihre Vertreter nicht direkt nebeneinander sitzen. Kann der Protokollchef die Diplomaten so platzieren, dass diese Bedingung erfüllt ist?

28. Aufgaben von Sir William Rowan Hamilton aus dem Jahre 1859:
Wir benutzen wieder das Spielbrett mit den 20 Städten.

a.

Start

Ziel

Der erste Spieler bestimmt die ersten drei Städte der Weltreise und markiert eine weitere Stadt, siehe Beispiel. Der zweite Spieler soll die Reise fortsetzen, sie soll durch alle Städte führen, durch jede genau einmal, und in der markierten Stadt enden.

b.

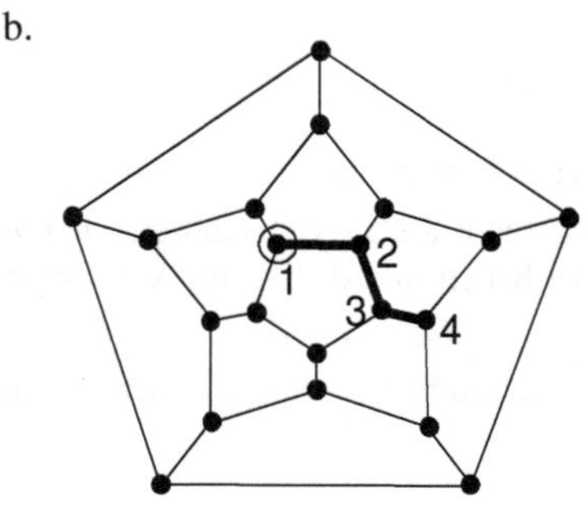

Der erste Spieler beginnt die Reise mit vier Städten, indem er die Steine 1 bis 4 wie im Beispiel auf die entsprechenden Felder setzt. Der zweite Spieler – etwas reisefaul – setzt die Reise mit den Steinen 5 bis 10 so fort, dass sie dann nicht mehr fortgesetzt werden kann, ohne durch eine Stadt ein zweites Mal zu kommen.

29. Ein Radfahrer will eine Rundfahrt durch alle in der Karte eingezeichnete Orte machen. Zum Teil liegen Berge zwischen ihnen und zum Teil sind die Straßen in schlechtem Zustand. Die gesamte Fahrzeit soll möglichst kurz sein. In der Karte sind die Fahrzeiten zwischen den einzelnen Orten eingetragen.

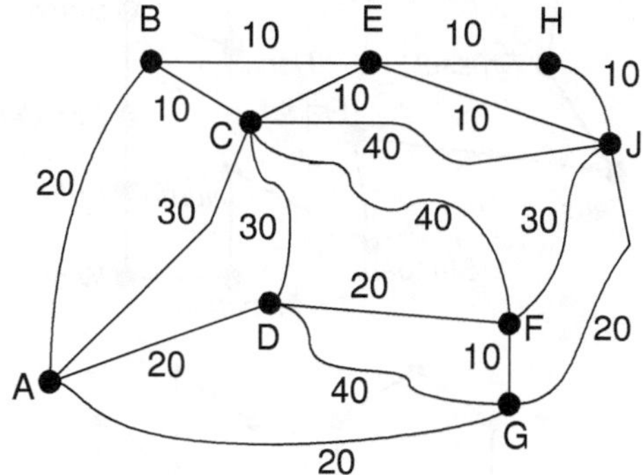

30. Ein LKW muss bestimmte Orte anfahren und dann zu seiner Firma zurückkehren. Dabei entstehen für die einzelnen Streckenabschnitte unterschiedliche Kosten (Lohn des Fahrers, Treibstoff, Abnutzung des Fahrzeugs), aber möglicherweise auch Einnahmen als Fuhrlohn. Die Route soll für die Firma den größten Gewinn bringen. In der Landkarte sind die Gewinne eingetragen. Bei negativen Zahlen überwiegen die Kosten, z.B. bei Leerfahrten.

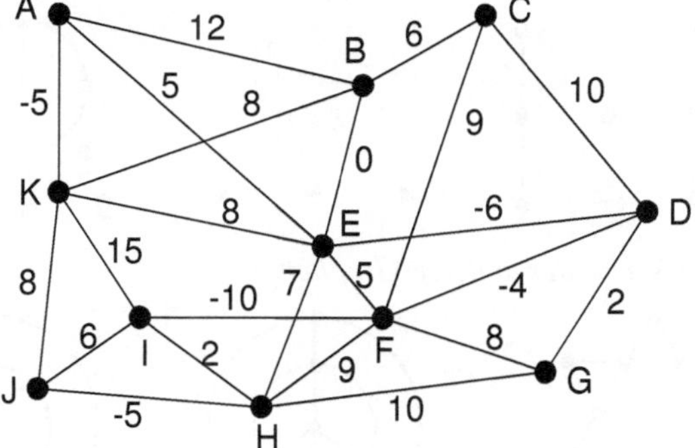

Lösungshinweise

1.

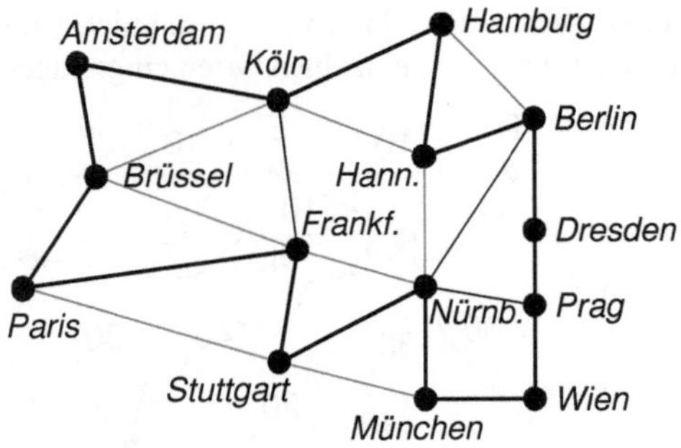

2.

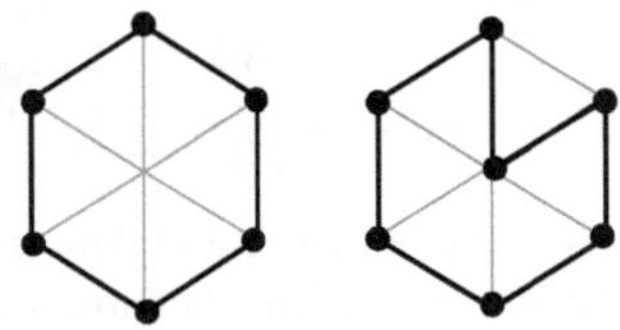

3. b, e, g sind nicht hamiltonsch. Löscht man die hervorgehobenen Ecken, so zerfällt der Graph in drei Graphen, die nicht miteinander zusammenhängen, zum Teil sind es isolierte Ecken.

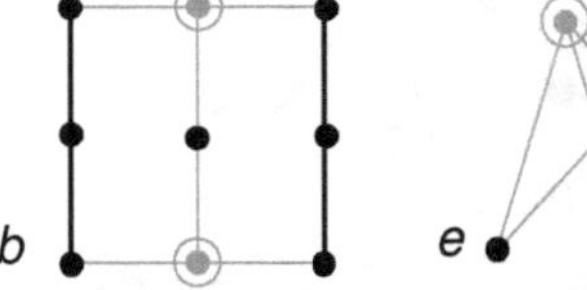

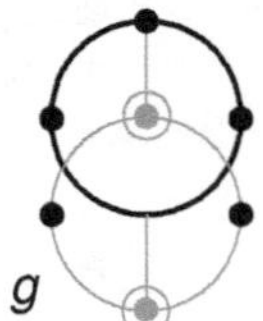

Hamiltonsche Kreise der anderen Graphen:

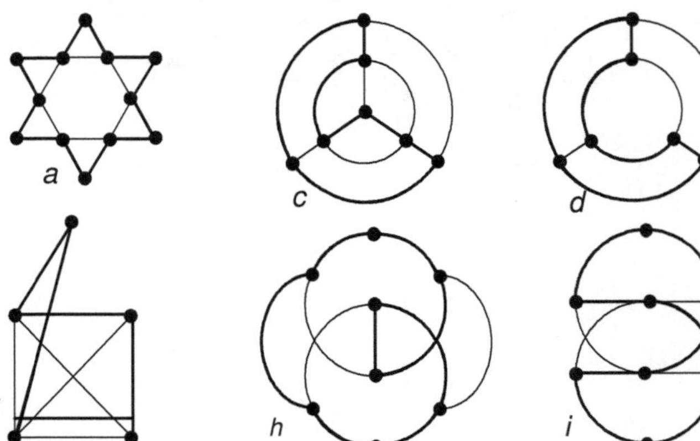

4. *Praktischerweise sollte man vorher die Ecken des Graphen mit Buchstaben oder Zahlen bezeichnen. Ein Beispiel: Der Graph 3c.*

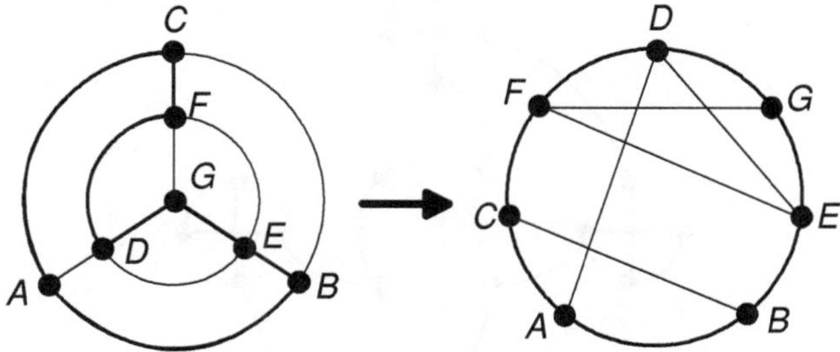

5. *Löschen wir die beiden Endpunkte der Diagonalen, so verschwinden auch sämtliche Kanten und es bleiben drei isolierte Ecken übrig.*

6. *Nein, es ist nicht hamiltonsch, wenn man alle Plätze, auf die man Steine setzen darf, als Ecken nimmt.*

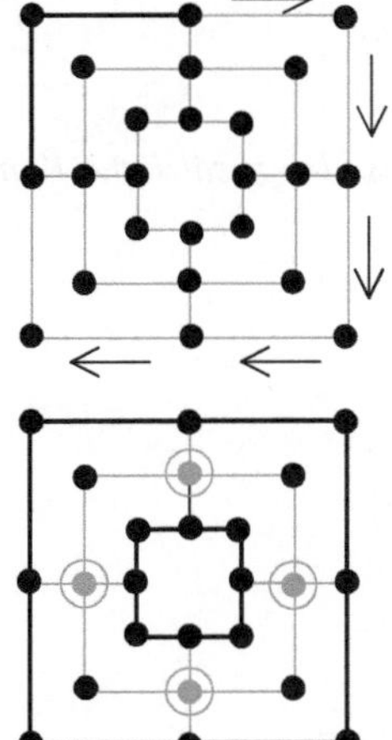

Erste Begründung: Der Eckpunkt links oben muss ein Teil des hamiltonschen Kreises sein. Das entsprechende Wegstück ist in der linken Zeichnung hervorgehoben. Die Fortsetzung kann nur in Pfeilrichtung erfolgen (oder entgegengesetzt), sonst erreicht man die anderen äußeren Ecken niemals. Aber dann kann man nie mehr die inneren Ecken erreichen.

Zweite Begründung: Wir löschen die 4 hellen Ecken und sehen, dass der Mühle-Graph in 6 Teilgraphen zerfällt.

7. *Wenn man die 5 markierten Ecken löscht, entstehen 6 Teilgraphen: lauter isolierte Ecken.*

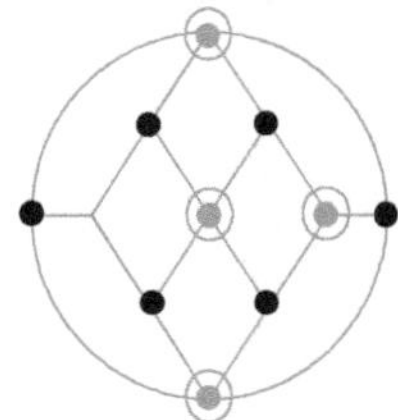

8.

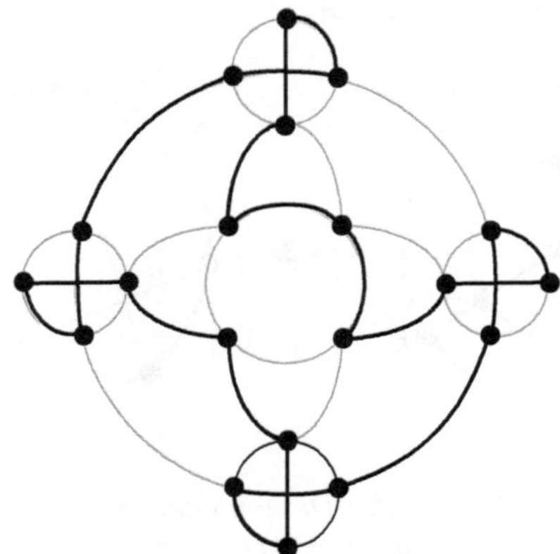

9. a: Ein Weg enthält jede Ecke höchstens einmal. Demzufolge kann auch ein und dieselbe Kante nicht zweimal durchlaufen werden.

b: Eine Tour kann sich selbst kreuzen, ein Weg aber nicht.

10. Sehr viele, z.B. ein Dreieck.

11. Zum Beispiel reicht im Graphen b von Aufgabe 3 bereits eine zusätzliche Kante:

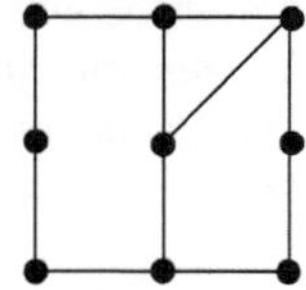

12. a: Der einzige einfache hamiltonsche Graph mit 3 Ecken:

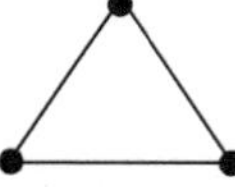

b: Die einfachen hamiltonschen Graphen mit 3 und 4 Ecken:

c: Sind auch parallele Kanten und Schlingen zugelassen, so gibt es unendlich viele Lösungen.

13. a: 6, davon 1 hamiltonscher.

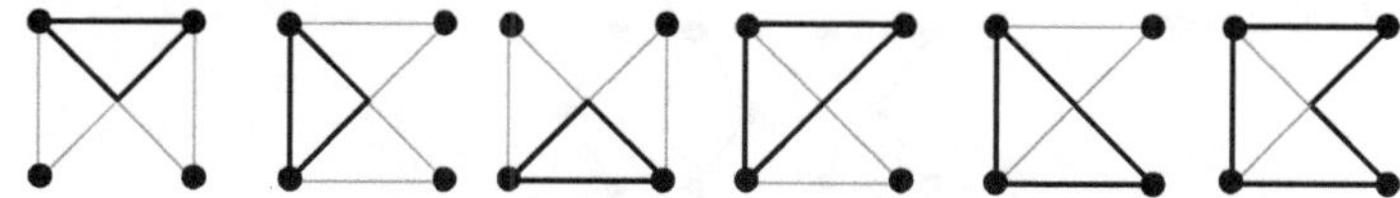

b: 13, davon 4 hamiltonsche.

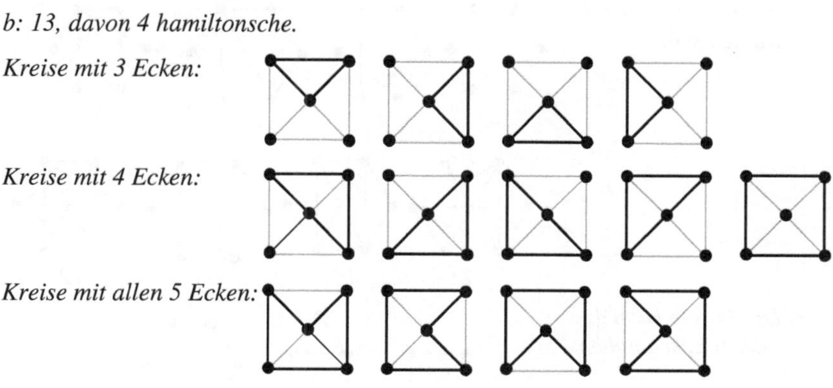

14. Für den gleichen Graphen haben wir im 2. Kapitel schon die Anzahl der eulerschen Touren und der Touren von B nach D untersucht (Aufgabe 9). Es waren jeweils ziemlich viele! Hier ist aber die Lösung einfacher.

a. Es gibt nur 1 hamiltonschen Kreis, das äußere Sechseck.

b. Es gibt 10 Wege von B nach D. Sie sind hier nach ihrer Länge, d.h. nach der Anzahl ihrer Kanten sortiert. Natürlich kann man sich auch ein anderes Zählsystem überlegen.

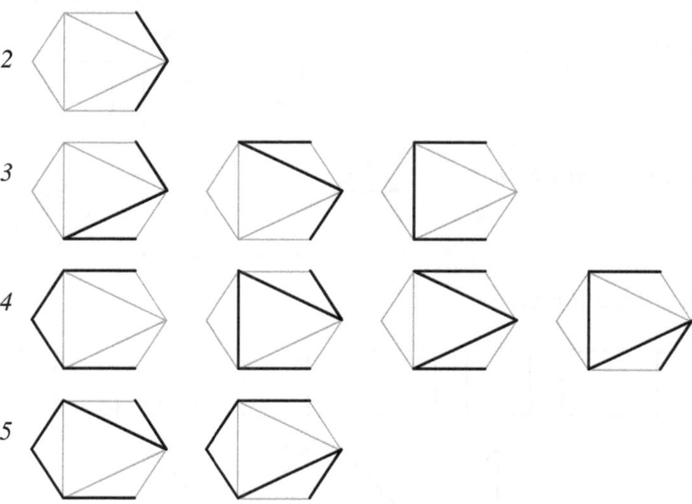

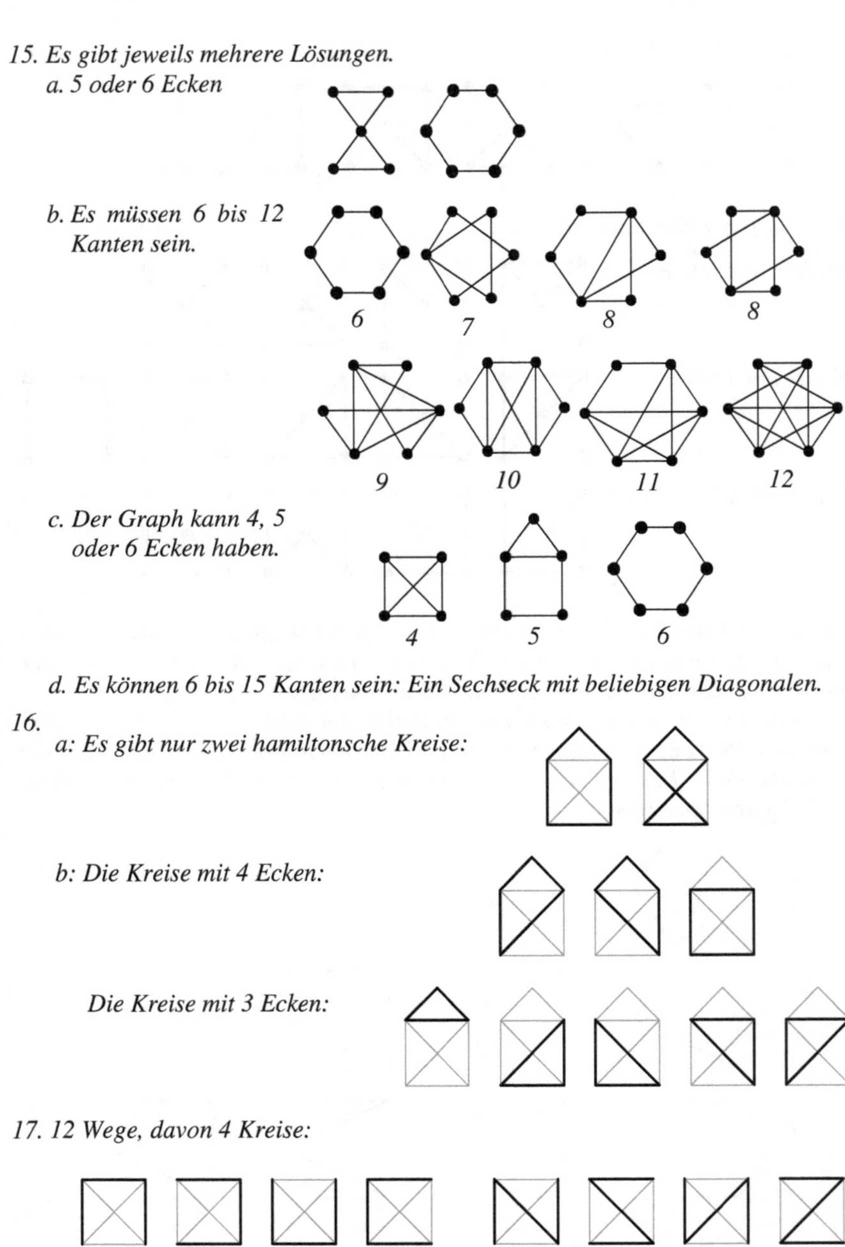

15. Es gibt jeweils mehrere Lösungen.

a. 5 oder 6 Ecken

b. Es müssen 6 bis 12 Kanten sein.

c. Der Graph kann 4, 5 oder 6 Ecken haben.

d. Es können 6 bis 15 Kanten sein: Ein Sechseck mit beliebigen Diagonalen.

16.

a: Es gibt nur zwei hamiltonsche Kreise:

b: Die Kreise mit 4 Ecken:

Die Kreise mit 3 Ecken:

17. 12 Wege, davon 4 Kreise:

18. Ja. Die einzige Möglichkeit sehen Sie in der letzten Zeichnung zur Lösung der nächsten Aufgabe!

19. Hier ist natürlich nach hamiltonschen Kreisen gefragt, wobei es diesmal nur auf ihre geometrische Form ankommt.
Die Lösungen für das Fünfeck:

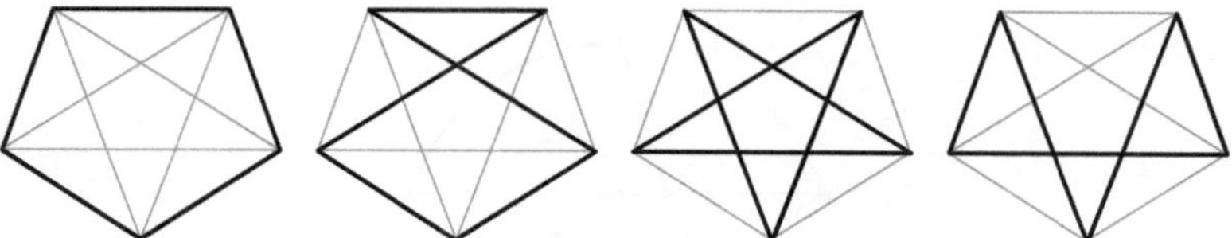

Die Lösungen für das Sechseck:

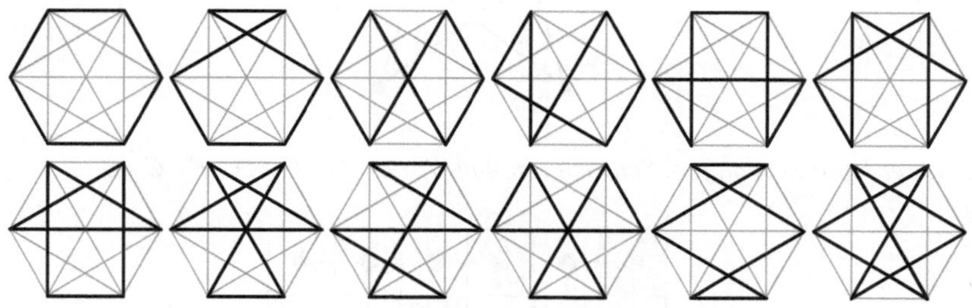

20. a: Ein Beispiel für einen nicht geschlossenen Weg durch alle Ecken:

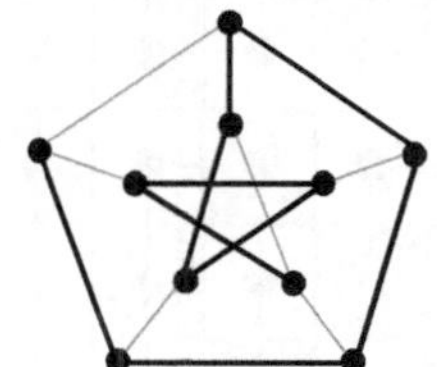

b: Lösungsbeispiele:

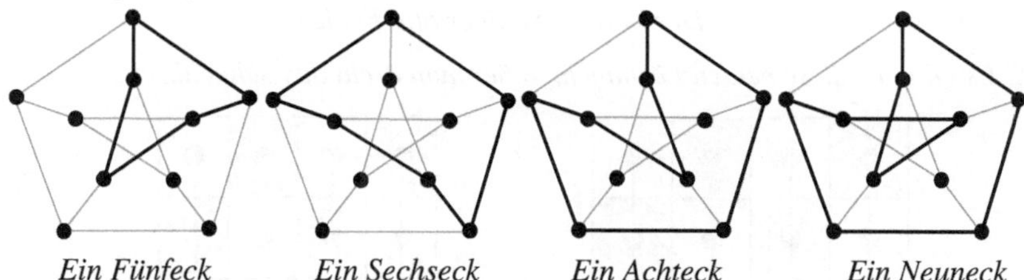

In diesem Graphen gibt es keine Siebenecke.

21.

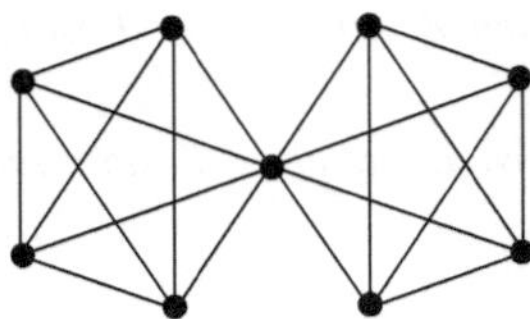

An diesem Beispiel sehen Sie, dass man in der Aufgabe die Zahl 4 durch jede größere Zahl ersetzen könnte.

22.

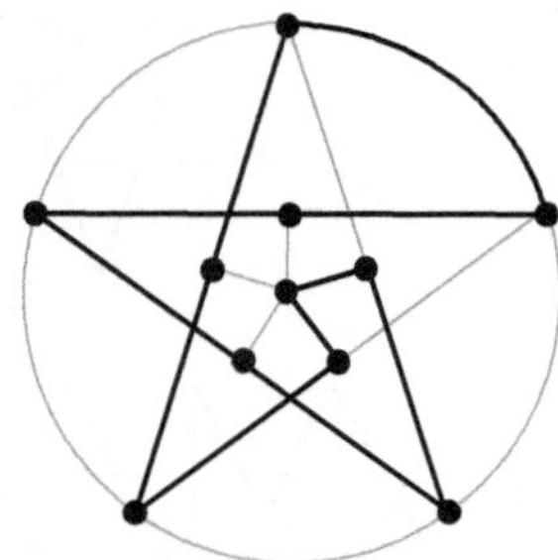

23. Ja, er kann es schaffen. Sein Tourenplan: A - E - G - H - D - F - C - B - A.

24.

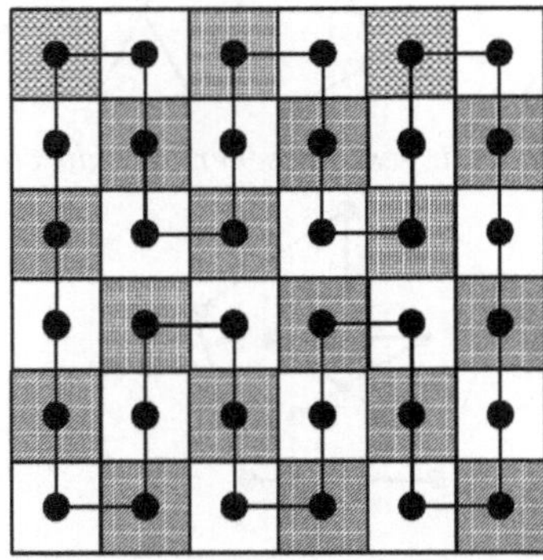

Der Turm zieht über alle Felder.

25. Es gibt nur diese beiden Lösungen, außer man dreht das Schachbrett.

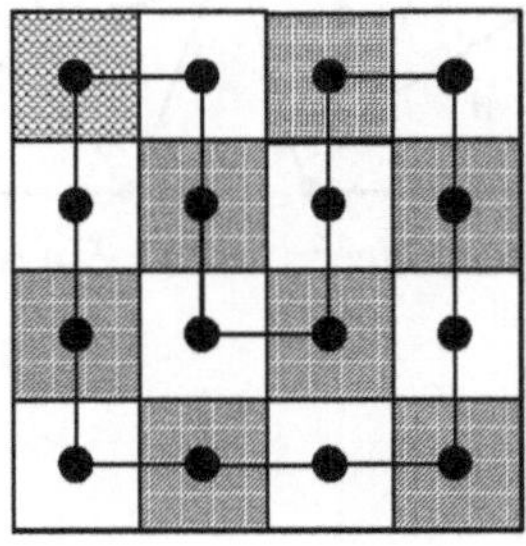

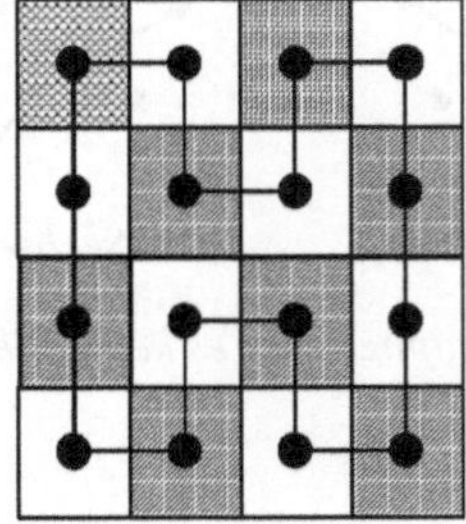

26. *Wie beim Schachbrett kann man jeden der kleinen Würfel als Ecke eines Graphen auffassen. Kanten gibt es zwischen Würfeln, die eine gemeinsame Begrenzungsfläche haben. Die Maus sucht dann einen Weg, der links unten anfängt, durch alle Ecken hindurchgeht und in der Mitte endet. Den gibt es aber nicht.*
Man könnte sich nämlich den Käse schachbrettartig gefärbt vorstellen, etwa so, dass die Ecken des Würfels schwarz sind. Dann ist die Mitte weiß. Nun denken wir uns, es gäbe doch einen Fress-Weg für die Maus: Sie beginnt in einer schwarzen Ecke, als zweites frisst sie sich durch ein weißes Stück, ihr drittes Stück ist wieder schwarz usw. Ihr 27. und letztes Stück ist schwarz. Dies sollte aber die weiße Mitte sein, offensichtlich ein Widerspruch.
Demnach kann sie es auch nicht schaffen, wenn sie mit einem anderen schwarzen Würfel anfängt.
Vielleicht sollte sie lieber mit einem weißen Würfel anfangen? Auch dann würde ihr Fress-Weg mit der gleichen Farbe enden, mit der er angefangen hat: weiß - schwarz - weiß - . . . . schwarz - weiß. Es müsste also einen weißen Würfel mehr als schwarze Würfel geben. In Wirklichkeit ist es aber genau umgekehrt.

27. *Eine von drei Lösungen:*

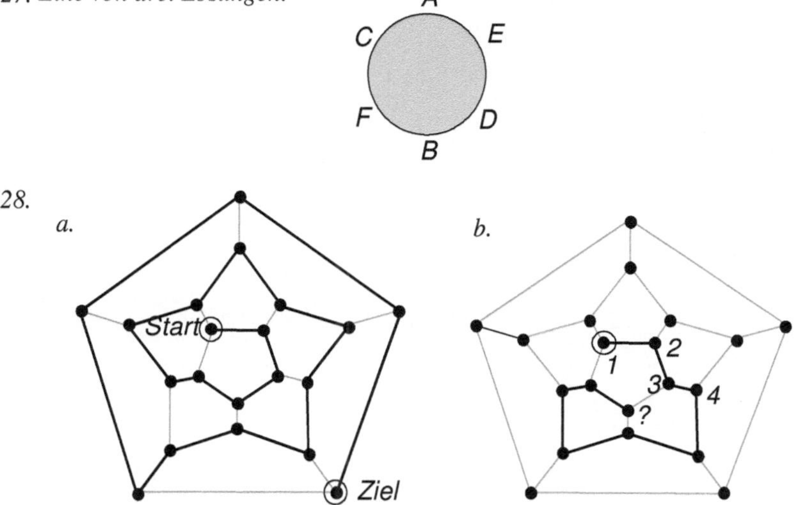

Zu derartigen Aufgaben gibt es manchmal mehrere, manchmal gar keine Lösung.

29. *Es gibt keine bessere Lösung als A-B-C-E-H-J-G-F-D-A. Die Fahrt dauert 130 Minuten.*

30. *Die Rundfahrt mit dem größten Gewinn: A-B-K-I-J-H-G-D-C-F-E-A (oder umgekehrt). Sie bringt 77 Geldeinheiten.*

4 Mehr über Grade von Ecken

Tennis-Turniere

Bei einem Tennis-Turnier ist geplant, dass jeder gegen jeden spielt. Aber das Turnier ist noch lange nicht beendet. Manche Spieler haben schon viele Spiele absolviert, andere noch wenige. Bisher haben gespielt: Steffi - Andi, Uwe - Bernd, Jana - Steffi, Jana - Petra, Petra - Bernd, Petra - Andi, Petra - Steffi. Wir können den Spielstand übersichtlich als Graph darstellen, wobei wir die Personen als Ecken und die durchgeführten Spiele als Kanten nehmen.

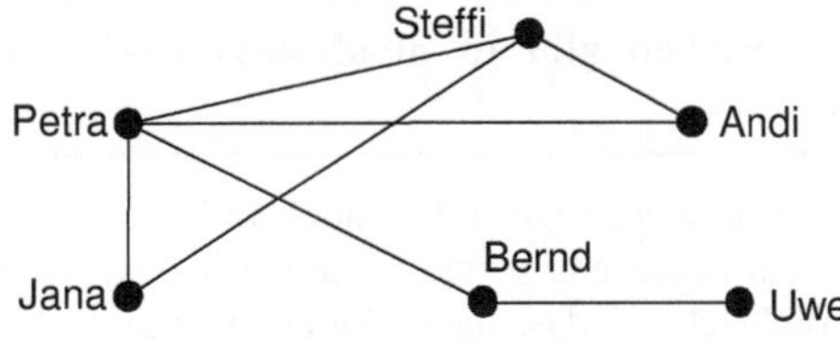

Der Stand des Tennis-Turniers

Der Graph ist einfach: Da keiner gegen sich selbst spielt, gibt es keine Schlingen; und da jeder gegen jeden nur einmal spielt, gibt es keine parallelen Kanten.

Wenn wir nun für jeden Sportler seine bisher gespielten Spiele zählen, finden wir sehr unterschiedliche Ergebnisse:

Bernd	2
Steffi	3
Uwe	1
Petra	4
Jana	2
Andi	2

Es gibt Spieler, die die gleiche Anzahl von Spielen bereits hinter sich haben: Bernd, Jana und Andi haben jeweils zweimal gespielt.

Ist das bei jedem Turnier so? Um die Antwort zu finden, sehen wir uns zunächst sehr einfache Turniere an, sie haben den Namen „Turnier" kaum verdient: Mit 2 Spielern und mit 3 Spielern. Die möglichen Zwischenstände der Spiele sind durch die folgenden Graphen veranschaulicht. Die Ecken stehen für die Spieler und die Zahlen geben an, wie viele Spiele er bereits absolviert hat:

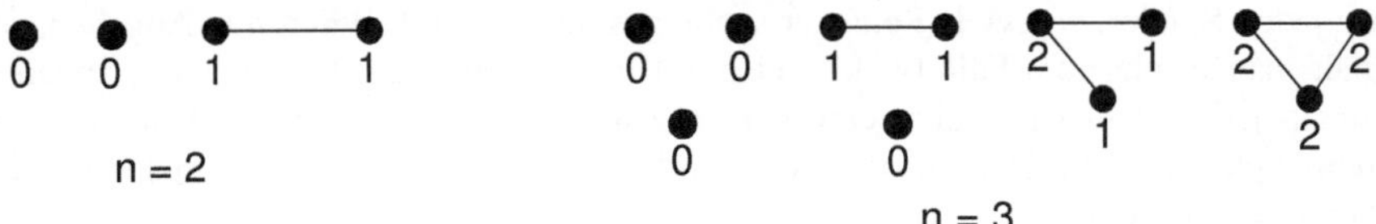

Die möglichen Spielstände bei einem Turnier mit 2 oder 3 Spielern

Wir sehen: Jedes Mal gibt es mindestens zwei Spieler mit der gleichen Anzahl von Spielen. In der Sprache der Graphen: Es gibt zwei oder mehr Ecken mit dem gleichen Grad. Vielleicht ist das sogar eine Eigenschaft aller Graphen? Leider nein! In den folgenden Graphen hat jede Ecke einen anderen Grad.

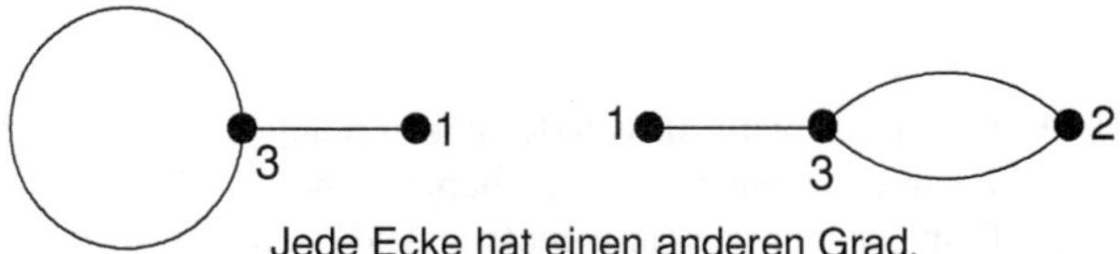

Jede Ecke hat einen anderen Grad.

Aber diese Graphen haben Schlingen oder parallele Kanten, was bei Tennis-Turnieren nicht vorkommen kann. Fehlen Schlingen und Kanten, so gilt der folgende Satz:

> **In jedem einfachen Graphen gibt es mindestens zwei Ecken, die den gleichen Grad haben.**

Beweis: Die Anzahl der Ecken nennen wir n. Der höchstmögliche Eckengrad ist dann n − 1, denn jede Ecke kann höchstens so viele Kanten haben, wie es andere Ecken gibt. Dabei haben wir berücksichtigt, dass nach Voraussetzung weder Schlingen noch parallele Kanten vorkommen. Gradzahlen können somit nur die Zahlen 0, 1, 2, . . . n − 1 sein, eventuell auch nur ein Teil davon.

- Sollte eine der Ecken den Grad n − 1 haben, so ist sie mit allen anderen Ecken verbunden. Es gibt in diesem Fall keine isolierten Ecken, und der Grad 0 tritt nicht auf, sondern nur die Zahlen 1, 2, . . . n − 1. Das sind höchstens n − 1 Zahlen, die auf n Ecken zu verteilen sind. Mindestens eine der Gradzahlen muss dann doppelt oder mehrfach vergeben werden, womit für diesen Fall bewiesen ist, dass es mindestens zwei Ecken mit gleichem Grad gibt.
- Hat aber keine der Ecken den Grad n − 1, so ist die höchste Gradzahl, die vorkommen kann, n − 2. Also kommen als Eckengrade nur 0, 1, 2, . . . n − 2 oder ein Teil dieser Zahlen in Frage. Das sind wieder höchstens n – 1 Zahlen für n Ecken. Also muss auch in diesem Fall mindestens eine Gradzahl mehrmals vorkommen.

Damit ist der Beweis fertig und unser Tennis-Problem ist gelöst: Dass es Spieler gibt, die die gleiche Anzahl von Spielen absolviert haben, ist nichts Besonderes, sondern eine Eigenschaft von sämtlichen Turnieren!

Das handshaking lemma

Unser Tennis-Beispiel führt uns noch zu einer anderen Graphen-Eigenschaft: Fragt man jeden Spieler, wie viele Spiele er schon gespielt hat und addiert alle Angaben, so erhält man in unserem Fall 14. In anderen Turnieren mag das Ergebnis ein anderes sein, in jedem Fall ist es aber eine gerade Zahl. Das ist leicht einzusehen, weil an jedem Spiel zwei Spieler beteiligt sind und somit die Angaben der Spieler immer paarweise auftreten.

Wir übersetzen diesen Sachverhalt in die Sprache der Graphentheorie:

Die Summe der Eckengrade ist in jedem Graphen eine gerade Zahl.

Die Begründung dieses allgemeinen Satzes ist so wie die in unserem Beispiel vom Tennis-Turnier: Jede Kante des Graphen hat zwei Enden. Hat ein Graph n Kanten, so ist die Anzahl der Enden dieser n Kanten zusammen $2 \cdot n$. Das ist zugleich die Summe der Grade aller Ecken. Und außerdem ist diese Zahl gerade. Hierbei spielt es übrigens keine Rolle, ob die Kanten Schlingen sind oder ob sie zu anderen Kanten parallel sind.

Der Satz, den wir soeben bewiesen haben, ist auch unter dem Namen **„handshaking lemma“** bekannt, denn er hat wirklich etwas mit Händeschütteln zu tun: In einer Gruppe von Menschen begrüßen sich einige mit Handschlag, andere nicht. Man könnte das durch einen Graphen darstellen. Notiert man bei jedem, wie viele Hände er geschüttelt hat und addiert die Zahlen, so ist die Summe stets gerade. Wir haben übrigens nicht nur den Satz bewiesen, sondern zugleich eine Präzisierung:

In jedem Graphen ist die Summe aller Eckengrade doppelt so groß wie die Anzahl der Kanten.

In unserem Beispiel mit dem Tennis-Turnier ist die Summe aller Eckengrade 14 und die Anzahl der Kanten ist 7; d.h. 14 mal hat jemand gespielt, und es hat bisher 7 Spiele gegeben.

Ecken mit ungeradem Grad

Tennis-Turniere haben noch eine andere Auffälligkeit: Die Anzahl der Spieler, die eine ungerade Anzahl von Spielen durchgeführt haben, ist gerade. In unserem Beispiel haben Uwe 1 Spiel und Steffi 3 Spiele hinter sich, es sind also 2 Personen mit einer ungeraden Anzahl von Spielen. Auch wenn Sie sich andere Beispiele ansehen, werden Sie diese Eigenschaft finden. Wir werden uns gleich davon überzeugen, dass das eine Folge des handshaking lemmas ist.

In jedem Graphen ist die Anzahl der Ecken mit ungeradem Grad eine gerade Zahl.

Dass das richtig ist, überlegen wir uns an dem folgenden Graphen, einem Nikolaus-Haus mit Verzierungen. Wir malen alle ungeraden Ecken hohl und alle geraden Ecken voll.

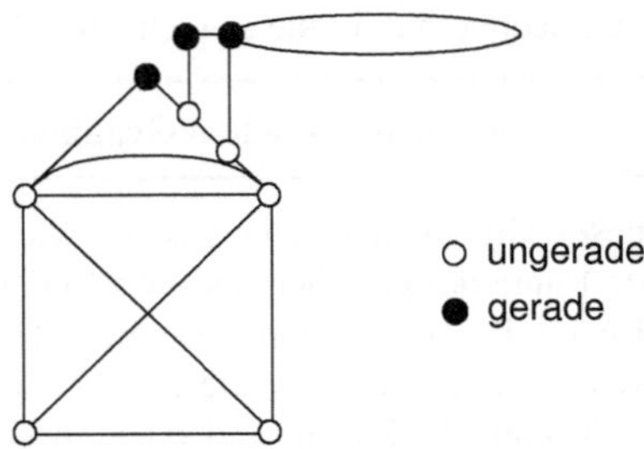

Ecken mit ungeradem und geradem Grad

Dann addieren wir die Eckengrade aller hohlen Ecken und nennen die Summe u. Ebenso addieren wir die Eckengrade aller vollen Ecken und nennen die Summe g. Die Summe aller Eckengrade ist dann a = u + g. Nach dem handshaking lemma ist a eine gerade Zahl. g ist ebenfalls gerade, weil es die Summe von lauter geraden Zahlen ist. Dann muss u als Differenz von zwei geraden Zahlen $u = a - g$) ebenfalls gerade sein. Nun bedenken wir noch, dass u durch die Addition von lauter ungeraden Zahlen entstanden ist. Dann kann die Anzahl dieser Summanden nur eine gerade Zahl sein und das ist genau das, was wir beweisen wollten.

Jeder gegen jeden

Wenn das Tennis-Turnier beendet ist und jeder gegen jeden einmal gespielt hat, ist ein besonderer Graph entstanden. In ihm ist jede Ecke mit jeder anderen Ecke verbunden. Da er keine Schlingen und keine parallelen Kanten hat, ist er ein einfacher Graph. Als Zeichnung ist er ein n-Eck mit all seinen Diagonalen, also ein vollständiges Vieleck. Wie wir im Kapitel über eulersche Graphen gesehen haben, können wir leicht ausrechnen, wie viele Kanten er hat: Es sind $\frac{n \cdot (n-1)}{2}$ Stück und das ist auch die Anzahl der Spiele in einem Turnier „jeder gegen jeden“. In einem Turnier von 8 Mannschaften ist z.B. die Anzahl der Spiele $\frac{8 \cdot 7}{2} = 28$.

Aufgaben

1. Überprüfen Sie die Richtigkeit der Sätze dieses Abschnitts an Graphen, die Sie früher gezeichnet oder untersucht haben:
   a. Suchen Sie zwei Ecken mit gleichem Grad.
   b. Berechnen Sie die Summe der Eckengrade.
   c. Zählen Sie die Ecken mit ungeradem Grad.
2. Wie wir wissen, ist die Anzahl der Ecken mit ungeradem Grad eine gerade Zahl. Ist auch die Anzahl der Ecken mit geradem Grad eine gerade Zahl?

3. Gibt es einfache Graphen mit den folgenden Eigenschaften? Wenn nein: Begründen Sie, warum es einen solchen Graph nicht geben kann. Wenn ja: Zeichnen Sie einen.
   a. Er hat 7 Ecken, von denen jede den Grad 5 hat.
   b. Er hat 4 Ecken mit Grad 3 und 1 Ecke mit Grad 1.
   c. Er hat 5 Ecken mit Grad 2.
   d. Er hat 5 Ecken mit Grad 3 und 1 Ecke mit Grad 5.
4. Ein Graph mit 4 Ecken, die die Grade 1, 2, 3 und 4 haben:
   a. Warum gibt es keinen einfachen Graphen mit dieser Eigenschaft?
   b. Zeichnen Sie einen solchen Graphen.
5. Zeichnen Sie andere Graphen, in denen es keine zwei Ecken mit gleichem Grad gibt.
6. Wie wir wissen, gibt es in einem Graphen mit n Ecken höchstens $n - 1$ verschiedene Gradzahlen.
   Zeichnen Sie je einen Graphen mit 3, 4 und 5 Ecken, in denen diese maximale Gradzahl tatsächlich vorkommt.
7. „Auf meiner Party waren wir 11 Personen, und jeder kannte genau 5 andere Personen.“ Warum ist das unmöglich?
8. 7 Städte sollen durch Fluglinien miteinander verbunden werden und von jeder Stadt sollen genau 3 andere Städte im Direktflug erreichbar sein. Ist der Plan durchführbar?
9. Haben in einem Graphen alle Ecken den gleichen Grad g (ist er also regulär vom Grad g) und hat er n Ecken, so ist die Anzahl seiner Kanten $\frac{1}{2} \cdot n \cdot g$. Beweisen Sie dies.
10. Zeichnen Sie alle einfachen Graphen
    a. mit 4 Ecken, von denen jede den Grad 3 hat.
    b. mit 6 Ecken, von denen jede den Grad 3 hat.
11. Zeichnen Sie einige Graphen mit 8 Ecken, von denen jede den Grad 3 hat. (d.h. Graphen, die regulär vom Grad 3 sind und 8 Ecken haben)
12. Ein einfacher Graph mit vier Ecken, von denen drei den Grad 3 haben und eine den Grad 1 hat, wäre nach den Sätzen dieses Abschnitts möglich.
    a. Prüfen Sie dies nach.
    b. Zeigen Sie, dass es einen solchen Graphen trotzdem nicht gibt.

Lösungshinweise

1. Wir nehmen als Beispiel wieder unser Nikolaus-Haus:
   a. Der Eckengrad 3 kommt zweimal vor und auch der Eckengrad 4 kommt zweimal vor.
   b. Die Summe der Eckengrade beträgt 16, ist also eine gerade Zahl.
   c. Die Anzahl der Ecken mit ungeradem Grad ist 2, also gerade.

2. *Nein, nicht in jedem Graphen. Beispiel: Ein Dreieck.*
3. *a. Die Summe aller Eckengrade beträgt 35. Das ist eine ungerade Zahl.*
   b: Die Summe der Eckengrade ist wieder ungerade.
   c und d: Solche Graphen gibt es:

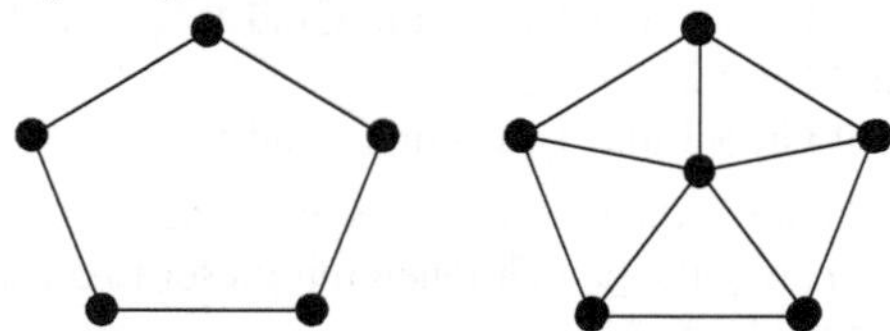

4. *a. Da alle Ecken verschiedene Grade haben, kann der Graph nach dem ersten Satz in diesem Kapitel nicht einfach sein.*
   b. Beispiele:

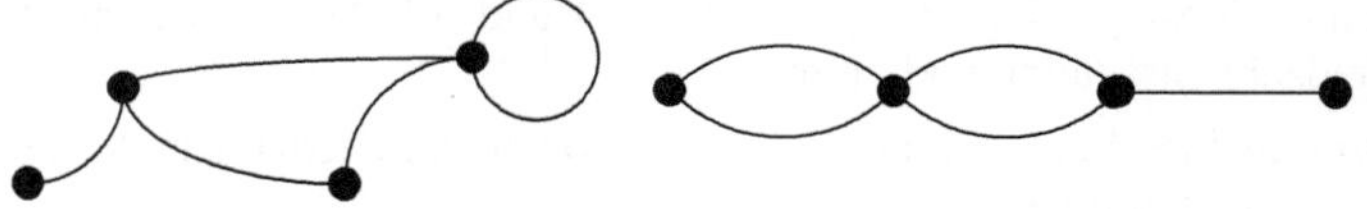

5. *Zwei besonders einfache Beispiele:*

6.

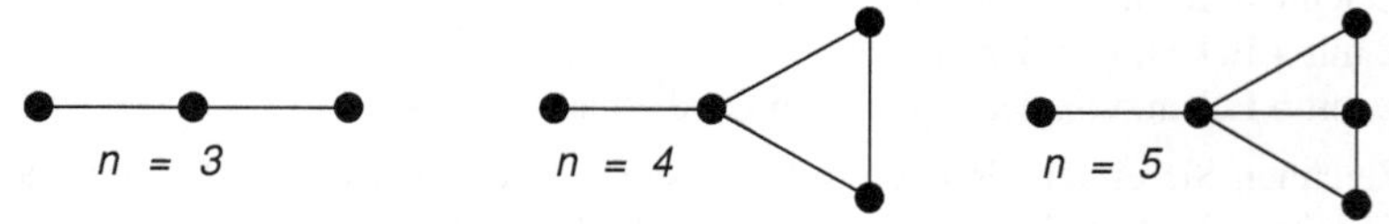

7. *In dem entsprechenden Graphen wäre die Summe der Eckengrade 55.*
8. *In dem entsprechenden Graphen wäre die Summe der Eckengrade 21.*
9. *Die Summe der Eckengrade ist $n \cdot g$. Die Anzahl der Kanten ist halb so groß. Zur Erinnerung: Solche Graphen nennt man regulär.*
10. *a: Das vollständige Viereck ist die einzige Lösung.*
    b: Die einzigen Lösungen:

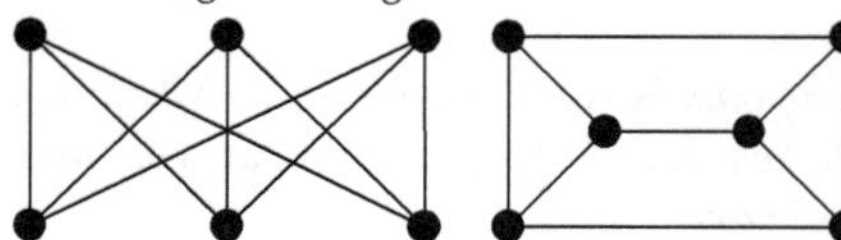

11. *Es gibt sechs verschiedene Lösungen, eine davon besteht aus zwei Komponenten. Es ist nicht leicht zu zeigen, dass sie wirklich verschieden sind; und es ist vielleicht auch nicht leicht zu sehen, welche von meinen Lösungen zu Ihrer Lösung isomorph ist.*

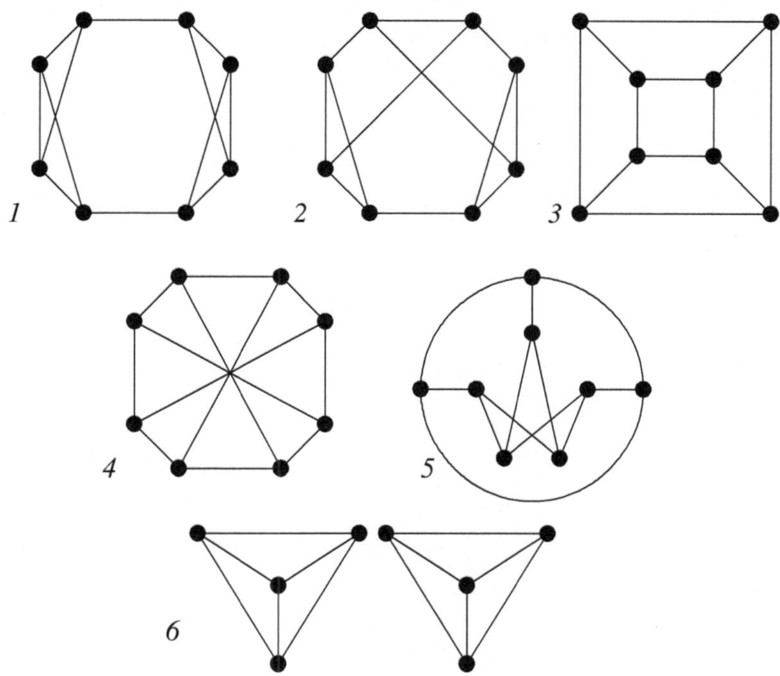

12. a. *Es gibt mindestens zwei Ecken mit gleichem Grad, nämlich 3 Ecken mit dem Grad 3. Die Summe der Eckengrade ist 10, also gerade. Es gibt 4 Ecken mit ungeradem Grad, 4 ist eine gerade Zahl.*

b. *Die Ecke mit dem Grad 1 (wir nennen sie A) müsste mit einer der Ecken mit dem Grad 3 verbunden sein (B). Wenn wir das aufzeichnen, sieht es so aus.*

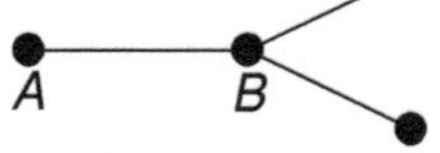

Damit haben wir schon alle vier Ecken gezeichnet. Die beiden Ecken ganz rechts sollen den Grad 3 haben, dazu müsste man jeder zwei Schlingen geben oder man müsste sie doppelt miteinander verbinden. Beides geht bei einem einfachen Graphen nicht.

5 Bäume

Wer das Kapitel 3 „Hamiltonsche Graphen“ nicht komplett durchgearbeitet hat und dort den Abschnitt über Kreise und Wege ausgelassen hat, sollte sich nachträglich mit diesen Begriffen vertraut machen, denn sie kommen in diesem Kapitel häufig vor.

Was ist ein Baum?

Ein schöner Baum

Wer schon viele Graphen gesehen hat, dem fallen immer mehr Graphen auf. Auch Bäume kann man als Graphen ansehen: Stamm, Äste und Zweige erinnern uns an die Kanten eines Graphen. Dann müssten wir die Astgabeln und die Enden der Zweige als Ecken ansehen.

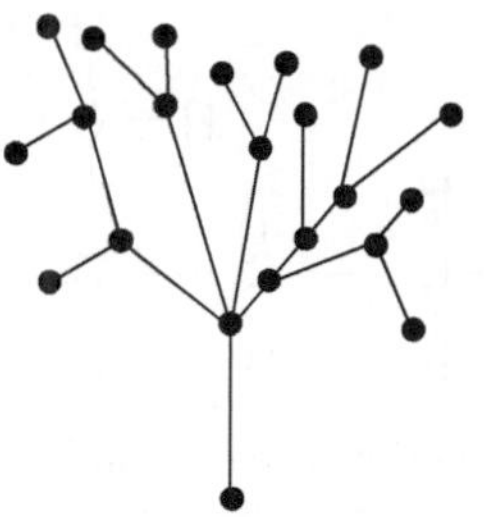

Ein Baum, als Graph gezeichnet

Was ist nun das Besondere an einem solchen Graphen? Bäume wachsen oben nicht wieder zusammen! Als Graphen haben sie also keine Kreise.

In der Graphentheorie nennt man nun jeden zusammenhängenden Graphen, der keinen Kreis enthält, einen **Baum**. Bäume haben Blätter – als **Blatt** können wir eine Ecke mit dem Grad 1 ansehen.

Diese Definition hat zur Folge, dass auch viele Graphen als Bäume bezeichnet werden müssen, die uns nicht ohne weiteres an Bäume in der Natur erinnern, z.B. die folgenden.

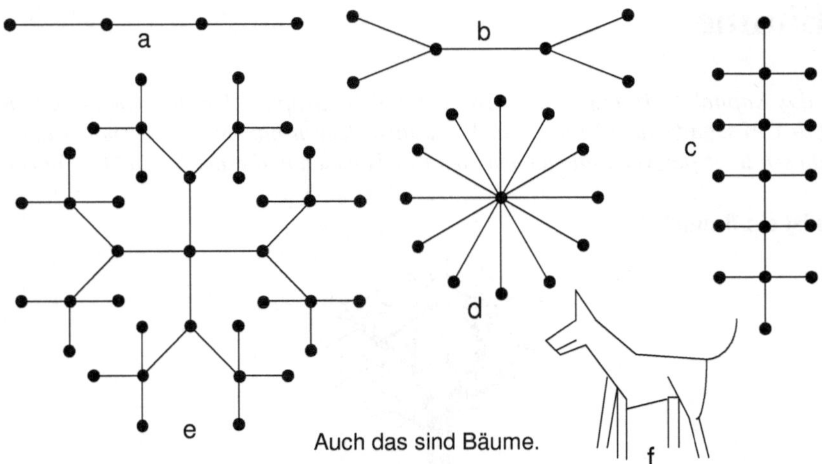

Auch das sind Bäume.

Ein Graph ganz ohne jede Verzweigung wie die Kette in Beispiel a ist ebenfalls ein Baum. Auch der Stern in Beispiel d hat eine Besonderheit: Alle Kanten gehen von einer einzigen Ecke aus, d.h. alle Ecken bis auf eine haben den Grad 1.

Bäume gibt es auch in der Chemie. Die Strukturformeln können wir nämlich als Graphen ansehen, indem wir den Atomen Ecken zuordnen, die Bindungen entsprechen dann den Kanten.

Besonders interessant sind vom Standpunkt der Graphentheorie die Kohlenwasserstoffe. Man kann sie in Bäume und Nicht-Bäume einteilen, je nachdem, ob sie einen Ring enthalten oder nicht.

```
                          H
                          |
                      H — C — H
                          |
     H       H       H    |      H
     |       |       |    |      |
H —  C ———— C ———— C ——— C ———— C — H
     |       |       |    |      |
     H       H       H    H      H
```

Ein Kohlenwasserstoff

Um Kohlenwasserstoffe zu beschreiben, braucht man sich nur um die Kohlenstoffatome zu kümmern, denn wo die Wasserstoffatome sind, ist ohnehin klar: Sie besetzen alle freien Plätze. Deshalb kann man die Wasserstoffatome weglassen und dadurch den Graphen vereinfachen. Aus dem Beispiel der vorigen Abbildung wird dann der folgende Graph:

Derselbe Kohlenwasserstoff wie oben, vereinfacht als Graph gezeichnet

Verwandtschaftsbeziehungen werden oftmals in Form von Stammbäumen dargestellt. Dabei handelt es sich tatsächlich um Bäume im Sinne der Graphentheorie – aber nur, wenn keine Ehen unter Verwandten vorkommen.

Wege in Bäumen

Ameise Frieda will in einem Apfelbaum von einem Apfel zu einem anderen, weit entfernten Apfel laufen. Wie viele Wege hat sie dabei zur Auswahl? Wenn wir die Äste und Zweige wie in einem Graphen als eindimensionale Gebilde auffassen, steht ihr dafür ein einziger Weg zur Verfügung. Das gleiche gilt in allen Graphen, die Bäume sind: Bei ihnen gibt es zwischen je zwei Ecken nur einen Weg. Davon können wir uns leicht überzeugen, indem wir uns überlegen, was es für Konsequenzen hätte, wenn wir in einem Baum zwischen zwei Ecken verschiedene Wege entdecken würden. In der folgenden Zeichnung sehen Sie ein Beispiel dafür.

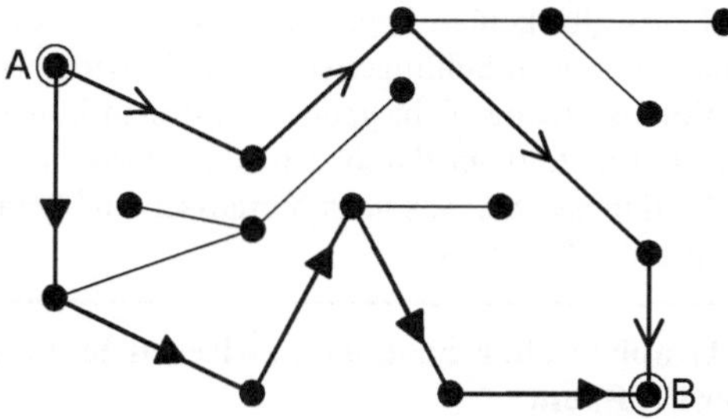

Zwei Wege zwischen A und B
Beachten Sie die verschiedenen Pfeilspitzen!

Dann könnten wir von der einen der beiden Ecken zur anderen auf dem einen Weg hin und auf dem anderen Weg zurück gelangen und hätten somit einen geschlossenen Kantenzug. Aber wäre das dann auch ein Kreis? Wir erinnern uns: Ein Kreis ist ein geschlossener Kantenzug, der sich nicht selbst überkreuzt. Das ist in unserem Beispiel der Fall. Aber einen Kreis kann es in einem Baum nicht geben. Also kann dieser Fall nicht eintreten.

Kann es zwischen A und B zwei Wege geben, die Ecken oder sogar ganze Kanten gemeinsam haben? Auch dazu ein Beispiel:

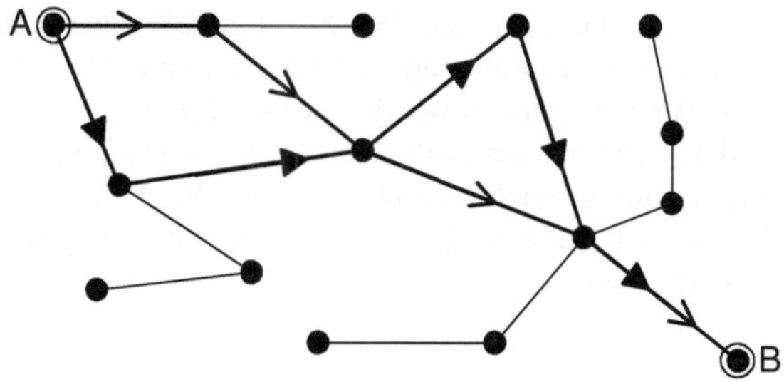

Zwei Wege zwischen A und B in einem anderren Graphen

In dem Kantenzug aus Hin- und Rückweg ist dann mindestens ein Kreis als Teilstrecke enthalten. Also kann ein solcher Graph kein Baum sein.

Wir sehen also, dass es in einem Baum von einer Ecke zu einer anderen nicht zwei verschiedene Wege geben kann.

Dass es in einem Baum überhaupt einen Verbindungsweg zwischen zwei beliebigen Ecken gibt, liegt daran, dass wir die Bezeichnung „Baum“ nur auf zusammenhängende Graphen anwenden. Damit haben wir eine wichtige Eigenschaft von Bäumen gefunden:

In einem Baum gibt es von einer Ecke zu einer anderen genau einen Weg.

Ist dieser Satz auch umkehrbar? Das würde bedeuten, dass ein Graph, in dem es zwischen je zwei Ecken genau eine Verbindung gibt, ein Baum ist. Die erste Eigenschaft eines Baumes – er ist zusammenhängend – ist sicher erfüllt. Aber wie ist es mit der zweiten Eigenschaft: Es gibt keinen Kreis? Dann müsste man ausschließen, dass der Graph Schlingen hat, denn jede Schlinge ist schon ein Kreis. Andere Kreise kann es aber unter unserer Voraussetzung nicht geben, denn man könnte auf einem Kreis zwei Ecken auswählen und hätte dann durch den Kreis zwischen den beiden Ecken zwei verschiedene Verbindungswege, was nach Voraussetzung gerade ausgeschlossen sein soll. Wir erhalten also das Ergebnis:

Gibt es in einem Graphen ohne Schlingen zwischen je zwei Ecken genau einen Weg, so ist er ein Baum.

Wie viele Kanten hat ein Baum?

Natürlich kann man einen Baum mit jeder beliebigen Kantenzahl zeichnen. Gilt das auch, wenn die Anzahl der Ecken schon festliegt? Zeichnen Sie doch einmal verschiedene Bäume mit 5 Ecken! Sie werden sehen, sie haben alle genau 4 Kanten. Allgemein gilt der folgende Satz:

Jeder Baum mit n Ecken hat genau n–1 Kanten.

Zum Beweis zeichnen wir den Graphen neu. Wir beginnen mit einer beliebigen Ecke. Von dort aus zeichnen wir die erste Kante und gelangen zu einer zweiten Ecke. Wenn möglich, setzen wir den Weg fort, indem wir die nächste Kante und die nächste Ecke zeichnen. Der Weg endet, wenn wir ein Blatt erreicht haben. Dann haben wir bis jetzt gleich viele Ecken wie Kanten gezeichnet und außerdem die Anfangsecke. Damit ist der Baum aber vielleicht noch nicht fertig, denn von dem bisher gezeichneten Weg könnten weitere Kanten abgehen.

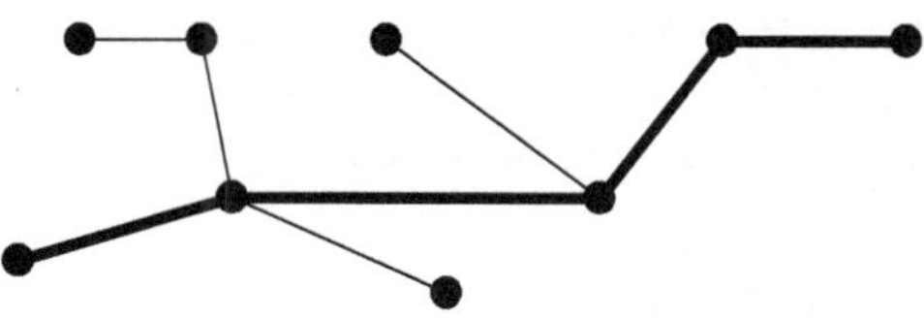

Ein Weg mit Abzweigen

Zeichnen wir eine solche Abzweigkante und die zugehörige Ecke, so sind wieder eine Ecke und eine Kante hinzugekommen. So zeichnen wir allmählich den ganzen Graphen, und wir haben insgesamt außer der Anfangsecke gleich viele Ecken und Kanten gezeichnet. Vorausgesetzt haben wir allerdings, dass jede Kante immer zu einer neuen Ecke führt, also zu einer, die wir noch nicht gezeichnet haben. Wäre das aber nicht so und kämen wir zu einer schon vorhandenen Ecke, so könnte man diese Ecke von der Anfangsecke aus auf zwei verschiedenen Wegen erreichen. Das ist aber in einem Baum nicht möglich. Also zeichnen wir immer neue Ecken und unser Graph enthält tatsächlich eine Ecke mehr als er Kanten hat.

„Äste absägen“

Wenn man an einem richtigen lebendigen Baum einen Ast durchsägt, entstehen zwei Teile, nämlich der abgesägte Ast und der Rest des Baumes. So ist es auch mit den Graphen, die wir Bäume genannt haben: Wenn wir in einem Baum eine Kante entfernen, zerfällt er in zwei Teile, die nicht miteinander zusammenhängen.

Und die Begründung dafür? Wir entfernen eine beliebige Kante, ihre Ecken nennen wir A und B. Wäre der restliche Graph noch zusammenhängend, könnten wir immer noch auf einem Weg von A nach B gelangen. Dann wären dieser Weg und die Kante, die wir entfernt haben, zwei verschiedene Wege zwischen A und B. Wir haben uns aber schon überzeugt, dass es in Bäumen zwischen zwei Ecken nur einen einzigen Weg gibt. Also kann der Graph nicht mehr zusammenhängend sein.

Dieser Satz gilt speziell für Bäume. Das können wir durch die folgende Überlegung einsehen. Ein zusammenhängender Graph, der kein Baum ist, enthält einen Kreis. Entfernen wir in dem Kreis eine beliebige Kante, so können wir immer noch jede Ecke mit jeder anderen durch einen Kantenzug verbinden – denn sollte die Kante, die wir weggenommen haben, Teil einer solchen Verbindung gewesen sein, so gehen wir auf dem Kreis anders herum und erhalten einen neuen Kantenzug zwischen den beiden Ecken, sozusagen eine Umleitung. Der Graph bleibt also zusammenhängend.

Ein zusammenhängender Graph ist genau dann ein Baum, wenn er dadurch, dass man eine beliebige Kante entfernt, nicht mehr zusammenhängend ist.

In diesem Satz ist das Wort „beliebig“ zu beachten: In einem Graphen, der kein Baum ist, kann man vielleicht einzelne Kanten entfernen, so dass der Rest nicht mehr zusammenhängt, aber das kann man nicht mit jeder beliebigen Kante machen.

Mit einem zusätzlichen Begriff lässt sich dieser Satz kürzer formulieren: Entfernt man eine Kante – aber keine Ecke – aus einem Graphen und ist dann der Restgraph nicht mehr zusammenhängend, so nennt man diese Kante eine **Brücke**. Der folgende Graph hat zwei Brücken.

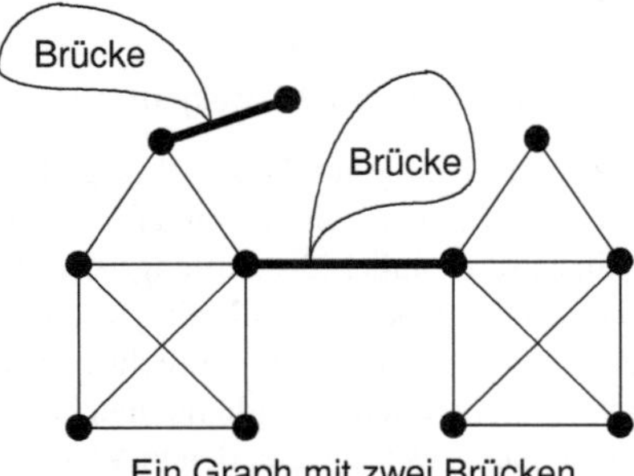

Ein Graph mit zwei Brücken

Typisch für einen Baum ist, dass alle seine Kanten Brücken sind. Den letzten Satz kann man nun so formulieren:

Ein zusammenhängender Graph ist genau dann ein Baum, wenn alle seine Kanten Brücken sind.

Aufspannende Bäume

Wenn wir einen beliebigen Graphen haben, der kein Baum ist, dann können wir ihn zu einem Baum abmagern lassen. Wir brauchen nur einen Kreis zu suchen und in ihm eine Kante zu entfernen. Dadurch wird ein Kreis zerstört. Wenn im Graphen noch Kreise übrig sind, nehmen wir eine weitere Kante heraus und verringern damit die Anzahl der Kreise noch mehr. Auf diese Weise könnten wir nach und nach so viele Kanten – jedoch keine Ecken – entfernen, bis keine Kreise mehr übrig sind. Aus dem Graphen ist dann ein Baum geworden.

Wir nennen einen Baum, der alle Ecken des Graphen enthält, einen **aufspannenden Baum** des Graphen. Aus unseren Überlegungen ergibt sich:

Jeder zusammenhängende Graph enthält einen aufspannenden Baum.

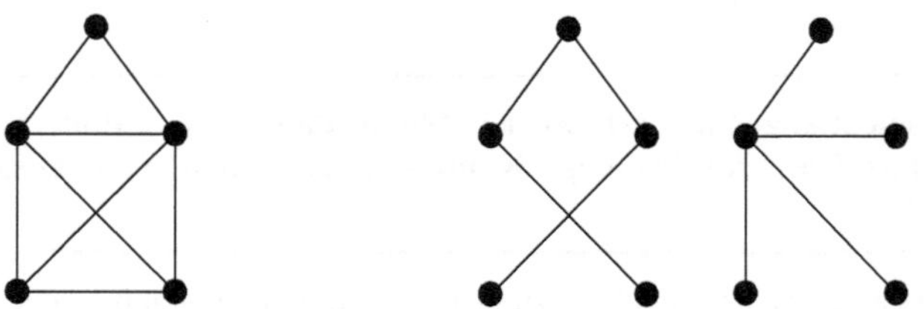

Ein Graph und zwei seiner aufspannenden Bäume

Dieser Satz zeigt die Bedeutung der Bäume: Jedem Graphen liegt als Gerüst ein Baum zugrunde, der alle Ecken enthält, aber nicht mehr Kanten als notwendig.

Wir haben soeben einen aufspannenden Baum dadurch erhalten, dass wir aus den Kreisen Kanten herausgenommen haben, wir sind sozusagen destruktiv vorgegangen. Wir können aber auch auf konstruktivem Wege zu einem aufspannenden Baum kommen. Dazu wählen wir aus dem Graphen zuerst eine beliebige Kante aus, dann eine zweite, eine dritte usw. und achten jeweils darauf, dass kein Kreis entsteht. Wenn sämtliche Ecken an einer dieser Kanten hängen, ist der aufspannende Baum fertig.

Die Idee des aufspannenden Baumes ist nicht nur eine mathematische Spielerei, sondern es gibt eine ganze Reihe von praktischen Problemen, die mit dieser Idee zu tun haben. Viele Versorgungssysteme wie Wasser, Strom oder Telefon sind so beschaffen, dass die Abnehmer auch dann noch angeschlossen bleiben, wenn eine Leitung defekt ist. Aus Sicht der Graphentheorie sind die Versorgungswerke, die Endverbraucher und die Verteilungsknoten die Ecken eines Graphen und die Leitungen sind die Kanten. Ein gutes Versorgungsnetz hat zur Sicherheit mehr Leitungen als nötig und ist deshalb gerade kein Baum. Sind Leitungen nicht in Betrieb – wegen Montagearbeiten oder in Notsituationen – muss der übrig bleibende Graph noch zusammenhängend bleiben, er muss mindestens ein aufspannender Baum des Graphen sein.

Die meisten Graphen haben ziemlich viele aufspannende Bäume. Sehen wir uns z.B. ein Dreieck an, so finden wir schon 3 aufspannende Bäume.

Ein Dreieck hat drei aufspannende Bäume.

Allerdings haben wir dabei etwas getan, was wir sonst nicht tun: Wir sprechen von drei Graphen, obwohl sie isomorph sind. Dazu mussten wir die Kanten unterscheiden, z.B. durch verschiedene Buchstaben. Wir hätten auch Farben verwenden können. Machen wir zwischen isomorphen Graphen keinen Unterschied, so hat das Dreieck nur einen einzigen aufspannenden Baum.

Bei bestimmten Graphen kann man sogar mit einer Formel berechnen, wie viele aufspannende Bäume es gibt, wenn man wie in unserem Beispiel die Kanten (oder die Ecken) unterscheidet. Das sind die vollständigen n-Ecke; sie haben genau n^{n-2} aufspannende Bäume. Für $n=3$ ist dies auf jeden Fall richtig: Nach der Formel müsste es $3^{3-2}=3^1=3$ aufspannende Bäume geben und wir haben uns in der letzten Zeichnung gerade überzeugt, dass ein Dreieck 3 aufspannende Bäume hat. Der Beweis, dass diese Formel auch für alle anderen vollständigen n-Ecke richtig ist, ist ziemlich umfangreich und steht in einigen Fachbüchern.

Die Formel hilft uns auch bei einem anderen Problem – bei einem scheinbar anderen Problem: Wie viele Bäume mit n Ecken gibt es? Die Aufgabe ist so gemeint, dass man zu n gegebenen Ecken alle Bäume suchen soll, die diese Ecken enthalten, wobei die Ecken individuell verschieden sind und isomorphe Graphen notfalls unterschieden werden. Die Lösung ist einfach: Jeder Baum mit n Ecken kann zu einem vollständigen n-Eck ergänzt werden und ist deshalb ein aufspannender Baum des vollständigen n-Ecks. Und wie viele es davon gibt, sagt uns die Formel: Es sind n^{n-2} Stück.

Darauf ist zuerst der englische Mathematiker Caley gekommen, und deshalb ist die Formel nach ihm benannt.

Formel von Caley:
Ein vollständiges n-Eck hat n^{n-2} aufspannende Bäume.
Aus n Ecken kann man n^{n-2} Bäume herstellen.

ARTHUR CALEY (1821-1895) studierte in Cambridge und hätte dort als Mathematiker eine Lebensstellung finden können, wenn er zugleich eine kirchliche Stellung angenommen hätte. Aber so stark wollte er sich nicht binden, obwohl er ein gläubiger Anhänger der anglikanischen Kirche war. Um seinen Lebensunterhalt bestreiten zu können, machte er eine juristische Ausbildung und praktizierte 14 Jahre lang als Rechtsanwalt. Darin war er so erfolgreich, dass er es sich leisten konnte viele Fälle abzulehnen, um Zeit für das zu haben, was ihm wirklich wichtig war und worin er noch viel erfolgreicher war: für die Mathematik. Als die Universität Cambridge von kirchlicher in staatliche Trägerschaft überging, wurde Caley der Lehrstuhl für Mathematik angeboten und Caley konnte sein Hobby zum Beruf machen. In seiner Zeit an der Universität setzte er sich dafür ein, dass auch Frauen studieren dürfen. Von Caley wird außerdem berichtet, dass er ein ausgeglichener und vielseitig interessierter Mensch war, er malte z.B. Aquarelle und hatte auch eine Begabung dafür.

Labyrinthe, Irrgärten und Höhlen

Unsere Kenntnisse über Graphen können uns helfen einen Weg durch Labyrinthe zu finden und sogar, falls wir mittendrin sind und die Orientierung verloren haben, wieder herauszukommen. Das gleiche gilt auch für Irrgärten und Höhlen. Aber was hat ein Labyrinth mit einem Graphen zu tun? Alle Kreuzungen und Verzweigungsstellen betrachten wir als Ecken, ebenso die Enden der Sackgassen. Die Gänge müssen dann die Kanten des Graphen sein. Für ein Labyrinth passt der Name „Gang" besser als „Kante", deshalb bleiben wir hier ausnahmsweise bei dem Namen „Gang". Als Beispiel betrachten wir ein Labyrinth, das nicht besonders groß ist.

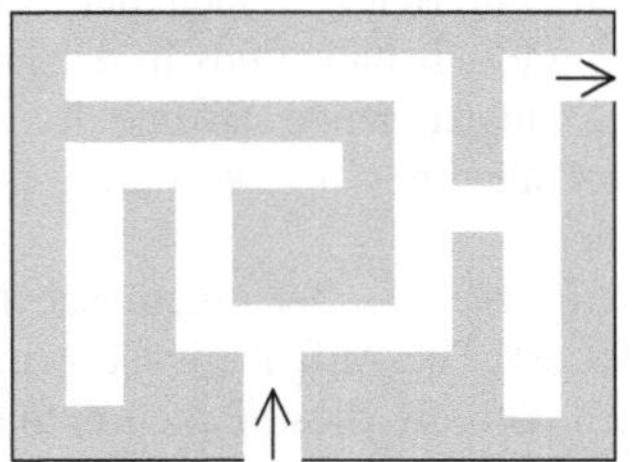
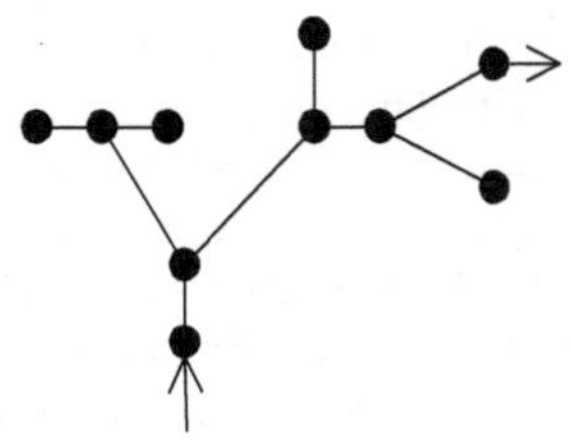

Ein Labyrinth und sein Graph. Die Pfeile zeigen Eingang und Ausgang an.

Wenn wir einen Plan des Labyrinths haben und wissen, wo wir gerade sind, ist es natürlich leicht den Ausgang zu finden. Was ist aber, wenn wir keinen Plan haben oder nicht wissen, wo wir sind?

Für den Fall, dass das Labyrinth als Graph betrachtet ein Baum ist, gibt es eine Strategie, die uns mit Sicherheit zum Ziel führt. Sehen wir uns diese Strategie an!

Wir befinden uns also an einer beliebigen Stelle (= Ecke) des Labyrinths und suchen den Ausgang. Zuerst wählen wir irgendeine Richtung aus, in die wir gehen wollen, bringen beim Start am Anfang des Gangs einen Pfeil an, an dem wir später sehen können, in welche Richtung wir gegangen sind. An der nächsten Ecke angekommen, markieren wir unsere Ankunftsrichtung durch einen zweiten Pfeil. Wenn möglich, gehen wir nun durch einen neuen Gang weiter, und zwar durch den, der am weitesten rechts liegt. Am Anfang und Ende bringen wir wieder Pfeile an.

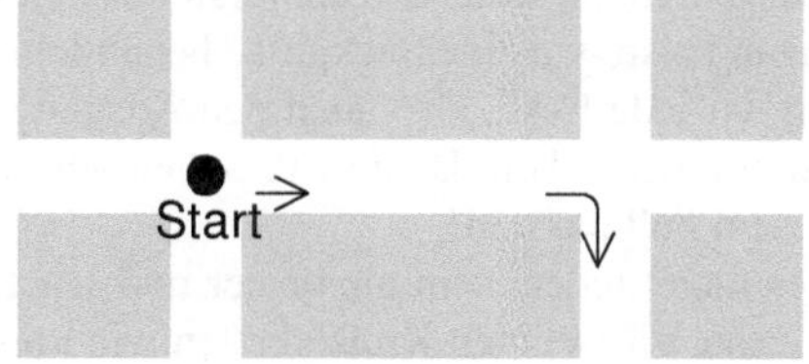

Wir biegen rechts ab, wenn es möglich ist.

Wenn wir aber in eine Sackgasse geraten sind, gehen wir zur vorigen Ecke zurück und bringen am Anfang des Gangs ein Zeichen „Gesperrt" an, weil wir diesen Gang nie wieder betreten wollen. Anschließend biegen wir wieder möglichst weit rechts ab. In den beiden folgenden Zeichnungen kann man die Vorgehensweise erkennen.

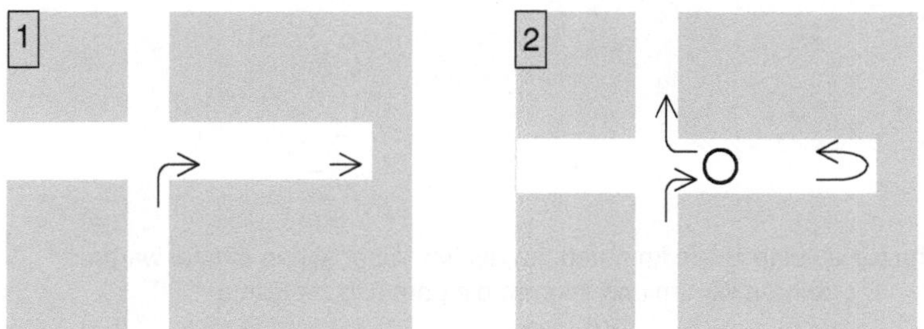

Wir geraten in eine Sackgasse.

Möglicherweise sind wir an einer Ecke durch lauter Sperrschilder gezwungen den Rückweg anzutreten. Das tun wir dann auch und bringen am Ende des Gangs, aus dem wir zuletzt gekommen sind, ebenfalls ein Sperrschild an. Damit ist dann ein ganzes System von Gängen gesperrt und wir biegen wieder rechts ab. Die folgenden Bilder zeigen ein Beispiel: Wir kommen aus Gang 1, halten uns rechts und kommen in die Gänge 2 und 3. Am Ende von 3 kehren wir um, dann sperren wir Gang 3, biegen rechts ab, geraten wieder in eine Sackgasse und sperren Gang 4. Dann gehen wir den Gang 2 zurück und sperren Gang 2, bevor wir rechts in Gang 5 abbiegen.

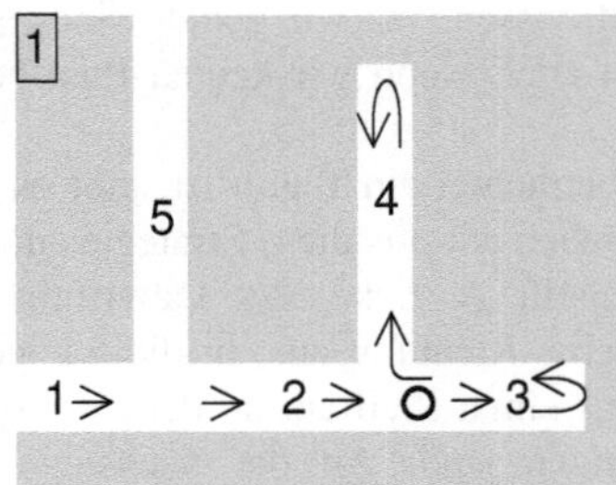

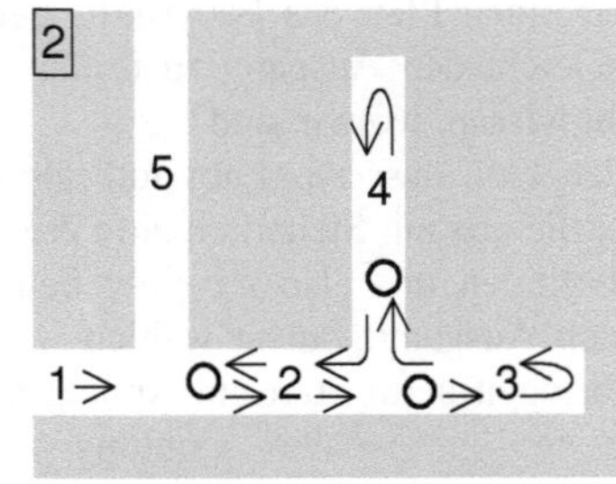

Wir sperren ein ganzes System von Sackgassen.

Sollte im letzten Bild bei 1 der Eingang sein, so wollen wir gewiss nicht dorthin zurück. Wir sollten also zusätzlich am Ende des allerersten Ganges ein weiteres Sperrschild anbringen, den Eingang also wie eine Sackgasse behandeln.

Auf diese Weise erreichen wir jede Ecke, also auch den Ausgang. Was ist aber, wenn das Labyrinth – als Graph gesehen – kein Baum ist? Sehen wir nach, was bei unserer bisherigen Strategie in diesem Fall passiert!

In vielen Fällen wird es nicht anders sein als bisher und wir finden den Ausgang. Unangenehm ist es aber, wenn wir in einen Kreis geraten wie im nächsten Bild. Dann müssten wir nach unserer Regel ohne Ende ringsherum laufen. Dass wir in einem Kreis sind, merken wir daran, dass wir an eine Stelle kommen, an der wir schon einmal in eine andere Richtung gegangen sind. Dann gehen wir zurück und sperren den Anfang des Gangs.

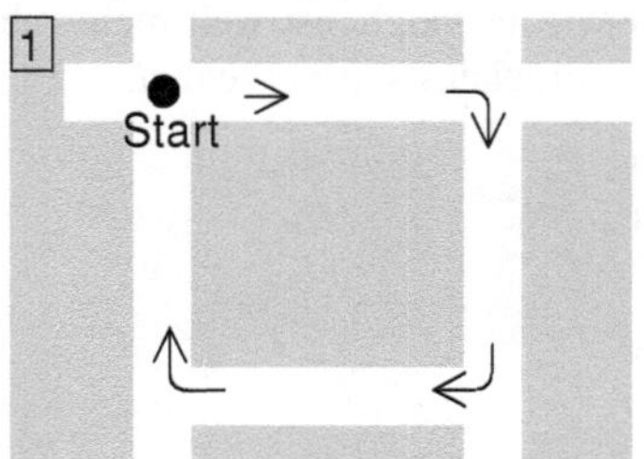

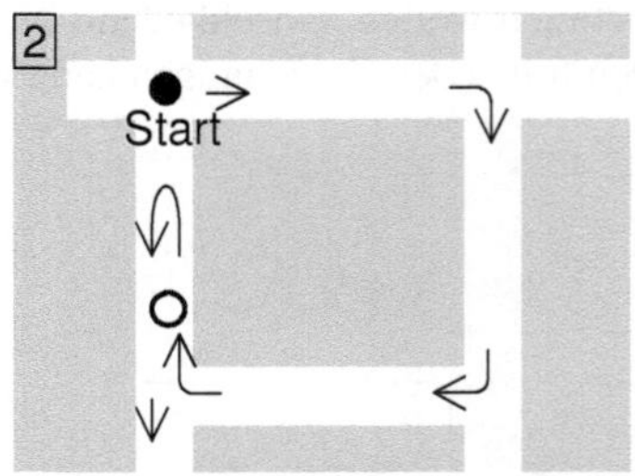

Wenn wir an eine Stelle kommen, an der wir früher schon einmal waren, kehren wir um und sperren die ganze letzte Kante.

Dadurch ist diese Kante praktisch aus dem Graphen entfernt worden und der Graph hat einen Kreis weniger. Wir sind also dabei, den Graphen durch einen aufspannenden Baum zu ersetzen, und wie wir aus einem baumförmigen Labyrinth herausfinden, haben wir oben schon gesehen.

Eine zweite unangenehme Möglichkeit zeigt sich im nächsten Bild. Wenn wir uns an unsere Strategie halten, erreichen wir nie das Ziel, den Ausgang. Hier machen wir es wieder so wie im letzten Beispiel: Sobald wir eine Ecke erreichen, an der wir schon einmal vorbei gegangen sind, sperren wir den Gang, aus dem wir gerade kommen, an beiden Enden und gehen dann zurück. Dadurch haben wir auch hier die Ursache unseres Misserfolgs beseitigt, nämlich den Kreis.

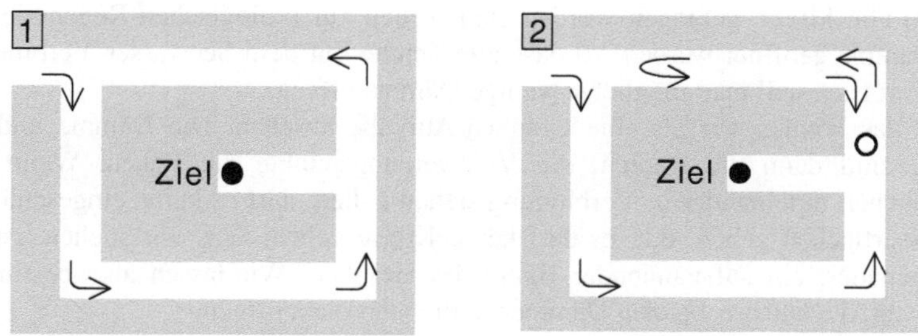

In Kreisen kehren wir um und sperren den zuletzt benutzten Gang.

Mit unserer Methode können wir also tatsächlich einen Ausweg aus einem Labyrinth, einem Irrgarten oder einer Höhle finden, egal wo wir gerade sind und ob der Graph ein Baum ist oder nicht.

Straßenbahnen, Fischteiche und Bindfäden

Sparsame Stadtverwaltungen könnten auf die Idee kommen ihr Straßenbahnnetz zu verkleinern. Dabei soll weiterhin jede Haltestelle erreichbar sein, aber es soll von einer Haltestelle zur anderen nur noch eine einzige Fahrmöglichkeit geben.

Sieht man das Straßenbahnnetz als Graph an, wird hier also ein Baum als Straßenbahnnetz angestrebt, denn die einzigen Graphen, in denen es zwischen je zwei Ecken genau einen Weg gibt, sind die Bäume. Wenn das Straßenbahnnetz vorher kein Baum war, soll somit ein aufspannender Baum des Graphen gefunden werden. Aber für die Fahrgäste kann es sehr unbequem werden.

Eine ganz andere Fragestellung können wir mit dem Modell des Graphen auf genau die gleiche Weise beschreiben: Am Rande eines großen Sees sind durch schmale Dämme mehrere Teile als Fischteiche abgetrennt, wie z.B. in der folgenden Zeichnung.

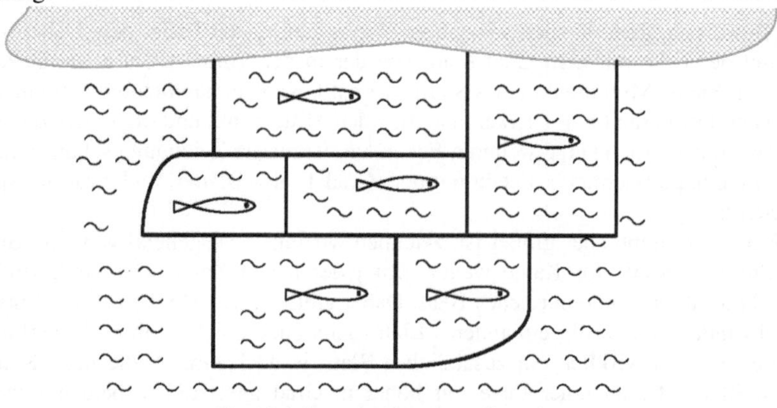
Fischteiche am Ufer eines Sees

Nachdem alle Fische gefangen worden sind, sollen zur biologischen Regenerierung einige Dämme geöffnet werden, so dass alle Teiche mit dem Seewasser Verbindung haben. Natürlich will man möglichst wenige Dämme öffnen.

Auch das können wir als eine Graphen-Aufgabe ansehen. Die Dämme und die Uferlinie sind dann die Kanten, die Verzweigungspunkte die Ecken. Wenn alle Wasserflächen miteinander in Verbindung stehen sollen, darf es keine eingeschlossenen Wasserflächen geben, d.h. es darf keine Kreise geben. Was wir suchen, ist ein Baum, genauer: ein aufspannender Baum des Graphen. Wir lassen also bestimmte Kanten weg, die entsprechenden Dämmen sollte man dann öffnen.

Auch ein mehrfach verknoteter Bindfaden hat etwas mit Graphen zu tun: Enthält er keine „Schlingen", ist er ein Baum. Wenn er kein Baum ist, ist er für kleine Kinder gefährlich.

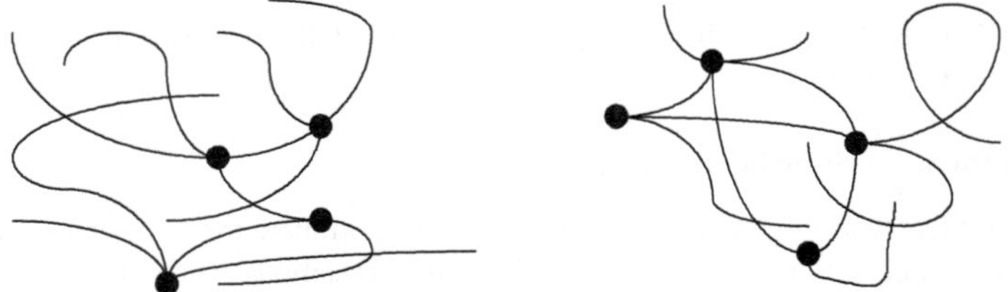

Zweimal ein Bindfadengewirr: Das erste ist ein Baum, das zweite nicht.

Eckengrade in Bäumen

Unsere Beispiele für Bäume haben ziemlich viele „freie Enden" – wir hatten sie Blätter genannt – d.h. Ecken mit dem Grad 1. Das ist kein Zufall, sondern eine Eigenschaft sämtlicher Bäume:

Hat ein Baum eine Ecke mit dem Grad k, so hat er mindestens k Blätter.

Das Beweisverfahren kennen wir schon: Wir zeichnen den Baum neu. Dabei fangen wir mit der Ecke mit dem Grad k an, von der in der Voraussetzung des Satzes die Rede ist. Sie ist Mittelpunkt eines Sterns. Er hat k Kanten, nämlich die „Strahlen" des Sterns und insgesamt k + 1 Ecken, nämlich den Mittelpunkt und die Enden der Strahlen. Wenn der Graph keine weiteren Ecken hat, ist unsere Zeichnung schon fertig und der Graph hat tatsächlich k Ecken mit dem Grad 1, also Blätter, und zwar die Spitzen des Sterns.

Wenn der Graph aber größer ist, zeichnen wir ihn – ausgehend von den Spitzen des Sterns – Kante für Kante weiter. Mit jeder neuen Kante, die wir hinzufügen, entsteht an ihrem Ende ein neues Blatt. Dabei gibt es zwei Möglichkeiten: Entweder verschwindet gleichzeitig ein anderes Blatt (dann ändert sich an ihrer Anzahl nichts) oder es entsteht wirklich ein zusätzliches Blatt, je nachdem, ob die neue Kante an einem Blatt oder an einer Ecke mit höherem Grad ansetzt. Die beiden folgenden Zeichnungen zeigen zwei Beispiele.

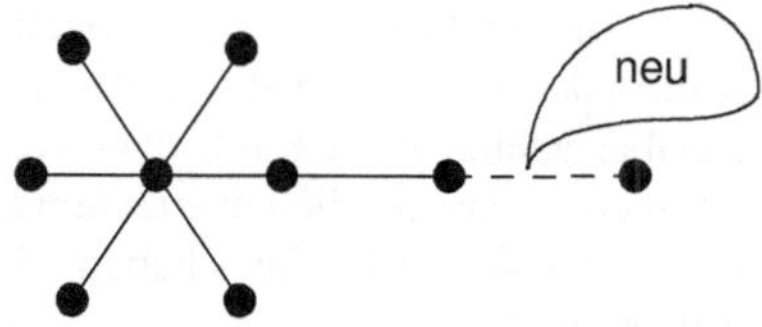

Die Anzahl der Ecken mit dem Grad 1 bleibt gleich.

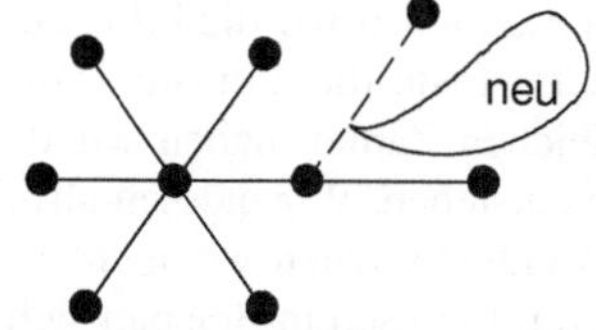

Es entsteht eine zusätzliche Ecke mit dem Grad 1.

Auf jeden Fall wird beim weiteren Zeichnen die Anzahl der Blätter nicht verringert, aber vielleicht erhöht.

Für den Stern, den wir am Anfang gezeichnet haben, war k die Anzahl der Blätter. Wir sehen, k ist zugleich ihre Mindestzahl für den ganzen Graphen. Und das wollten wir ja beweisen.

Die billigsten Straßen

In einer ländlichen Gegend sollen zwischen mehreren Ortschaften Straßen neu gebaut werden. Die folgende Zeichnung zeigt das Wunsch-Straßennetz, wobei die Zahlen Geldeinheiten für die Baukosten bedeuten, wir nennen sie Taler. Es entsteht ein bewerteter Graph: Allen Kanten ist eine Zahl zugeordnet.

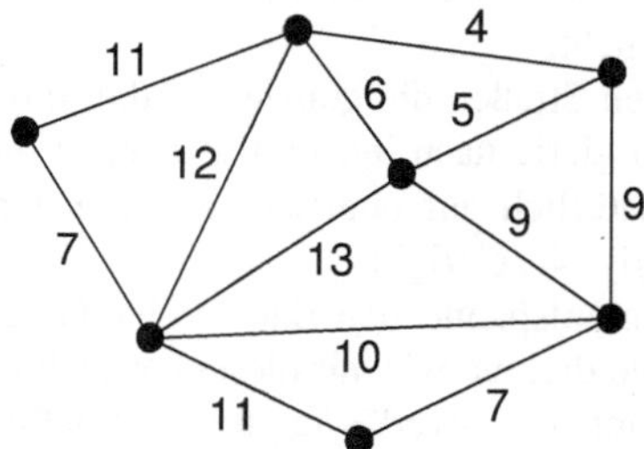

Ein Wunsch-Straßennetz und die Baukosten

Angesichts der gesamten Baukosten von 104 Talern kann man sich fragen, ob es nicht billiger geht, indem man nicht alle Straßen baut. Aber trotzdem soll jeder Ort von jedem anderen Ort auf einer der neuen Straßen erreicht werden können. Dazu genügt jeweils eine einzige Straße. Der neue Graph muss also ein Baum sein – ein aufspannender Baum des ursprünglichen Graphen. Außerdem sollen die gesamten Baukosten möglichst niedrig sein. Das bedeutet für den Baum, dass sein Gesamtwert möglichst niedrig sein soll. Was wir suchen, nennt man einen **minimalen aufspannenden Baum**. Zum Glück ist es ganz leicht einen zu finden: Wir schreiben die Preise aller Ortsverbindungen (in der Sprache der Graphentheorie: die Bewertungen aller Kanten) in aufsteigender Folge auf. Wenn Zahlen mehr als einmal vorkommen, schreiben wir sie so oft auf, wie sie vorkommen. In unserem Beispiel sieht unsere Liste so aus:

4 5 6 7 7 9 9 10 11 11 12 13

Dann beschließen wir die billigste Straße zuerst zu bauen und unterstreichen sogleich in unserer Liste die kleinste Zahl. Dann kommt die nächstbillige an die Reihe usw. Bei gleichen Zahlen haben wir die freie Wahl. Dabei achten wir darauf, dass keine Kreise entstehen. Wir müssen also in der Regel Straßen auslassen, die entsprechenden Zahlen unterstreichen wir nicht. Wenn alle Orte eine Straßenverbindung haben, sind wir fertig. In unserem Beispiel sieht die Bauplanung so aus:

4 5 6 7 7 9 9 10 11 11 12 13

Und das ist das Straßensystem, es ist das billigste:

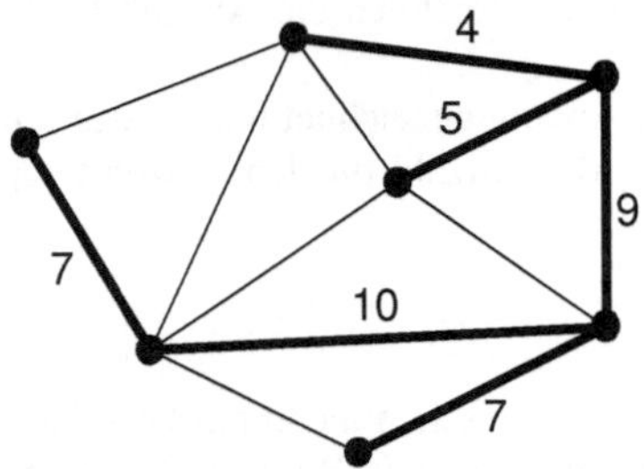

Man kann jedes Ziel erreichen, oft mit Umwegen.

Die Gesamtkosten betragen 42 Taler. Weil wir uns bei den Straßen für 9 Taler für eine von zweien entscheiden konnten, gibt es noch eine andere Ausbau-Möglichkeit zum selben Preis, billiger geht es nicht.

Wir haben immer von allen Straßen die günstigste (d.h. die billigste) ausgewählt, die noch frei war. Wir waren gierig nach ihr, und so nennen die Mathematiker diese Methode tatsächlich, aber natürlich auf englisch, sie sprechen von einem **Greedy Algorithmus** (englisch „greedy“ = „gierig“).

Dass wirklich alle anderen aufspannenden Bäume eine Gesamt-Bewertung haben, die mindestens so groß ist wie die, die wir mit diesem Verfahren gefunden haben, ist nicht selbstverständlich. Es gibt aber zuverlässige Beweise dafür.

Ist in einem bewerteten Graphen ein minimaler aufspannender Baum gesucht, so kommt man mit dem Greedy Algorithmus zum Ziel.

Der kürzeste Weg

Eine auf den ersten Blick ähnliche Aufgabe ist aber viel schwieriger zu lösen. Auch hier geht es wieder um einen bewerteten Graphen. Aber die Aufgabe besteht darin, zwischen zwei vorgegebenen Ecken einen Verbindungsweg mit der kleinsten Bewertung zu finden. Beispiele für derartige Probleme gibt es genug: In einem Straßennetz möchte man von einer Stelle zu einer anderen kommen und dabei möglichst wenige Kilometer fahren. Eventuell erhält man eine andere Lösung, wenn die Fahrzeit oder wenn die Fahrkosten minimal sein sollen. Auch Flugreisenden ist diese Fragestellung bekannt.

Zur Vereinfachung bezeichnen wir hier die Bewertung als Länge. Wir suchen also den kürzesten Weg von einer Ecke zu einer anderen gegebenen Ecke.

Das Lösungsverfahren ist etwas langwierig, aber es führt garantiert zu einem richtigen Ergebnis.

Die Idee ist, von der Startecke aus nach und nach einen Baum wachsen zu lassen, bis er an die Zielecke stößt. Damit haben wir dann einen Weg zwischen Start und Ziel, und wenn wir bei unserer Konstruktion nur Kanten mit möglichst kleinen Bewertungszahlen verwenden, ist dieser Weg einer mit kürzester Länge.

Wie die Methode im Einzelnen aussieht, zeigt das folgende Beispiel. Betrachten Sie dazu den bewerteten Graphen in der nächsten Zeichnung. Der kürzeste Weg von A nach G soll gefunden werden.

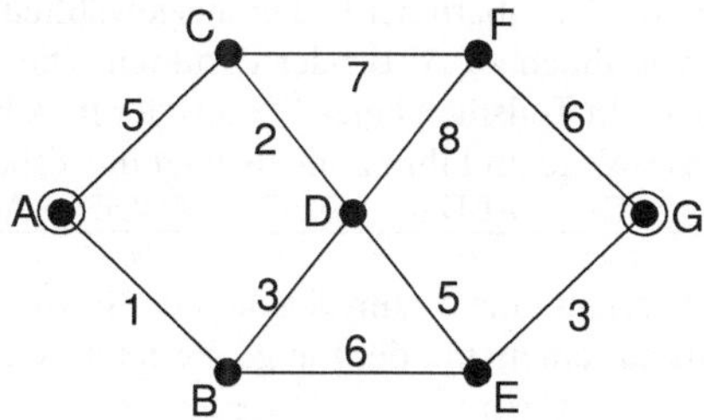

Gesucht: Der kürzeste Weg von A nach G

Wir schreiben neben A eine 0, weil 0 die Entfernung von A nach A ist. Nun suchen wir die zu A unmittelbar benachbarten Ecken (in unseren Beispiel sind es B und C), stellen fest, wie weit sie von A entfernt sind und wählen die am nächsten gelegene Ecke aus. Das ist B. Neben B schreiben wir eine 1 als kürzeste Entfernung von A, und wir zeichnen die Kante AB dick.

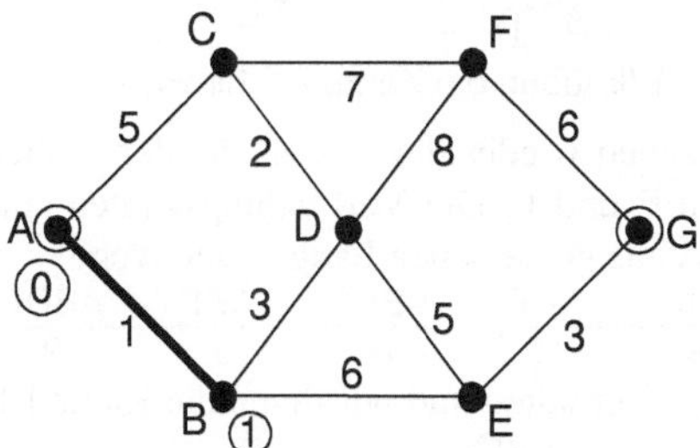

Der erste Schritt auf der Suche nach dem kürzesten Weg von A nach G

Nun suchen wir alle Nachbarn von A und alle Nachbarn von B (das sind C, D und E) und dann alle Kanten, die von A oder B zu C, D oder E führen, ergänzen sie zu Wegen mit der Anfangsecke A und berechnen ihre Längen:

Weg	AC	ABD	ABE
Länge	5	4	7

D hat die kürzeste Entfernung von A. Wir schreiben deshalb neben D die Zahl 4 und heben die Kante BD hervor. Alle anderen Wege von A nach D sind mindestens so lang wie der von uns gewählte Weg, in unserem Fall sind sie länger als 4.

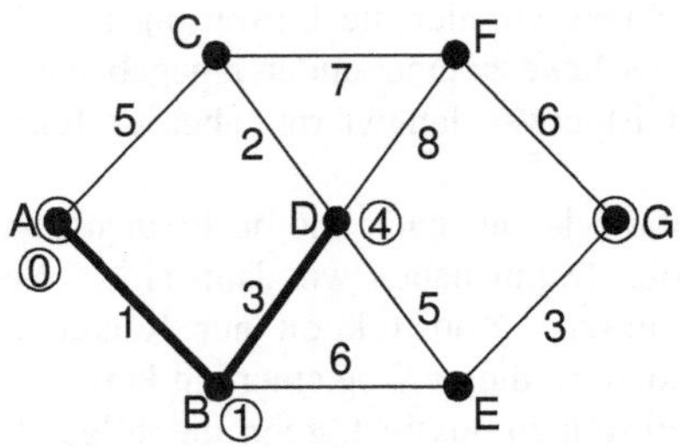

Wir fügen eine Kante hinzu.

Nun suchen wir alle Ecken, die Nachbarn der bisher ausgewählten Ecken A, B oder D sind, und die Kanten, die von ihnen zu A, B oder D führen. Die Nachbarn sind C, E und F. Jede dieser Kanten ist ein Teilstück eines Weges, der in A beginnt und zu einer der neuen Ecken führt. Diese Wege und ihre Längen zeigt die Tabelle:

Weg	AC	ABDC	ABE	ABDE	ABDF
Länge	5	6	7	9	12

AC ist der kürzeste Weg. C erhält eine 5 zum Zeichen dafür, dass C von A aus nicht auf einem kürzeren Weg als auf einem mit der Länge 5 erreicht werden kann.

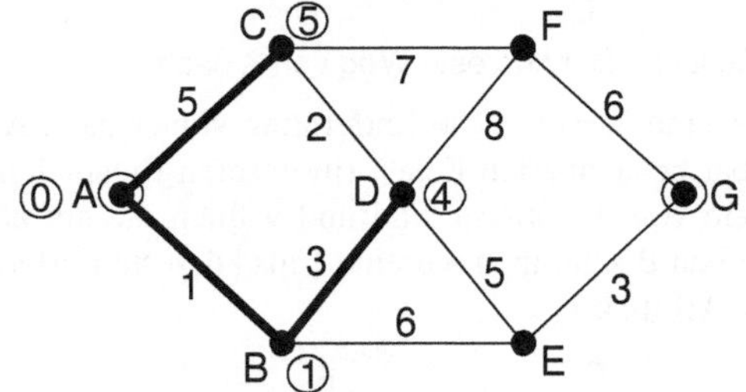

Wir fügen die Kante AC hinzu.

Nun geht es weiter. Wir suchen wieder die Ecken, die den bisher markierten Ecken benachbart sind und finden E und F. Die Verbindungskanten sind CF, DF, BE und DE. Und das sind die von A aus gemessenen Längen der Wege:

Weg	ACF	ABDF	ABE	ABDE
Länge	12	12	7	9

Also muss E die Markierung 7 erhalten und wir fügen die Kante BE hinzu.

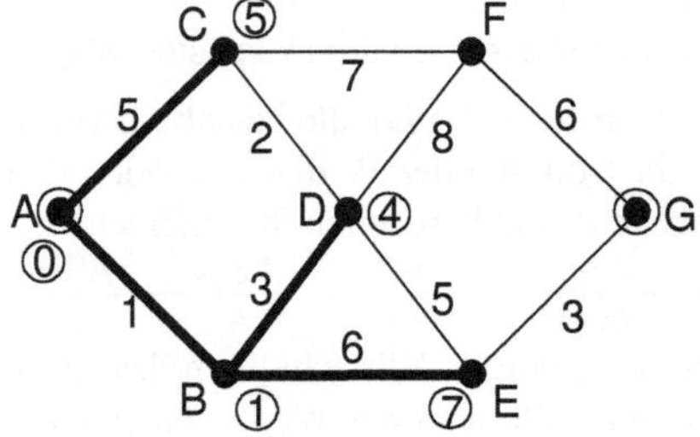

Wir fügen die Kante BE hinzu.

Die nächsten Entfernungsberechnungen ergeben:

Weg	ACF	ABDF	ABEG
Länge	12	12	10

Wir wählen G und fügen die Kante EG hinzu.

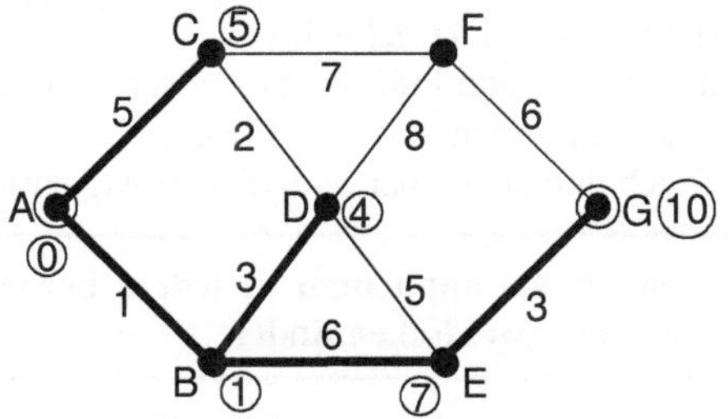

Wir haben den kürzesten Weg von A nach G gefunden.

Unsere ursprüngliche Aufgabe haben wir damit gelöst: Der kürzeste Weg von A nach G ist der über B und E und er hat die Länge 10.

Als Nebenergebnis haben wir auch die kürzesten Wege von A zu allen Ecken des Graphen gefunden, außer dem Weg nach F. Wir können uns nun noch überlegen, wie wir diese letzte Ecke von A aus auf kürzestem Wege erreichen und notieren die Vergleichstabelle:

Weg	ACF	ABDF	ABEGF
Länge	12	12	16

Hier kommen zwei gleiche Längen vor, wir dürfen uns deshalb eine Kante aussuchen, z.B. DF.

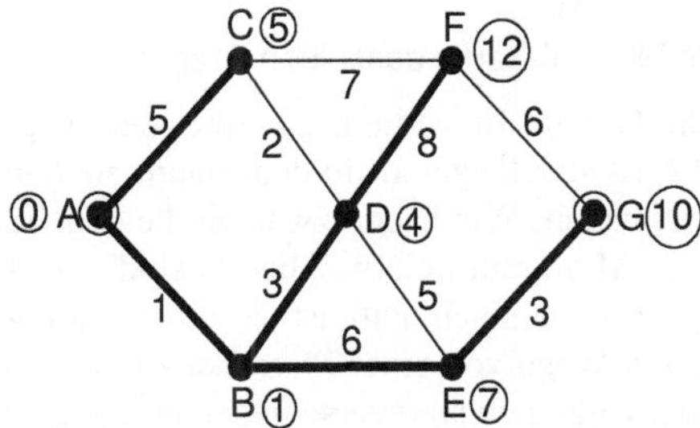

Wir können für jede Ecke ablesen, wie wir sie von A aus auf kürzestem Weg erreichen können und wie lang dieser Weg ist.

Mit diesem Algorithmus können wir also – ausgehend von einer Start-Ecke – zu jeder anderen Ecke einen Weg mit minimaler Länge konstruieren, und dabei kommen wir automatisch auch zu unserer Ziel-Ecke. Alle Wege zusammen bilden einen Baum, denn wir erreichen in unserem Wegesystem jede Ecke nur einmal.

Sie können sich leicht vorstellen, dass dieses Verfahren bei größeren Graphen, wie sie in wirklichen Anwendungen die Regel sind, ziemlich aufwändig ist. Da wird man nicht ohne Computer-Unterstützung auskommen.

Das öffentliche Nahverkehrsnetz einer Großstadt lässt oft mehrere Möglichkeiten zu, um von A nach B zu kommen. Dabei sucht man meist die günstigste Verbindung. „Günstig“: Das kann die kürzeste Fahrstrecke sein, aber meist wird man die Verbin-

dung mit der kürzesten Fahrzeit suchen. Dann kann man genauso vorgehen, wie wir es eben gemacht haben. Man muss nur die Fahrzeiten an die einzelnen Wegstrecken schreiben. Dem einzelnen Fahrgast wird man in dem riesigen Graphen eines Liniennetzes unsere Methode kaum empfehlen können. Aber die computergesteuerten Fahrgastinformationssysteme arbeiten tatsächlich so.
Der niederländische Mathematiker und Informatiker Edsger Wybe Dijkstra hat dieses Verfahren 1960 erfunden und bewiesen, dass es in jedem bewerteten Graphen zu dem gewünschten Ziel führt. Nach ihm nennt man es **Dijkstra-Algorithmus**.

Mit dem Dijkstra-Algorithmus kann man in jedem bewerteten Graphen den kürzesten Weg zwischen zwei Ecken finden.

Wir kehren noch einmal zu unserem Beispiel zurück. Die gesamte Bewertung unseres Baumes beträgt 26. Das ist aber nicht die kleinste Bewertung, die ein aufspannender Baum haben kann. Die findet man mit dem Greedy Algorithmus, den wir zuvor betrachtet haben. Die folgende Zeichnung zeigt das Ergebnis:

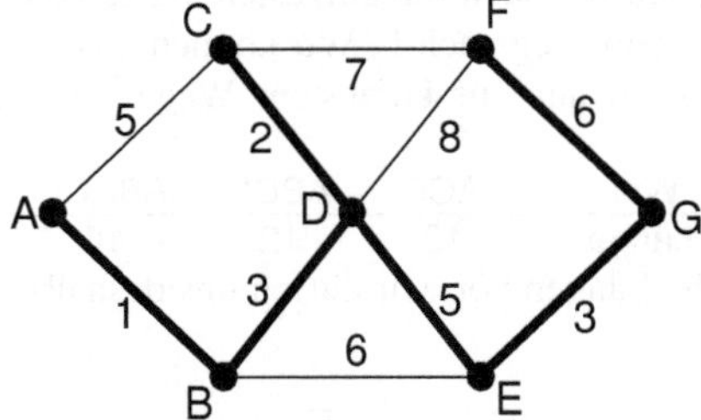

Ein Minimal-Baum desselben Graphen

Der Minimal-Baum hat die Gesamt-Bewertung 20. Aber der Weg zur Ecke G hat in diesem Baum die Länge 12, ist also länger als in dem Baum, in dem wir den kürzesten Weg von A aus konstruiert haben. Wir haben zwar die beiden Bäume mit dem Ziel konstruiert, dass sie uns ein Minimum liefern. Aber es sind verschiedene Dinge, die am kleinsten sein sollen: In dem einen Fall ist es die Gesamtbewertung, in dem anderen sind es die kürzesten Wege von einer Startecke zu allen anderen Ecken. Die Algorithmen zur Lösung der Aufgaben sind verschieden und auch die Ergebnisse sind verschieden.

Die kürzeste Tour des Briefträgers

Das Zustellgebiet eines Briefträgers umfasst meist mehrere Straßen, und um mit seiner Arbeitszeit sparsam umzugehen, soll natürlich der Weg, den er dabei zurücklegt, möglichst kurz sein. Wir können wieder Straßen als Kanten eines Graphen auffassen, die Kreuzungen und Einmündungen sind dann die Ecken. Der Graph ist bewertet, weil die Länge der Straßen eine Rolle spielt. Wir suchen also einen geschlossenen Kantenzug, der alle Straßen des Zustellgebiets enthält und eine minimale Gesamtbewertung hat.

Dieses Problem ist als **Chinese Postman Problem** bekannt. Es heißt nicht deswegen so, weil es speziell chinesische Briefträger betrifft, sondern weil sich ein chinesischer Mathematiker als Erster systematisch mit diesem Problem befasst hat (M. Guan 1962).

Es darf nicht mit dem Traveling Salesman Problem verwechselt werden. Dabei ging es darum, durch alle Ecken einen kürzesten hamiltonschen Kreis zu finden. Das wäre so, als wenn nur an den Straßenecken Briefkästen hingen.

Wenn der Graph eulersch ist, gibt es eine ganz einfache Lösung, der Briefträger kann nämlich jede eulersche Tour wählen! Sie enthält sämtliche Straßen genau einmal und kürzer als ihre gesamte Länge kann der Weg des Briefträgers nicht sein. Wenn der Graph aber nicht eulersch ist, wird es komplizierter. Wir beschränken uns hier auf den Fall, dass der Graph genau zwei Ecken mit ungeradem Grad hat. Wenn der Briefträger an einer dieser Ecken seine Tour beginnen und an der anderen beenden könnte, gäbe es für ihn kein Problem. Aber er muss ja einen Rundgang machen! So bleibt ihm nichts weiter übrig, als einige Straßen zweimal entlang zu gehen, nämlich die zwischen den Ecken mit ungeradem Grad. Im Sinne unserer Aufgabe muss dieser Rückweg möglichst kurz sein. Und damit entsteht eine Aufgabe, die wir lösen können: Wir suchen den kürzesten Weg zwischen zwei Ecken. Diesen kürzesten Weg muss der Briefträger dann zweimal benutzen, alle anderen einmal. Mit unseren Kenntnissen über Graphen können wir also folgendermaßen vorgehen:

- Suche den kürzesten Weg zwischen den beiden Ecken mit ungeradem Grad.
- Verdopple die Kanten dieses Weges.
- Es ist ein eulerscher Graph entstanden. Suche in ihm eine eulersche Tour.

Wir betrachten dazu ein einfaches Beispiel:

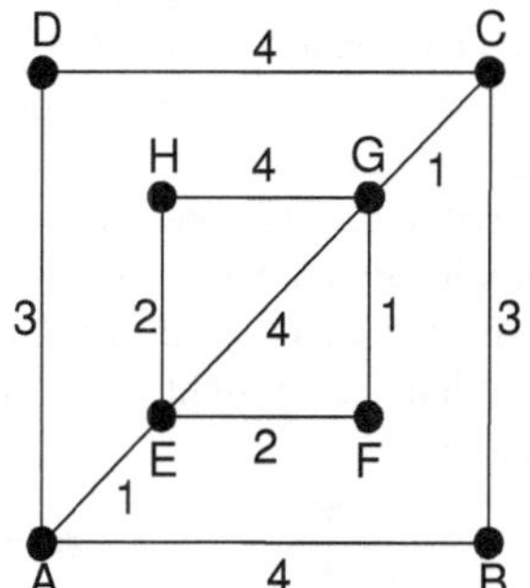

Die Straßen, in denen Herr Fleißig die Briefe zu verteilen hat (mit Entfernungsangaben)

A und C sind die zwei Ecken mit ungeradem Grad und wir sehen leicht, dass AEFGC der kürzeste Weg zwischen A und C ist. Seine Länge ist $1 + 2 + 1 + 1 = 5$. Wir verdoppeln die Kanten dieses Weges und erhalten einen bewerteten eulerschen Graphen:

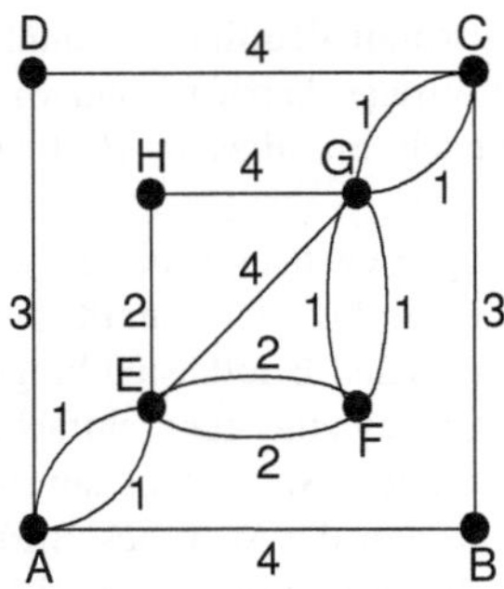

Ein minimaler eulerscher Graph zu dem vorigen Graphen

Eine eulersche Tour ist zugleich ein minimaler Briefträgerweg. Wir können Herrn Fleißig z.B. vorschlagen: ABCGHEAEFEAEGFGCDA.

Ähnliche Probleme treten bei der Müllabfuhr, bei Patrouillendiensten, bei Stadtrundfahrten usw. auf. Auch dabei müssen bestimmte Routen zurückgelegt werden und es soll möglichst wenig unnütz gefahren werden.

Zusätzliche Informationen

- In unserem Beweis, dass in einem Baum zwischen zwei Ecken genau ein Weg existiert, wird zwischen Kantenzug und Weg nicht unterschieden. Zur Erinnerung: Ein Weg enthält jede seiner Ecken nur einmal, ein Kantenzug kann aber auch mehrmals durch eine Ecke gehen. Die eingerahmten Sätze sind aber trotzdem richtig. Man kann nämlich beweisen, dass es zwischen zwei Ecken einen Weg gibt, wenn es einen Kantenzug gibt. Die „Wege" in den Labyrinthen sind übrigens zum Teil keine Wege im strengen Sinne, weil zum Beispiel in den Sackgassen einige Gänge doppelt benutzt werden.
- Unter einem Baum verstehen wir einen Graphen mit zwei Eigenschaften: Er ist zusammenhängend und er enthält keinen Kreis. Wenn wir die erste Eigenschaft „zusammenhängend" weglassen, erhalten wir einen Graphen, von dem wir nur wissen, dass er keinen Kreis enthält. Er besteht dann aus einzelnen Bäumen und wird logischerweise **Wald** genannt.

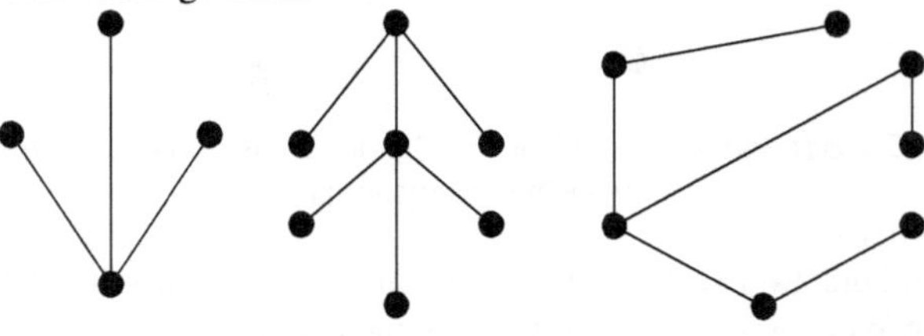

Ein Wald

- Meist wird kein Unterschied zwischen Graphen gemacht, wenn sie isomorph sind. In manchen Beispielen und Anwendungen, z.B. wenn wir die aufspannenden Bäume zählen, ist es aber notwendig, die Graphen als gelabelte Graphen anzusehen und zu unterscheiden, auch wenn sie isomorph sind.

- Der hier beschriebene Greedy-Algorithmus wird „Algorithmus von Kruskal" genannt. Es gibt auch andere Algorithmen, die nach einem „gierigen" Prinzip vorgehen.

Aufgaben

1. Zeichnen Sie einen Baum, in dem alle Ecken höchstens den Grad 2 haben.
2. Zeichnen Sie einen Baum mit 8 Ecken, von denen eine den Grad 5 hat.
3. Zeichnen Sie einen Baum mit möglichst wenigen Ecken, von denen genau zwei den Grad 5 haben.
4. Dieser Baum enthält 4 Ecken mit dem Grad 1. Ergänzen Sie ihn auf mehrere Arten zu einem Baum, der genau 8 Ecken mit dem Grad 1 enthält.

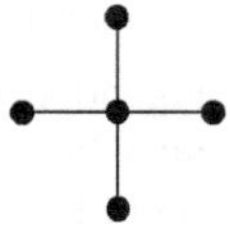

5. Zeichnen Sie alle Bäume mit 3 Ecken (mit 4, 5, 6 Ecken). Isomorphe Bäume gelten als <u>eine</u> Lösung.
6. Warum kann ein Baum weder Schlingen noch parallele Kanten haben?
7. Von den folgenden Graphen ist nur einer ein Baum. Suchen Sie ihn heraus.

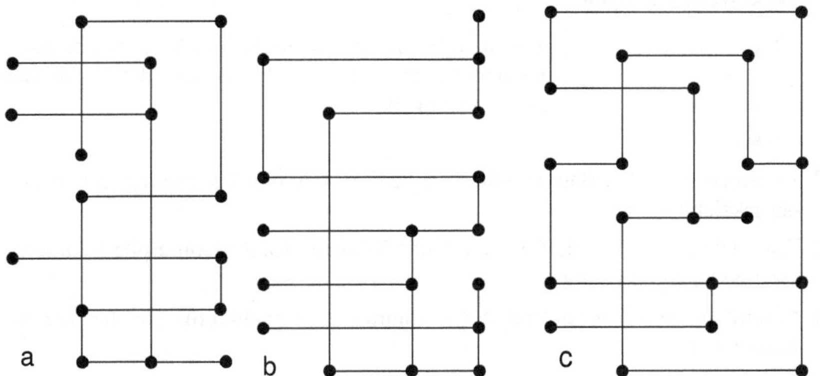

8. In der vorigen Aufgabe sind zwei Graphen keine Bäume. Entfernen Sie in ihnen Kanten, aber keine Ecken, so dass Bäume übrig bleiben.
9. Begründen Sie: Ein zusammenhängender Graph mit n Ecken enthält mindestens n–1 Kanten.
10. Verbindet man in einem Baum zwei Ecken miteinander, zwischen denen es noch keine Kante gibt, so ist der entstehende Graph kein Baum mehr. Begründung?

11. In dieser Aufgabe geht es um Wege, die von einer Ecke mit dem Grad 1 zu einer anderen Ecke mit dem Grad 1 führen. Wir nennen sie 1-1-Wege. Wie viele 1-1-Wege gibt es jeweils?

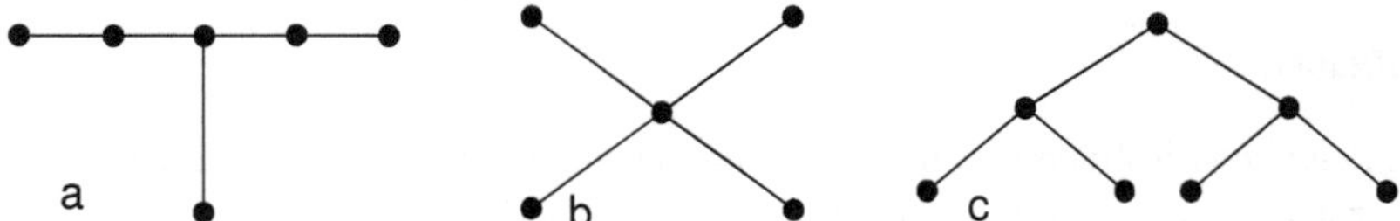

12. Unter der Länge eines Weges könnte man auch die Anzahl der Kanten, aus denen er besteht, verstehen. Oder: Wir fassen den Graphen als bewerteten Graphen auf und jede Kante hat den Wert 1.
    a. Wie viele Wege der Länge 2 gibt es in den Bäumen der vorigen Aufgabe?
    b. Wie viele Wege der Länge 3 gibt es in den Bäumen der vorigen Aufgabe?
    c. Wie lang sind die längsten Wege in den Bäumen der vorigen Aufgabe?
13. Wenn man in einem zusammenhängenden Graphen eine Kante entfernen kann und wenn dann zwei Teilgraphen entstehen, die nicht miteinander zusammenhängen, so war der ursprüngliche Graph ein Baum. Ist das wahr?
14. Wenn alle Ecken mindestens den Grad 2 haben, so ist der Graph kein Baum. Ist das wahr?
15. Zeichnen Sie ein vollständiges Viereck. Entfernen Sie Kanten, aber keine Ecken, so dass ein Baum übrig bleibt. Wie viele nicht isomorphe Bäume können Sie auf diese Weise erzeugen?
16. Zeichnen Sie für ein vollständiges Viereck alle aufspannenden Bäume, berücksichtigen Sie dabei die Benennung der Ecken.
17. Zeichnen Sie alle Bäume mit 4 Ecken, wobei die Benennung der Ecken zu berücksichtigen ist.
18. Wie viele aufspannende Bäume hat das Nikolaus-Haus? Isomorphe Bäume gelten als eine einzige Lösung.
19. Stimmt es, dass jeder aufspannende Baum eines Graphen die gleiche Anzahl von Kanten hat?
20. Ein Spiel besteht aus lauter gleichen rechteckigen Platten. Sie können mit Hilfe von Kupplungen miteinander verbunden werden. Wie viele Kupplungen müssen mindestens mitgeliefert werden, damit alle Platten zu einem zusammenhängenden Stück verbunden werden können, egal wie?

21.

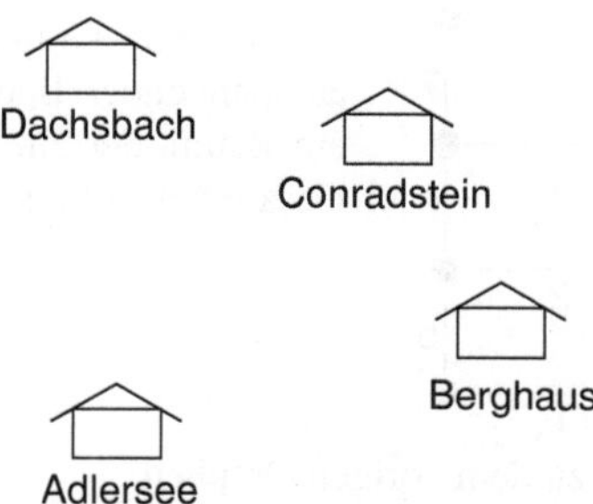

Bisher ist nur die Berghütte Adlersee an das Elektrizitätsnetz angeschlossen. Nun werden auch die anderen Hütten angeschlossen, wobei möglichst wenige Leitungen gezogen werden sollen. Ausnahmsweise ist nicht die Länge, sondern die Anzahl der Leitungen entscheidend. Machen Sie Vorschläge für die Verlegung der Leitungen.

22. Wenden Sie die in diesem Kapitel beschriebene Strategie auf die folgenden Labyrinthe an! Der Pfeil kennzeichnet den Eingang, bei $ ist der Schatz, den Sie suchen.

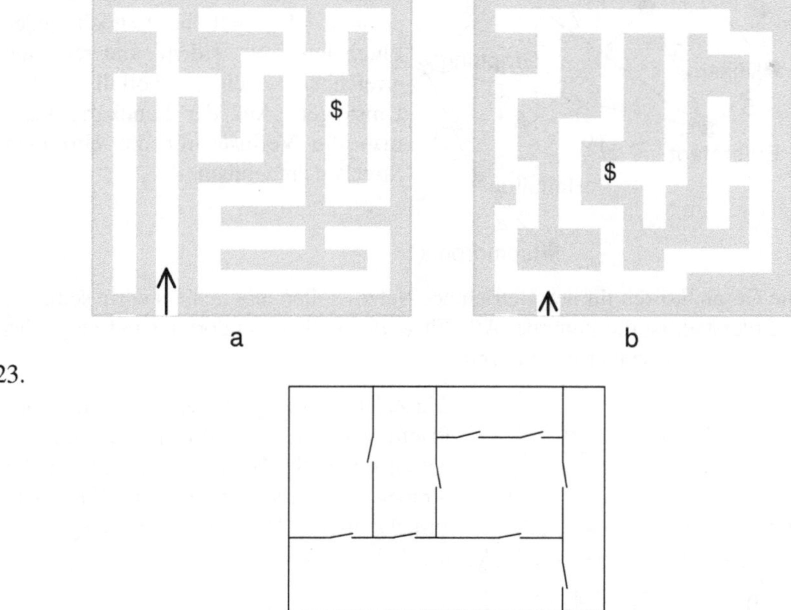

23.

In dieser Wohnung wohnt jemand, der nicht gern Türen öffnet. Deshalb lässt er viele Türen offen. Aber es sollen möglichst wenige Türen immer offen sein und natürlich soll jeder Raum ohne Öffnen von Türen erreichbar sein. Machen Sie einen Vorschlag.

24.

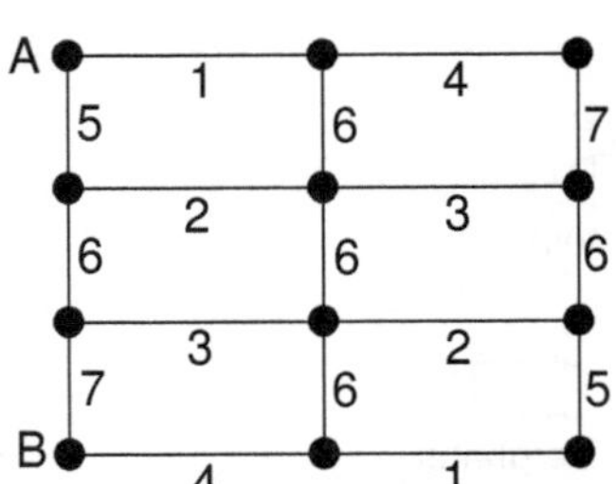

In diesem Graphen soll ein minimaler aufspannender Baum gefunden werden, d.h. ein Baum, der alle Ecken enthält und dessen Gesamtbewertung möglichst klein ist.

25. Zwei weitere Aufgabe zu dem vorigen Graphen:
   a. Welcher Weg von A nach B ist am kürzesten? Wie lang ist dieser kürzeste Weg? Vergleichen Sie das Ergebnis mit der Länge des Weges von A nach B in dem Baum der vorigen Aufgabe!
   b. Wie weit ist es von A zu den anderen Ecken, wenn man den kürzesten Weg benutzt?

26.

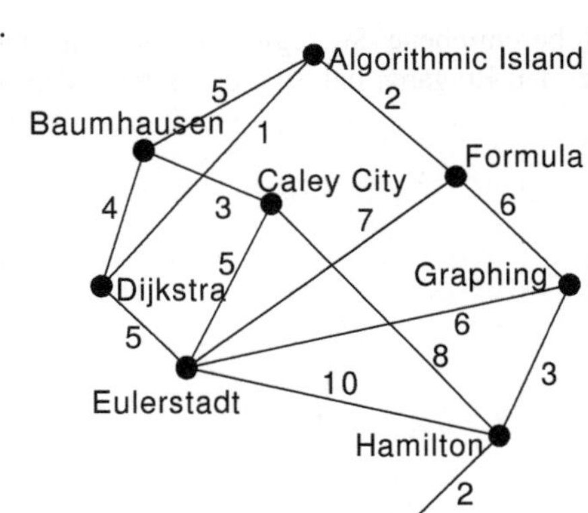

Die Fluggesellschaft Graphic-Airlines macht außerhalb der Saison auf allen ihren Strecken Verluste. Sie möchte den Betrieb einschränken, indem sie manche Strecken vorübergehend einstellt. Es soll aber noch jeder Flughafen von jedem anderen aus erreichbar sein, notfalls mit Umsteigen. Aus der Landkarte kann man die Verluste für die einzelnen Strecken entnehmen.

   a. Die Gesamtkosten für den Betrieb des Netzes sollen möglichst niedrig sein.
   b. In Eulerstadt ist die Zentrale. Alle Flughäfen sollen von dort aus mit möglichst geringen Verlusten erreichbar sein.

27.

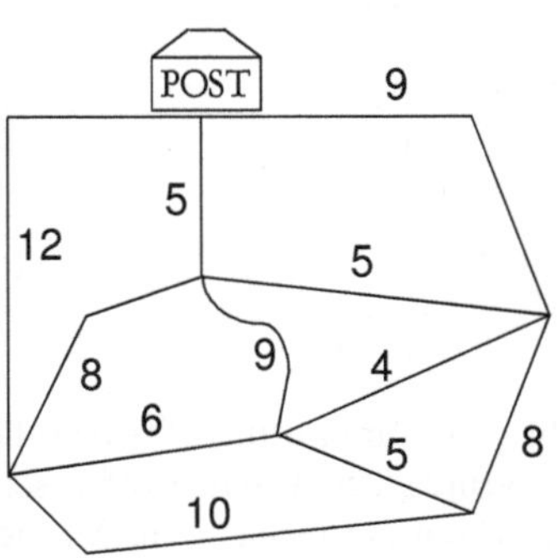

Die Zeichnung zeigt das Zustellgebiet eines Briefträgers mit Angaben über die Längen der einzelnen Straßenabschnitte. Er soll alle Straßen versorgen und zur Postfiliale zurückkehren. Der gesamte Weg soll möglichst kurz sein.

Lösungshinweise

1. Ein solcher Graph ist eine Kette:

2. Es gibt genau zwei Lösungen:

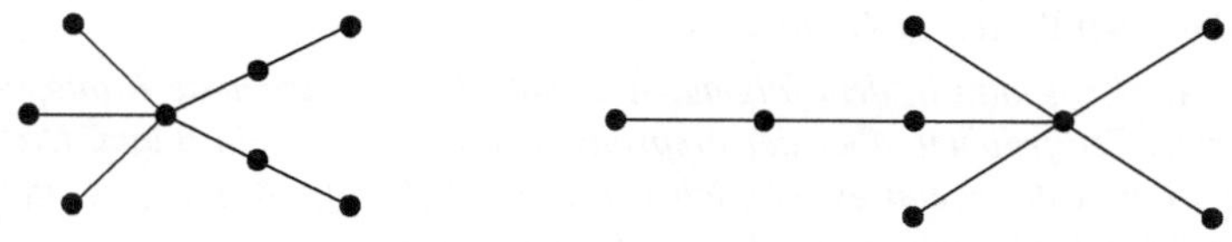

3.

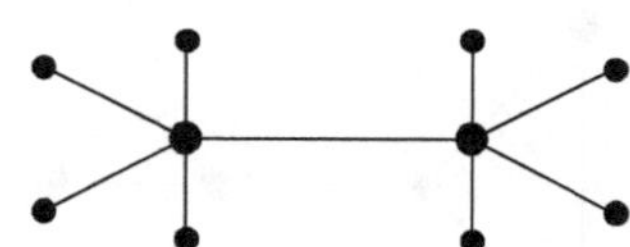

4. Einige Beispiele:

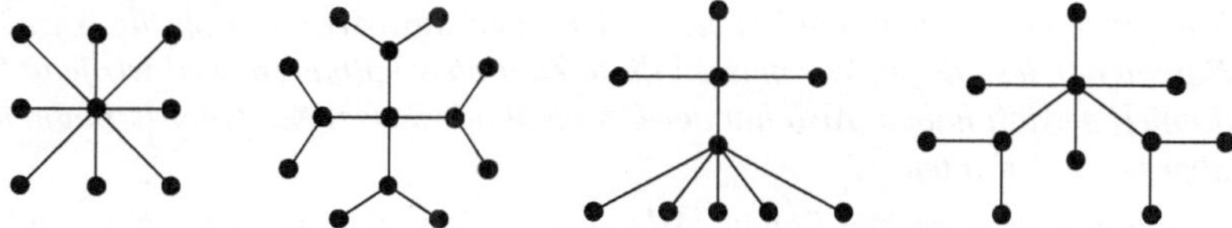

5.

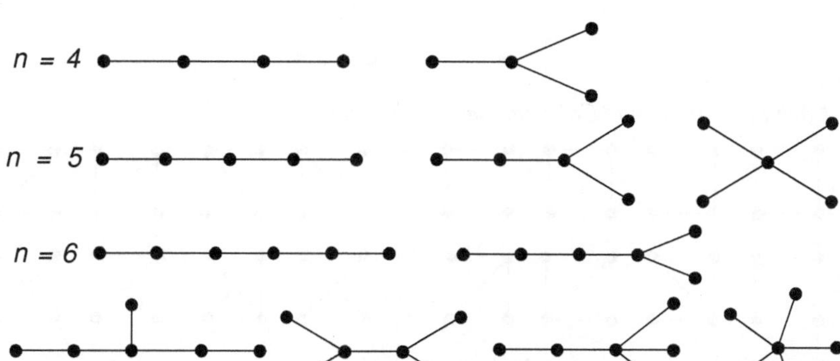

6. Schlingen und parallele Kanten sind Kreise.

7. a

8. Bei b genügt eine einzige Kante, da nur ein Kreis enthalten ist. Bei c müssen es zwei sein.

9. Der Graph enthält einen Baum mit n Ecken als Teilgraph.

10. *Die neue Kante ist ein zweiter Weg zwischen den beiden Ecken. Somit entsteht ein Kreis.*

11. *a: 3; b: 6 c: 6*

12. *Wege der Länge 2: a: 5; b: 6; c: 7*
    Wege der Länge 3: a: 4; b: 0; c: 4
    Die längsten Wege: a: 4; b: 2; c: 4

13. *Nein. Entfernt man in dem folgenden Graphen die gestrichelte Kante, so entstehen zwei Teilgraphen, aber der ursprüngliche Graph ist kein Baum. Die Behauptung wäre wahr, wenn es möglich wäre eine beliebige Kante zu entfernen und wenn dann der Graph in zwei Komponenten zerfiele.*

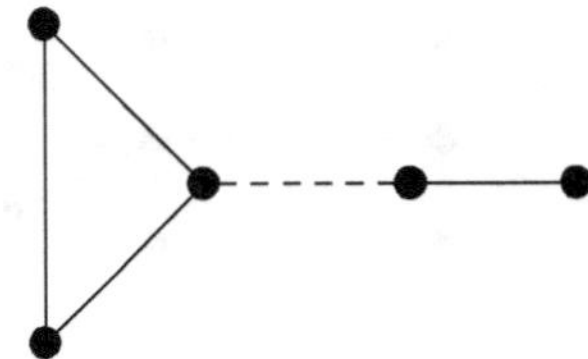

14. *Von jeder Ecke gehen mindestens zwei Kanten aus. Also beträgt die Anzahl der Kanten mindestens 2n. Wir müssen diese Zahl aber halbieren, weil wir jede Kante doppelt gezählt haben. Also hat der Graph mindestens n Kanten. Als Baum hat er aber nur n-1 Kanten.*

15. *Es gibt nur diese beiden Bäume. Alle anderen Lösungen sind zu einem von ihnen isomorph.*

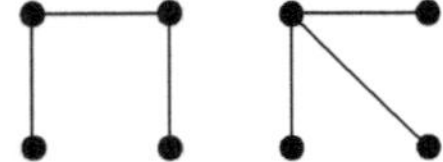

16. *Nach der Formel von Caley müssen es 16 Bäume sein.*

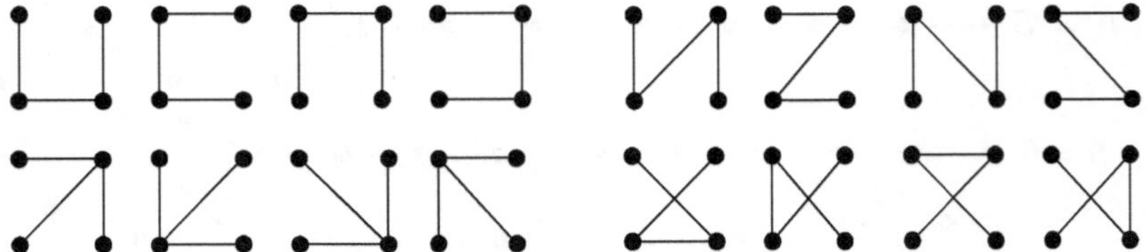

17. *Es ist die gleiche Aufgabe wie die vorige.*

18. *Es gibt nur 3 nicht isomorphe Lösungen.*

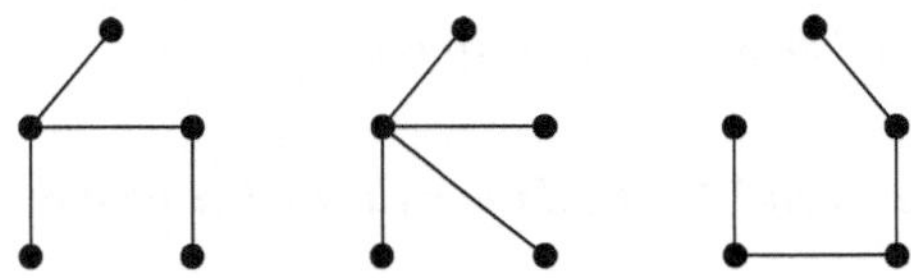

19. *Ja. In einem Graphen mit n Ecken hat jeder aufspannende Baum ebenfalls n Ecken und deshalb n-1 Kanten.*

20. *Wir benutzen wieder das Modell des Graphen: Die Platten entsprechen den Ecken und die Kupplungen den Kanten. Wir suchen dann einen aufspannenden Baum. Wenn n die Anzahl der Platten ist, braucht man mindestens n-1 Kupplungen, um die Platten zu verbinden.*

21. *Die Lösung ist ein Baum mit den 4 Hütten als Ecken.*

22.

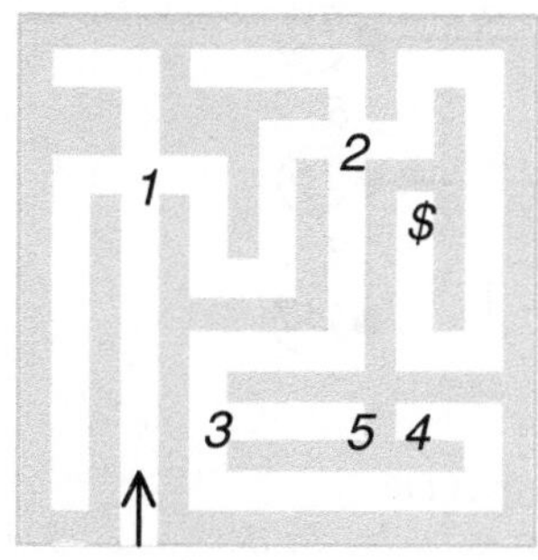

a: Der Graph ist ein Baum.
Wegbeschreibung: 1-2-3-4-3-5-3-2-$

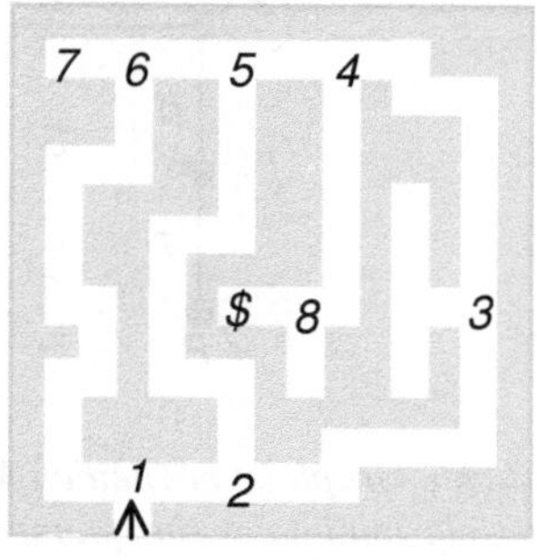

b: Der Graph hat zwei Kreise.
Wegbeschreibung:
1-2-3-4-5-6-7-6-1-6-5-2-5-4-8-$

23. *Die Zimmer entsprechen den Ecken eines Graphen, die Verbindungswege durch die Türen den Kanten. Möglichst wenige Türen sollen geöffnet sein: Das ist dann der Fall, wenn es von jedem Zimmer zu jedem anderen genau einen Weg gibt. Was wir suchen, ist also ein aufspannender Baum des Wohnungsgraphen. Hier ein Beispiel!*

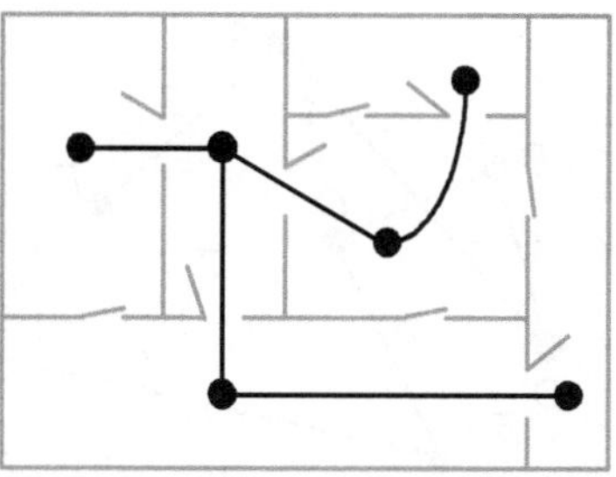

24. *Von drei Kanten mit der Länge 6 können wir eine auswählen.*
1 1 2 2 3 3 4 4 5 5 6 6 6 6 6 7 7. Die Gesamtbewertung ist 36.

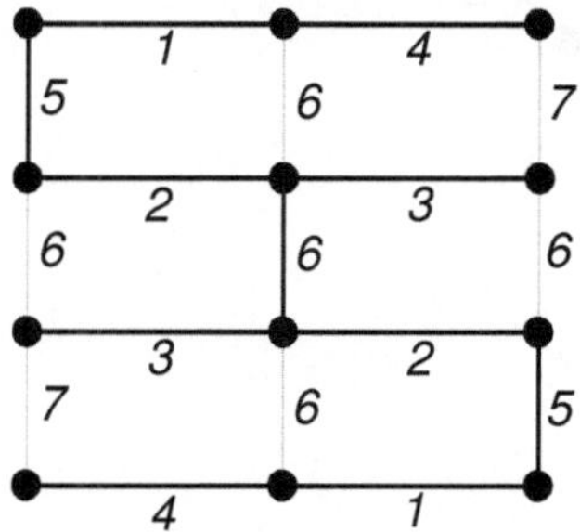

25. *Beim Zeichnen des Baumes gibt es an zwei Stellen Alternativen. Der kürzeste Weg von A nach B hat die Länge 18. In dem Baum der vorigen Aufgabe betrug sie 25. Dagegen ist die Gesamtlänge dieses Baumes 47, der Baum der vorigen Aufgabe hatte die Gesamtlänge 36.*

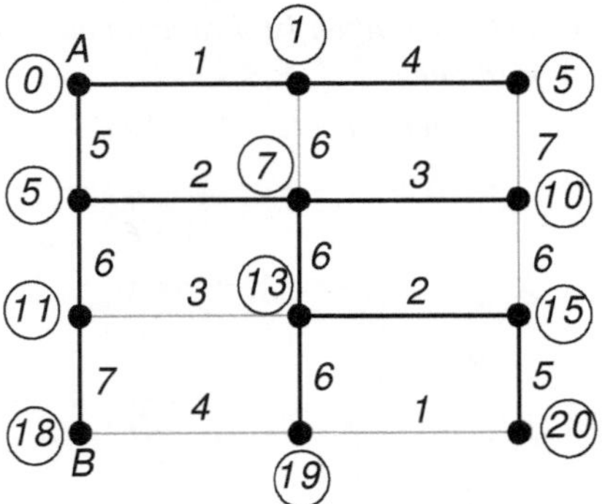

26. *Der gesuchte Graph ist bei beiden Aufgaben ein Baum.*
Bei a ist ein minimaler aufspannender Baum gesucht. In der linken Zeichnung sehen Sie eine mögliche Lösung.
Bei b sind die Wege mit der geringsten Bewertung von Eulerstadt aus gesucht. Auch dabei gibt es mehrere Lösungen, aber die angegebenen minimalen Verluste sind eindeutig bestimmt.

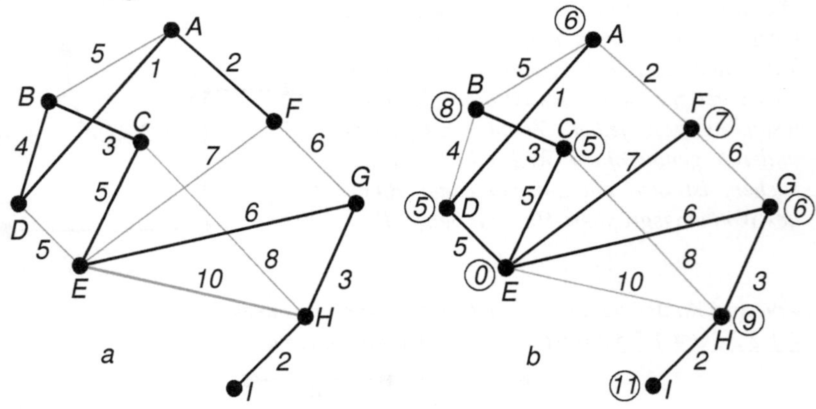

27. *Es gibt nur 2 Ecken mit ungeradem Grad: die Postfiliale und die Ecke rechts unten. Wir müssen nun den kürzesten Weg zwischen diesen beiden Ecken suchen. In der Zeichnung sind die kürzesten Wege von der Post zu allen Straßenecken angegeben, berechnet mit dem Dijkstra-Algorithmus.*
Wir erkennen nun den kürzesten Weg von der Post zu der anderen ungeraden Ecke, er hat die Länge 17. Ihn muss der Briefträger doppelt gehen. Diese beiden Kanten verdoppeln wir, dadurch entsteht ein eulerscher Graph. Nun kann sich der Briefträger unter vielen eulerschen Touren eine aussuchen, alle haben die Länge 98.

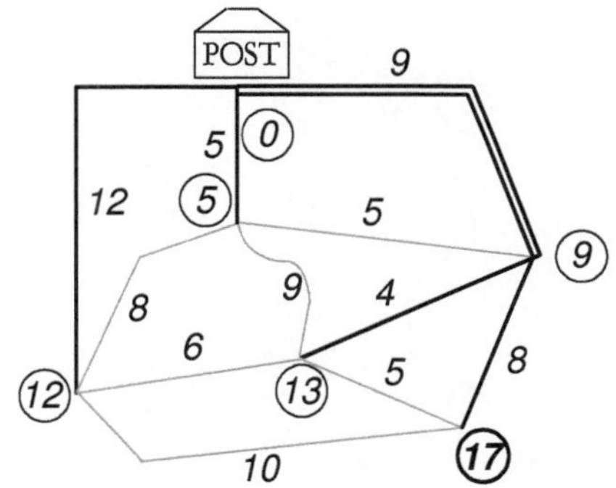

6 Bipartite Graphen

Wer sich mehr für Körper oder für Färbungen interessiert, kann dieses Kapitel ohne Schaden auslassen. Wer es aber doch lesen und verstehen will, sollte die Begriffe „Kreis“ (3. Kapitel) und „Baum“ (5.Kapitel) kennen.

Ein Frühstücksgraph

Fünf Jugendliche treffen sich zu einem gemeinsamen Frühstück. Jeder bringt etwas mit. Dazu wird eine Liste angelegt:

Steffi	Brötchen, Tee
Niko	Butter, Marmelade
Robert	Marmelade, Saft
Anja	Milch, Tee
Lars	Käse, Brötchen
?	Kaffee

Man kann statt der Liste auch einen Graphen zeichnen:

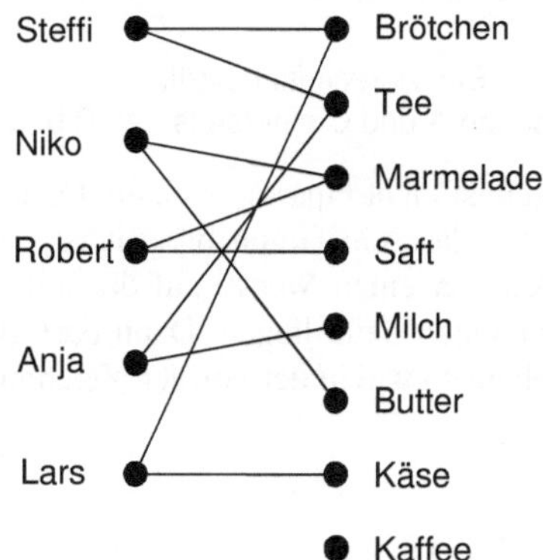

Der Graph zur Frühstücksliste

Der Vorteil des Graphen ist, dass man ihn in zwei Richtungen lesen kann: Man sieht nicht nur, was die einzelnen Personen mitbringen, sondern man sieht auch auf einen Blick, wer eine bestimmte Speise mitbringt.

Der Graph enthält zwei Sorten von Ecken: Leute und Lebensmittel. Und Kanten gibt es nur zwischen Leuten und Lebensmitteln.

Solche Graphen erhalten einen besonderen Namen: Man nennt einen Graphen **bipartit** , wenn die Menge seiner Ecken in zwei Teilmengen M und N aufgeteilt werden kann, so dass es nur Kanten zwischen Ecken aus M und Ecken aus N gibt. Statt „bipartit“ ist auch „paar“ eine häufig verwendete Bezeichnung.

In unserem Beispiel gibt es keine Kanten zwischen den Leuten und keine Kanten zwischen den Lebensmitteln, also ist der Graph bipartit.

Es ist nicht notwendig, dass der Graph zusammenhängend ist, wenn er bipartit sein soll. Bei genauerem Hinsehen erkennt man, dass der obige Frühstücksgraph nicht zusammenhängend ist, er hat sogar drei Komponenten. Es kann auch isolierte Ecken geben, z. B. dann, wenn – wie in unserem Beispiel – niemand Kaffee mitbringt.
Ein extremes Beispiel für einen bipartiten Graphen erhalten wir, wenn alle mit leeren Händen kommen. Dieses misslungene Frühstück entspricht einem Graphen mit lauter isolierten Ecken.

Bipartite Kreise

Manchen Graphen sieht man nicht auf Anhieb an, dass sie bipartit sind; man muss sie erst umzeichnen. Ein Viereck ist z.B. bipartit:

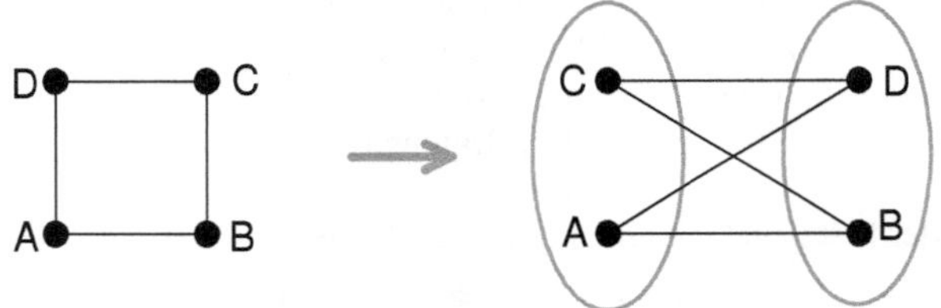

Ein Viereck ist bipartit:
Es gibt nur Kanten zwischen A und C einerseits und B und D andererseits.

Aber ein <u>vollständiges</u> Viereck ist nicht bipartit, auch ein Dreieck ist nicht bipartit.

Am deutlichsten sieht man, dass ein Graph bipartit ist, wenn es gelingt, ihn so umzuzeichnen, dass die Ecken der einen Menge auf der linken Seite und die Ecken der anderen Menge auf der rechten Seite liegen. Dann darf es nur Kanten zwischen linken und rechten Ecken geben, so wie in der vorigen Zeichnung und auch im nächsten Bild zu sehen ist.

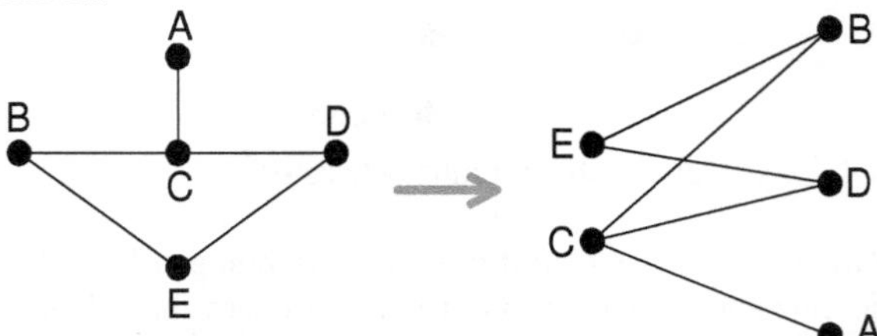

Ein Graph wird als bipartiter Graph umgezeichnet.

Man kann sich die Mühe des Umzeichnens sparen, wenn man zwei Farbstifte hat. Dann muss man die Ecken des Graphen anmalen, und zwar so, dass benachbarte Ecken verschiedene Farben erhalten. Wenn das gelingt, ist der Graph bipartit und die Farben beschreiben die Mengenzugehörigkeit. Statt z.B. den letzten Graphen neu zu zeichnen, könnte man die Ecken C und E rot anmalen und die Ecken A, B und D blau. Dann würden alle Kanten nur „rot“ mit „blau“ verbinden, aber niemals zwei Ecken mit gleicher Farbe. Damit hätten wir den Nachweis erbracht, dass der Graph bipartit ist.

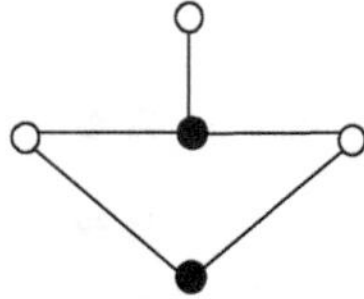

Die beiden Mengen werden durch unterschiedliche Farben gekennzeichnet. (hier schwarz und weiß)

Bei vielen Graphen ist aber von vornherein klar, dass sie bipartit sind. Sehen wir uns zum Beispiel einen Kreis an. Wir könnten auf dem Kreis entlang gehen und dabei die Ecken abwechselnd rot und blau färben. Damit wären alle Kreise bipartit. Das ist aber ein Irrtum! Bei einem Dreieck gelingt unser Vorhaben nicht, ebenso bei allen anderen Kreisen mit ungerader Eckenzahl. Bei einem Viereck ist das aber kein Problem, wie wir schon wissen, und auf allen anderen Kreisen mit gerader Eckenzahl können wir ebenfalls herumwandern und dabei die Ecken rot und blau markieren, so dass alle roten Ecken blaue Nachbarn haben und umgekehrt. Wir erhalten also das Ergebnis:

Alle Kreise mit gerader Eckenzahl sind bipartit, alle Kreise mit ungerader Eckenzahl sind nicht bipartit.

Sie können sich als Beispiel das folgende Achteck ansehen, einmal mit Farbmarkierungen (weiß und schwarz) und einmal umgezeichnet.

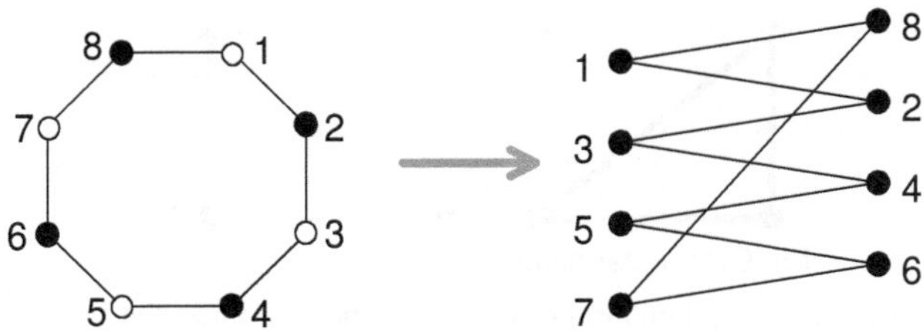

Ein Achteck als bipartiter Graph

Können Bäume bipartit sein?

Wenn wir in einem Baum, ausgehend von einer beliebigen Ecke, die Ecken abwechselnd mit rot und blau markieren, stoßen wir niemals auf eine schon angemalte Ecke, weil es in einem Baum keine Kreise gibt. Benachbarte Ecken haben also verschiedene Farben. Wenn wir nun die roten Ecken zu einer Menge zusammenfassen und die blauen Ecken ebenso, dann haben wir den Graphen in die für einen bipartiten Graphen charakteristischen Teilmengen zerlegt.

Alle Bäume sind bipartit.

Zur Verdeutlichung ein Beispiel:

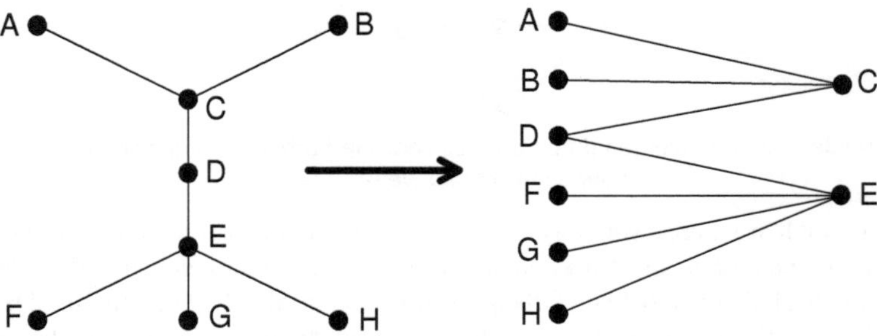

Ein Baum, als bipartiter Graph gezeichnet.

Manchmal ist es nützlich einen zusammenhängenden bipartiten Graphen einen m-n-Graphen zu nennen, wenn die eine Menge m, die andere Menge n Ecken enthält. Wenden wir die Sprechweise auf die letzten beiden Zeichnungen an: Das Achteck ist ein bipartiter 4-4-Graph, der Baum ein bipartiter 6-2-Graph.

Bipartite Graphen erkennen

Wie wir gesehen haben, sind Kreise mit ungerader Eckenzahl nicht bipartit. Deshalb kann auch ein Graph, der einen Kreis mit ungerader Eckenzahl als Teilgraph enthält, nicht bipartit sein. Zum Beispiel kommt in dem folgenden Graphen ein Dreieck vor, also ist er nicht bipartit.

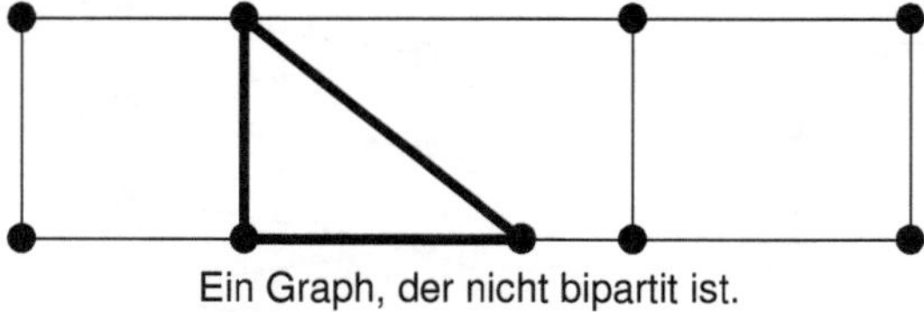

Ein Graph, der nicht bipartit ist.

Es wäre leichtsinnig daraufhin zu behaupten, dass alle anderen Graphen, also solche, die keinen Kreis mit ungerader Eckenzahl enthalten, bipartit sind. Aber in diesem Fall hat der Leichtsinnige Glück, nur müssen wir erst die Richtigkeit des Sachverhalts beweisen.

Wir beschränken uns beim Beweis zunächst auf zusammenhängende Graphen. Nehmen wir uns also in Gedanken einen beliebigen Graphen vor, der keinen Kreis mit ungerader Eckenzahl enthält.

- Dann enthält er vielleicht gar keinen Kreis.
- Oder er enthält einen oder mehrere Kreise, die alle eine gerade Anzahl von Ecken haben.

Im ersten Fall haben wir einen Baum vor uns und von dem wissen wir schon, dass er bipartit ist.

Der zweite Fall macht uns mehr Mühe. Wie in jedem Graphen können wir auch in diesem so viele Kanten weglassen, bis ein Baum übrig bleibt. Wir haben ihn im vorigen Kapitel aufspannenden Baum genannt. Er enthält alle Ecken des ursprünglichen Graphen. Dieser Baum ist sicher bipartit. Wir können seine Ecken rot und blau anmalen, und zwar wieder so, dass benachbarte Ecken verschiedene Farben haben. Stellen wir uns nun auf irgendeine rote Ecke und wandern auf dem Baum entlang, so ist die übernächste – also die zweite – Ecke wieder rot und dann die vierte Ecke usw. Die Ecken, die wir nach einer geraden Anzahl von Schritten erreichen, sind also rot, die anderen sind blau. Die folgende Zeichnung zeigt ein Beispiel hierfür.

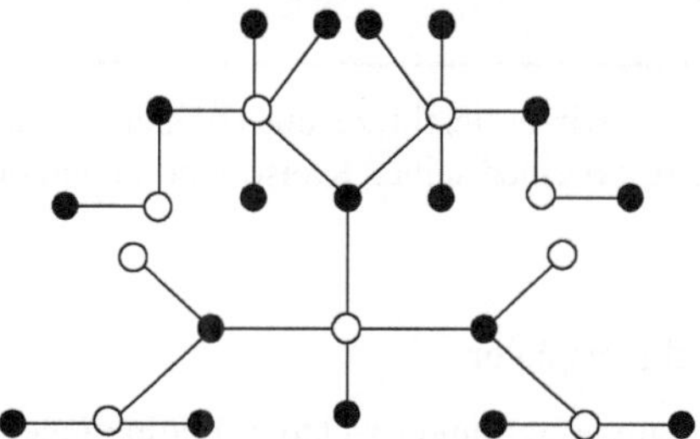

In einem Baum wurden die Ecken abwechselnd rot und blau (hier schwarz und weiß) angemalt.

Jetzt fügen wir die fehlenden Kanten wieder hinzu. Verbindet eine von ihnen zwei rote Ecken?

Wir nehmen das einmal an und nennen diese beiden Ecken A und B. Die nächste Zeichnung zeigt ein Beispiel, auch die wieder hinzugefügte Kante ist eingetragen. Gehen wir von der roten Ecke A zur roten Ecke B innerhalb des Baumes, so erreichen wir B nach einer geraden Anzahl von Schritten. Kehren wir dann von B aus nach A auf der neuen Kante zurück, so haben wir einen Kreis durchlaufen.

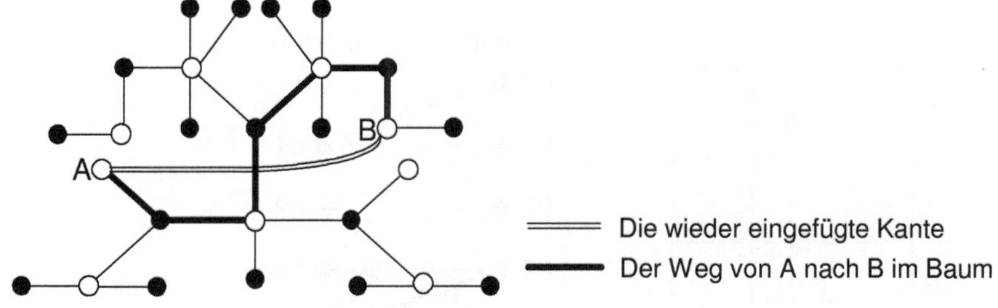

Der Kreis, auf dem A und B liegen

Die Anzahl seiner Kanten ist eine gerade Zahl vermehrt um 1, also ungerade, und damit ist auch seine Eckenzahl ungerade. Dass der Graph einen Kreis mit ungerader Eckenzahl enthält, haben wir aber ausdrücklich ausgeschlossen. Der Widerspruch löst sich dadurch auf, dass wir unseren Fehler einsehen: Es war falsch anzunehmen, dass die beiden roten Ecken A und B miteinander verbunden sind. Wenn wir den aufspannenden Baum wieder zum ursprünglichen Graphen rekonstruieren, verbinden wir also niemals gleichfarbige Ecken miteinander. Das ist aber gerade die Bedingung für bipartite Graphen.

Bis jetzt haben wir nur zusammenhängende Graphen betrachtet. War der ursprüngliche Graph nicht zusammenhängend, so wissen wir jetzt, dass jeder einzelne der zusammenhängenden Teilgraphen bipartit ist. Dann ist auch der gesamte Graph bipartit.

Wir erhalten also das Ergebnis:

Ein Graph ist genau dann bipartit, wenn er keinen Kreis mit ungerader Eckenzahl enthält.

Mit dieser Erkenntnis haben wir es leicht zu entscheiden, ob ein Graph bipartit ist oder nicht: Wir sehen nach, ob einer seiner Kreise eine ungerade Anzahl von Ecken hat.

Bipartite Graphen für Schachspieler

Wir haben uns schon einmal gefragt, unter welchen Bedingungen ein Schachbrett aus der Sicht des Turmes ein hamiltonscher Graph ist. Mit unseren Kenntnissen über bipartite Graphen können wir den Lösungsansatz einfacher formulieren, weil das Schachbrett aus der Sicht des Turms ein bipartiter Graph ist. Das können wir leicht einsehen, wenn wir für den Turm nur Trippelschritte zulassen, d.h. wenn er jeweils nur auf das benachbarte Feld ziehen darf. Dabei wechselt er jedes Mal die Farbe des Feldes. Und wenn wir nun die weißen Felder zu der einen Menge und die schwarzen zu der anderen zusammenfassen, wird aus dem Schachbrett ein bipartiter Graph. Die folgende Zeichnung zeigt einen Teil des Schachbretts mit einem Zug des Turms und dasselbe als bipartiter Graph.

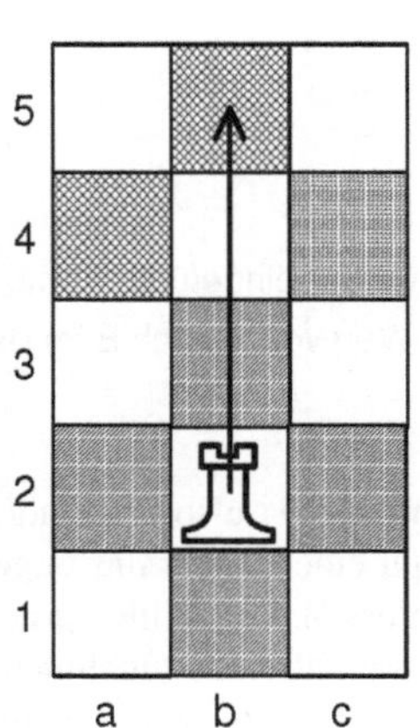

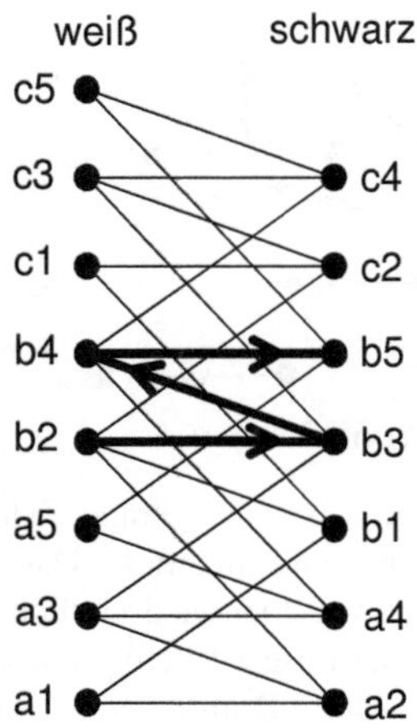

Ein Teil des Schachbretts als bipartiter Graph mit einem Turmzug

In einem bipartiten Graphen enthält jeder Kreis eine gerade Anzahl von Ecken, also auch jeder hamiltonsche Kreis. Daraus folgt, dass es für den Turm einen hamiltonschen Kreis nur dann geben kann, wenn das Schachbrett eine gerade Anzahl von Feldern hat. Also kann der Turm die Aufgabe höchstens auf Schachbrettern mit 4×4, 6×6, 8×8, ... Feldern lösen.

Für den Springer ist die Situation ähnlich. Die Eckenmenge ist die gleiche wie beim Turm, aber die Kanten verlaufen anders, weil der Springer anders zieht als der Turm. Trotzdem gibt es auch für den Springer nur Kanten zwischen der weißen und der schwarzen Eckenmenge, also ist auch sein Graph bipartit und es gibt hamiltonsche Kreise wie beim Turm nur für eine gerade Anzahl von Feldern.

Fachwerkhäuser

Ein Fachwerkhaus

Ein Fachwerkhaus kann man nicht aus lauter senkrechten und waagerechten Balken errichten. Es bestünde die Gefahr, dass es schnell zusammenfällt, wenn es belastet wird, weil aus den Rechtecken Parallelogramme würden. Bei einem einzelnen Rechteck könnte das so aussehen:

Ein schlechtes Fachwerk

Zur Stabilisierung verwendet man zusätzlich schräge Streben und schon erhält man eine stabile Konstruktion:

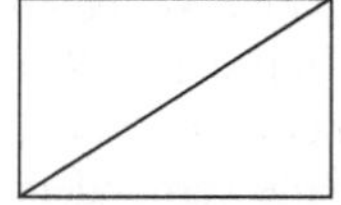

Ein stabiles Fachwerk

Bisher haben wir ein einzelnes Element eines Fachwerks betrachtet. Richtige Fachwerke bestehen aber aus vielen solcher Elemente. Ein vorsichtiger Baumeister versteift dann jedes einzelne Rechteck.

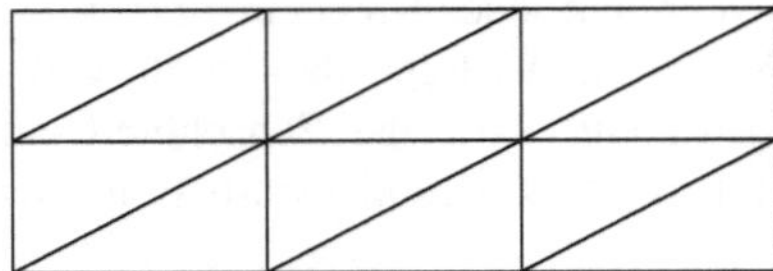

(a) Ein überall versteiftes Fachwerk

Oder man könnte, um Material zu sparen, nur einige Rechtecke versteifen und hoffen, dass das bereits genügt.

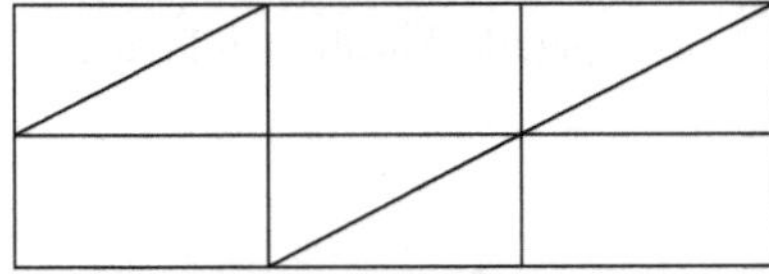

(b1) Ein sparsam versteiftes Fachwerk

Aber damit haben wir kein Glück, dieses Fachwerk ist nicht stabil:

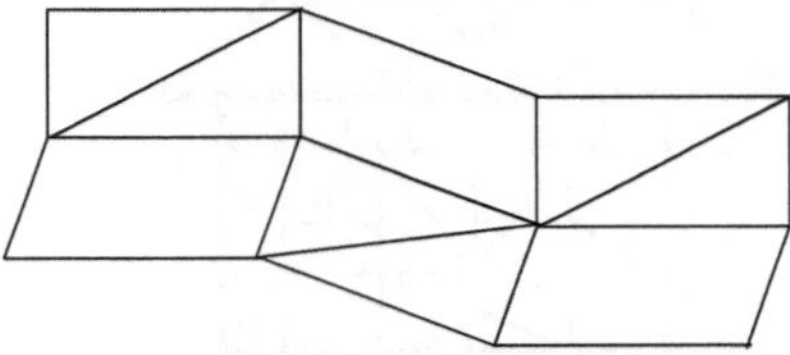

(b2) Die Folge der Sparsamkeit

Erst wenn wir eine zusätzliche Strebe anbringen, haben wir Erfolg:

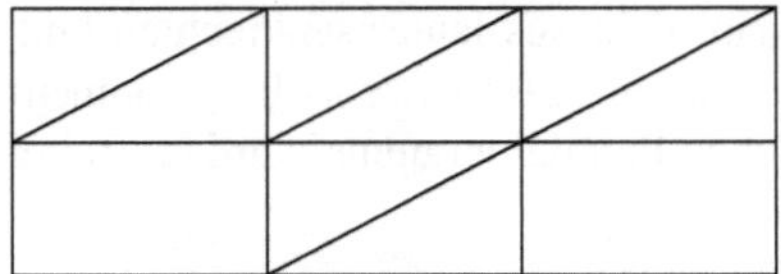

(c) Ein stabiles Fachwerk

Worauf kommt es bei der Stabilität von Fachwerken an? Um diese Frage leichter beantworten zu können, nennen wir die Rechtecke Fächer. Unser Fachwerk hat also 6 Fächer, aufgeteilt auf 2 waagerechte Zeilen und 3 senkrechte Spalten. Man kann auch sagen, dass die zuletzt hinzugefügte Strebe die 1. Zeile mit der 2. Spalte „verbindet“.

Dann können wir die Bedingung einfach formulieren: Ein Fachwerk ist stabil, wenn jede Zeile mit jeder Spalte durch eine Strebe direkt oder indirekt verbunden ist.

Die 2. Zeile ist zwar nicht direkt mit der 3. Spalte verbunden, weil das entsprechende Fach rechts unten leer ist, aber eine indirekte Verbindung gibt es trotzdem: Die 2. Zeile ist nämlich mit der 2. Spalte verbunden, die 2. Spalte ist mit der 1. Zeile verbunden, und die 1. Zeile ist mit der 3. Spalte verbunden. Diesen etwas komplizierten Sachverhalt kann man einfach und übersichtlich mit Graphen beschreiben.

Wir nehmen als Ecken die Zeilen und die Spalten. Die schrägen Streben nehmen wir als Kanten. Wenn sich z. B. eine Strebe in der 1. Zeile und 3. Spalte befindet, zeichnen wir dazwischen eine Kante. Es gibt nur Kanten zwischen Spalten und Zeilen und deshalb ist dieser Graph bipartit. Und hier sind die Graphen für die Fachwerke (a), (b) und (c):

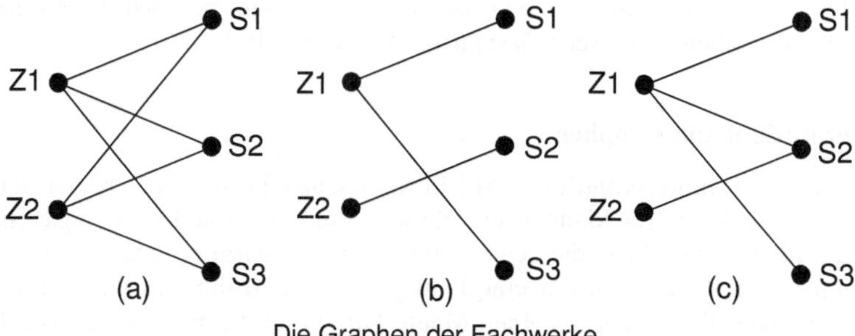

Die Graphen der Fachwerke

Bei (a) ist in jedem einzelnen Fach eine Strebe. Folglich enthält der Graph alle möglichen Kanten, er ist ein vollständiger bipartiter Graph. Bei (b) ist keine Strebe zwischen der 1. Zeile und der 2. Spalte vorhanden und im Graphen fehlt die entsprechende Kante. Dadurch ist der Graph nicht zusammenhängend. Bei (c) ist diese Kante jedoch vorhanden. Die 2. Zeile ist nach wie vor nicht direkt mit der 3. Spalte verbunden. Aber wir können leicht einen Weg von Z2 nach S3 finden.

Wenn wir sagen: „Jede Zeile muss mit jeder Spalte verbunden sein“, so heißt das in der Sprache der Graphen: Der Graph ist zusammenhängend. Wir erhalten also eine sehr einfache Stabilitätsbedingung!

Ein Fachwerk ist genau dann stabil, wenn der entsprechende bipartite Graph zusammenhängend ist.

Das Fachwerk (a) ist überdimensioniert, der Graph enthält überzählige Kanten. Und dass (b) leicht zusammenfällt, erkennt man daran, dass der Graph aus zwei Teilen besteht, also nicht zusammenhängend ist.

Das Fachwerk (c) hat eine besondere Eigenschaft: Es ist stabil, aber man kann keine einzige Strebe weglassen. Entsprechende Eigenschaften hat der Graph: Er ist zusammenhängend; lässt man aber eine einzige Kante weg, so bleibt ein nicht zusammenhängender Graph übrig, wobei einer der Teilgraphen unter Umständen nur aus einer einzelnen Ecke besteht. Das ist aber gerade das Kennzeichen eines Baums. Der Graph für das stabile Fachwerk mit dem geringsten Materialverbrauch ist also ein Baum. Hat der Graph eines Fachwerks Kreise, so kann man deshalb in diesen Kreisen so lange Kanten weglassen, bis ein Baum übrig bleibt. Da dieser Baum immer noch sämtliche Ecken des ursprünglichen Graphen enthält, ist er einer seiner aufspannenden Bäume. Im wirklichen Fachwerk kann man dann auf die entsprechenden Streben verzichten.

Was für Fachwerke gilt, ist auch für Baugerüste, Brücken und manche andere Konstruktionen richtig. Vielfach stehen aber so lange Bauteile zur Verfügung, dass sie über mehrere Rechtecke reichen. Dann verringert sich die Anzahl der nötigen Streben, aber die Betrachtung der Graphen wird dadurch komplizierter. Auch wird man aus Sicherheitsgründen lieber ein paar zusätzliche Streben einfügen, und schließlich spielen dann, wenn die Streben zu sehen sind wie bei den traditionellen Fachwerkhäusern, auch ästhetische Gesichtspunkte eine Rolle.

Heiratsvermittlung mit Graphen

Jedes Institut für Heiratsvermittlung wird in irgendeiner Form zwei Dateien haben: eine für Frauen und eine für Männer. Die Kartei enthält unter anderem Angaben, die den gewünschten Partner bzw. die gewünschte Partnerin betreffen. Dabei wird es für jeden Mann in der Regel nicht nur eine Frau geben, die zu ihm passen könnte, und umgekehrt zu jeder Frau mehr als einen Mann. Um diesen Sachverhalt übersichtlich darzustellen, ist ein Graph genau das Richtige. Es muss ein bipartiter Graph sein, und die beiden Teilmengen sind die Männer und die Frauen. Das Prinzip können Sie in der folgenden Zeichnung sehen. Eine Kante wird dann gezeichnet, wenn die beiden Partner auf Grund ihrer Angaben zueinander passen könnten.

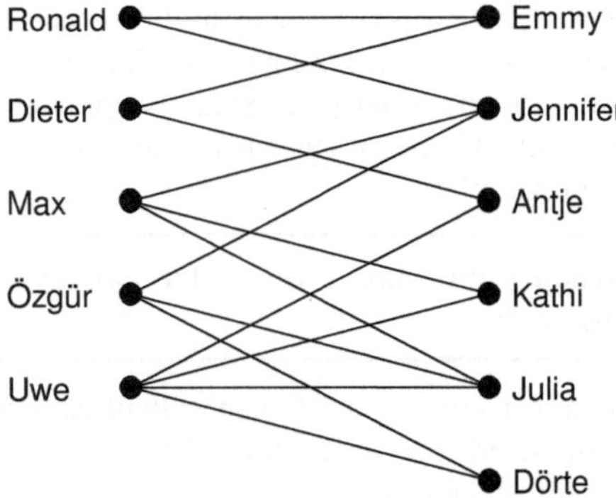

Die Kartei des Heiratsinstituts

Optimal für das Heiratsinstitut ist es, wenn alle Kunden einen Partner bzw. eine Partnerin finden. Das drückt sich in der Sprache der Graphen so aus: Gesucht ist ein bestimmter Teilgraph, nämlich einer, bei dem in jeder Ecke genau eine Kante endet. Das lässt sich in unserem Beispiel nicht realisieren, weil es mehr Frauen als Männer gibt. Aber können wenigstens alle Männer verheiratet werden? In der folgenden Zeichnung können Sie eine Lösung sehen, sie ist durch die dicken Kanten hervorgehoben.

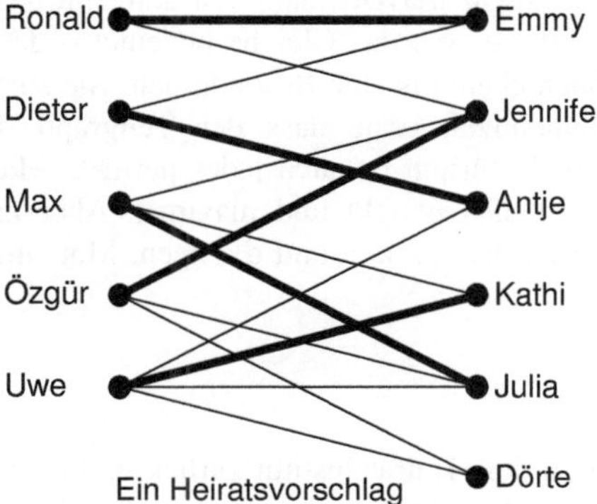

Ein Heiratsvorschlag

Bedauerlicherweise gibt es nicht in jedem Fall eine Lösung, auch dann nicht, wenn es gleich viele Frauen und Männer gibt, wie das folgende Beispiel aus einer anderen Heiratsvermittlung zeigt.

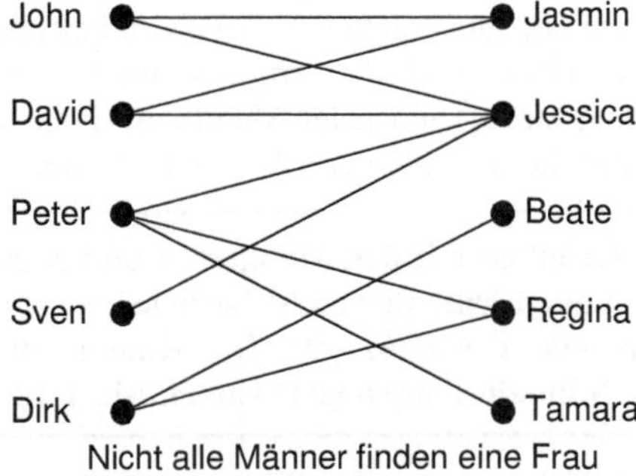

Nicht alle Männer finden eine Frau

Für John, David und Sven kommen nur dieselben zwei Frauen in Frage, nämlich Jasmin und Jessica. Also können nur zwei von ihnen verheiratet werden.
Es ist Zeit an dieser Stelle eine allgemeine Definition nachzutragen, und zwar den Begriff **Matching**. In jedem beliebigen Graphen – ob bipartit oder nicht – versteht man unter einem Matching einen Teilgraphen, in dem in jeder Ecke höchstens eine Kante endet. Die Ecken haben also alle den Grad 0 oder 1. Man kann ein Matching auch als einen Teilgraphen bezeichnen, der aus lauter isolierten Kanten besteht. In den folgenden Zeichnungen sind einige Matchings im Haus und im Doppelhaus von Nikolaus eingezeichnet.

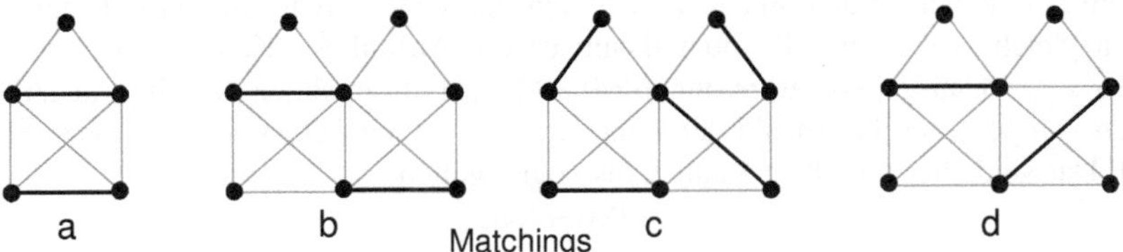

Matchings

Das Matching in Bild c ist sogar **perfekt**, damit ist gemeint, dass alle Ecken in dem Matching vertreten sind oder – was das Gleiche bedeutet – den Grad 1 haben. Die Matchings in a und d haben ebenfalls eine Besonderheit: Sie sind **maximal**, d.h. man kann keine Kante hinzunehmen, ohne dass der Teilgraph die Eigenschaft, ein Matching zu sein, verliert. Natürlich ist auch jedes perfekte Matching maximal, das Matching im Beispiel c ist also perfekt und maximal. Aber nicht jedes maximale Matching ist perfekt, wie die Beispiele a und d zeigen. Matching b ist nicht perfekt und nicht maximal.

Der Heiratssatz

Wir kehren noch einmal zu dem Heiratsinstitut zurück und betrachten den Fall, dass nicht alle Männer verheiratet werden konnten. Der Grund war plausibel und wir können ihn so formulieren: Damit alle Männer verheiratet werden können, ist es notwendig, dass es zu jeder Menge von Männern eine mindestens ebenso große Menge von Frauen gibt, die zu ihnen passen könnten. Dabei ist natürlich der Graph – oder die Kartei des Instituts – zu berücksichtigen.

Nicht sofort einzusehen und auch nicht ganz leicht zu beweisen ist das Umgekehrte: Wenn der Graph jeder Menge von Männern eine mindestens gleich große Menge passender Frauen zuordnet, dann kann jeder Mann eine Frau finden. Eine genauere und mathematischere Formulierung gibt der folgende Satz wieder:

In einem bipartiten Graphen mit den Mengen M und N gibt es genau dann ein Matching, in dem alle Elemente von M berücksichtigt werden, wenn für jede beliebige Teilmenge T von M gilt: Die Kanten, die in T beginnen, haben in der Menge N mindestens so viele Enden wie T Elemente hat.

Man nennt diesen Satz den Heiratssatz. Der Beweis ist nicht ganz einfach, wir lassen ihn deshalb weg.

Eine Folgerung aus dem Heiratssatz

Eine Sache, die mit dem Heiratssatz zusammenhängt, können wir aber ohne große Mühe beweisen. In einem bestimmten Fall muss es nämlich immer gelingen ein Matching zu finden, das alle Ecken berücksichtigt. Dieser Fall tritt ein, wenn der bipartite Graph regulär ist, d.h. wenn alle Ecken den gleichen Grad haben.

Das kann man so einsehen: Wir bezeichnen wieder die beiden Teilmengen, die den bipartiten Graphen bilden, mit M und N und den Grad, der in diesem Fall bei allen Ecken gleich groß sein soll, mit r. Dann ist die Anzahl der Kanten, die von allen Ecken von M ausgehen, insgesamt $r \cdot |M|$. (Mit $|M|$ bezeichnen wir die Anzahl der Ecken von M), und die Anzahl der Kanten, die von allen Ecken von N ausgehen, ist $r \cdot |N|$. Das sind aber dieselben Kanten, also muss gelten:

$$r \cdot |M| = r \cdot |N|.$$

Daraus ergibt sich als erstes Teilergebnis $|M| = |N|$, die beiden Mengen M und N haben also gleich viele Ecken.

Wir wenden den Heiratssatz an. Dazu betrachten wir eine beliebige Teilmenge T von M. In T beginnen etliche Kanten. Wie wir gerade gesehen haben, müssen es $r \cdot |T|$ Stück sein. Ihre Enden in der Menge N fassen wir zur Menge U zusammen. Zum besseren Verständnis können Sie sich die folgende Zeichnung ansehen. Die eingekreisten Ecken bilden die Mengen T und U.

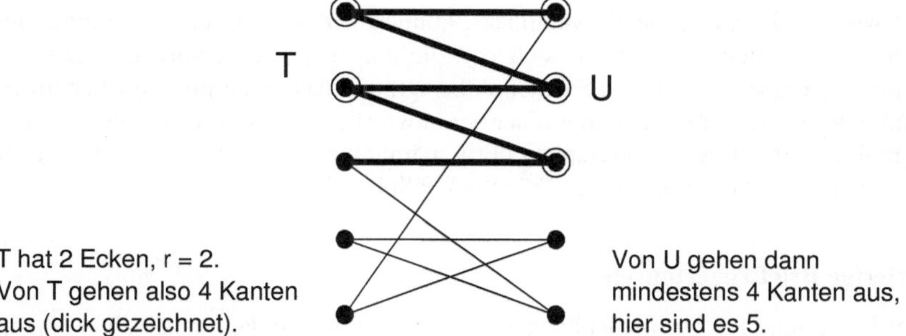

In U beginnen ebenfalls Kanten, und zwar sind es außer den $r \cdot |T|$ Kanten, die wir schon haben, eventuell noch weitere Kanten, also gilt $r \cdot |U| \geq r \cdot |T|$, und daraus folgt $|U| \geq |T|$. Das ist aber gerade das, was wir brauchen, um den Heiratssatz anwenden zu können. Er sagt uns, dass es ein Matching gibt, in dem alle Ecken von M vorkommen. In ihm kommen dann auch alle Ecken von N vor. Wir halten das fest:

Ist ein bipartiter Graph regulär, so gibt es ein Matching, das alle Ecken von M und N berücksichtigt. (M und N sind dabei die Eckenmengen , aus denen der Graph besteht.)

Man könnte auch kurz sagen: In einem regulären bipartiten Graphen gibt es stets ein perfektes Matching.

Für unser Beispiel könnte ein perfektes Matching so aussehen:

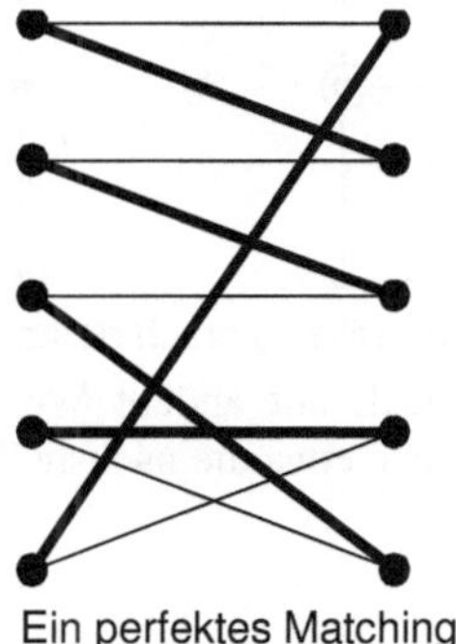

Ein perfektes Matching

Wenn z.B. in einem Betrieb jeder Mitarbeiter für 10 Aufgaben qualifiziert ist und wenn es für jede Arbeit 10 geeignete Mitarbeiter gibt, dann findet jeder etwas zu tun und alle Arbeit wird erledigt.

Noch einmal: Der Frühstücksgraph

Am Anfang des Kapitels waren wir auf bipartite Graphen gekommen, als wir uns die Liste zur Vorbereitung eines gemeinsamen Frühstücks genauer angesehen haben. Wenn wir die Geschichte leicht verändern, können wir auch unsere Kenntnisse über Matchings verwenden. Stellen Sie sich vor, die jungen Leute verabreden, dass jeder von ihnen nur eine der leckeren Sachen mitbringt, und dass auch für jedes Lebensmittel und jedes Getränk nur eine oder einer verantwortlich sein soll. Dann bleibt nur ein Teilgraph des ursprünglichen Graphen übrig, nämlich ein Matching. Man sieht leicht, dass es nicht perfekt sein kann, das Frühstück fällt bescheiden aus.

Schwierige Briefträgertouren

Wir erinnern uns: Ein zusammenhängender Graph ist genau dann eulersch, wenn alle Ecken geraden Grad haben. In einem Zustellgebiet, in dem an jeder Kreuzung oder Einmündung 4, 6, 8, . . . Straßen zusammentreffen, kann ein Briefträger einen Rundgang machen, dabei jedes Straßenstück einmal passieren und zum Ausgangspunkt zurückkehren. Aber was soll er tun, wenn es Stellen gibt, von denen 3, 5, . . . Straßen abgehen oder nur eine (nämlich am Ende einer Sackgasse)? Wie wir wissen, ist die Anzahl solcher Stellen gerade. Das ist sehr günstig; denn nun können wir je zwei von ihnen miteinander verbinden. Dabei benutzen wir Kanten des Graphen und verdoppeln sie. Auf diese Weise wird der Graph eulersch. In der folgenden Zeichnung sehen Sie ein Beispiel. Sie sehen, welche Straßenabschnitte der Briefträger doppelt geht.

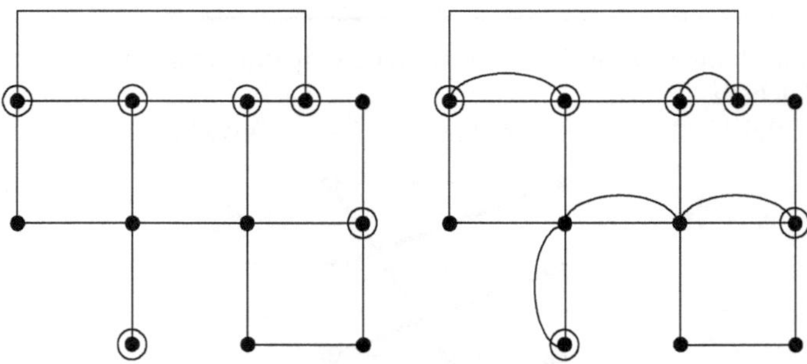

Ein Graph wird eulersch gemacht.

In unserem Beispiel hätte man auch auf andere Weise Paare aus den Ecken mit ungeradem Grad bilden können, siehe etwa die nächste Zeichnung.

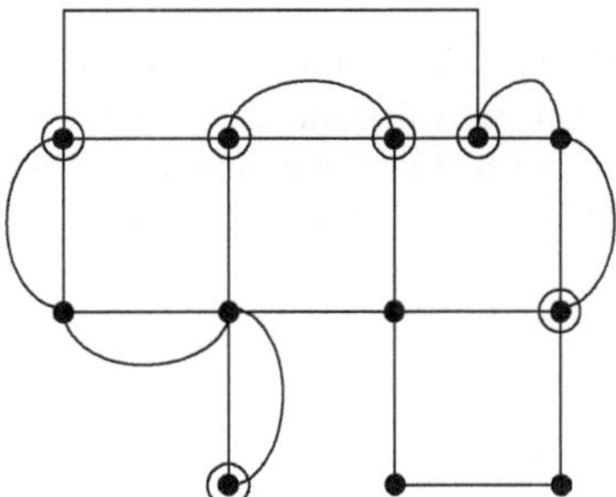

Eine andere Briefträgertour

Dem Briefträger wird es nicht egal sein, welche von diesen und den anderen möglichen Touren er geht, ihm wird es auf einen möglichst kurzen Gesamtweg ankommen, d.h. auf einen möglichst kurzen doppelten und daher unnützen Weg. Dabei können wir mit Graphen helfen:

- Wir berechnen zwischen je zwei Ecken mit ungeradem Grad den kürzesten Weg. Dafür können wir den Dijkstra-Algorithmus benutzen.
- Wir zeichnen ein vollständiges Vieleck: Seine Ecken entsprechen den Ecken mit ungeradem Grad, seine Kanten den kürzesten Verbindungen zwischen ihnen. Es handelt sich also um einen bewerteten Graphen. In diesem Graphen suchen wir alle perfekten Matchings. Wir wissen, dass das möglich ist, weil die Anzahl der Ecken mit ungeradem Grad eine gerade Zahl ist.

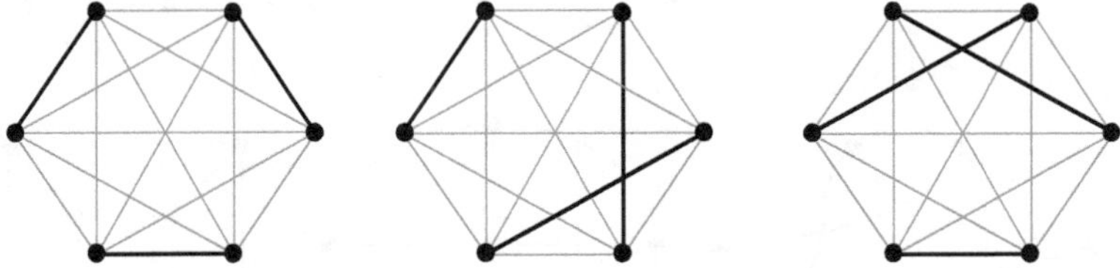

Ein vollständiges Sechseck und drei seiner perfekten Matchings

- Für jedes perfekte Matching berechnen wir den Gesamtweg.
- Unter allen perfekten Matchings suchen wir das mit dem kürzesten Gesamtweg.

Das alles ist mit großem Rechenaufwand verbunden, da braucht man schon ein geeignetes Computer-Programm. Erst recht braucht man das, wenn die Anzahl von Ecken mit ungeradem Grad größer ist, was in der Realität oft der Fall sein dürfte. Zum Beispiel müssten wir bei 10 Ecken mit ungeradem Grad an ein vollständiges 10-Eck denken. Es hat 945 perfekte Matchings und 45 Kanten.

Vielleicht halten Sie dieses Beispiel für unrealistisch, weil die Briefträger in der Stadt ohnehin alle Straßen zweimal passieren, nämlich einmal auf der einen und einmal auf der anderen Straßenseite. Aber für Zustelldienste, die in jeder Straße nur einzelne Häuser zu bedienen haben, für die Planung von Touren für Paketautos und Müllfahrzeugen ist es durchaus nützlich, auch an Graphen zu denken.

Zusätzliche Informationen

- Die genaue Definition des bipartiten Graphen lautet so: Ein Graph, dessen Eckenmenge die Vereinigung von zwei disjunkten Mengen M und N ist, so dass jede Kante ein Ende in M und ein Ende in N hat, nennt man einen bipartiten Graphen.
- Wenn n eine gerade Zahl ist, gibt es für vollständige n-Ecke perfekte Matchings, ihre Anzahl ist $(n-1) \cdot (n-3) \cdot \ldots \cdot 3 \cdot 1$.

Aufgaben

1. Eine musikalische Familie: Mutter spielt Geige und Klavier, Vater spielt Cello, Trompete und Klavier, Anne spielt Flöte, Bernd spielt Klarinette und Cello, Carola spielt Klavier, Cembalo und Flöte. Drücken Sie dies durch einen bipartiten Graphen aus!
2. Welche der folgenden Graphen sind bipartit? Zeichnen Sie die bipartiten Graphen entsprechend um oder malen Sie die Ecken der beiden Eckenmengen mit verschiedenen Farben an.

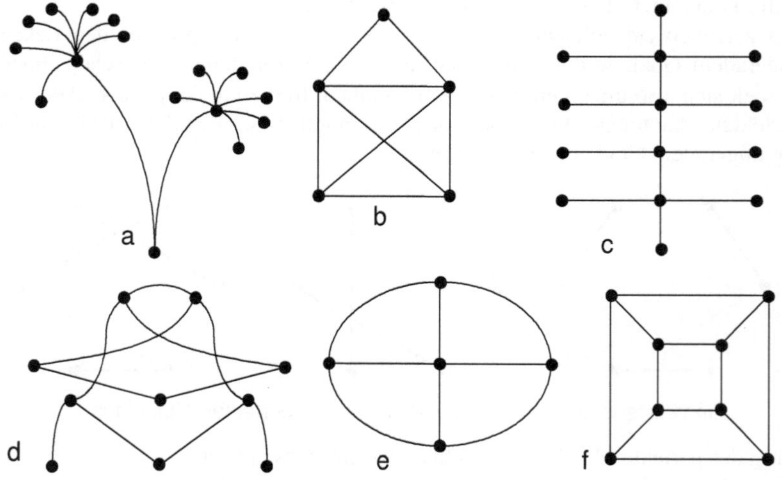

3. Können bipartite Graphen Schlingen enthalten? Können sie parallele Kanten enthalten?
4. Zeichnen Sie je einen Graphen mit den Eigenschaften:
   a. Bipartit und eulersch.
   b. Bipartit und nicht eulersch.
   c. Nicht bipartit und eulersch.
   d. Nicht bipartit und nicht eulersch.

5. Zeichnen Sie je einen Graphen mit den Eigenschaften:
   a. Bipartit und hamiltonsch.
   b. Bipartit und nicht hamiltonsch.
   c. Nicht bipartit und hamiltonsch.
   d. Nicht bipartit und nicht hamiltonsch.
6. a. Beweisen Sie: Jeder bipartite Graph mit ungerader Eckenzahl ist nicht hamiltonsch.
   b. Begründen Sie mit diesem Ergebnis, dass der folgende Graph nicht hamiltonsch ist:

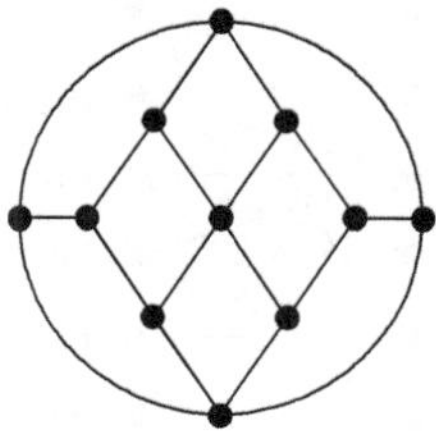

7. Formulieren und begründen Sie einen Satz: „Ein Graph ist genau dann nicht bipartit, wenn . . .“
8. Unter einem **vollständigen bipartiten Graphen** versteht man einen bipartiten Graphen ohne parallele Kanten, in dem alle möglichen Kanten vorhanden sind.
   a. Zeichnen Sie alle vollständigen bipartiten Graphen mit 2, 3, 4 und 6 Ecken. Dabei soll jede der beiden Eckenmengen mindestens 1 Ecke haben.
   b. Wie viele Kanten hat ein vollständiger bipartiter Graph, wenn die eine Menge m Ecken und die andere n Ecken hat?
   c. Begründen Sie: Ein vollständiger bipartiter n-n-Graph ist hamiltonsch.
   d. Begründen Sie: Ein vollständiger bipartiter m-n-Graph, wobei m nicht gleich n ist, ist nicht hamiltonsch.
   e. Zeichnen Sie bipartite Graphen, in denen alle Ecken den gleichen Grad haben und die nicht vollständig sind.
   f. Unter welchen Bedingungen ist ein vollständiger bipartiter Graph eulersch?
9. Zeichnen Sie ein Sechseck ohne Diagonalen. Fügen Sie möglichst viele Diagonalen hinzu, aber so, dass der neue Graph ebenfalls bipartit ist.
10. Wie viele bipartite 2-2-Graphen ohne parallele Kanten gibt es? Wie viele davon sind zusammenhängend?
11. Zeichnen Sie zu diesem Fachwerk einen Graphen. Vereinfachen Sie das Fachwerk so, dass es noch stabil bleibt.

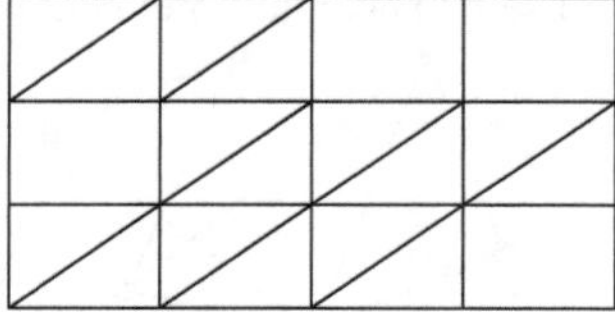

12. Welches Fachwerk gehört zu diesem Graphen?

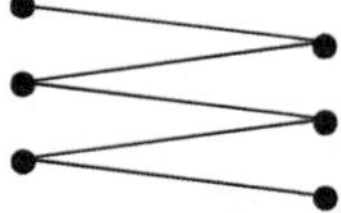

13. Auf einem Kongress über Graphentheorie soll ein Vortragsprogramm aufgestellt werden. Leider sind nicht alle Vortragenden zu jeder Zeit frei. Der folgende Graph zeigt ihre Verfügbarkeit. Lässt sich unter diesen Bedingungen ein Programm aufstellen?

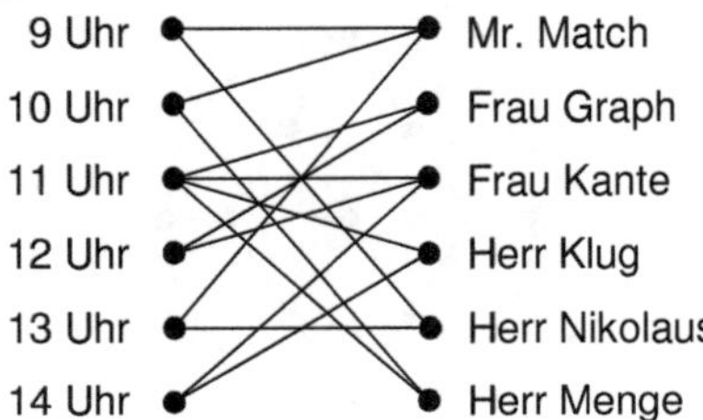

14. Ein Autohersteller präsentiert sein allerneustes Luxusmodell „Supernova" in den wichtigsten Städten. Zur Zeit befinden sich die ersten 5 Exemplare in A, B, C, D und E. Sie sollen anschließend in V, W, X, Y und Z präsentiert werden, wobei auf Grund der Entfernungen und der Verkehrsverhältnisse nicht jeder Ort von jedem anderen in einem Tag zu erreichen ist. Der Graph zeigt die möglichen Überführungen an. Versuchen Sie eine Liste aufzustellen, aus der man für jedes Fahrzeug erkennen kann, wohin es fahren soll.

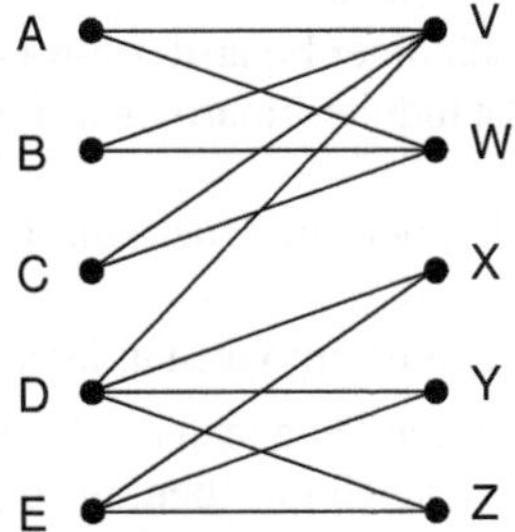

15. Zusammenstöße von Flugzeugen sollen unter allen Umständen verhindert werden. Deshalb gilt in Graphistan die Regel: Wenn ein Flugzeug zwischen A und B unterwegs ist, darf gleichzeitig kein anderes Flugzeug auf einer Route von oder nach A und von oder nach B unterwegs sein. Wie viele Flugzeuge können höchstens gleichzeitig in der Luft sein? Das Flugliniennetz von Graphistan:

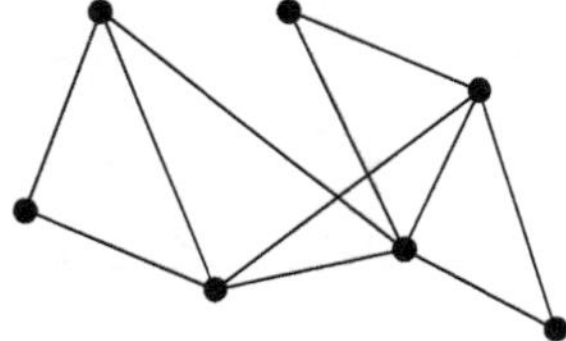

16. Wie wir gesehen haben, hat im Haus von Nikolaus ein maximales Matching 2 Kanten. Wie viele maximale Matchings gibt es?
17. Finden Sie zu dem folgenden Graphen ein perfektes Matching!

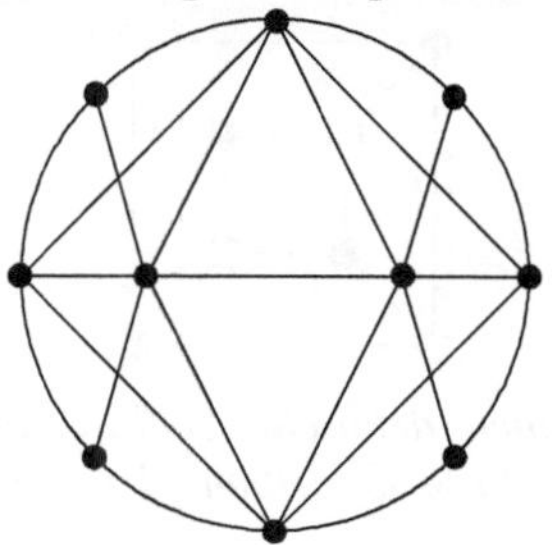

18. Wir haben gelernt, dass jeder reguläre bipartite Graph ein perfektes Matching hat. Hat überhaupt <u>jeder</u> reguläre Graph ein perfektes Matching? Die Antwort lautet „nein". Die Begründung liefert der folgende Graph. Woran kann man erkennen, dass er
    - nicht bipartit ist,
    - regulär ist,
    - kein perfektes Matching besitzt?

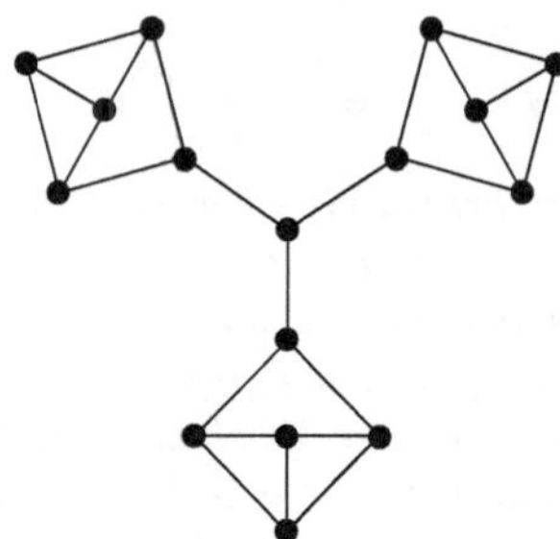

Lösungshinweise

1.

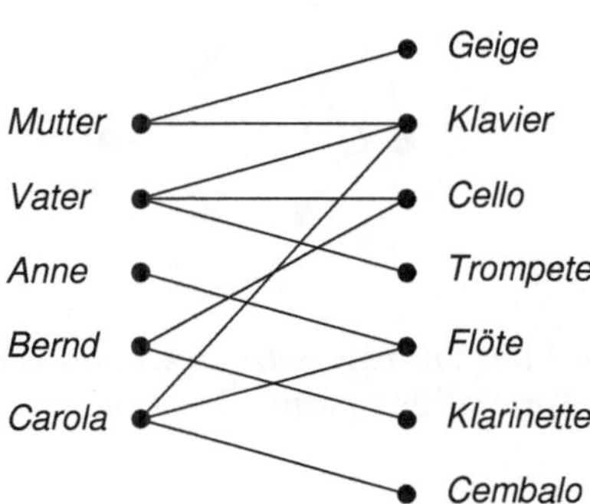

2. *Bipartit sind a und c (Bäume!), sowie f. Für f können Sie es in der folgenden Zeichnung erkennen. b und e sind nicht bipartit, weil sie Dreiecke enthalten, d enthält ein Fünfeck und ist somit ebenfalls nicht bipartit.*

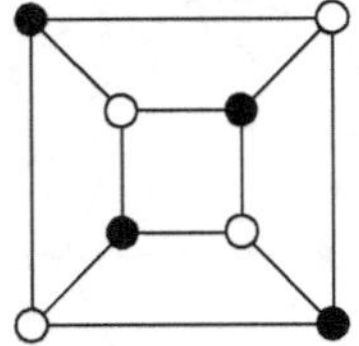

3. *Er kann keine Schlingen haben, denn eine Schlinge ist eine Kante, die eine Ecke der einen Menge mit einer Ecke derselben Menge verbindet. Parallele Kanten sind möglich.*

4. *Lösungsbeispiele:*

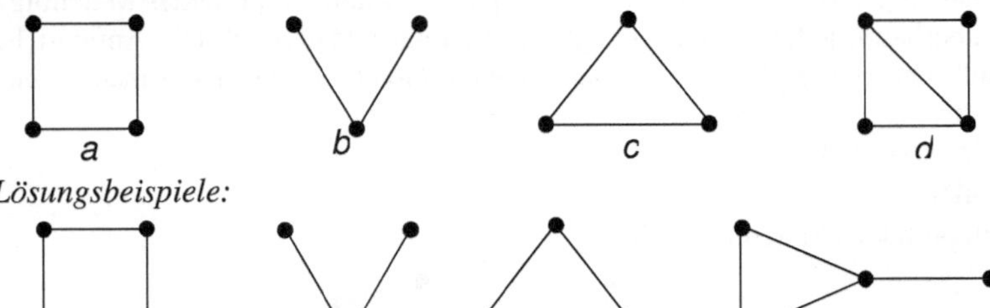

5. *Lösungsbeispiele:*

6. a. *Jeder Kreis in einem bipartiten Graphen geht immer abwechselnd durch die Ecken der einen und der anderen Menge. Somit ist seine Eckenzahl gerade. Aus diesem Grunde müssen die beiden Eckenmengen in einem bipartiten hamiltonschen Graphen sogar gleich groß sein.*
   b. *Der Graph ist bipartit – in der Zeichnung sind die beiden Eckenmengen gekennzeichnet. Sie enthalten 4 und 5 Ecken, also kann der Graph nicht hamiltonsch sein. Vielleicht haben Sie dieselbe Aufgabe schon einmal gelöst (Kapitel 3, Aufgabe 7) und hatten dabei mehr Mühe.*

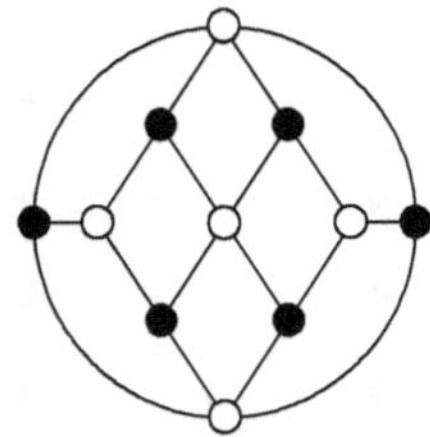

7. *„. . ., wenn er einen Kreis mit ungerader Eckenzahl enthält.“ Das ist nur eine Umformulierung des Satzes über bipartite Graphen.*

8\. *a.*

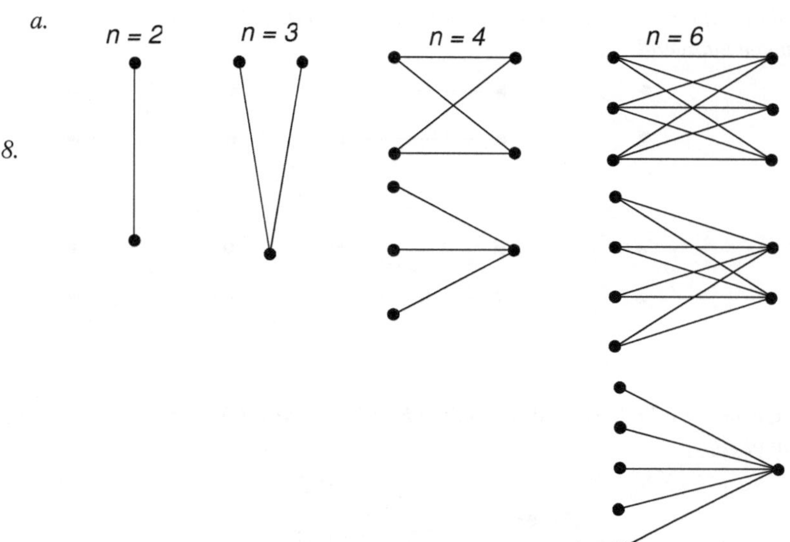

Ohne die Zusatzbedingung erhält man auch Graphen, bei denen alle Ecken auf einer Seite sind, sie haben keine Kanten.

b. $m \cdot n$

c. Wenn $A_1, A_2, A_3, \ldots A_n$ *und* $B_1, B_2, B_3, \ldots B_n$ *die beiden Eckenmengen sind, ist* $A_1 B_1 A_2 B_2, \ldots A_n B_n A_1$ *ein hamiltonscher Kreis.*

d. Die Begründung ist ähnlich wie bei Aufgabe 6: Da man immer abwechselnd eine linke mit einer rechten Ecke verbinden muss, kann man keinen hamiltonschen Kreis finden.

e. Zwei Beispiele:

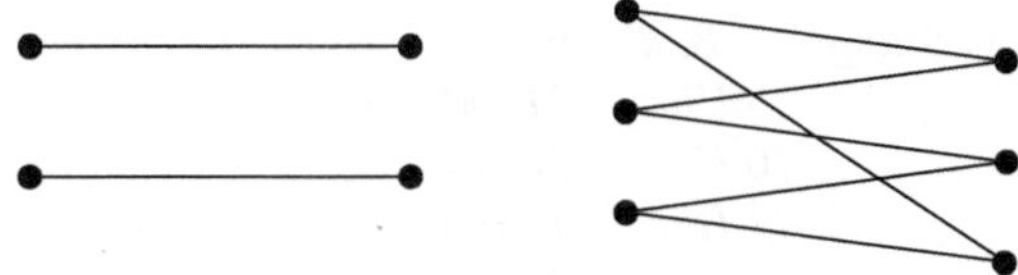

f. Genau dann, wenn m und n gerade sind.

9. Die Lösung ist übrigens der vollständige bipartite 3-3-Graph.

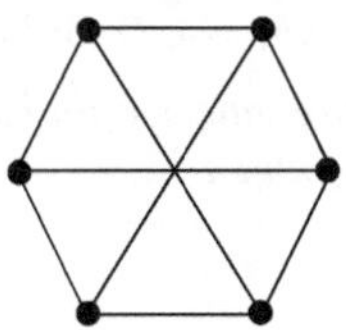

10. *Es gibt 6 bipartite 2-2-Graphen ohne parallele Kanten. Nur zwei von ihnen sind zusammenhängend.*

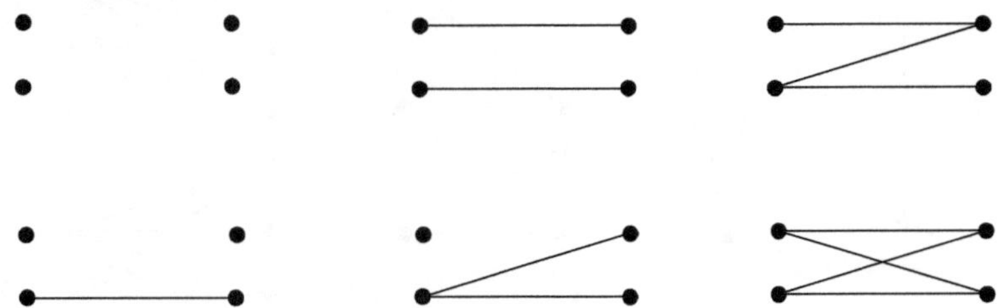

11. *Der Graph enthält Kreise. Wenn man z.B. Z3-S2 und Z3-S3 weglässt, bleibt ein Baum übrig.*

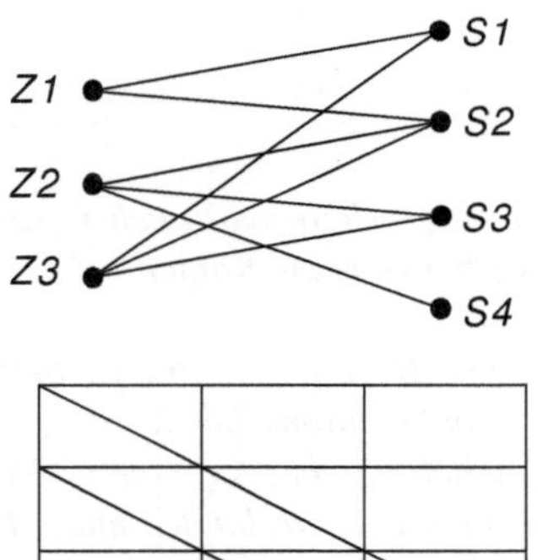

12.

13. *Es gibt mehrere Lösungen, z.B. diese:*

9 Uhr — Mr. Match
10 Uhr — Herr Menge
11 Uhr — Frau Graph
12 Uhr — Frau Kante
13 Uhr — Herr Nikolaus
14 Uhr — Herr Klug

14. *Der Plan muss scheitern: Von A, B und C kann man nur nach V und W gelangen. Und nach X, Y und Z kann man nur von D und E kommen.*

15. *Es ist ein maximales Matching mit möglichst vielen Kanten gesucht. Nur 3 Flugzeuge können gleichzeitig fliegen.*

16. Es gibt 9 maximale Matchings. Alle haben 2 Kanten.

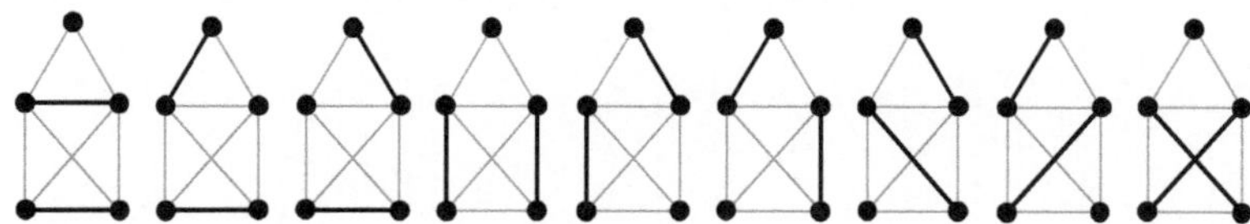

17. Eine Lösung:

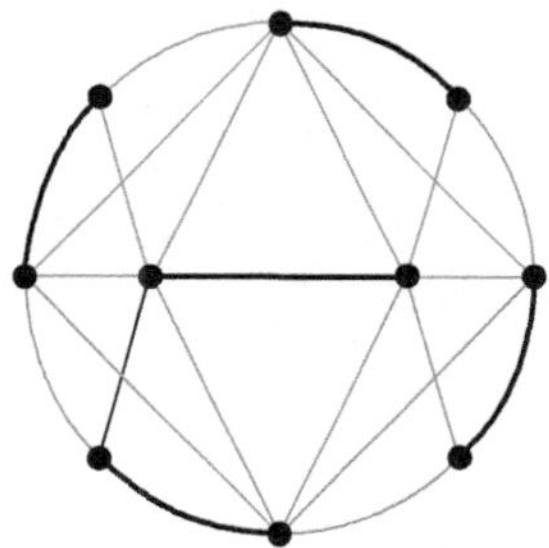

18. Nicht bipartit: Er hat Dreiecke.
Regulär: Alle Ecken haben den Grad 3.
Kein perfektes Matching: Betrachten Sie die Mitte des Graphen:

Von diesen drei Kanten kann nur eine zu einem Matching gehören, die beiden anderen also nicht. Sie müssen von den anhängenden Quadraten „versorgt" werden. Diese Quadrate haben aber 5 Ecken, so dass es für sie kein perfektes Matching geben kann. 6 Bipartite Graphen

7 Graphen mit Richtungen: Digraphen

Was ist ein Digraph?

Erinnern wir uns noch einmal an die eulerschen Graphen: Damals ging es um die Frage, ob es einen Spaziergang gibt, bei dem man auf jeder Kante entlanggeht, und zwar auf jeder nur einmal, und zum Ausgangspunkt zurückkehrt. Wenn wir es geschafft haben, konnten wir an jeder Kante einen Pfeil anbringen um die Richtung, in die wir gegangen sind, zu kennzeichnen. Aus gewöhnlichen Kanten werden also gerichtete Kanten. Es lohnt sich solche Graphen genauer anzusehen, weil es zahlreiche Anwendungen gibt, in denen sie vorkommen. Ein Graph, in dem alle Kanten eine Richtung haben, nennt man einen **gerichteten Graphen** oder kurz einen **Digraphen.** Das Wort „Digraph“ kommt von der englischen Bezeichnung „directed graph“.

Tagesabläufe können als Digraphen dargestellt werden. Hier ein Beispiel für Jan, einen 14-jährigen Schüler. Sie können erkennen, was Jan normalerweise den ganzen Tag über macht, wobei auch Alternativen dargestellt sind.

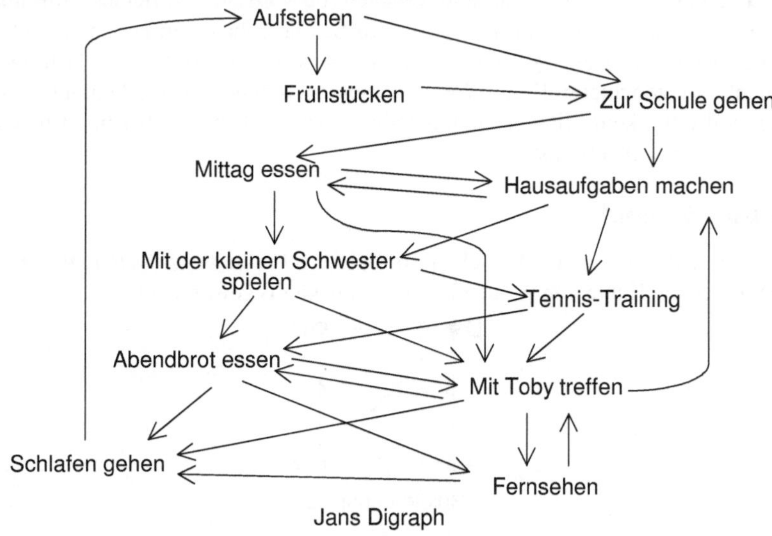

Jans Digraph

Wir sehen an den Pfeilen die Reihenfolge der einzelnen Aktionen. Je mehr Pfeile an einer Stelle beginnen, desto mehr Entscheidungsmöglichkeiten hat Jan.

Alle Handlungsanweisungen, die aus mehreren Schritten bestehen, sind als Digraph darstellbar. Dazu gehören alle Kochrezepte und Montageanleitungen. Sie sind zwar in der Regel linear als gerichteter Weg formuliert, aber gelegentlich gibt es in der Reihenfolge auch Alternativen. Es ist z.B. egal, ob man zuerst die Kartoffeln schält und dann das Gemüse putzt oder umgekehrt. Auch die einzelnen Schritte beim Bau eines Hauses kann man als Digraph festhalten, ebenso elektrische Schaltkreise, das Wasserversorgungssystem einer Stadt. Sympathie kann man wie in dem folgenden kleinen Beispiel mit Digraphen beschreiben:

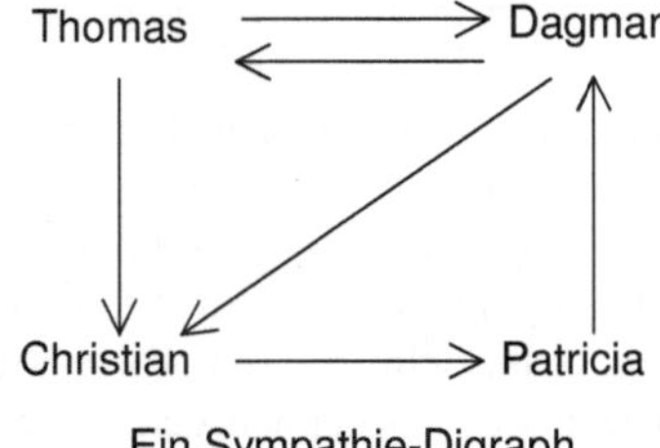

Ein Sympathie-Digraph

Alles hat eine Richtung

Die einzelnen Aktionen sind die Ecken unseres Digraphen, die Pfeile sind die Kanten, wir sprechen von gerichteten Kanten. Alle Begriffe, die wir von Graphen kennen, werden sinngemäß übertragen und erhalten den Zusatz „gerichtet". In unserem Beispiel ist „Aufstehen → Frühstück → Zur Schule gehen" ein gerichteter Weg und „Hausaufgaben machen → Tennis-Training → Mit Toby treffen → Hausaufgaben machen" ein gerichteter Kreis. Wenn wir es ausschließlich mit Digraphen zu tun haben und wenn kein Missverständnis möglich ist, bleiben wir aber bei den Bezeichnungen „Weg" , „Kreis" usw.

Wer hat gewonnen?

Digraphen kann man gut gebrauchen um Spielergebnisse festzuhalten: Wir zeichnen einen gerichtete Kante von A nach B, wenn A gegen B gewonnen hat.

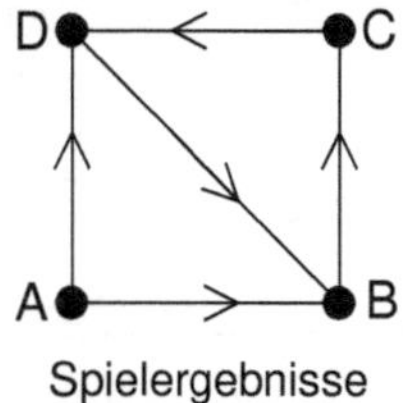

Spielergebnisse

In diesem Beispiel hat A gegen B und D gewonnen, aber nicht gegen C gespielt. Die Anzahl der verlorenen und gewonnenen Spiele kann man aus dem Eingangsgrad und aus dem Ausgangsgrad erkennen: Der **Eingangsgrad** einer Ecke gibt an, wie viele gerichtete Kanten zu ihr hin führen, der **Ausgangsgrad**, wie viele von ihr weg führen. In unserem Beispiel hat D den Eingangsgrad 2 und den Ausgangsgrad 1. Was wir bisher den Grad einer Ecke genannt haben, ist also bei einem Digraphen die Summe von Eingangs- und Ausgangsgrad. Für den gesamten Graphen ist die Summe aller Eingangsgrade gleich der Summe aller Ausgangsgrade und gleich der Anzahl der gerichteten Kanten. Das ergibt sich einfach daraus, dass jede gerichtete Kante einen Anfang und ein Ende hat.

Isomorphie bei Digraphen

Was gemeint ist, wenn gesagt wird, zwei Graphen seien isomorph, wissen wir. Bei der Isomorphie von Digraphen müssen wir zusätzlich noch die Richtungen der Kanten berücksichtigen, so dass aus zwei isomorphen Graphen nicht unbedingt isomorphe Digraphen werden. In dem folgenden Beispiel hat der linke Digraph eine Ecke mit dem Eingangsgrad 3, der rechte aber nicht.

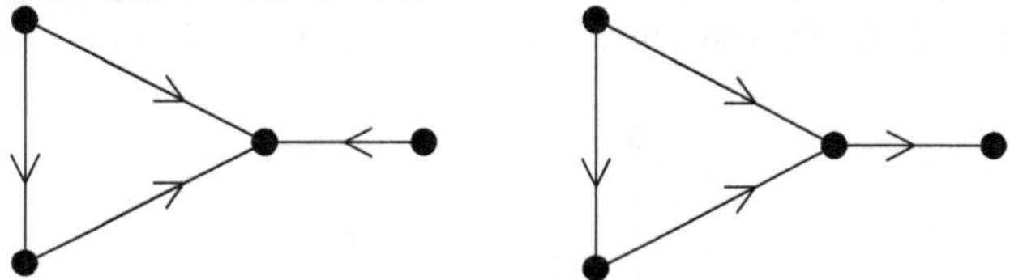

Als Graphen isomorph, als Digraphen aber nicht isomorph

Hingegen sind die beiden folgenden Digraphen isomorph, weil bei einer Spiegelung an einer waagerechten Achse auch alle Pfeile richtig zugeordnet werden.

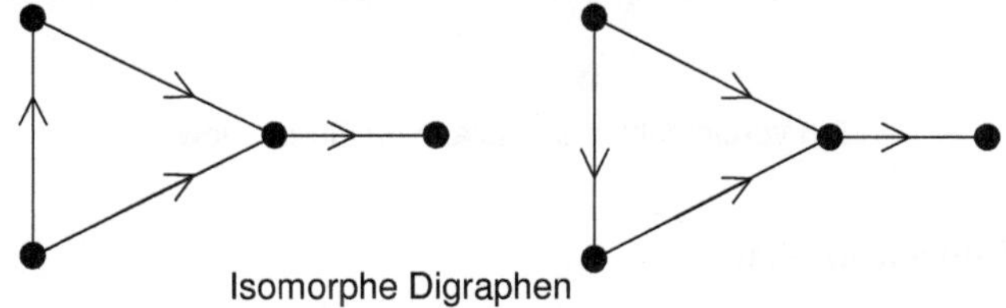

Isomorphe Digraphen

Lauter Einbahnstraßen

In der kleinen Stadt Graphenow sind die Straßen sehr schmal. Um den Autoverkehr besser organisieren zu können, könnte die Stadtverwaltung alle Straßen zu Einbahnstraßen erklären. Die Verbindungsstraßen zur Umgebung bleiben unberücksichtigt, weil sie für zwei Fahrspuren breit genug sind.

Der Stadtplan von Graphenow

Es reicht natürlich nicht aus überall Einbahnstraßenschilder hinzustellen. Es muss auch jedem Bürger möglich sein, von jeder Stelle zu jeder anderen Stelle zu fahren, ohne mit der Polizei in Konflikt zu geraten. Wer es probiert, wird eine Lösung finden, z.B. die von Aufgabe 1 dieses Kapitels. Allerdings sind für einige Fahrten ziemlich lange Umwege nötig. Es gibt übrigens sogar mehrere Lösungen.

Wir können uns die Aufgabe erleichtern, indem wir den Stadtplan auf das Wesentliche beschränken. Wir ersetzen die Kreuzungen und Einmündungen durch die Ecken eines Graphen und die Straßen durch die Kanten. Für Graphenow könnte das so aussehen:

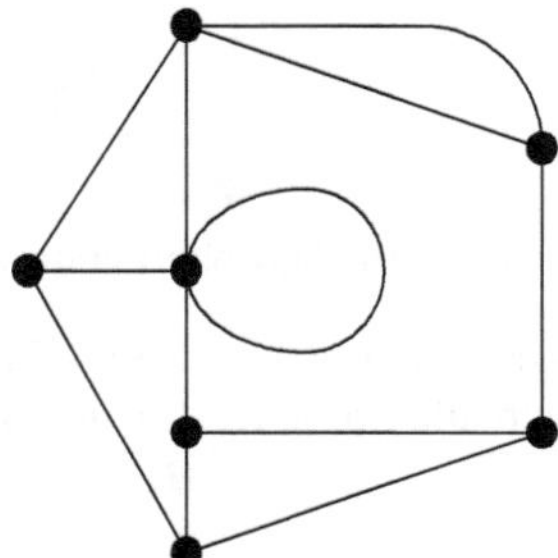

Ein vereinfachter Stadtplan von Graphenow

Nur noch Einbahnstraßen?

In Graphenow kann man alle Straßen zu Einbahnstraßen machen. Geht das auch in jeder anderen Stadt?

Wollen Mathematiker bei der Beantwortung der Frage helfen, so stellen sie sich natürlich den Stadtplan als Graph vor. Dann verwandeln sie den Graphen in einen Digraphen und achten dabei darauf, dass von jeder Ecke zu jeder anderen Ecke ein gerichteter Kantenzug führt. Es ist zweckmäßig für diese Zusatzeigenschaft einen kurzen Namen einzuführen: Solche Digraphen nennt man **stark zusammenhängend**.

Die Frage lautet also: Kann man jeden beliebigen Graphen zu einem stark zusammenhängenden Digraphen machen? Leider nein, denn wir können uns leicht Graphen ausdenken, in denen das nicht möglich ist und für die deshalb das Einbahnstraßen-Problem nicht gelöst werden kann. Die folgende Zeichnung zeigt drei Beispiele.

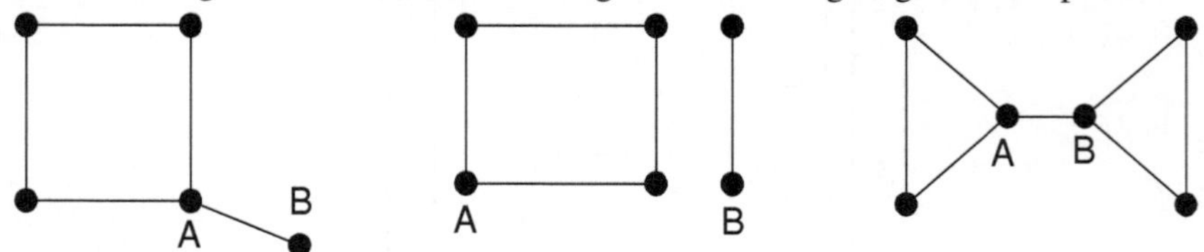

Es ist nicht möglich, auf Einbahnstraßen von A nach B
und von B nach A zu gelangen.

Andererseits gibt es eine Sorte von Graphen, die man ohne weiteres zu Digraphen mit der gewünschten Zusatzeigenschaft machen kann. Das sind die eulerschen Graphen. Wenn wir nämlich die durch die eulersche Tour gegebene Richtung übernehmen, erhält jede Kante eine Richtung und aus dem Graphen wird ein Digraph. Wenn wir der eulerschen Tour folgen, können wir von überall nach überall gelangen.

Auch mit allen hamiltonschen Graphen funktioniert es, weil die Durchlaufrichtung des hamiltonschen Kreises aus dem Graphen einen teilweise gerichteten Graphen macht. Wenn wir von einer Ecke zu einer anderen wollen, gehen wir auf dem hamiltonschen Kreis entlang. Dass noch nicht alle Kanten einen Pfeil haben, ist nicht schlimm. Wir geben den restlichen Kanten irgendwelche Richtungen und erhalten dadurch einen Digraphen, in dem sich unter Umständen sogar kürzere Wege ergeben als längs des hamiltonschen Kreises.

In Graphen allen Kanten eine Richtung geben, und zwar so, dass man von jeder Ecke zu jeder anderen gelangen kann – das ist unser Ziel. Kann man von vornherein erkennen, in welchen Graphen das gelingt und in welchen nicht? In welchen Städten könnte man, falls man es wollte, ein vollständiges Einbahnstraßen-System einführen?

Zum Glück haben wir die Antwort schon fast gefunden. Dazu brauchen wir uns nur die drei Graphen in der vorigen Zeichnung genauer anzusehen. Die einleuchtendste Bedingung ist: Der Graph muss zusammenhängend sein. Wir sehen aber in der Zeichnung auch zwei Graphen, die zusammenhängend sind, aber trotzdem nicht zu stark zusammenhängenden Digraphen gemacht werden können. Es fällt auf, dass beide Graphen Brücken enthalten. Wir müssen auch sie zu Einbahnstraßen machen. Und wie sollen wir dann von dem einen Ende der Brücke zum anderen und wieder zurück fahren? Also kann wohl ein stark zusammenhängender Digraph keine Brücke enthalten.

Wir werden uns sogleich überzeugen, dass wir damit schon alle Hinderungsgründe für ein ideales Einbahnstraßensystem gefunden haben.

Ein Graph kann genau dann zu einem stark zusammenhängenden Digraphen gemacht werden, wenn er zusammenhängend ist und keine Brücke enthält.

Um das zu beweisen, müssen wir von einem beliebigen Graphen ausgehen, der zusammenhängend ist und keine Brücke enthält. In ihm wählen wir eine beliebige Kante AB aus. Da sie keine Brücke ist, muss es noch eine zweite Verbindung zwischen den Ecken A und B dieser Kante geben. Diese Verbindung und die Kante selbst bilden somit einen Kreis. Wir geben den Kanten dieses Kreises Richtungen, so dass ein Rundweg entsteht.

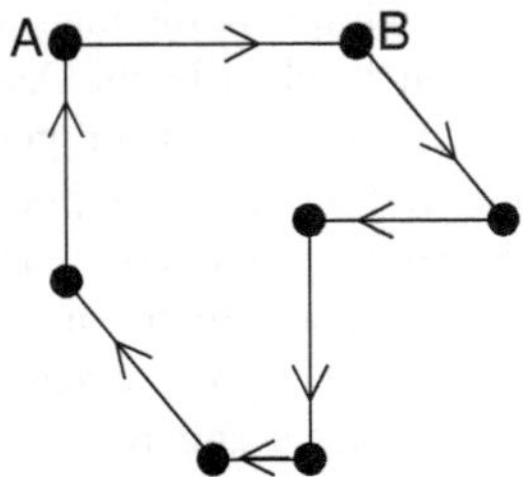

AB ist Teil eines Kreises. Wir machen aus ihm einen Rundweg.

Sollten wir auf diese Weise schon alle Kanten des Graphen erfasst haben, sind wir fertig und wir können längs der eingezeichneten Pfeilrichtung von jeder Ecke zu jeder anderen Ecke fahren.

Wenn aber noch nicht alle Kanten erfasst sind, so gibt es mindestens eine davon, die mit einer ihrer Ecken – sagen wir P – an dem soeben gezeichneten Kreis hängt, sonst wäre der Graph nicht zusammenhängend. Auch diese Kante ist keine Brücke, somit ist sie Teil eines weiteren Kreises, der mit dem schon vorhandenen Kreis zusammenhängt. Das ist spätestens in P der Fall. Die folgende Zeichnung zeigt zwei Beispiele. Im ersten Beispiel wird die Durchlaufrichtung des ursprünglichen Kreises fortgesetzt, im zweiten können wir uns eine Orientierung aussuchen.

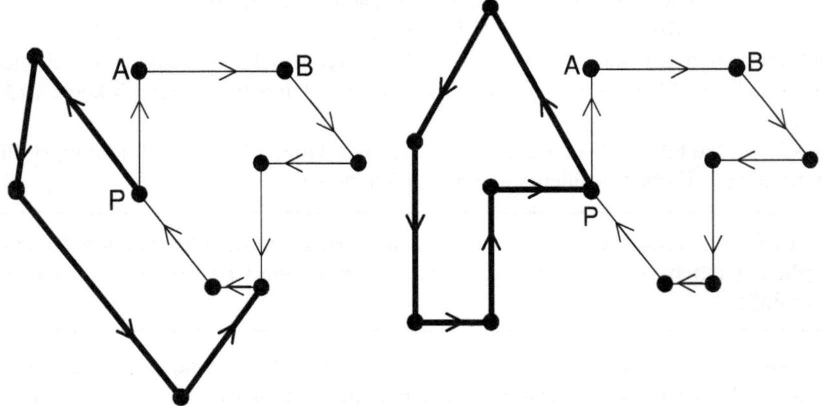

Wenn der ursprüngliche Kreis nicht der ganze Graph ist,
kann man einen weiteren Kreis anhängen.

Wenn wir den Pfeilen folgen, können wir von jeder bisher besuchten Ecke jede andere Ecke erreichen.

Sind immer noch Kanten übrig, so machen wir nach diesem Verfahren weiter. Dabei fügen wir mit jedem Schritt an den bereits vorhandenen Digraphen gerichtete Kanten an und vergrößern damit den Teil des Graphen, in dem es von jeder Ecke zu jeder anderen einen gerichteten Weg gibt. Schließlich haben alle Kanten einen Pfeil erhalten und die Aufgabe ist gelöst.

Eulersche Digraphen

Wir kehren noch einmal zu den eulerschen Graphen zurück. In ihnen können wir auf allen Kanten entlang wandern – auf jeder genau einmal – und dabei zum Ausgangspunkt zurückkehren. Von einem **eulerscher Digraphen** müssen wir konsequenterweise verlangen, dass dabei die Richtungen der Kanten zu berücksichtigen sind. Aus einem eulerschen Graphen wird ein eulerscher Digraph, wenn wir an jeder Kante entsprechend unserer Wanderungsrichtung einen Pfeil anbringen.

Kommen wir bei einer Wanderung durch einen eulerschen Digraphen an einer Ecke an, so bleiben wir dort nicht stehen, sondern gehen weiter. Deshalb ist für jede Ecke der Eingangsgrad gleich dem Ausgangsgrad.

Wissen wir umgekehrt von einem Digraphen, dass in jeder Ecke der Eingangsgrad gleich dem Ausgangsgrad ist, so können wir leicht den Algorithmus von Hierholzer an Digraphen anpassen und eine gerichtete eulersche Tour finden.

Ein Digraph ist genau dann eulersch, wenn in jeder Ecke der Eingangsgrad gleich dem Ausgangsgrad ist.

Hamiltonsche Digraphen

Wir können vieles, was wir über Graphen gelernt haben, sinngemäß auf Digraphen übertragen. Unter einem **hamiltonschen Digraphen** verstehen wir z.B. einen Digraphen, in dem es einen gerichteten Kreis durch alle Ecken gibt. Man kann dann eine Rundreise durch alle Ecken machen und dabei die vorgeschriebenen Fahrtrichtungen einhalten.

Wenn wir fragen, ob unser Freund Jan, den wir vom Anfang des Kapitels kennen, sämtliche Unternehmungen an einem Tage ausführen könnte, ist es das gleiche, als wenn wir fragen würden, ob der Digraph seines Tagesplans hamiltonsch ist. Wir sehen, das ist der Fall.

Turniergraphen

Bei Sport-Wettkämpfen sind Turniere üblich: Jeder spielt gegen jeden genau einmal. Wir nehmen hier zusätzlich an, dass es immer einen Sieger gibt. Wenn alle Spiele gespielt sind, ist ein Digraph ein besonders geeignetes Mittel, um das Ergebnis festzuhalten. Die Kanten erhalten Pfeile vom Sieger zum Verlierer. Es entsteht ein Digraph mit zwei Besonderheiten: Es gibt zwischen je zwei Ecken genau eine gerichtete Kante und es kommen keine Schlingen vor. Solche Graphen nennt man **Turniergraphen**.

Ein besonders einfaches Beispiel ist ein Turniergraph mit 3 Ecken. Wenn Sie einen zeichnen, werden Sie schnell merken, dass es mehrere Möglichkeiten gibt. Ihre Anzahl hängt davon ab, ob man die einzelnen Ecken unterscheidet oder nicht. Im ersten Fall gibt es 8 Turniergraphen, im zweiten aber nur 2. Sie können es in der folgenden Zeichnung überprüfen.

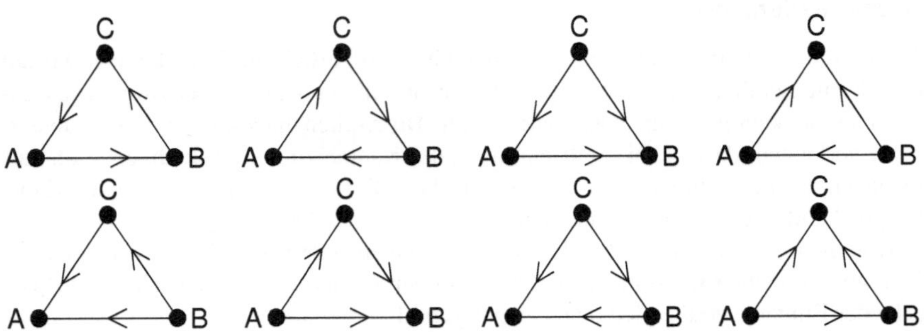

Die Turniergraphen mit 3 unterscheidbaren Ecken

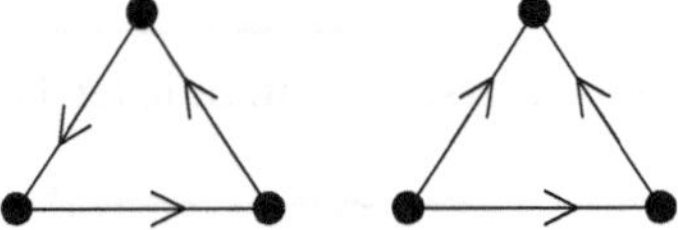
Die nicht isomorphen Turniergraphen mit 3 Ecken

Falls die Ecken nicht unterschieden werden, interessiert man sich nur dafür, wie Turniere überhaupt ausgehen können. Bei nur drei Spielern kann jeder Spieler einmal gewinnen und einmal verlieren oder es kann ein Spieler zweimal gewinnen und ein anderer zweimal verlieren.

Wer ist der beste Spieler?

Turniergraphen haben eine verblüffende Eigenschaft: Es ist nämlich immer möglich eine Rangliste aufzustellen: A besiegte B, B besiegte C usw. Das Gleiche gilt für einen Hühnerhof: Es gibt immer eine Hackordnung von einem obersten Huhn bis zum letzten Hühnchen.

Dass man in allen Turniergraphen auf diese Weise eine Rangliste aufstellen kann, ist der Inhalt des folgenden Satzes:

In jedem Turniergraphen gibt es einen gerichteten Weg, der durch sämtliche Ecken führt.

Der Beweis des Satzes steht noch aus. Er folgt jetzt.

Wir bauen den gesuchten Weg stückweise auf und beginnen mit zwei beliebigen Ecken. Die gerichtete Kante zwischen ihnen ist das erste Stück des Weges.

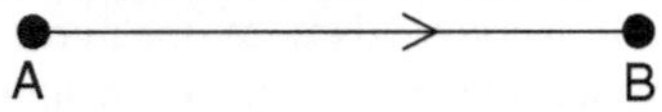

So beginnt der gerichtete Weg.

Nun nehmen wir eine beliebige weitere Ecke hinzu, wir nennen sie C. Zwischen A und C gibt es eine gerichtete Kante – zeigt sie von C nach A, so verlängern wir unseren Weg am Anfang und fügen CA hinzu. Ist das nicht möglich, so sehen wir nach, ob die Kante zwischen B und C vielleicht nach C zeigt. Wenn ja, verlängern wir unseren Weg am Ende um BC. Eventuell können wir uns sogar aussuchen, ob wir den Weg am Anfang oder am Ende verlängern wollen. Das waren die beiden günstigen Fälle, sie sind in der folgenden Zeichnung dargestellt.

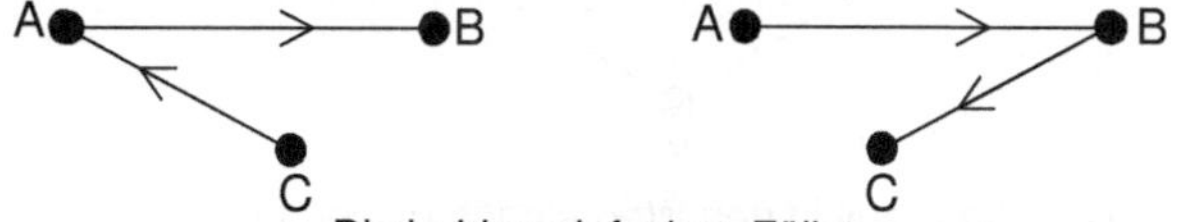

Die beiden einfachen Fälle:
Es gibt eine Kante von C nach A oder eine Kante von B nach C.

Was ist aber, wenn die erwähnten Kanten von A nach C <u>und</u> von C nach B zeigen? In diesem Fall geben wir unser erstes Wegstück AB wieder auf und beginnen mit ACB. Die folgende Zeichnung zeigt dies.

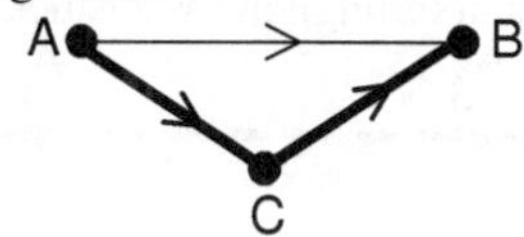

C wird in den Weg von A nach B eingefügt.

Wir haben also schon einmal einen gerichteten Weg durch drei Ecken gefunden. Hat der Graph noch ein vierte Ecke D, so können wir eventuell den bereits vorhandenen Weg am Anfang oder am Ende wieder verlängern. Das ist der einfache Fall. Wenn nicht, kann nur eine der in der folgenden Zeichnung dargestellten Situationen vorliegen.

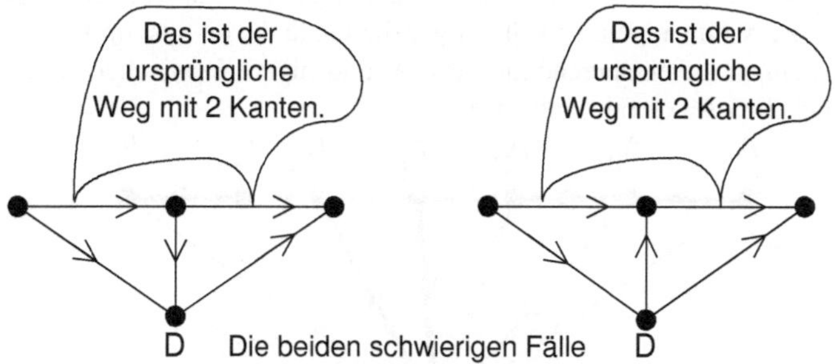

Die beiden schwierigen Fälle

Wir geben wieder einen Teil des ursprünglichen gerichteten Weges auf und finden leicht einen Weg, der auch D einschließt.

Wir können nun immer mehr Ecken hinzunehmen und mit dieser Methode den Weg verlängern. Um uns zu überzeugen, dass diese Vorgehensweise immer funktioniert, sehen wir sie uns genauer an. Wir nehmen an, wir hätten schon einen „langen" Weg $A_1A_2A_3...A_{n-1}A_n$ gefunden und nehmen eine neue Ecke X hinzu. Die Kanten zwischen A_1 und X oder zwischen A_n und X könnten so gerichtet sein, dass wir den vorhandenen Weg nur zu verlängern brauchen. Dann sind wir einen Schritt weiter gekommen. Im ungünstigen Fall ist das aber nicht so:

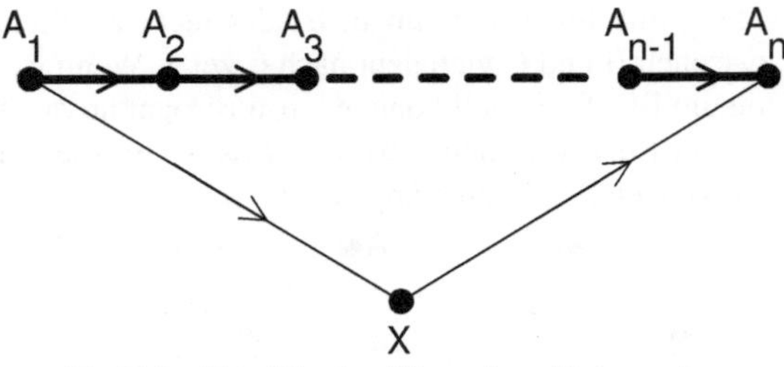

Die Ecke X soll in den Weg eingefügt werden.

Auch in diesem ungünstigen Fall gibt es eine Lösung: Zwischen X und unserem angefangenen Weg gibt es natürlich nicht nur die beiden gerichteten Kanten am Anfang und am Ende, sondern es gibt auch welche zwischen X und allen übrigen Ecken dieses Weges. Sollten sie alle von X weg zeigen, so fügen wir X zwischen A_1 und A_2 ein und verzichten auf das ursprüngliche Wegstück A_1A_2:

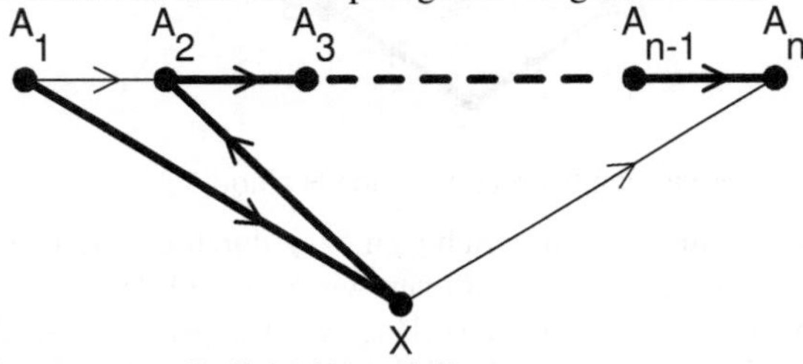

Manchmal muss man die Ecke X so einfügen . .

Sollte es aber außer A_1X noch weitere Kanten geben, die von einer der Ecken $A_2,A_3,...A_{n-1}$ zu X hin zeigen, so wählen wir die letzte davon aus, im Extremfall ist es $A_{n-1}X$. Wir nennen die entsprechende Ecke A_i und fügen X zwischen A_i und A_{i+1} ein. Das Wegstückchen A_iA_{i+1} fällt dafür weg.

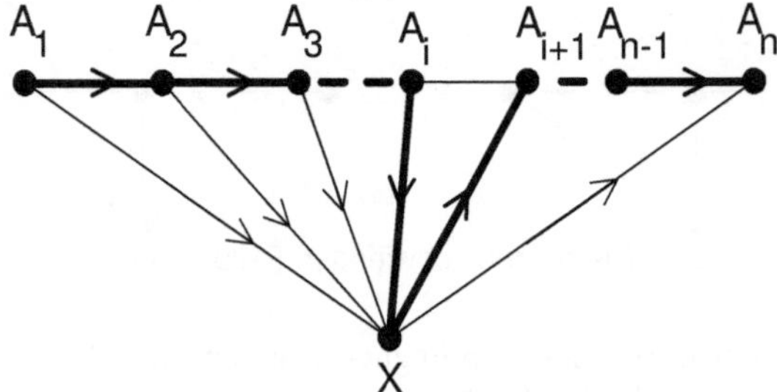

. . . oder man muss es so machen.

Damit ist der Beweis fertig.

Wir wissen nun sicher, dass es in jedem Turniergraphen einen gerichteten Weg gibt, der durch alle Ecken führt und die vorgegebenen Richtungen beachtet, und wir wissen, dass es in allen Turnieren eine Rangliste gibt, die im Prinzip so aussieht:

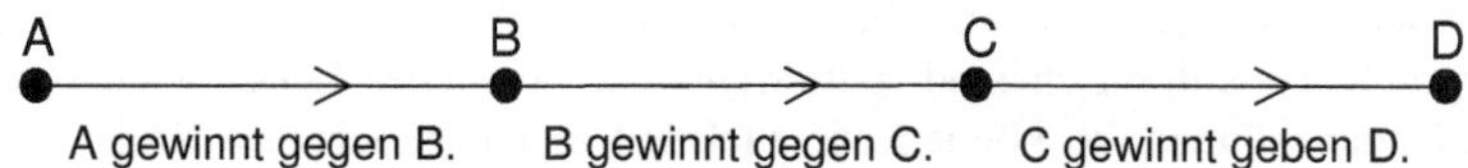

Allerdings sagt der Satz, den wir soeben bewiesen haben, nicht, dass es in jedem Turnier eine eindeutig bestimmte Rangliste gibt und somit den Champion. Das sieht man schon an den folgenden Beispielen für ein Turnier mit 4 Spielern bzw. für einen Turniergraphen mit 4 Ecken.

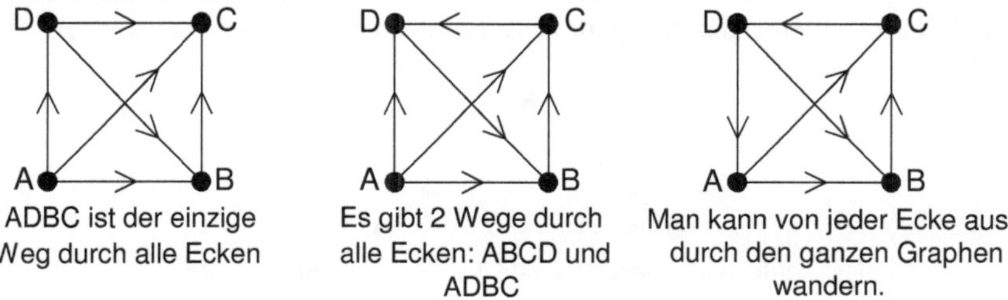

An dem letzten Beispiel sieht man: B hat nur 1 Spiel gewonnen und kann trotzdem behaupten, dass er an 1. Stelle einer Rangliste steht!

Bei Turnieren ist in der Regel Sieger, wer die meisten Spiele gewonnen hat. Und wenn er nicht der einzige Spieler ist, der mehr Spiele gewonnen hat als alle anderen, gehört er wenigstens zur Spitzengruppe. Das wird B allerdings nicht von sich behaupten können. Wir sehen: Es ist gar nicht so einfach zu entscheiden, wer der beste Spieler ist!

Ranking kann fragwürdig sein

Arzt, Polizist, Professor, Pfarrer, Politiker, Gewerkschaftsfunktionär, – das sind einige Berufsstände. Entscheiden Sie doch einmal für sich bei je zwei von ihnen, wen Sie als vertrauenswürdiger einschätzen. Sie können das Ergebnis als Turniergraph notieren. Wie Sie wissen, gibt es einen gerichteten Weg durch diesen Turniergraphen, er steht für eine Rangordnung Vielleicht gibt es in Ihrem Fall sogar mehr als eine! Prinzipiell ist das möglich. Sie sehen: Meinungsforscher haben in dem, was sie veröffentlichen, eine große Verantwortung.

Jeder Spieler hat gewonnen!

In manchen Turnieren können wir die Umwälzung der traditionellen Rangordnung auf die Spitze treiben und jeden beliebigen Spieler zum Sieger erklären, etwa so wie im dritten Beispiel der vorigen Zeichnung. Das ist z.B. bei allen hamiltonschen Digraphen der Fall. Jeder beliebige Turnierteilnehmer kann sich als Sieger fühlen, indem er seine Mitspieler längs des hamiltonschen Kreises aufreiht und den Durchlauf mit sich selbst beginnt. Dann kann er mit Recht behaupten, dass er direkt oder indirekt gegen alle anderen gewonnen hat.

Wir werden uns gleich davon überzeugen, dass alle stark zusammenhängenden Turniergraphen hamiltonsch sind, d.h. wenn wir von jeder Ecke zu jeder anderen Ecke gelangen können, so können wir auch auf einem gerichteten Kreis durch den ganzen Digraphen spazieren.

Jeder stark zusammenhängende Turniergraph ist hamiltonsch.

Für Turniergraphen mit 3 Ecken ist die Situation zum Beispiel sehr einfach: Es gibt nämlich nur einen einzigen, der stark zusammenhängend ist, und der ist auch hamiltonsch.

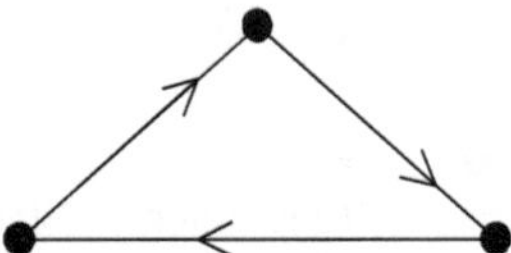

Der stark zusammenhängende Turniergraph mit 3 Ecken

Zum Beweis des Satzes müssen wir uns zuerst davon überzeugen, dass es in einem stark zusammenhängenden Turniergraphen überhaupt einen Kreis gibt. Dazu wählen wir eine beliebige Ecke, wir nennen sie E. Da der Digraph stark zusammenhängend ist, gibt es Wege, die von E wegführen, also auch mindestens eine gerichtete Kante, die von E wegführt, z.B. nach F.

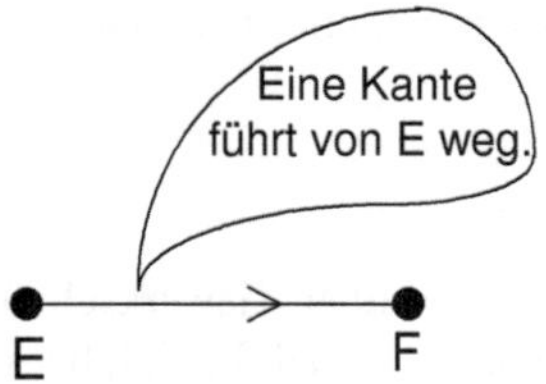

Wir denken daran, dass der Digraph stark zusammenhängend ist. Demnach muss es einen gerichteten Weg von F nach E geben. Passen wir in diesen Weg noch die gerichtete Kante von E nach F ein, so haben wir schon einen gerichteten Kreis. Sollte er noch nicht alle Ecken des Graphen enthalten, so gehen wir so vor wie bei dem Beweis des vorigen Satzes und kommen zu dem Ergebnis, dass der Digraph hamiltonsch ist.

Für Turniergraphen bedeutet also „stark zusammenhängend“ und „hamiltonsch“ dasselbe.

Ein klarer Fall: Es gibt ein eindeutiges Ranking

In jedem Turniergraphen gibt es mindestens einen Weg durch alle Ecken, das wissen wir schon. Wer klare Verhältnisse liebt, wünscht sich vielleicht, dass dies der einziges Weg ist. Tatsächlich haben alle **transitiven Turniergraphen** diese nette Eigenschaft. Transitiv nennen wir einen Turniergraphen mit der folgenden Eigenschaft:

Immer dann, wenn ein Pfeil von A nach B und einer von B nach C zeigt, zeigt auch ein Pfeil von A nach C. Das muss in jedem einzelnen Teildreieck so sein. Zwei Beispiele:

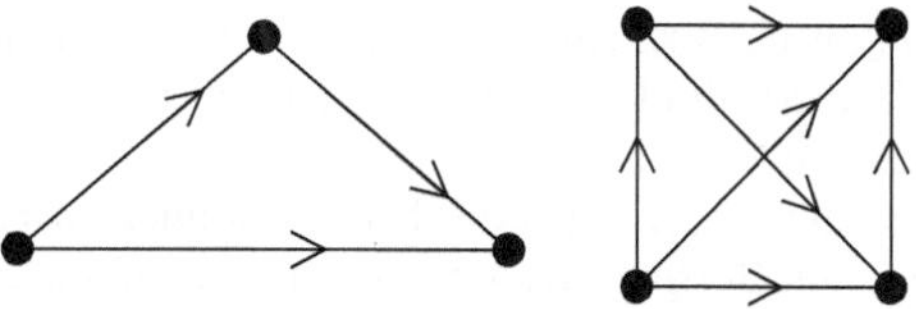

Transitive Turniergraphen

Es gibt nur den einen transitiven Turniergraphen mit 3 Ecken. Sie sehen ihn in der Zeichnung. Er ist kein Kreis. Sie können sich überlegen, warum ein transitiver Turniergraph überhaupt keinen Kreis enthalten kann (Aufgabe 21a). Dieses Wissen können wir verwenden um uns zu überzeugen, dass es in einem transitiven Turniergraphen nicht zwei gerichtete Wege durch alle Ecken geben kann. Dazu zeichnen wir den Turniergraphen neu, aber nur die Ecken und zunächst nur diesen Weg:

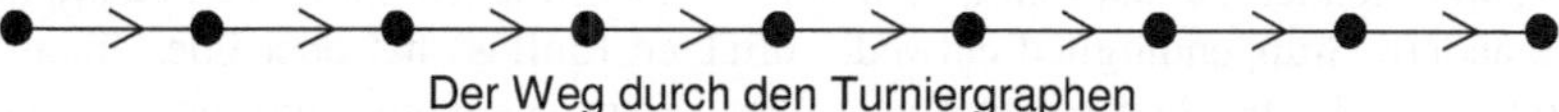

Der Weg durch den Turniergraphen

Der Turniergraph hat natürlich noch mehr gerichtete Kanten als die, die wir in der Zeichnung sehen. Sie müssen aber alle von links nach rechts zeigen, sonst hätten wir einen Kreis. Die folgende Zeichnung deutet das an.

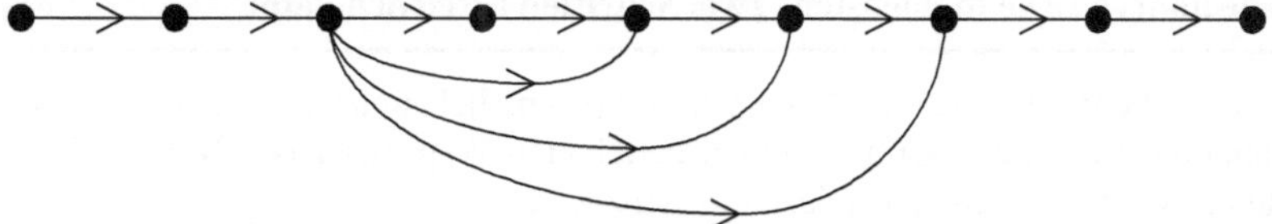

In transitiven Turniergraphen gibt es nur Kanten von „links" nach „rechts".

Wenn es nun einen anderen Weg durch den ganzen Graphen gäbe, müsste er mindestens teilweise andere Kanten benutzen, sie müssten ebenfalls von links nach rechts zeigen. Die übersprungenen Ecken könnte man dann aber nie mehr erreichen. Also ist das unmöglich.

In transitiven Turniergraphen gibt es nur einen einzigen gerichteten Weg, der durch alle Ecken geht.

Die vorige Zeichnung zeigt uns, wie transitive Turniergraphen aussehen müssen. Daraus folgt: Bei vorgegebener Eckenzahl gibt es immer nur einen einzigen!

Alle transitiven Turniergraphen mit gleicher Eckenzahl sind isomorph.

Könige und Vizekönige

Turniergraphen kann man gut verwenden, um in Menschengruppen soziale Beziehungen zu beschreiben. Die Menschen entsprechen natürlich wieder den Ecken und eine gerichtete Kante von A nach B zeichnen wir dann, wenn A ein dominantes Verhalten gegenüber B zeigt. Den Idealfall der partnerschaftlichen Gleichberechtigung lassen wir hier ausnahmsweise außer Acht.

Was wir über Turniergraphen gelernt haben, können wir auf diese Situation anwenden. Wir sehen zum Beispiel, dass es immer eine Hierarchie von einem Ersten bis zu einem Letzten gibt, weil stets ein Weg durch den ganzen Digraphen existiert. Unglücklicherweise ist dieser Weg zumeist nicht eindeutig bestimmt und damit kann unklar sein, wer an der Spitze steht – vielleicht ist das ein Grund für viele Konflikte!

Mathematisch gesehen, ist es am einfachsten, wenn eine der Ecken den Eingangsgrad 0 hat. Eine solche Person hat niemanden über sich und kann über alle anderen bestimmen, daran erkennen wir den Diktator. In Turniergraphen kann es übrigens nicht zwei Diktatoren mit Eingangsgrad 0 geben, wir brauchen nur an die gerichtete Kante zwischen ihnen zu denken.

Wenn es keinen Diktator gibt, dann gibt es aber in jedem Fall eine Person, die auf jedes andere Gruppenmitglied entweder direkten Einfluss hat oder über einen Stellvertreter. Vielleicht könnte man eine solche Person als König und die Stellvertreter als Vizekönige bezeichnen. Mathematisch formuliert sieht das so aus:

In jedem Turniergraphen gibt es mindestens eine Ecke, von der aus man jede andere Ecke in höchstens zwei Schritten erreichen kann.

Das soll heißen: Zwischen der Ecke, deren Existenz behauptet wird, und jeder beliebigen anderen Ecke gibt es immer einen gerichteten Weg, der aus 1 Kante oder aus 2 Kanten besteht. Wir sehen uns dazu ein Beispiel an:

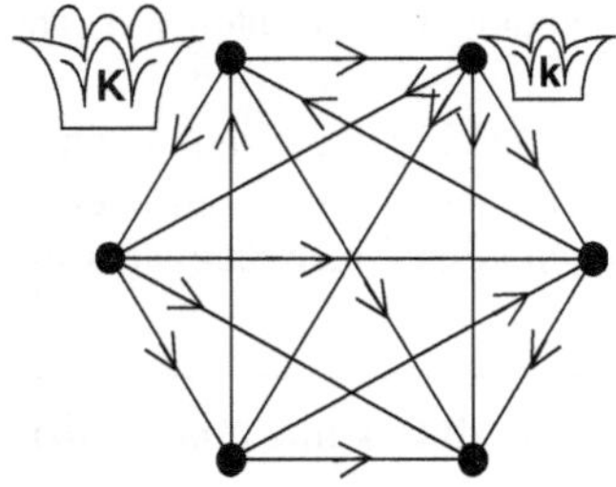

K kann direkt oder über k auf jeden anderen einwirken.

Dass es in jedem Turniergraphen mindestens eine solche dominierende Ecke gibt, können wir uns mit der folgenden Überlegung klar machen. Wir suchen uns eine Ecke mit maximalem Ausgangsgrad. Davon kann es mehrere geben, es kommt nur darauf an, dass es keine Ecke mit größerem Ausgangsgrad gibt. Wir nennen diese Ecke M, und wir werden sogleich einsehen, dass M eine Ecke von der gewünschten Art ist.

Wenn der Eingangsgrad von M gleich 0 ist, führen von M aus zu allen anderen Ecken gerichtete Kanten, M ist Diktator. Für diesen einfachen Fall ist der Satz also richtig, wir erreichen alle anderen Kanten sogar in einem einzigen Schritt.

Im anderen Fall fassen wir alle Ecken, von denen aus gerichtete Kanten nach M führen, zur Menge E zusammen. Mit A bezeichnen wir dann die Menge der Ecken, zu denen gerichtete Kanten von M aus hinführen. E und A sind also die „Eingangsmenge" und die „Ausgangsmenge" für M. Die Eckenmenge des Digraphen besteht also aus der Ecke M und den beiden Mengen E und A. Wir können uns das so vorstellen:

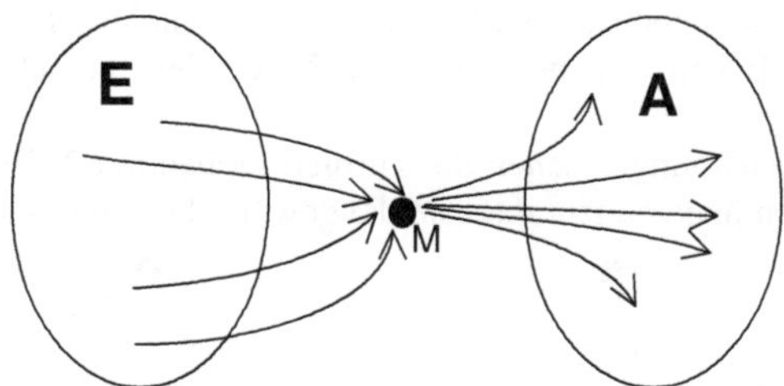

Der Digraph besteht aus der Ecke M und den Ecken, die zu E oder A gehören.

In der Zeichnung sind zwar alle Ecken des Digraphen angedeutet, aber längst nicht alle gerichteten Kanten. Es fehlen z.B. alle zwischen den Eckenmengen E und A.

Um diese Kanten kümmern wir uns jetzt. Kann es eine Ecke in E geben, von der alle gerichteten Kanten nach A zeigen und keine umgekehrt? Sicher nicht, denn von dieser Ecke würde außerdem noch eine Kante zu M führen und somit wäre der Ausgangsgrad dieser Ecke größer als der von M. Der Ausgangsgrad von M sollte aber maximal sein. Also kann es eine solche Ecke nicht geben, und jede Ecke in E ist das Ende einer gerichteten Kante, die in A beginnt. Und damit ist der Beweis schon fertig: Die Ecken in A erreichen wir von M aus in 1 Schritt, die Ecken in E in 2 Schritten. Das ist genau die Eigenschaft, die wir von M beweisen wollten.

Von M haben wir nur vorausgesetzt, dass der Ausgangsgrad maximal ist. Falls es mehrere solche Ecken gibt, gilt somit für alle, dass wir jede andere Ecke über einen gerichteten Weg aus 1 oder 2 Kanten erreichen können. Aber auch andere Ecken als solche mit maximalem Ausgangsgrad können eine solche dominierende Rolle haben. Das zeigt das vorige Beispiel. K hat nur den Ausgangsgrad 3, aber bei k ist der Ausgangsgrad 4.

Wenn wir wieder zu unserem Beispiel mit den Sportturnieren zurückkehren, schließen wir daraus: Es gibt immer mindestens einen Spieler, der gegen alle anderen direkt oder indirekt gewonnen hat. Mit „indirekt gewonnen" ist hier gemeint: Er hat zwar nicht selbst gegen S gewonnen, aber er hat gegen jemand gewonnen, der gegen S gewonnen hat.

Hier ist jeder ein König!

Ein Spieler hat direkt oder indirekt gegen alle anderen gewonnen. Wir haben in einem Beispiel gesehen, dass es manchmal mehr als einen solchen Spitzenspieler geben kann. Gibt es auch Fälle, in denen jeder Turnierteilnehmer in diesem Sinne Spitzenspieler ist? Oder in Sozialsystemen: Ist es möglich, dass jeder direkt oder indirekt Einfluss auf jeden anderen hat, also ein König ist? Ja, das kann passieren.

Für jede Eckenzahl gibt es einen Turniergraphen, in dem man von jeder Ecke zu jeder anderen in höchstens zwei Schritten gelangen kann, außer für n = 1, 2 und 4.

Dass das in Turniergraphen mit 1 Ecke oder mit 2 Ecken nicht funktionieren kann, ist klar. Aber mit einem vollständigen Viereck soll es auch nicht gehen? Wenn Sie alle Turniergraphen mit 4 Ecken zeichnen (Aufgabe 7), werden Sie sehen, dass es wahr ist.

In den folgenden Zeichnungen sehen Sie Turniergraphen mit 3, 5 und 6 Ecken. Sie können sich gern davon überzeugen, dass sie die gewünschte Eigenschaft haben.

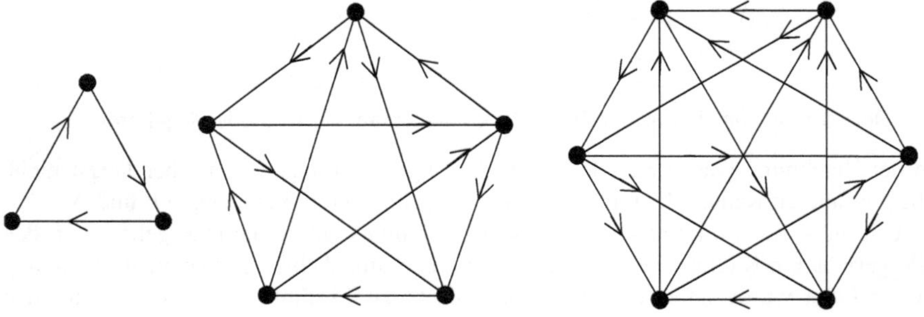

Man kommt von jeder Ecke zu jeder anderen in höchstens zwei Schritten.

Für n= 7 könnten wir versuchen, durch Ausprobieren eine Lösung zu finden. Einfacher ist aber eine logische Überlegung. Sie hat außerdem den Vorteil, dass sie uns zeigt, wie wir Schritt für Schritt solche speziellen Turniergraphen, die hier unser Thema sind, finden können.

Wir gehen von einem Turniergraphen mit 5 Ecken aus, der schon die richtigen Pfeile hat, z.B. dem in der vorigen Zeichnung. Wir fügen 2 Ecken hinzu und erhalten die folgende Zeichnung, in der wir uns um die Details des Fünfecks nicht weiter kümmern. A und B sind die zusätzlichen Ecken.

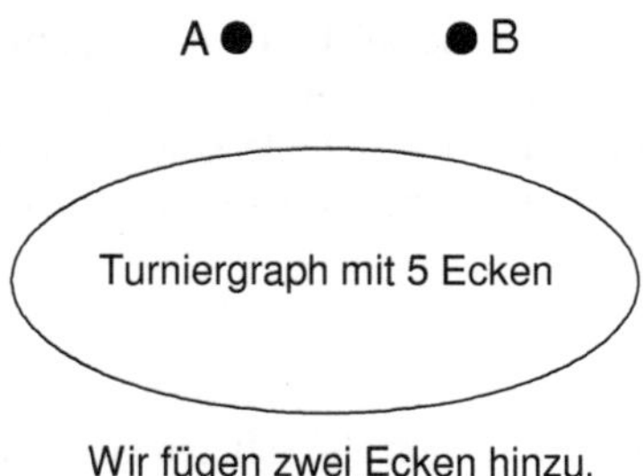

Wir fügen zwei Ecken hinzu.

Wir zeichnen gerichtete Kanten von A zu allen Ecken des vorigen Turniergraphen hin und von den Ecken des Turniergraphen nach B. Zusätzlich zeichnen wir eine gerichtete Kante von B nach A. In der folgenden Zeichnung ist das zu sehen, auch wenn wieder viele Einzelheiten fehlen.

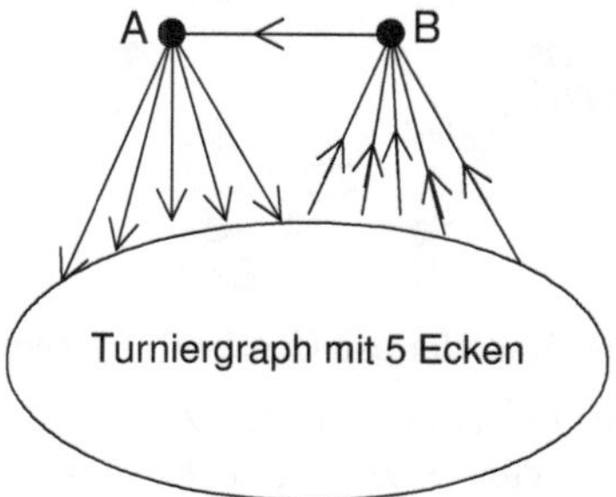

Der fertige Turniergraph mit 7 Ecken

Damit ist unser Turniergraph mit 7 Ecken schon fertig, und Sie können kontrollieren, ob man wirklich von jeder Ecke zu jeder anderen in höchstens 2 Schritten gelangen kann.

Für einen Turniergraphen mit 8 Ecken können Sie genauso vorgehen, wenn Sie z.B. mit dem schon vorhandenen Turniergraphen mit 6 Ecken beginnen. Bei 9 Ecken gehen Sie von dem Turniergraphen mit 7 Ecken aus. Auf diese Weise können Sie durch Hinzunahme von 2 Ecken jede beliebige Eckenzahl erreichen.

Wolf, Ziege und Kohlkopf

Ja, es geht hier um die bekannte Rätsel-Aufgabe: Ein Bauer will einen Wolf, eine Ziege und einen Kohlkopf mit einem kleinen Boot über einen Fluss bringen. Die Sache hat nur einen Haken: Das Boot ist so klein, dass außer dem Bauern nur ein weiteres hineinpasst. Erschwerend kommt noch hinzu, dass der Wolf und die Ziege nicht allein am selben Ufer sein dürfen, weil es sonst der Ziege schlecht geht, und die Ziege und der Kohlkopf dürfen ebenfalls nicht allein sein, weil sonst die Ziege den Kohlkopf auffrisst.

Um leichter die Lösung zu finden, zeichnen wir einen Graphen, in dem alles, was sich am ersten Ufer befindet, die Ecken sind, und verwenden dabei als Abkürzungen die Anfangsbuchstaben von Bauer, Wolf, Ziege und Kohlkopf. Die erste Ecke erhält also die Bezeichnung BZWK, die letzte gar keine. Für jede Bootsfahrt zeichnen wir eine Kante, die wir mit ihren Insassen benennen. Für die Rückfahrt zeichnen wir sie nur gestrichelt. Kanten, die nicht erlaubt sind, zeichnen wir gar nicht erst ein, ebenso Leerfahrten und unsinnige Rücktransporte. Und da wir mit unseren Überfahrten ein bestimmtes Ziel verfolgen, ist es zweckmäßig – aber nicht notwendig – den Kanten eine Richtung zu geben. Wir zeichnen also lieber anstelle eines Graphen einen Digraphen.

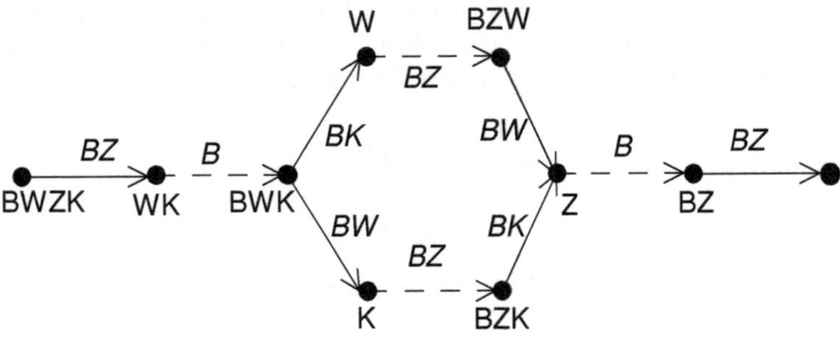

Der Graph für das Überfahrt-Problem

Im Digraph ist ein Weg gesucht, der die Ecke BWZK mit der Ecke ohne Bezeichnung verbindet. Wir sehen, davon gibt es zwei, also hat unser Überfahrt-Problem zwei Lösungen.

Das Spiel Nim

Viele Spiele haben etwas mit Graphen zu tun: Dabei stellt man meist die Spielstände durch die Ecken und die erlaubten Züge durch die Kanten dar.

Als besonders einfaches Beispiel wählen die Mathematiker immer das Spiel Nim. Es ist für zwei Personen gedacht. Vor ihnen liegt ein Häufchen mit 5 Spielsteinen, und sie nehmen abwechselnd jeweils einen oder zwei weg. Wer den letzten Stein nimmt, hat verloren.

Wir sollten statt eines gewöhnlichen Graphen lieber einen Digraphen nehmen, denn das Spiel hat eine bestimmte Richtung. Das Häufchen mit den Spielsteinen wird nämlich immer kleiner, nie größer. Wir nennen die Spieler Weiß und Schwarz, Weiß beginnt. Die Ecken färben wir diesmal weiß oder schwarz, je nachdem, welcher Spieler gerade am Zuge ist. Die gerichteten Kanten entsprechen den Spielzügen. Wir lassen sie nach links zeigen, wenn der Spieler nur einen Stein nimmt und nach rechts, wenn er zwei Steine nimmt. Für den Fall, dass Weiß beginnt, zeigt der folgende Digraph alle möglichen Spielverläufe. Neben den Ecken steht die Anzahl der Steine, die noch auf dem Häufchen liegen.

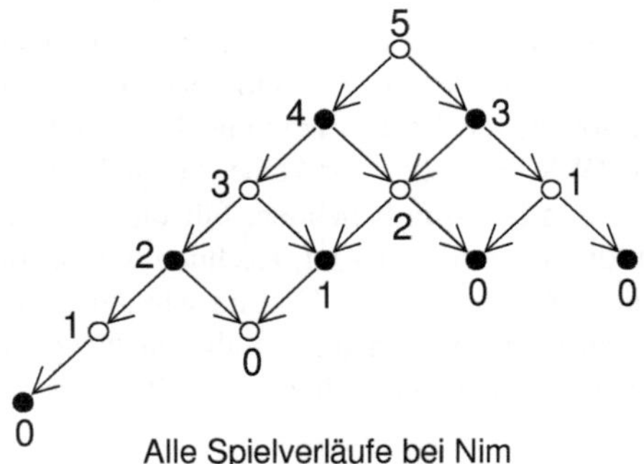

Alle Spielverläufe bei Nim

Wer gewinnen will, muss dafür sorgen, dass keine Spielsteine mehr da sind, wenn er am Zuge ist. In unserem Digraphen kommt das bei Schwarz häufiger vor als bei Weiß. Trotzdem gewinnt Weiß, wenn er immer die richtigen Züge macht, und Schwarz kann das nicht verhindern. Die richtige Strategie finden Sie bestimmt selbst. Zum Vergleich können Sie die Lösung von Aufgabe 23 aufschlagen.

Man kann dieses Spiel und alle anderen Partnerspiele auch durch bipartite Graphen oder bipartite Digraphen darstellen, indem man statt der weißen und schwarzen Ecken zwei Mengen bildet: Die Ecken für den einen Mitspieler stehen links, die für den anderen stehen rechts. Über das Ergebnis wird man sich nicht in jedem Fall freuen, z.B. im Spiel Nim wird es bei weitem nicht so übersichtlich wie hier.

Nim ist ein sehr einfaches Spiel, sozusagen ein Spiel, an dem Mathematiker gern Grundsätzliches erklären. Schach dagegen ist weitaus komplizierter. Im ersten Zug hat Weiß 20 Züge zur Auswahl, Schwarz ebenso. Wenn jeder einmal gezogen hat, gibt es also bereits $20 \cdot 20 = 400$ verschiedene Spielstände. Niemand wird freiwillig den Digraphen dafür und für die weiteren Züge zeichnen wollen. Aber ein Schachcomputer muss einen möglichst großen Teil davon „denken“!

Umfüllaufgaben

Eine von den klassischen Denkaufgaben, die auch Nichtmathematiker faszinieren können, sind die, in denen eine bestimmte Menge Wein abgefüllt werden soll, obwohl kein passendes Messgefäß zur Verfügung steht.

Am bekanntesten ist die folgende Aufgabe: Ein Krug, der genau 8 Liter fasst, ist mit Wein gefüllt. Es stehen außerdem zwei leere Krüge zur Verfügung, einer für 5 Liter und einer für 3 Liter, sonst keine Hilfsmittel.

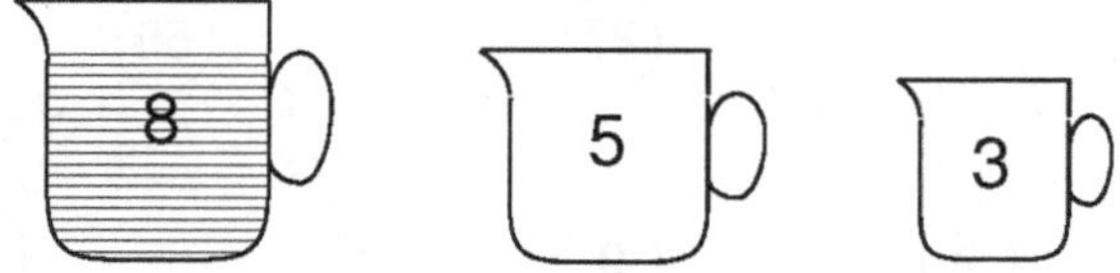

Ein Gefäß enthält 8 Liter Wein.
Wir brauchen aber zwei Gefäße mit je 4 Liter Wein.

Kann man diese 8 Liter Wein auf zwei Krüge mit je 4 Litern verteilen?

Um den Füllstand der Krüge zu beschreiben, eignen sich 3 Zahlen. Am Anfang wäre 800 die passende Angabe und am Ende soll 440 stehen. Diese Zahlenangaben können wir als Ecken eines Graphen nehmen oder besser noch eines Digraphen. Wein umfüllen, heißt hier eine gerichtete Kante zeichnen, wobei in manchen Fällen Kanten hin und zurück gezeichnet werden könnten, weil zuweilen auch der umgekehrte Vorgang möglich ist. Den kompletten Digraphen zu zeichnen, ist eine ziemlich aufwändige Arbeit. Wer an das Ziel (440!) denkt, wird sich einige unnütze Schritte und Wiederholungen sparen. Sie sehen hier einen solchen vereinfachten Teil-Digraphen.

800 → 350 → 323 → 620 → 602 → 152 → 143 → 440

053

503

In 7 Schritten wird der Wein umgefüllt.

Graphen für Zahlen

Zu jeder natürlichen Zahl kann man einen Graphen zeichnen, der aufzeigt, durch welche anderen Zahlen sie teilbar ist und durch welche Zahlen diese Teiler wiederum teilbar sind. Dadurch erhält man einen ziemlich guten Überblick über die Zusammensetzung dieser Zahl, sozusagen eine Röntgenaufnahme, wir nennen sie Teilergraph.

Die Kunst liegt hier allerdings im Weglassen: Wir teilen immer nur durch Primzahlen. Zur Erinnerung: Primzahlen sind die Zahlen, die nur durch 1 und durch sich selbst teilbar sind. Die 1 sehen wir aber nicht als Primzahl an.

Einige Beispiele sollen das verdeutlichen. Oben steht die Zahl, deren Teiler wir betrachten, hier also 15, 27 und 50. Wir teilen sie durch die Primzahlen, die in ihr enthalten sind, und verfahren mit den auf diese Weise entstandenen Teilern genauso. Statt eines Graphen ist hier allerdings ein Digraph angemessener. Aber zur Vereinfachung könnte man die Pfeilspitzen auch weglassen, die Richtung würde dann durch oben und unten beschrieben.

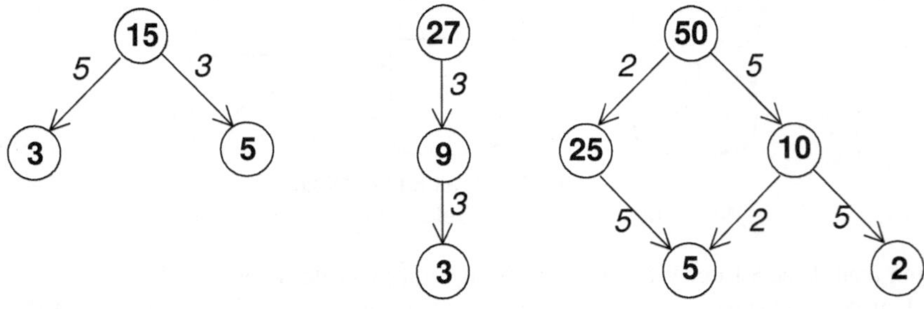

Teilergraphen

Ganz unten stehen immer die Primzahlen, die in der Zahl enthalten sind, und wenn man die Kantenzüge von ganz oben bis ganz unten verfolgt, kann man sogar erkennen, wie oft man die gegebene Zahl durch diese Primzahl teilen kann.

An einem komplizierteren Beispiel wird deutlich, dass man sogar noch mehr erkennen kann. Wir sehen uns dafür die 60 an.

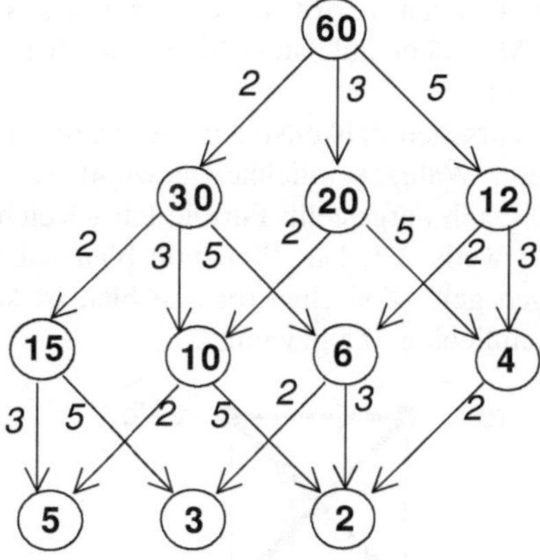

Der Teilergraph von 60

Greifen wir uns zwei der Zahlen heraus, also zwei Ecken des Digraphen, z.B. 30 und 12, so können wir leicht den größten gemeinsamen Teiler erkennen, indem wir in Pfeilrichtung die kürzesten Wege zu einer gemeinsamen Zahl suchen. Dies ist in unserem Beispiel 6. Tun wir aber das gleiche entgegen der Pfeilrichtung, so erhalten wir das kleinste gemeinsame Vielfache, z.B. zu 10 und 4 erhalten wir 20.

Ein so gezeichneter Teilergraph verdeutlicht also in gewisser Weise die Struktur einer Zahl.

Ein Spiel, das Sie gewinnen können

Es geht um ein Spiel mit 4 farbigen Würfeln. Sie sehen ihre Netze in der folgenden Zeichnung.

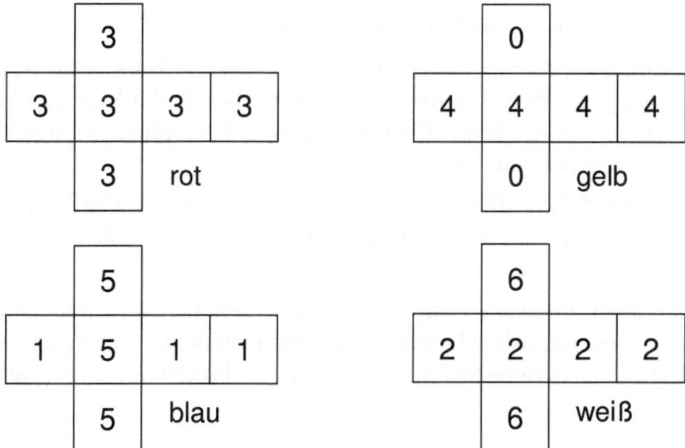

Spielregel: Der eine Spieler wählt einen Würfel, danach der andere. Dann wird gewürfelt. Wer die höhere Augenzahl wirft, hat gewonnen.

Wenn Sie Ihrem Mitspieler stets den Vortritt lassen, gewinnen Sie bei richtiger Wahl des Würfels – nicht jedes Mal, aber auf lange Sicht. Das heißt, Ihre Gewinnwahrscheinlichkeit ist größer als 0,5.

Mit einer einfachen Wahrscheinlichkeitsrechnung kann man für je 2 Würfel ausrechnen, wer mit größerer Wahrscheinlichkeit gewinnt. Das Ergebnis ist in der folgenden Zeichnung als Digraph dargestellt. Für die fett gezeichneten Kanten ist die Gewinnwahrscheinlichkeit jeweils 2/3. Der Pfeil von blau nach gelb bedeutet zum Beispiel: blau gewinnt gegen gelb. Zwischen rot und blau ist kein Pfeil gezeichnet, weil jeder mit der Wahrscheinlichkeit 0,5 gewinnt.

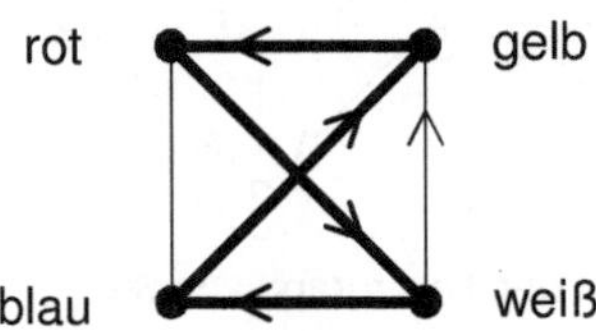

Sie können jetzt leicht sehen, welchen Würfel Sie wählen müssen, nachdem der erste Spieler gewählt hat.

Der Graph ist natürlich ein Digraph (der Kante zwischen blau und rot können Sie eine beliebige Richtung geben). Er ist nicht transitiv.

Zusätzliche Informationen

- Die genaue Definition des Digraphen lautet ähnlich wie die eines Graphen: Gegeben sei eine Menge E, die nicht die leere Menge ist, und eine Teilmenge B von $E \times E$. Das Paar $D=(E,B)$ heißt dann Digraph. Eine gerichtete Kante ist ein geordnetes Paar von Ecken. Somit kann man einen Digraphen auch als Relation ansehen, und jede Relation kann als Digraph aufgefasst werden.
- Eine gerichtete Kante nennt man oft auch einen **Bogen**.
- Es dürfte klar sein, was in einem Digraphen ein gerichteter Kantenzug ist. Trotzdem hier eine genauere Beschreibung dieses Begriffs: Sind (A_1,A_2), (A_2,A_3), (A_3,A_4), . . . (A_{n-1},A_n) gerichtete Kanten in einem Digraphen, so nennt man $(A_1,A_2,A_3,A_4,...,A_{n-1},A_n)$ einen gerichteten Kantenzug.
- Auch hier gilt wieder: Etliche Beweise sind eigentlich durch vollständige Induktion zu führen. Sie können aber aus dem vorliegenden Text entnehmen, wie man es korrekterweise machen müsste.
- Interessant sind auch Digraphen, in denen jeder gerichteten Kante eine Zahl zugeordnet ist, die also außerdem bewertet sind. Man nennt sie Netzwerke. Anwendungen gibt es viele: elektrische Ströme, Handelswege, Produktionsprozesse usw.

Aufgaben

1. 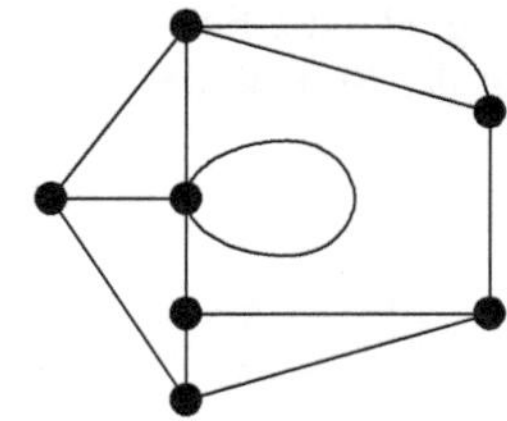

Zeigen Sie, dass dieser Graph zu einem stark zusammenhängenden Digraphen gemacht werden kann, indem Sie allen Kanten geeignete Richtungen geben.

2. Zeichnen Sie einen Digraphen für eine Speise, die Sie gern kochen. Denken Sie auch an alternative Reihenfolgen!

3. Von den folgenden Digraphen sind zwei isomorph, der dritte aber nicht.

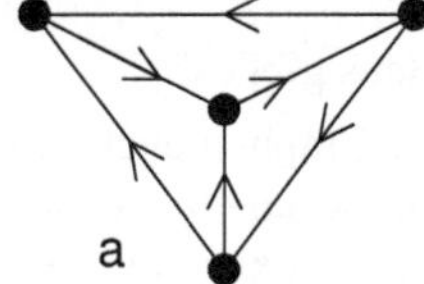

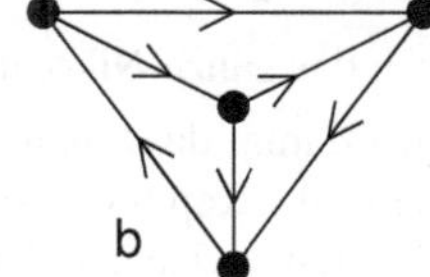

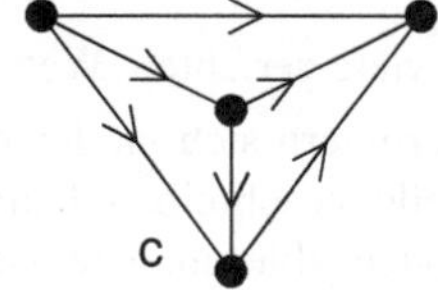

4. Vier gleiche Fische auf einem Papierstreifen: Wie viele verschiedene Anordnungen kann es geben? Das Bild, das man sieht, wenn man den Streifen um 180° dreht, gilt nicht als neues Bild.

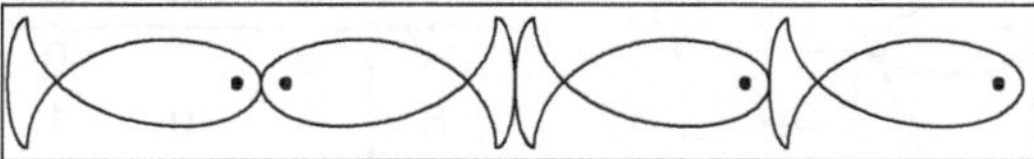

5. 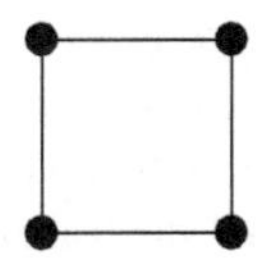

Wie viele nicht isomorphe Digraphen gehören zu einem Quadrat? Die Bezeichnungen der Ecken soll keine Rolle spielen.

6. Begründen Sie, dass die folgenden Turniergraphen isomorph sind.

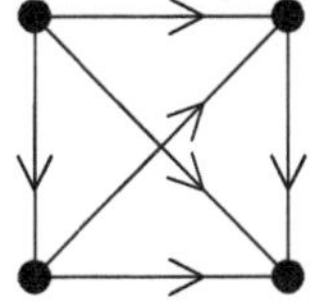
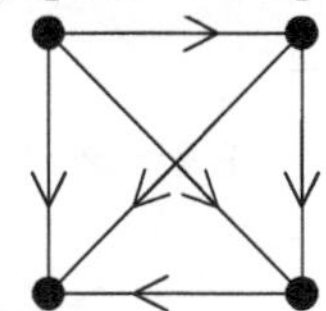

7. Zeichnen Sie alle nicht isomorphen Turniergraphen mit 4 Ecken.

8. Eine Ecke den Eingangsgrad 0 nennt man eine **Quelle**, eine Ecke mit dem Ausgangsgrad 0 nennt man eine **Senke.** In der Zeichnung sind Q eine Quelle und S eine Senke.
„Hat ein Turniergraph eine Quelle, so hat er auch eine Senke.“ Ist das wahr?

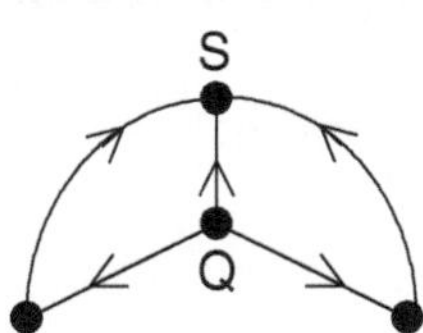

9. Zeichnen Sie einen Digraphen mit 2 Quellen.

10. Ein Nikolaus-Haus mit Richtungen:
    a. Bestimmen Sie den Eingangsgrad und den Ausgangsgrad jeder Ecke.
    b. Vergleichen Sie die Summe der Eingangsgrade mit der Summe der Ausgangsgrade.

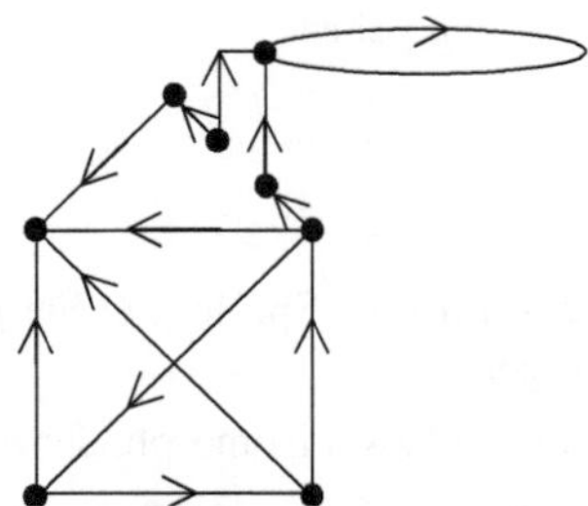

11. Wie viele gerichtete Wege durch das ganze Nikolaus-Haus gibt es?

12. Sie erinnern sich vielleicht noch daran, dass man einen Graphen auch durch eine Tabelle beschreiben kann (siehe 1. Kapitel). Aus ihr konnten wir bei einem Graphen ablesen, wie viele Kanten zwischen den Ecken existieren. Wenn die Kanten keine Richtungen haben, kommt jede Zahl zweimal vor. Anders ist es bei einem Digraphen, wenn wir die Richtungen der Kanten berücksichtigen.

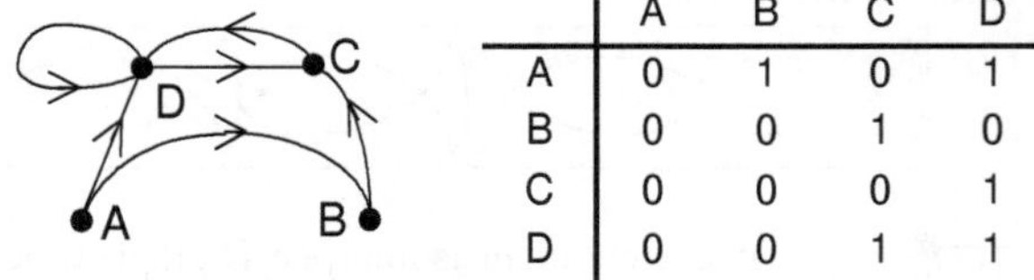

	A	B	C	D
A	0	1	0	1
B	0	0	1	0
C	0	0	0	1
D	0	0	1	1

Wir schreiben in die Zeile für A und die Spalte für B eine 1, weil eine Kante von A nach B führt; aber in die Zeile für B und die Spalte für A schreiben wir eine 0, weil es keine gerichtete Kante von B nach A gibt. Notieren Sie die Tabellen der folgenden Digraphen:

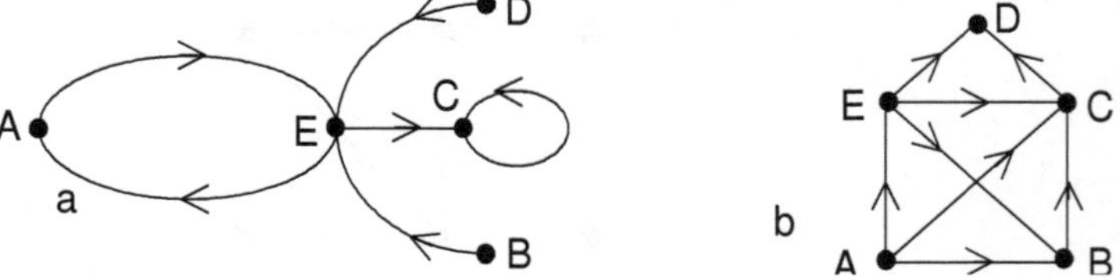

13. Zeichnen Sie einen Digraphen zu der folgenden Tabelle:

	A	B	C	D	E
A	0	1	1	0	1
B	1	0	2	0	0
C	1	0	0	0	1
D	0	1	0	0	0
E	0	0	0	0	0

14. Geben Sie in den folgenden Graphen den Kanten Richtungen, so dass man von jeder Ecke zu jeder anderen gelangen kann, d.h. machen Sie sie zu stark zusammenhängenden Digraphen. Beispiel c ist der uns schon bekannte Petersen-Graph.

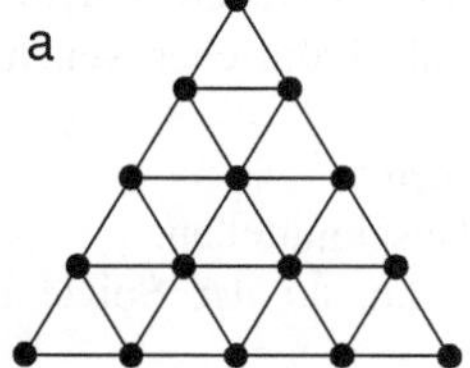

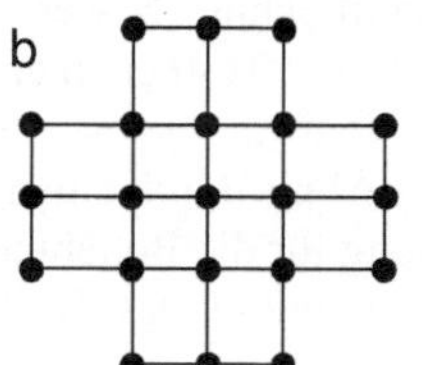

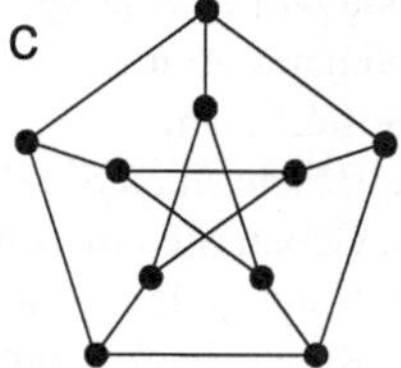

d. Das Mühlebrett.

15. Zeichnen Sie einen Digraphen mit 4 Ecken, in dem alle Ecken den Eingangsgrad 2 und den Ausgangsgrad 2 haben.

16. Dieser Digraph stellt die Hackordnung einer kleinen Hühnerschar dar. Die Ecken entsprechen den Hühnern, es sind die Anfangsbuchstaben ihrer Namen angegeben. Finden Sie mindestens zwei verschiedene Rangordnungen heraus!

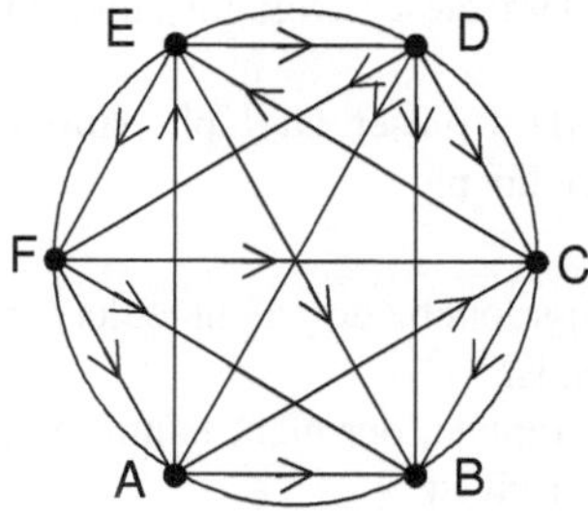

17. Ein Turniergraph:

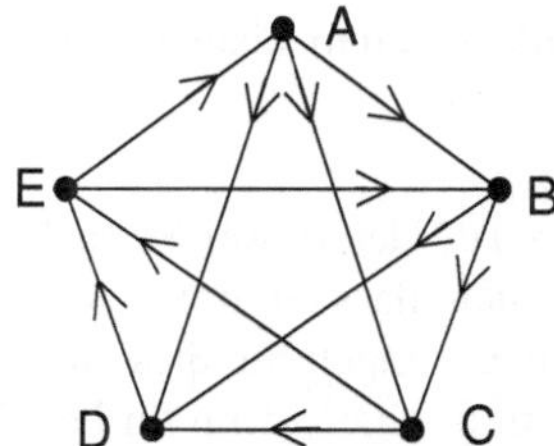

a. A hat als einziger drei Spiele gewonnen. Trotzdem kann jeder Spieler an der Spitze einer Rangliste stehen. Notieren Sie alle 5 Ranglisten.

b. Es gibt mindestens eine Ecke, von der aus man alle anderen Ecken in höchstens 2 Schritten erreichen kann. Welche Ecke ist das? Gibt es mehrere solche Ecken?

18. Fünf verschiedene Duschmittel wurden von einigen Personen im direkten Vergleich getestet. Soft&Fresh war besser als Niagara, Ohwiesanft und Tropischer Regen, Niagara war besser als Jauchz, Tropischer Regen wurde gegenüber Niagara bevorzugt, Ohwiesanft schnitt besser als Tropischer Regen, Jauchz und Niagara ab und Jauchz gefiel den Testpersonen besser als Tropischer Regen und Soft&Fresh.
    a. Beschreiben Sie das Testergebnis durch einen Digraphen.
    b. Geben Sie eine Rangordnung für die Beliebtheit der Duschmittel an.
    c. Kann jedes beliebige Duschmittel das Beste sein, d.h. an der Spitze einer Rangordnung stehen?

19.

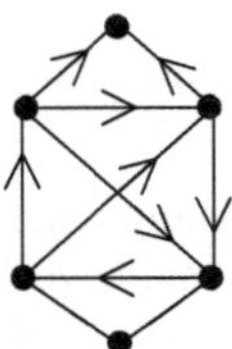

    a. Überzeugen Sie sich, dass dieser Digraph eulersch ist und zeichnen Sie eine eulersche Tour.
    b. Überzeugen Sie sich, dass dieser Digraph hamiltonsch ist, indem Sie einen hamiltonschen Kreis zeichnen.

20. Graphen und Digraphen:
    a. Zeichnen Sie einen Digraphen, der nicht eulersch ist, obwohl der zugrunde liegende Graph eulersch ist.
    b. Zeichnen Sie einen Digraphen, der nicht hamiltonsch ist, obwohl der zugrunde liegende Graph hamiltonsch ist.
    c. Zeichnen Sie einen stark zusammenhängenden Digraphen, der nicht eulersch ist.
    d. Zeichnen Sie einen stark zusammenhängenden Digraphen, der nicht hamiltonsch ist.

21. Transitive Turniergraphen:
    a. Holen Sie den fehlenden Teil des Beweises nach, d.h. zeigen Sie: Unmittelbar aus der Definition ergibt sich, dass ein transitiver Turniergraph keinen gerichteten Kreis enthält. Anleitung: Zeigen Sie dies zunächst für transitive Turniergraphen mit 4 Ecken, dann für 5 Ecken, dann für beliebig viele Ecken.
    b. Zeigen Sie, dass ein transitiver Turniergraph immer eine Quelle und eine Senke hat.
    c. Schwierig: Dass es in einem transitiven Turniergraphen genau einen Weg durch alle Ecken gibt, ist sicher. Zeigen Sie, dass auch das Umgekehrte gilt.

22. Zum Spiel Nim: Die Vorgehensweise, mit der Weiß seinen Sieg erzwingen kann, lässt sich im Nim-Digraphen durch passende Wege darstellen. Markieren Sie diese Wege.

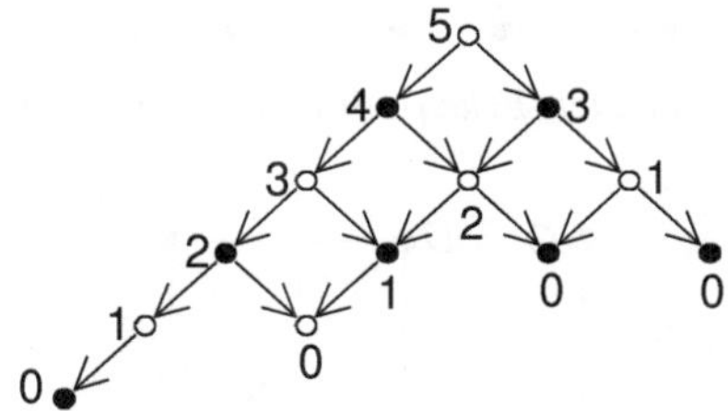

23. Eine weitere Umfüllaufgabe: Die drei Gefäße fassen 4, 3 und 1 Liter. Das Gefäß für 4 Liter ist mit Wein bis zum Rand gefüllt. Man braucht aber zweimal 2 Liter.
24. Wenn Sie weitere Teilergraphen zeichnen wollen, so haben Sie es leichter und das Ergebnis wird übersichtlicher, wenn Sie beim Teilen durch dieselbe Primzahl auch immer in dieselbe Richtung gehen, so wie in den Beispielen. Versuchen Sie es einmal mit 72.
25. Wenden Sie die Begriffe „Quelle“ und „Senke“ auf Teilergraphen an.

Lösungshinweise

1. Ein Lösungsbeispiel:

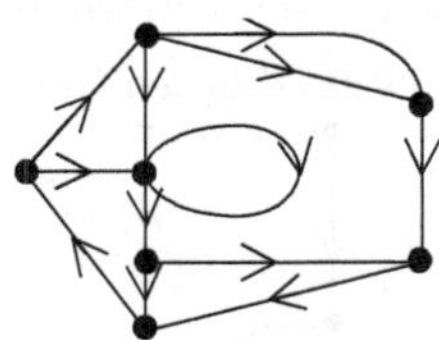

2. Guten Appetit!

3. c hat eine Ecke mit dem Ausgangsgrad 3, a und b haben aber keine solche Ecke. In den folgenden Zeichnungen sehen Sie den direkten Nachweis.

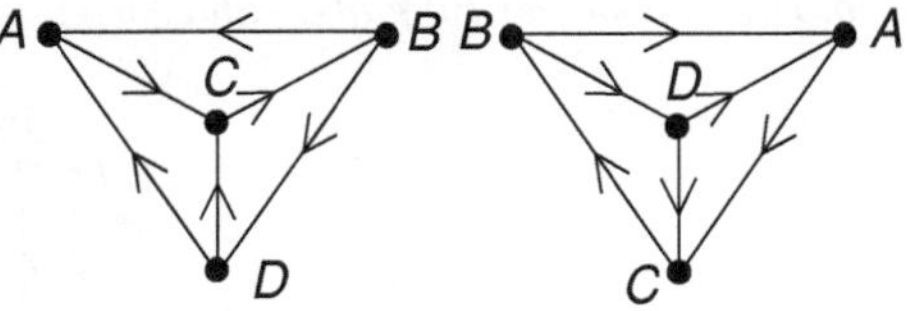

4. Zur Vereinfachung sollte man Pfeile statt Fische zeichnen. So entsteht ein Digraph mit 5 Ecken und 4 gerichteten Kanten. An und für sich entstehen 16 Digraphen, aber wegen der Isomorphie bleiben 10 übrig.

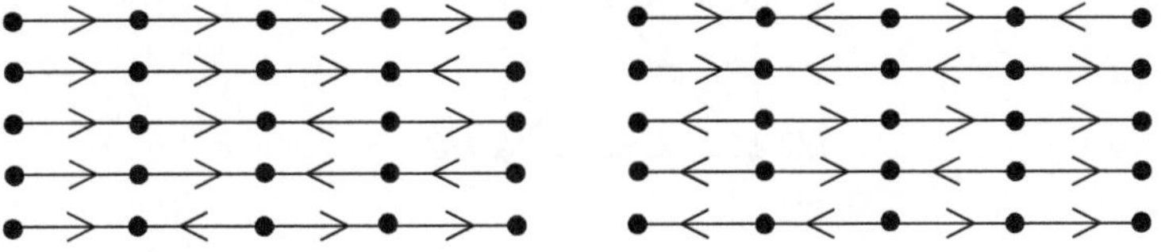

5.

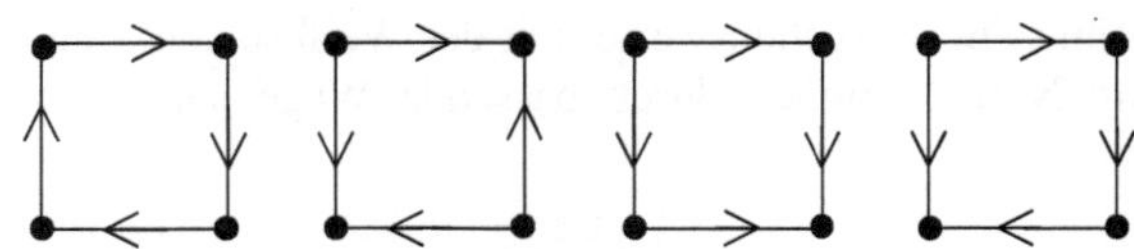

6. *Man kann z.B. die entsprechenden Ecken mit den gleichen Buchstaben bezeichnen.*

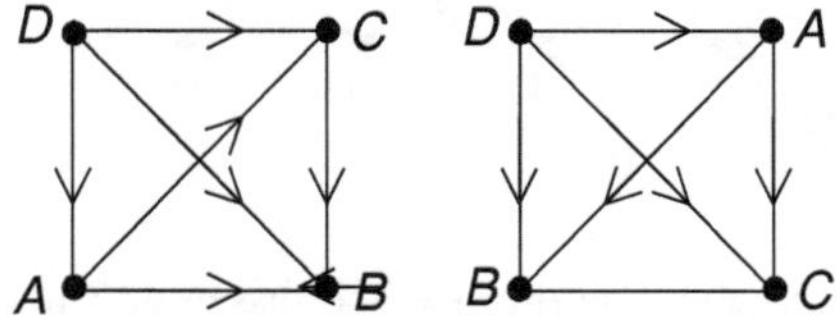

7. *Es gibt 4 Turniergraphen mit 4 Ecken. Der von der Aufgabe 6 ist isomorph zu c. c ist auch isomorph zu dem Digraphen c von Aufgabe 3, und d ist isomorph zu a und b von Aufgabe 3.*

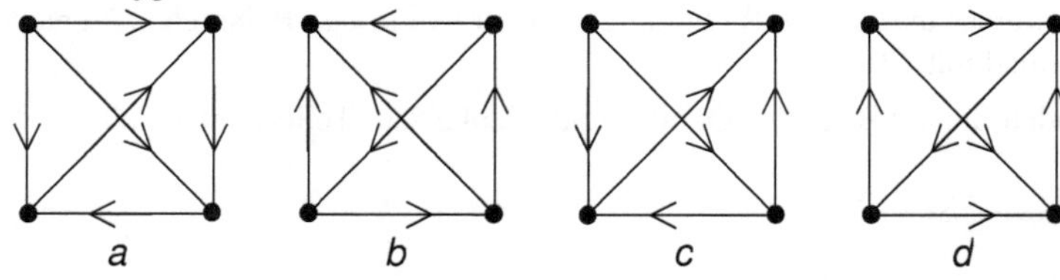

8. *Nein. Sehen Sie sich das Beispiel a der vorigen Aufgabe an!*

9. *Ein solcher Graph muss mindestens 4 Ecken haben. Das einfachste Beispiel:*

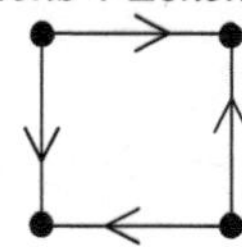

10. *a. Es sind Eingangsgrad / Ausgangsgrad angegeben.*
    b. Die Summe der Eingangs- und Ausgangsgrade ist jeweils 12.

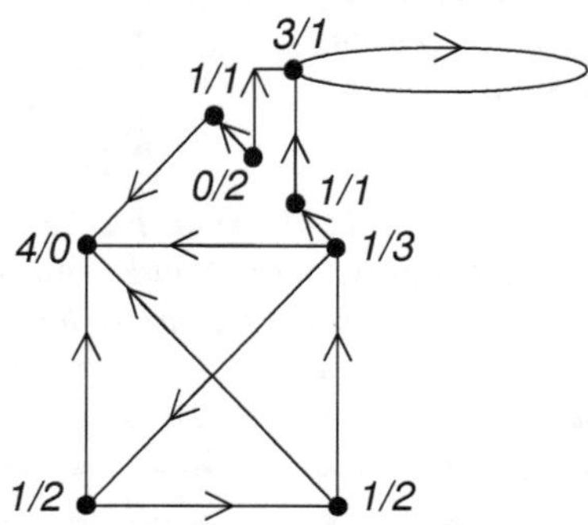

11. Diese Aufgabe haben Sie vielleicht schon im Kapitel über eulersche Graphen gelöst (Aufgabe 7). Das Ergebnis war: Es gibt 44 Touren. Zeichnet man entsprechend einer Tour Pfeile an die Kanten, so erhält man 44 Digraphen, dreht man alle Pfeile um, sind es noch einmal 44 Digraphen. Man kann also das Nikolaus-Haus auf 88 Arten zeichnen, wenn man die Richtung berücksichtigt.

12.

a

	A	B	C	D	E
A	0	0	0	0	1
B	0	0	0	0	1
C	0	0	1	0	0
D	0	0	0	0	1
E	1	0	1	0	0

b

	A	B	C	D	E
A	0	1	1	0	1
B	0	0	1	0	0
C	0	0	0	1	0
D	0	0	0	0	0
E	0	1	1	1	0

13. Eine von vielen Möglichkeiten:

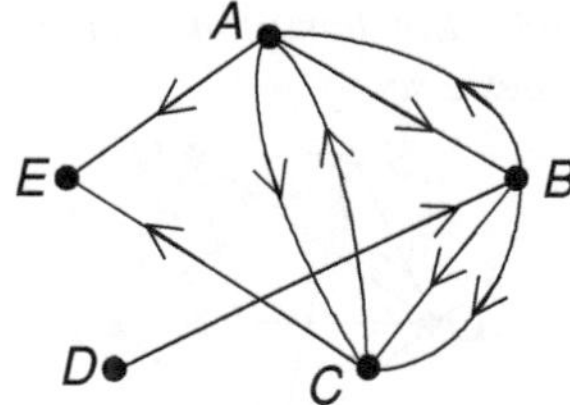

14. Lösungsbeispiel für a: Der Graph ist hamiltonsch. Man braucht nur einen hamiltonschen Kreis zu zeichnen und kann diesen beliebig ergänzen. Lösungsbeispiele für b und d: Die Kanten ohne Pfeile können beliebig orientiert werden.

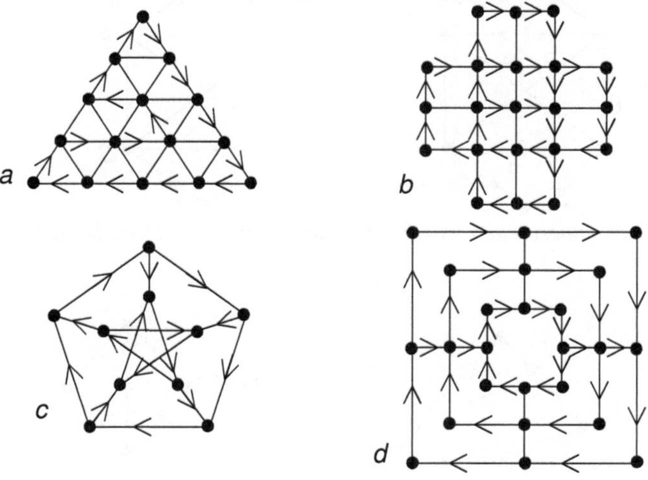

15.

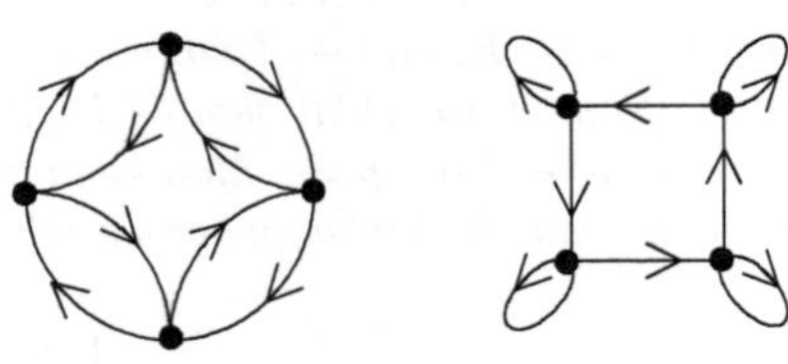

16. Es gibt 10 gerichtete Wege durch den ganzen Graphen:
ACEDFB - CEDFAB - DFACEB - DACEFB - DACEFB - DCEFAB - EDFACB - EDACFB - FCEDAB - FACEDB

17. a. ABCDEA ist ein hamiltonscher Kreis.
b. A, C und E sind solche Ecken.

18. Sie sehen eine mögliche Zeichnung, wobei die Buchstaben für die Anfangsbuchstaben der Duschmittel stehen.
Der Digraph ist hamiltonsch (Ein hamiltonscher Kreis ist N-J-S-O-T-N). Also kann jedes Duschmittel das beste sein.

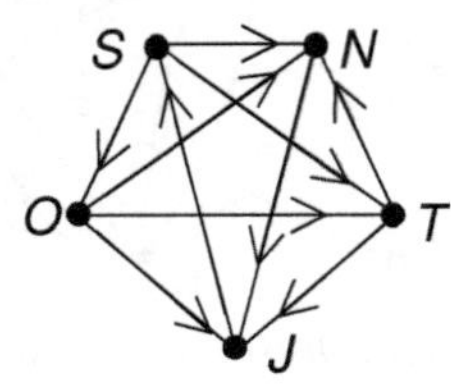

19.

a:
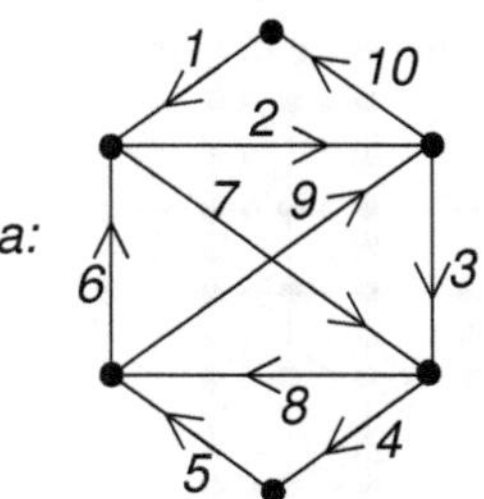

b:
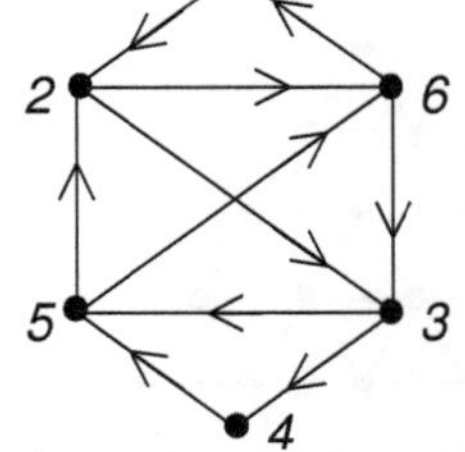

Es gibt noch vier andere eulersche Touren, aber keinen anderen hamiltonschen Kreis.

20. Beispiele:

a und b:

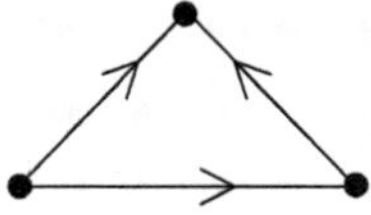

c und d:

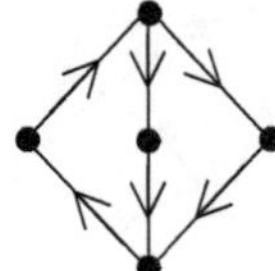

21. Transitive Turniergraphen:

a. Es gibt nur 4 Turniergraphen mit 4 Ecken, siehe Aufgabe 7. Von diesen ist nur einer, nämlich c, transitiv. Er enthält aber keinen Kreis.
Falls ein transitiver Turniergraph mit 5 Ecken einen Kreis hätte, müsste er auch einen Kreis mit 4 Ecken haben (siehe Zeichnung), und das geht nicht, wie Sie gerade gesehen haben.

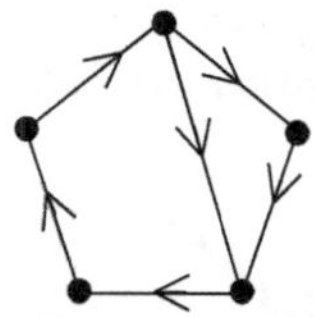

b. Der Anfangspunkt A des Weges durch den ganzen Graphen ist die Quelle, denn wenn in ihm eine Kante enden würde, etwa die von P aus, bildete sie zusammen mit dem Wegstück von A nach P einen Kreis. Entsprechend zeigt man, dass das Ende des Weges die Senke ist.

c. Zu zeigen ist: Wenn es in einem Turniergraphen genau einen Weg gibt, der durch alle Ecken geht, so ist er transitiv. Zum Beweis zeichnen Sie sich diesen Weg auf, etwa so:

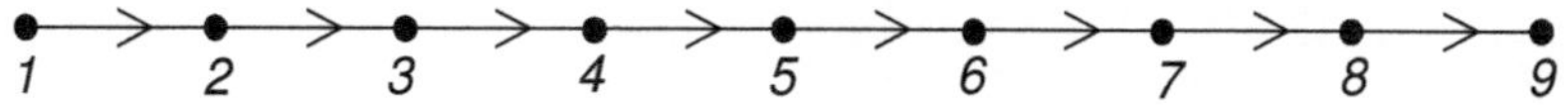

Wenn alle übrigen Pfeile ebenfalls von links nach rechts zeigen, ist der Graph transitiv. Dies zeigen Sie am besten indirekt, d.h. Sie nehmen an, es gibt eine Kante, die von rechts nach links zeigt. Wenn es mehrere gibt, wählen Sie eine aus, deren Endecke am weitesten links liegt, und falls es davon mehrere gibt, diejenige, deren Anfangsecke außerdem am weitesten rechts liegt. In der folgenden Zeichnung sehen Sie ein Beispiel; die Kante von 7 nach 3 ist die ausgewählte Kante.

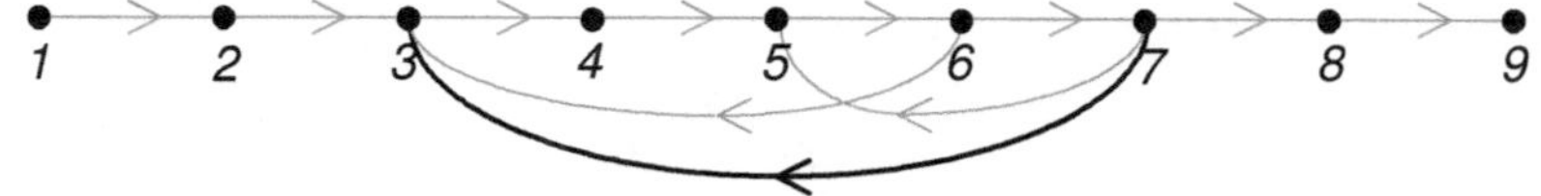

Und nun könnten Sie einen zweiten Weg durch den ganzen Digraphen konstruieren: 1-2-4-5-6-7-3-8-9. Man kann mit Sicherheit von 2 nach 4 gehen, weil alle Pfeile von 2 aus nach rechts zeigen, und man kann von 3 nach 8 gehen, weil in 3 keine Pfeile enden, die ihren Anfang rechts von 7 haben. – Falls der ursprüngliche Weg schon bei 7 zu Ende ist, endet unser neuer Weg bereits in 3; und falls der ursprüngliche Weg erst bei 3 beginnt, lassen wir unseren neuen Weg in 4 beginnen.

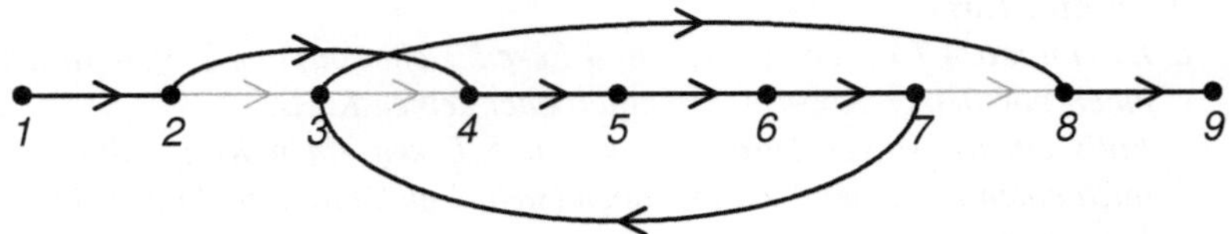

Da es einen zweiten Weg nicht geben kann, gibt es auch keine Kante mit einem Pfeil nach links, also ist der Digraph wirklich transitiv.

22.

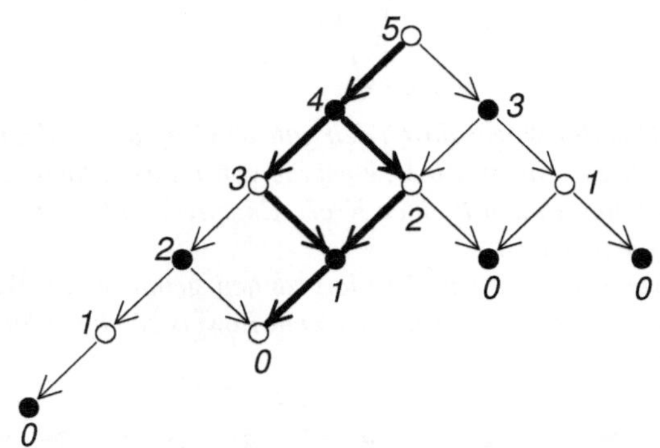

23. *Zwei Lösungen:*

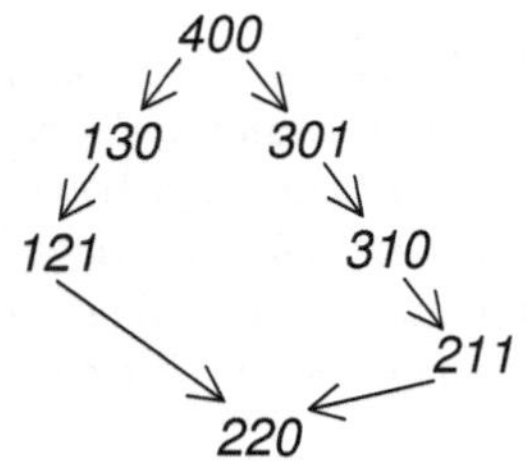

24.

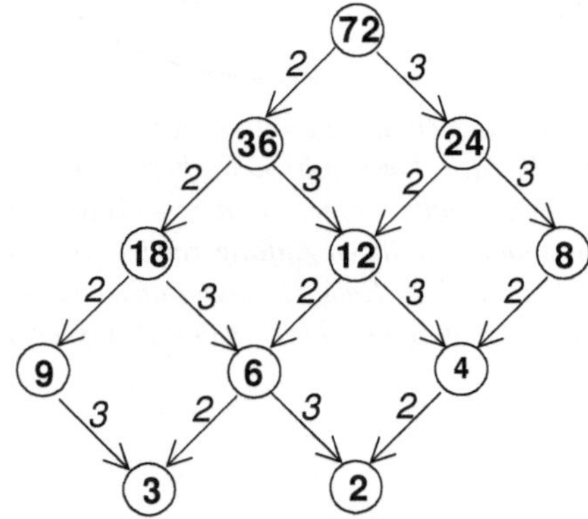

25. *Quelle: die Zahl, die untersucht wird. Senken: ihre Primteiler.*

8 Körper und Flächen

Graphen sind für uns bisher ziemlich schlichte Gebilde. Wir können sie uns aus Drähten bestehend vorstellen und diese Drähte sind an manchen Stellen miteinander verknotet. Man kann die Grundgedanken der Graphentheorie aber auch auf räumliche Gebilde ausdehnen wie z.B. Würfel und Pyramiden. Wenn Sie sich dafür im Augenblick nicht interessieren, können Sie sich darüber informieren, was man unter einem ebenen Graphen versteht, und sich dann gleich dem nächsten Kapitel zuwenden.

Räumliche Graphen

Bisher ging es in diesem Buch um Graphen als Zeichnungen in einer Ebene. Aber wer sagt denn, dass Graphen nicht auch Gebilde im Raum sein können? Die Ecken können wir uns auch im Raum verteilt vorstellen, und die Kanten stellen Verbindungen zwischen ihnen dar. Beispiele dafür gibt es genug: Die Stangen und Seile eines Zirkuszelts kann man so sehen oder auch die elektrischen Leitungen in einem Gebäude. Die folgende Zeichnung zeigt einen verspielten Graphen und einen Würfel.

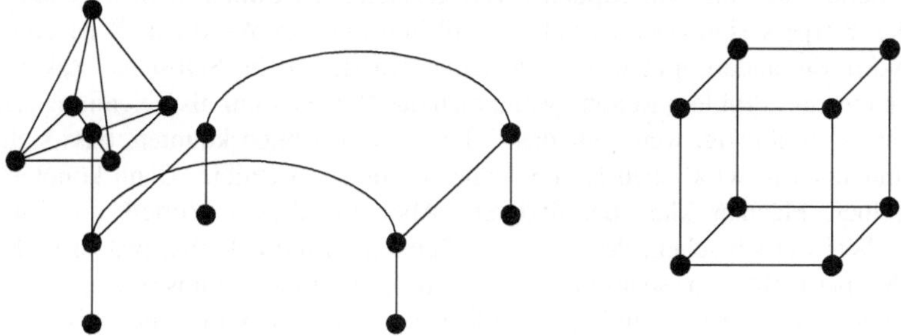

Räumliche Graphen

Wir befassen uns in diesem Kapitel mit Körpern und sehen sie als Graphen an. Da kommt es nur darauf an, dass sie Ecken und Kanten haben und in welcher Beziehung sie stehen. Wie lang die Kanten sind, wie groß die Flächen sind, welche Winkel sie miteinander bilden und wie groß das Volumen ist, all das sind Fragen, deren Beantwortung sehr wichtig sein kann, mit denen wir uns aber ausnahmsweise einmal nicht befassen. Erstaunlich, dass man trotzdem eine ganze Menge über Körper sagen kann.

Manche Körper können wir dagegen nicht ohne weiteres als Graphen ansehen, weil sie gar keine Kanten haben – wie z.B. eine Kugel – , oder sie haben Kanten, die nicht durch Ecken begrenzt werden – wie z.B. ein Zylinder. Ein Kegel hat zwar eine Ecke und eine Kante, aber die Ecke begrenzt nicht die Kante. Also ist die Idee des Graphen schlecht auf einen Kegel anwendbar. Die Körper, die wir uns vom Stand punkt der Graphentheorie ansehen können, sind also die endlichen Polyeder. Darunter versteht man Körper, die durch ebene Flächen begrenzt sind. Obwohl sie sehr interessant sind, beschränken wir uns hier außerdem auf Körper ohne durchgehende Löcher und ohne Henkel.

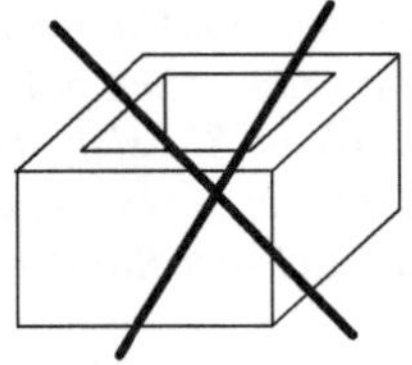

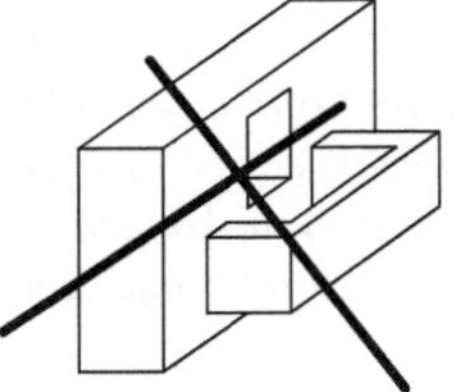

Körper mit Löchern und Henkeln werden hier nicht untersucht.

Polyeder sind also Graphen. Haben diese Graphen irgendwelche Besonderheiten?

Sie haben Ecken und Kanten wie alle Graphen, aber sie haben noch ein zusätzliches Element, nämlich Flächen. Die Flächen werden durch Kanten begrenzt, und die Kanten treffen sich in Ecken.

Körper zeichnet man meist in einer Art Schrägbild. Allerdings sind dabei manchmal die einzelnen Flächen und ihre Form nicht deutlich zu erkennen. Das liegt unter anderem daran, dass die Schnittpunkte von gezeichneten Linien nicht in jedem Fall Ecken des Körpers sind. Der Grund ist natürlich klar: In Wirklichkeit ist eine der Kanten vorn, die andere hinten, und sie schneiden sich nicht. Selbst das Zählen der Flächen kann zum Problem werden, wenn man das Polyeder nur als Zeichnung sieht.

Es wäre also günstig, wenn wir das Polyeder so zeichnen könnten, dass sich die Kanten nur noch in wirklichen Ecken schneiden und sonst nicht. Dann könnten wir die einzelnen Flächen klar identifizieren. Aber für diesen Vorteil müssen wir bezahlen: Wir werden sehen, dass sich der räumliche Eindruck abschwächt und dass wir den Körper nicht mehr so anschaulich wie im Schrägbild vor uns sehen.

Versuchen wir es bei einem Würfel! Wir stellen uns den Würfel beliebig dehnbar vor und dehnen in Gedanken die vordere Fläche nach allen Seiten. Dabei werden die Seitenflächen nur vorn gedehnt, sie werden zu Trapezen. Wir dehnen die Vorderfläche immer weiter und drücken alle übrigen Kanten und Ecken des Würfels nach vorn in die Ebene der Vorderfläche. Das könnte etwa so aussehen:

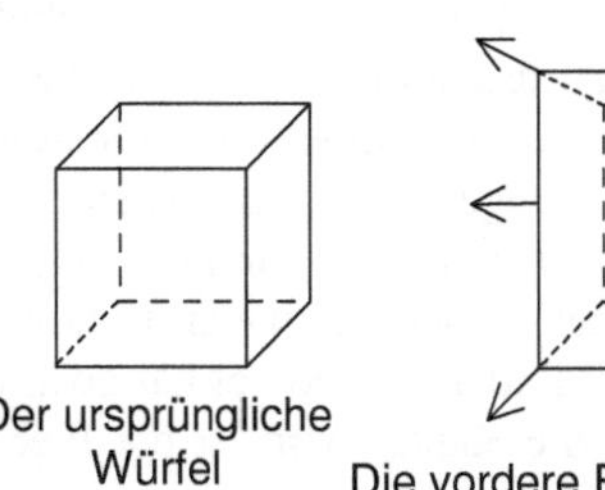

Der ursprüngliche Würfel

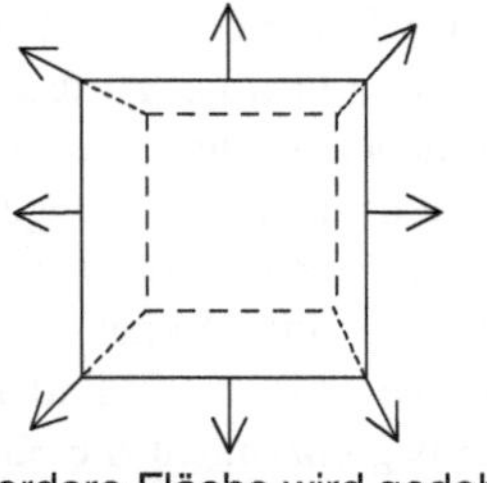

Die vordere Fläche wird gedehnt.

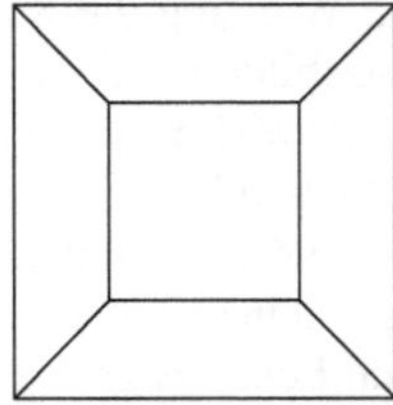

Alle Flächen liegen in einer Ebene.

Ein Würfel wird flachgemacht.

Wir haben damit schon erreicht, was wir wollten: Alle Kanten liegen in einer Ebene und überkreuzen sich nicht mehr.

Eine Sache stört aber noch: Unser flach gemachter Würfel hat auf den ersten Blick nur noch fünf statt sechs Flächen. Die Ursache ist, dass die Vorderfläche, die wir so stark gedehnt haben, alle anderen Flächen zudeckt. Dadurch liegen überall zwei Flächen übereinander. Wir helfen uns damit, dass wir in die Vorderfläche ein Loch stechen und dann den Rand des Lochs nach allen Seiten kräftig nach außen ziehen, über die äußersten Kanten des Würfels hinweg. Dadurch kommen die anderen Flächen zum Vorschein. Im Prinzip dehnen wir die Vorderfläche ins Unendliche, so dass die gesamte Außenfläche des Graphen die frühere Vorderfläche des Würfels ist. Sie hat immer noch vier Ecken und vier Kanten, allerdings ist ungewöhnlich, dass sie außerhalb der Kanten liegt. So können wir es im Prinzip mit jedem Polyeder machen:

- Eine beliebige Seitenfläche nach allen Seiten dehnen.
- Die übrigen Ecken und Kanten in die Ebene dieser Fläche drücken.
- In die Vorderfläche ein Loch stechen und nach außen ziehen. Sie wird damit zur Außenfläche.

Bei einer vierseitigen Pyramide könnten wir die viereckige Grundfläche als Außenfläche nehmen. Das Resultat würde dann so aussehen:

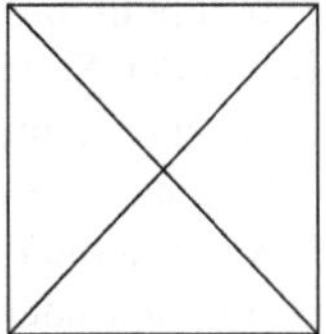

Eine vierseitige Pyramide

Nehmen wir aber eine der Dreiecksflächen als Außenfläche, so erhalten wir ein Bild, das auf den ersten Blick nicht nach einer Pyramide aussieht:

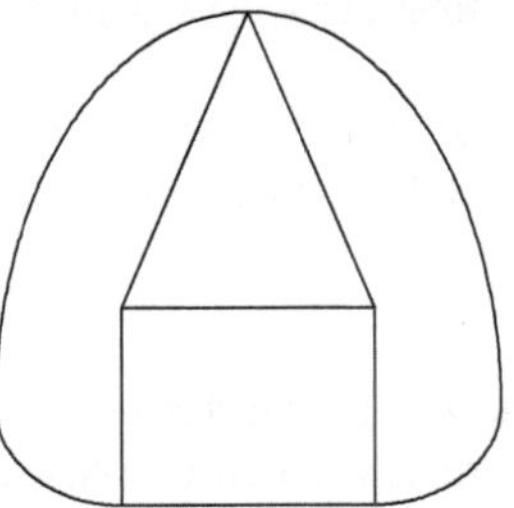

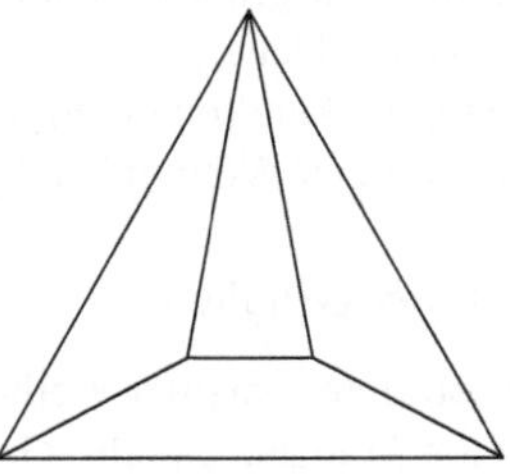

Zwei weitere Zeichnungen einer vierseitigen Pyramide

Man erkennt ein Viereck und drei Dreiecke (in der linken Zeichnung sind sie zum Teil verbeult). Die Außenfläche hat ebenfalls 3 Ecken, sie ist das fehlende Seitendreieck.

Das Ergebnis kann also sehr unterschiedlich aussehen. Aber man kann in jedem Fall aus einem Polyeder einen Graphen machen, in dem sich keine Kanten überschneiden und in dem alle Flächen zu erkennen sind.

Aus der Sicht der Graphentheorie ist es überhaupt nicht wichtig, ob dabei die Kanten krumm werden und die Flächen ihre ursprüngliche Form verlieren. Es kommt nur darauf an, dass sich bei dieser Prozedur die Kanten nicht von ihren Ecken lösen, nicht zerrissen werden oder irgendwo zusammenkleben. Die wesentlichen Graphen-Eigenschaften bleiben bestehen: Der Grad jeder Ecke, die Anzahl der Ecken für jede Fläche, die Anzahl aller Ecken usw.

Andere Wege vom Körper zum Graphen

Eine andere Möglichkeit, sich ein Polyeder als Graph vorzustellen, ist folgende: Wir bringen in sein Inneres eine Kugel, die wie ein Luftballon aufgeblasen werden kann. Wenn die Kugel größer und größer wird und die Kanten des Körpers biegsam sind, legt sich der ganze Körper um die Kugel herum. Die Ecken befinden sich dann alle auf der Kugel und die Kanten zwischen ihnen sind keine geraden Strecken mehr, sondern Kreisbögen. Wir können uns das verdeutlichen, indem wir den Körper auf einen Ball aufzeichnen. Hätte der ursprüngliche Körper durchgehende Löcher oder Henkel gehabt, wäre das nicht möglich gewesen. Aber diesen Fall haben wir hier ausdrücklich ausgeschlossen.

Das gleiche Ergebnis erhalten wir auch durch stereographische Projektion: Wir stecken das Polyeder in eine große Kugel hinein und setzen in seine Mitte eine kleine helle Lampe. Dann sehen wir auf der Kugel den Schatten des Körpers.

Beide Methoden platzieren die Ecken und Kanten des Polyeders auf eine Kugel und wir können es stets so einrichten, dass sich die neuen Kanten nicht überkreuzen, selbst dann, wenn das ursprüngliche Polyeder Krater oder Rillen hatte.

Ersetzen wir dann die Kanten durch Gummifäden und ziehen diese in eine Hälfte der Kugel und dort auf einem möglichst engen Raum zusammen, so liegen alle Ecken und Kanten fast in einer Ebene. Sie liegen ganz und gar in einer Ebene, wenn wir das Kugelstückchen, auf dem sie sich befinden, glatt streichen. Dann sieht man auch alle Flächen des Polyeders in dieser Ebene, und zwar schön nebeneinander. Aber es gibt eine Ausnahme, die sehr große Fläche, die den Rest der Kugel ausfüllt. Sie ist die uns schon bekannte Außenfläche.

Eine vierte Möglichkeit von einem Polyeder zu einem Graphen zu kommen, ist ein Foto mit einem extremen Weitwinkelobjektiv aus dem Inneren des Polyeders heraus.

Ebene und plättbare Graphen

Wir haben jetzt erreicht, was wir wollten: Eine Zeichnung des Polyeders, in der sich keine zwei Kanten kreuzen. Solche Graphen erhalten einen besonderen Namen: Ein Graph heißt **eben**, wenn seine Kanten keine Punkte gemeinsam haben außer Ecken.

Wir sehen also: Alle Polyeder lassen sich als ebene Graphen zeichnen. Aber es gibt auch ebene Graphen, die nicht aus Polyedern hervorgegangen sind.

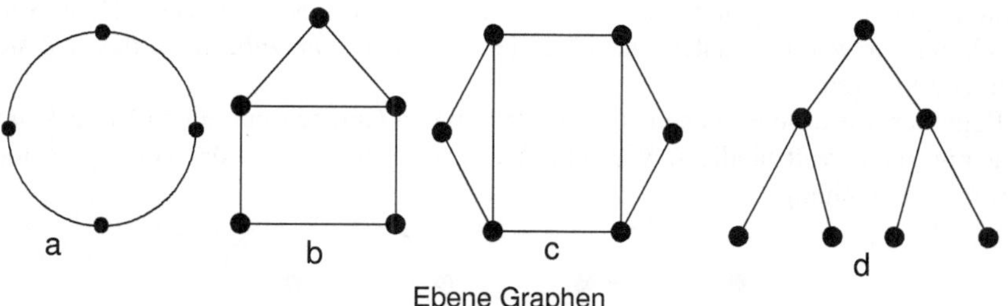

Ebene Graphen

Ob ein Graph eben ist oder nicht, hängt davon ab, wie man ihn zeichnet, z.B. sind die beiden folgenden Graphen isomorph, aber nur einer von ihnen ist eben.

Nicht eben

Eben

Das lässt sich leicht durch einen weiteren Begriff beschreiben: Ein Graph, der als ebener Graph gezeichnet werden kann, d.h. zu einem ebenen Graphen isomorph ist, heißt **plättbar** (oder planar).

Ein Würfel ist also ein plättbarer Graph und – wie wir oben gesehen haben – ebenso alle anderen Polyeder.

Alle Polyeder sind plättbare Graphen.

Die folgenden Graphen sind zwar nicht eben, aber sie sind isomorph zu den Graphen mit dem gleichen Buchstaben in der vorletzten Abbildung, also isomorph zu ebenen Graphen. Folglich sind sie plättbar.

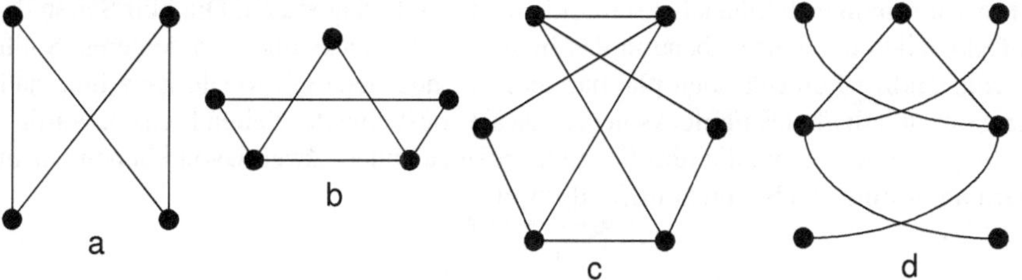

Graphen, die nicht eben, aber plättbar sind.

Sind alle Graphen plättbar?

Dass nicht alle Graphen eben sind, davon haben wir uns soeben überzeugt. Aber vielleicht kann man alle Graphen zu ebenen Graphen machen? Genauer: Kann man zu jedem Graphen einen isomorphen Graphen finden, der eben ist? Die Frage ist also, ob alle Graphen plättbar sind.

Sollte ein Graph nicht plättbar sein, muss er ziemlich viele Kanten haben. Denn wenn ein Graph nur wenige Kanten hat, ist es leicht, sie so unterzubringen, dass sie sich nicht überkreuzen.

Beginnen wir unsere Suche nach nicht plättbaren Graphen mit einem Viereck, und zwar mit einem vollständigen Viereck. Wir sehen schnell, dass das keine gute Idee war, siehe Zeichnung.

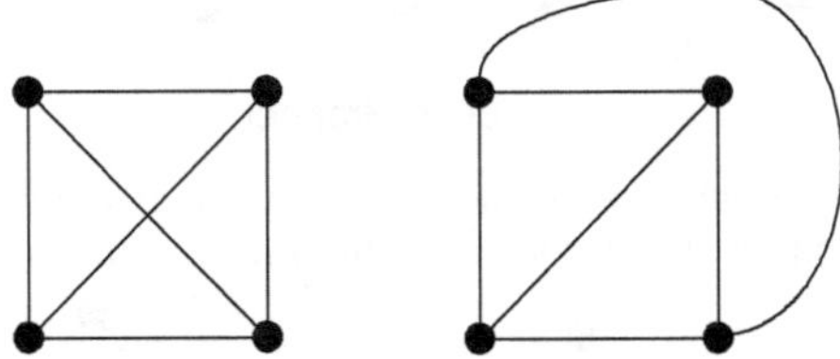

Ein vollständiges Viereck ist plättbar.

Der nächste Graph mit „sehr vielen" Ecken ist ein vollständiges Fünfeck. Liebe Leserin, lieber Leser, probieren Sie einmal, es ebenfalls als ebenen Graphen umzuzeichnen.

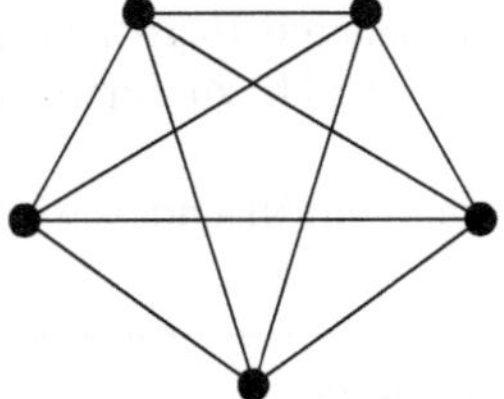

Ein vollständiges Fünfeck

Diese Aufgabe scheint ziemlich schwierig zu sein. Gibt es einen Trick, mit dem man es schafft? Oder geht es etwa überhaupt nicht?

Mit etwas Anstrengung können wir uns überzeugen, dass es nicht gehen kann:

Ein vollständiges Fünfeck hat fünf Seiten und fünf Diagonalen. Die fünf Seiten des Fünfecks teilen die ganze Ebene in das Innere des Fünfecks und sein Äußeres. Sollte das vollständige Fünfeck doch plättbar sein, so muss jede Diagonale ganz innerhalb oder ganz außerhalb des Fünfecks liegen, da sie sonst eine der Seiten kreuzen würde.

Wir gehen nun daran, die fünf Diagonalen zu zeichnen. Zwei davon können wir im Innern unterbringen, aber nicht mehr als zwei:

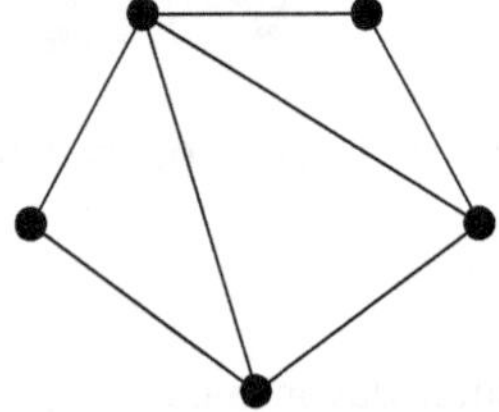

Ein Fünfeck mit zwei seiner Diagonalen

Im Äußeren des Fünfecks können wir zwei weitere Diagonalen unterbringen:

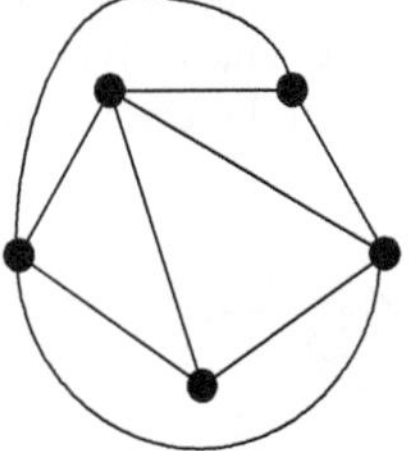

Ein Fünfeck mit zwei inneren und zwei äußeren Diagonalen. Es gibt keine Kreuzungen.

Außen lassen sich ebenfalls nicht mehr als zwei Diagonalen zeichnen, ohne eine der beiden anderen zu überqueren. Das gilt auch dann, wenn wir außen andere Ecken verbunden hätten.

Wie können also innen und außen nur je zwei Diagonalen unterbringen, insgesamt also vier Stück. Ein vollständiges Fünfeck hat aber 5 Diagonalen. Die fünfte Diagonale können wir nun nicht mehr ohne Kreuzung zeichnen. Daraus ergibt sich: Ein vollständiges Fünfeck ist nicht plättbar!

Einen ganz anderen Beweis werden wir später kennen lernen (Seite 177).

Ein vollständiges Fünfeck ist nicht plättbar: Mit diesem Wissen können wir sogleich viele weitere nicht plättbare Graphen finden, nämlich alle, die ein vollständiges Fünfeck als Teilgraph enthalten. Sehen wir uns das folgende Beispiel an.

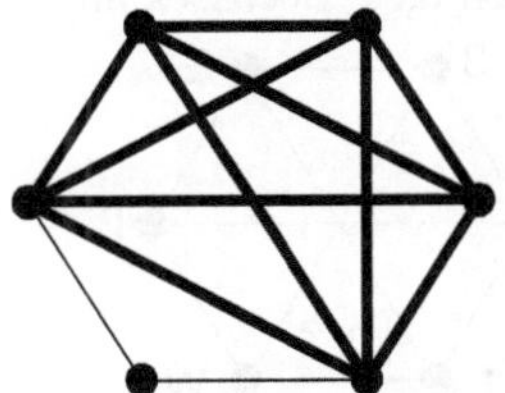

Ein Graph, der nicht plättbar ist

Er enthält – hier fett gezeichnet – ein vollständiges Fünfeck. Dieser Teil des Graphen kann nicht kreuzungsfrei gezeichnet werden, der ganze Graph also ebenfalls nicht. Somit ist er nicht plättbar.

Eine weitere Familie von nicht plättbaren Graphen hat ihren Ursprung in dem folgenden Graphen:

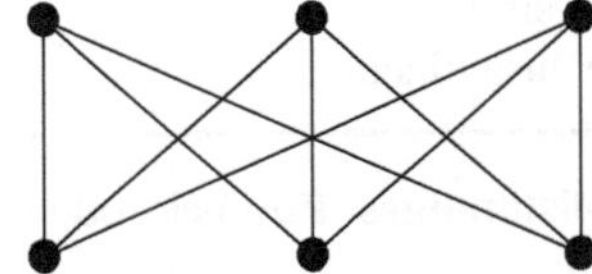

Dieser Graph ist ebenfalls nicht plättbar.

Er ist ein Sechseck, aber kein vollständiges Sechseck. Wer den Abschnitt über bipartite Graphen durchgearbeitet hat, weiß, dass wir hier einen vollständigen bipartiten 3-3-Graphen vor uns haben.

Dieser Graph ist auch aus der folgenden Aufgabe bekannt: Drei Häuser sollen mit drei Versorgungswerken durch Leitungen verbunden werden, einem Gaswerk, einem Wasserwerk und einem Elektrizitätswerk. Die Aufgabe besteht nun darin, die Leitungen so zu verlegen, dass sie sich nicht kreuzen. Das ist aus Sicherheitsgründen notwendig.

Gaswerk, Wasserwerk, Elektrizitätswerk und 3 Häuser

Wenn man die Leitungen erst einmal zeichnet, ohne auf das Kreuzungsverbot zu achten, entsteht genau der Graph, den wir jetzt gerade betrachten. Wie nennen ihn deshalb nach den Anfangsbuchstaben der Versorgungswerke den **GWE-Graphen**.

Die Behauptung, dass der GWE-Graph nicht plättbar ist, ist also gleichbedeutend mit der Behauptung, dass die Aufgabe, drei Häuser kreuzungsfrei mit drei Versorgungswerken zu verbinden, unlösbar ist.

Der Beweis ist ähnlich wie der vorige. Deshalb wird er hier nur angedeutet: Zuerst zeichnen wir den Graphen als „richtiges" Sechseck um:

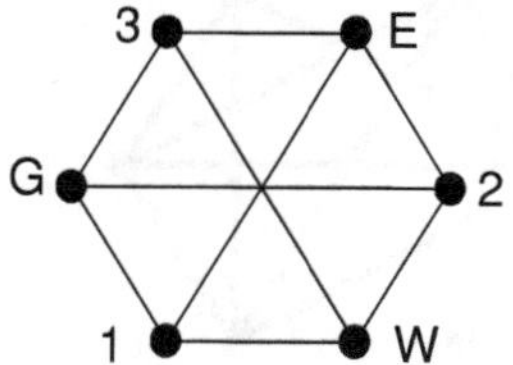

Der GWE-Graph als Sechseck

Die Zahlen bedeuten die Hausnummern. G, W und E sind die Versorgungswerke.

Von den drei Diagonalen kann nur eine im Inneren und nur eine im Äußeren des Sechsecks liegen. Die dritte kann man nicht mehr kreuzungsfrei zeichnen.

Der GWE-Graph ist also nicht plättbar. Wie beim vollständigen Fünfeck können wir uns klarmachen, dass dann alle Graphen, die den GWE-Graphen als Teilgraphen enthalten, ebenfalls nicht plättbar sind.

Wir fassen unsere Ergebnisse zusammen:

Alle Graphen, die ein vollständiges Fünfeck oder den GWE-Graphen enthalten, sind nicht plättbar.

Zwei nicht plättbare Graphen und davon ausgehend unendlich viele andere haben wir gefunden. Aber sind das schon sämtliche nicht plättbaren Graphen? Wir können tatsächlich noch mehr finden, nämlich dadurch, dass wir das vollständige Fünfeck oder den GWE-Graph unterteilen. Unter einer **Unterteilung** eines Graphen versteht man einen Graphen, der dadurch entsteht, dass in Kanten noch zusätzliche Ecken eingefügt werden. Durch eine zusätzliche Ecke entstehen aus einer Kante zwei neue Kanten, aber sonst kommen keine Kanten hinzu.

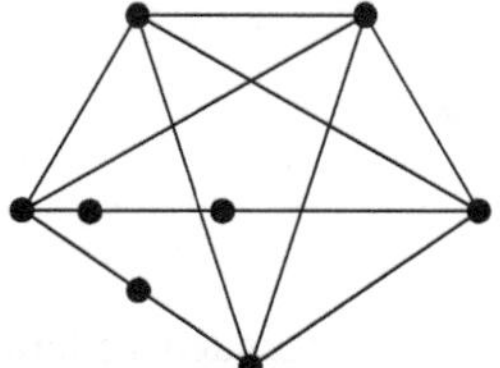
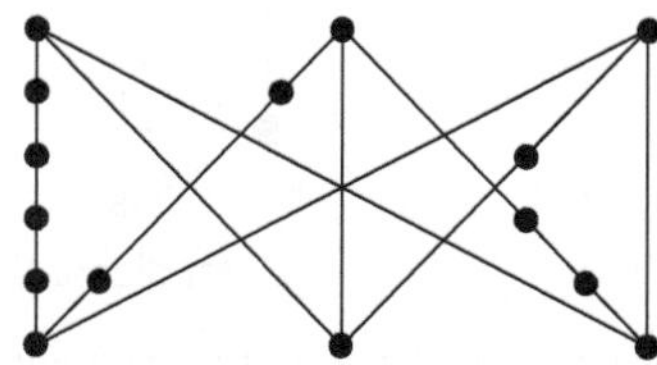

Unterteilungen des vollständigen Fünfecks und des GWE-Graphen

Die zusätzlichen Ecken können nicht bewirken, dass der Graph ohne Kreuzungen von Kanten gezeichnet werden kann, wenn es nicht schon vorher möglich war. Somit erhalten wir außer durch Vergrößerung des Graphen auch durch Einfügen von Ecken neue Graphen, die nicht plättbar sind.

Denkbar ist aber, dass es noch ganz andere nicht plättbare Graphen gibt. Erst seit 1930 weiß man es: Es gibt keine. Das hat Kuratowski bewiesen. Der Beweis ist ziemlich lang, deshalb fehlt er hier.

Ein Graph ist genau dann nicht plättbar, wenn er ein vollständiges Fünfeck oder den GWE-Graphen oder eine Unterteilung davon als Teilgraph enthält.

Kazimierz Kuratowski (1896 -1980) wollte ursprünglich Ingenieur werden, aber während seines Studiums faszinierte ihn die Mathematik so sehr, dass er sie zu seinem Beruf machte. Als sein Heimatland Polen während des 2. Weltkrieges von deutschen Truppen besetzt war und die Nationalsozialisten das polnische Geistesleben auslöschen wollten, lehrte er an der Untergrund-Universität in Warschau und riskierte damit sein Leben. Nach dem Krieg half er mit, das polnische Erziehungssystem wieder aufzubauen, besonders aber die mathematische Forschung.

Wenn wir also wissen wollen, ob ein Graph plättbar ist oder nicht, können wir versuchen ihn als ebenen Graphen umzuzeichnen. Wenn wir dabei Erfolg haben, ist er plättbar. Wenn wir aber den Verdacht haben, dass er nicht plättbar ist, demontieren wir den Graphen Schritt für Schritt, bis wir ein vollständiges Fünfeck oder einen GWE-Graphen übrig behalten. Auf einem der beiden Wege müssen wir nach dem Satz von Kuratowski Erfolg haben. Die Demontage des Graphen sieht so aus:

Wir entfernen

- Kanten
- oder Ecken mit all ihren Kanten
- oder Ecken mit dem Grad 2 (wir heben also die Unterteilung wieder auf),

und zwar mit dem Ziel ein vollständiges Fünfeck oder einen GWE-Graphen zu erhalten.

Wir betrachten dazu ein Beispiel, einen Graphen, dem man nicht ohne weiteres ansieht, ob er in einen ebenen Graphen umgezeichnet werden kann oder nicht.

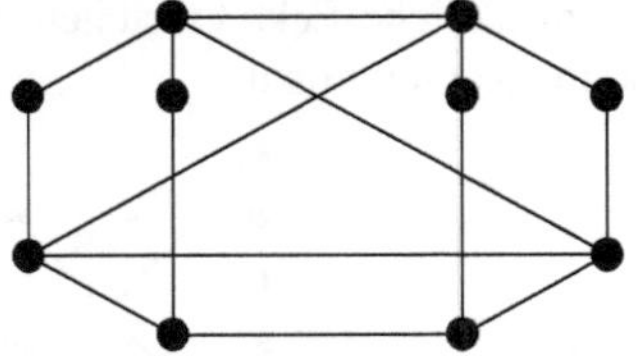

Ist dieser Graph plättbar?

Wir entfernen zwei Ecken mit ihren Kanten und erhalten den folgenden Teilgraphen:

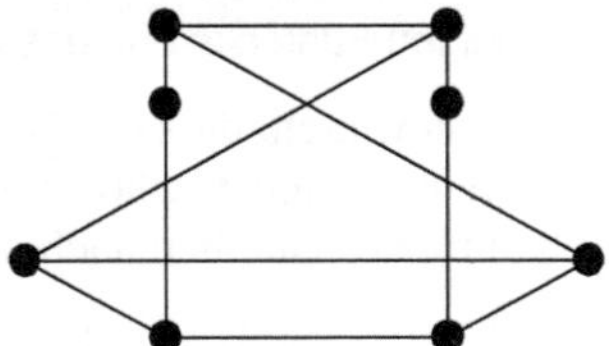

Ein Teilgraph des vorigen Graphen

Dies ist schon fast der GWE-Graph: Die beiden Ecken vom Grad 2 betrachten wir als Unterteilungspunkte, streichen sie und erhalten durchgehende Kanten. Die restlichen 6 Ecken entsprechen den 3 Werken und den 3 Häusern:

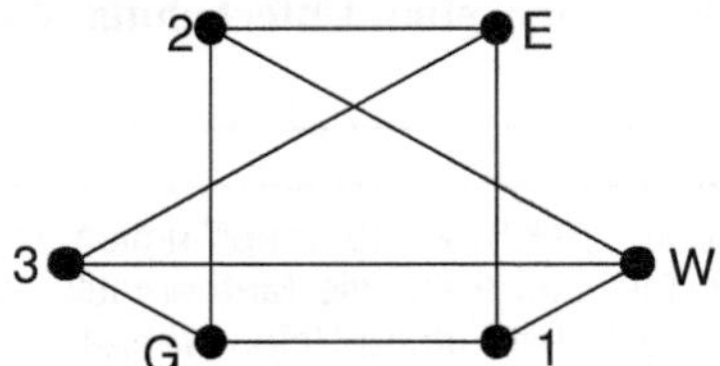

Zum Schluss entsteht der GWE-Graph.

Der ursprüngliche Graph enthält also eine Unterteilung des GWE-Graphen als Teilgraph. Somit ist er nicht plättbar.

Elektrotechniker bevorzugen plättbare Graphen

Ob ein Graph plättbar ist oder nicht, ist nicht nur eine Frage für Mathematiker, sondern sie kann auch für Praktiker wichtig sein, z.B. für Elektrotechniker. In ihren Schaltplänen auf dem Papier dürfen sich elektrische Leitungen ohne weiteres überkreuzen, in der technischen Ausführung sollten solche Kreuzungen aber lieber nicht vorkommen, damit keine Kurzschlüsse entstehen. Um dieses Problem zu lösen, kann man die elektrische Schaltung als Graph mit den Leitungsverbindungen als Kanten und den Verzweigungspunkten und Bauteilen als Ecken ansehen. Ist er plättbar, so kann man die Schaltung ohne Leitungskreuzungen auf einer einzigen Platine unterbringen.

Ebene Graphen haben Flächen.

Wir hatten schon am Anfang dieses Kapitels gesehen, dass wir manche Körper, nämlich die Polyeder, als Graphen ansehen können. Sie lassen sich als ebene Graphen zeichnen. Wenn wir uns also jetzt mit ebenen Graphen befassen, schließt unsere Betrachtung die Polyeder ein. Aber sie betrifft darüber hinaus noch viel mehr Graphen. Einige Beispiele kennen wir schon.

Eine Besonderheit von ebenen Graphen ist, dass sie die Ebene in verschiedene Gebiete einteilen, die wir wie bei den Körpern Flächen nennen. Man kann sie auch Länder nennen. Zum Beispiel teilt ein Dreieck die Ebene in zwei Flächen ein, die unendlich ausgedehnte Außenfläche mitgerechnet.

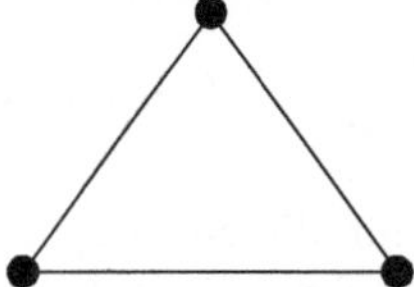

Ein Graph mit 2 Flächen

Die folgenden ebenen Graphen haben jeweils 3 Flächen.

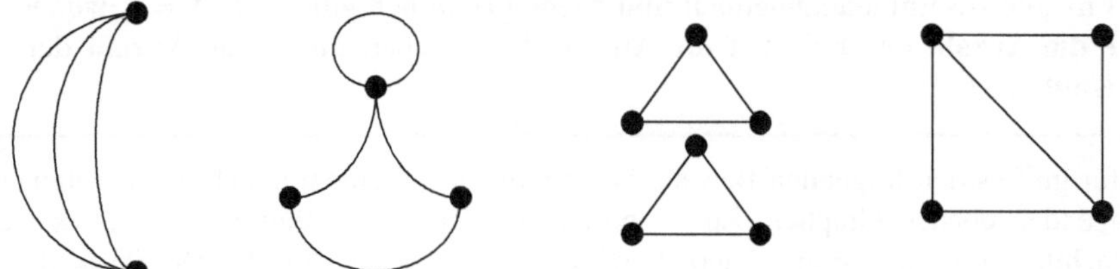

Graphen mit je 3 Flächen

Es gibt aber auch ebene Graphen, die keine wirkliche Teilung der Ebene erzeugen, die also nur eine einzige Fläche haben, nämlich die Bäume.

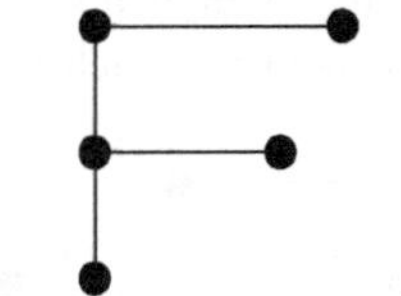

Ein Graph mit nur einer Fläche

Die eulersche Formel

Polyeder haben Ecken, Kanten und Flächen, und wenn man anfängt sie zu zählen, findet man ein überraschendes Ergebnis. Ein Würfel hat 8 Ecken. Außerdem hat er 12 Kanten und 6 Flächen. Bei einem Tetraeder sind es 4 Ecken, 6 Kanten und 4 Flächen. So kann man bei vielen Polyedern zählen und versuchen eine Regelmäßigkeit zu finden. Tatsächlich gibt es eine: Addiert man die Anzahl der Ecken und Flächen, so erhält man beim Würfel 14, beim Tetraeder 8. Das sind jeweils 2 mehr als die Anzahl der Kanten. Wenn Sie es bei anderen Polyedern ausprobieren, finden Sie das gleiche Ergebnis, eine Tatsache, mit der sich Euler als Erster eingehend beschäftigt hat. Man spricht deshalb von der eulerschen Polyederformel $e+f-k=2$. Dabei bedeutet e die Anzahl aller Ecken des Körpers, f die Anzahl seiner Flächen und k die Anzahl seiner Kanten. Das Folgende soll Sie davon überzeugen, dass diese Formel richtig ist und dass sie darüber hinaus auch für bestimmte Graphen gilt.

Wir haben oben schon für einige ebene Graphen die Flächen gezählt und wenn Sie nun noch $e+f-k$ berechnen, erhalten Sie fast immer 2. „Fast“, weil es auch ebene Graphen gibt, für die wir eine andere Zahl erhalten, z.B. kommt bei dem folgenden Graphen mit 6 Ecken 3 heraus:

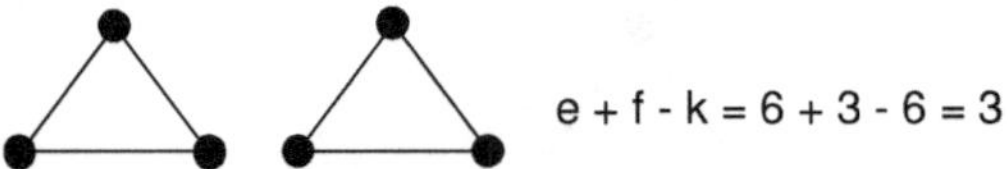

Woran mag es liegen, dass wir für diesen Graphen zu einem anderen Ergebnis kommen? Anscheinend gilt die Formel nur für zusammenhängende ebene Graphen.

> **Die eulersche Formel:**
> **Für alle zusammenhängenden und ebenen Graphen gilt e + f - k = 2, wobei e die Anzahl der Ecken, f die Anzahl der Flächen und k die Anzahl der Kanten ist.**

Dafür gibt es den folgenden Beweis. Wir beginnen mit einem beliebigen zusammenhängenden ebenen Graphen. Zuerst prüfen wir, ob er ein Baum ist. Falls es sich tatsächlich um einen Baum handelt, wissen wir, dass die Anzahl der Ecken um 1 größer als die Anzahl der Kanten ist: $e=k+1$. Und es gibt nur eine Fläche: $f=1$. Wir rechnen:

$$e+f-k=(k+1)+1-k=2 .$$

Für Bäume ist die eulersche Formel also auf jeden Fall richtig.

Nun nehmen wir uns einen beliebigen Graphen vor, der kein Baum ist, aber er soll zusammenhängend und eben sein, den in der nächsten Zeichnung oder irgendeinen anderen.

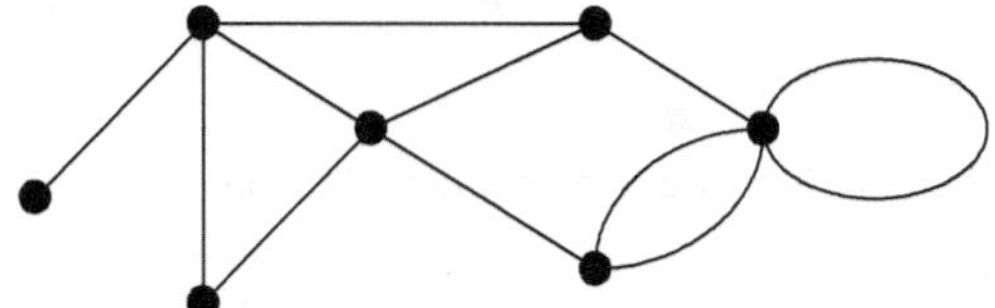

Ein „beliebiger" zusammenhängender und ebener Graph

Wir werden diesen Graphen nun Kante für Kante abbauen, und bei jedem Schritt nachweisen, dass sich der Wert von $e+f-k$ nicht verändert. Dabei sollten wir die Anzahl der Kreise verringern, bis zum Schluss ein Baum übrig bleibt. Für den wissen wir nämlich schon, dass die eulersche Formel richtig ist. Also ist sie auch für den ursprünglichen Graphen richtig.

Wir suchen zuerst einen beliebigen Kreis und entfernen in ihm eine beliebige Kante. Zu beiden Seiten dieser Kante liegt je eine Fläche, und wenn wir die Kante entfernen, verschmelzen die beiden Flächen zu einer einzigen, gleichgültig, ob die Kante, die wir weggenommen haben, eine Schlinge oder zu einer anderen Kante parallel oder eine „normale" Kante war. Man kann sich an dem Graphen, der oben als Beispiel angegeben ist, leicht überzeugen, dass das richtig ist. Wenn wir also eine Kante aus einem Kreis entfernen, bleibt die Anzahl der Ecken gleich, die Anzahl der Flächen vermindert sich um 1 und die Anzahl der Kanten vermindert sich ebenfalls um 1, so dass der Wert von $e+f-k$ nicht verändert wird.

Der neue Graph hat einen Kreis weniger und ist vielleicht schon ein Baum. Dann haben wir unser Ziel erreicht. Wenn er aber wiederum einen Kreis enthält – wie in unserem Beispiel –, gehen wir auf die gleiche Weise wie oben vor und entfernen auch in diesem Kreis eine Kante. Und so machen wir immer weiter. Bei jedem Schritt verschwindet ein Kreis und der Wert von $e+f-k$ verändert sich nicht. Schließlich ist kein Kreis mehr übrig, es ist ein Baum entstanden. Wie wir bereits wissen, ist damit die Richtigkeit der eulerschen Formel für den ursprünglichen Graphen bewiesen.

Übrigens ist der Baum, den wir zuletzt erhalten haben, ein aufspannender Baum des ursprünglichen Graphen, denn er enthält alle seine Ecken.

Zwei neue Beweise

Aus der eulerschen Formel ergeben sich neue Beweise dafür, dass das vollständige Fünfeck und der GWE-Graph nicht plättbar sind.

Für das vollständige Fünfeck sieht es so aus: Wäre es plättbar, so ließe es sich als ebener Graph umzeichnen und wir könnten die eulersche Formel anwenden. Deshalb zählen wir die Ecken, Kanten und Flächen dieses Graphen: Jedes Fünfeck hat natürlich 5 Ecken, und weil das Fünfeck vollständig ist, hat es 10 Kanten. Sollte das vollständige Fünfeck plättbar sein, könnten wir die Anzahl der Flächen mit der eulerschen Formel ausrechnen: Es müssten 7 Flächen sein.

Jede der 7 Flächen hätte mindestens 3 Kanten, denn 2 Kanten kommen nicht in Frage, weil das vollständige Fünfeck keine parallele Kanten hat, und 1 Kante kommt nicht in Frage, weil es keine Schlingen hat. 7 Flächen mit jeweils mindestens 3 Kanten: Zusammen wären das mindestens 21 Kanten. Dabei wurde allerdings jede Kante doppelt gezählt. Der Graph hätte also mindestens 10,5 Kanten, d.h. 11 Kanten. Ein vollständiges Fünfeck hat aber nur 10 Kanten, wie wir wissen. Also kann es nicht als ebener Graph gezeichnet werden.

Für den GWE-Graphen sieht der Beweis ähnlich aus: Wäre es möglich ihn als ebenen Graphen zu zeichnen, so könnten wir wieder die Anzahl seiner Flächen mit der eulerschen Formel berechnen: $e=6$, $k=9$, daraus ergibt sich $f=5$. Der Graph müsste also genau 5 Flächen haben. Ein bipartiter Graph kann keine Dreiecke haben, sondern nur Kreise mit gerader Eckenzahl. Jede der 5 Flächen müsste also mindestens 4 Ecken und somit auch 4 Kanten haben. Die Anzahl der Kanten müsste insgesamt mindestens $(4 \cdot 5):2$ sein. Geteilt durch 2 – wieder weil jede Kante 2 Flächen begrenzt, also sonst doppelt gezählt würde. Die Rechnung ergibt 10, der Graph müsste mindestens 10 Kanten haben. Er hat aber nur 9. Also ist der GWE-Graph ebenfalls nicht plättbar.

Weitere Eigenschaften von Körpern aus der Sicht der Graphentheorie

Wir haben gesehen, dass die eulersche Formel für zusammenhängende ebene Graphen richtig ist. Alle Polyeder gehören zu dieser Sorte von Graphen. Deshalb gilt sie auch für Polyeder und für diese wurde sie ursprünglich von Euler formuliert:

> **Für alle Polyeder gilt e + f - k = 2 (eulersche Polyederformel).**

Aber Polyeder haben darüber hinaus einige Besonderheiten, die nicht alle ebenen Graphen haben. Dazu sehen wir uns die folgenden Beispiele von ebenen Graphen an.

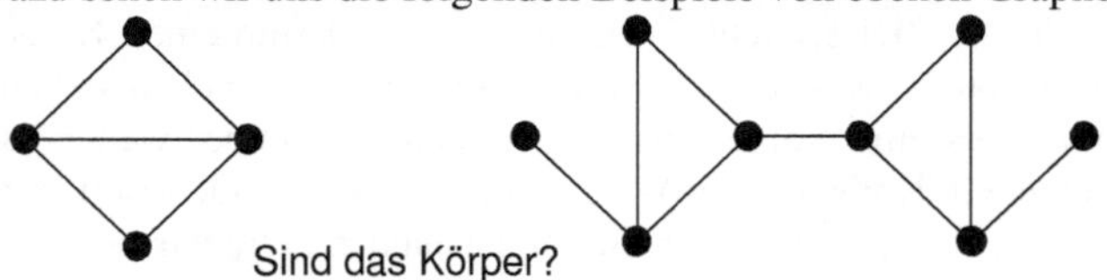

Sind das Körper?

Man kann sich diese Graphen beim besten Willen nicht als Körper vorstellen, und tatsächlich fehlen ihnen zwei wesentliche Körpereigenschaften:

1. Bei einem Polyeder stoßen in einer Ecke mindestens 3 Kanten zusammen. Der Grad jeder Ecke ist also mindestens 3.
2. Ein Polyeder besitzt Flächen, und zwar Dreiecke, Vierecke usw. Die Flächen haben also jeweils mindestens 3 Ecken.

> **Mindestanforderungen an Polyeder:**
> **Die Ecken haben mindestens den Grad 3.**
> **Die Flächen haben mindestens 3 Ecken und 3 Kanten.**

Aus der Aussage über den Eckengrad können wir eine weitere Aussage über Polyeder erschließen: Wir nennen wie immer die Anzahl der Ecken e. Da in jeder Ecke mindestens 3 Kanten enden, wäre die Anzahl der Kanten des ganzen Körpers mindestens $3 \cdot e$, hätten wir dabei nicht jede Kante, da sie zu zwei Ecken gehört, doppelt gezählt. Also ist nicht die Anzahl der Kanten mindestens $3 \cdot e$, sondern die doppelte Anzahl der Kanten: $2 \cdot k \geq 3 \cdot e$. Das ist eine Überlegung, die wir schon vom handshaking lemma kennen.

Aus der Aussage über die Flächen lässt sich ebenfalls eine neue Erkenntnis gewinnen: Nennen wir wieder die Anzahl der Flächen f und bedenken wir, dass jede Fläche mindestens 3 Kanten hat, so müsste die Anzahl aller Kanten mindestens $3 \cdot f$ sein. Dabei haben wir aber wieder die Kanten doppelt gezählt, weil jede Kante 2 Flächen begrenzt. Also gilt $2 \cdot k \geq 3 \cdot f$. Wir fassen unsere Ergebnisse zusammen:

Für alle Polyeder gilt $\mathbf{2} \cdot k \geq 3 \cdot e$ und $2 \cdot k \geq 3 \cdot f$.

Die platonischen Körper

Unter den Polyedern sind diejenigen faszinierend, die besonders regelmäßig sind, d.h. bei denen keine Ecke und keine Fläche herausgehoben ist. Das bedeutet konkret: In allen Ecken stoßen gleich viele Kanten zusammen und alle Flächen haben die gleiche Anzahl von Ecken. Darüber hinaus sind alle Kanten gleich lang und alle Winkel gleich groß. Diese Art von Körpern nennt man **platonische Körper.** Ein Würfel ist z.B. ein platonischer Körper: In allen Ecken stoßen 3 Kanten zusammen und alle Flächen sind Quadrate; somit sind alle Kanten gleich lang und alle Winkel sind gleich groß, nämlich 90°. Eine vierseitige Pyramide ist dagegen kein platonischer Körper. Aber Tetraeder, Oktaeder, Dodekaeder und Ikosaeder sind weitere platonischer Körper. Wir kennen damit fünf platonische Körper. Sie sind in der folgenden Zeichnung dargestellt.

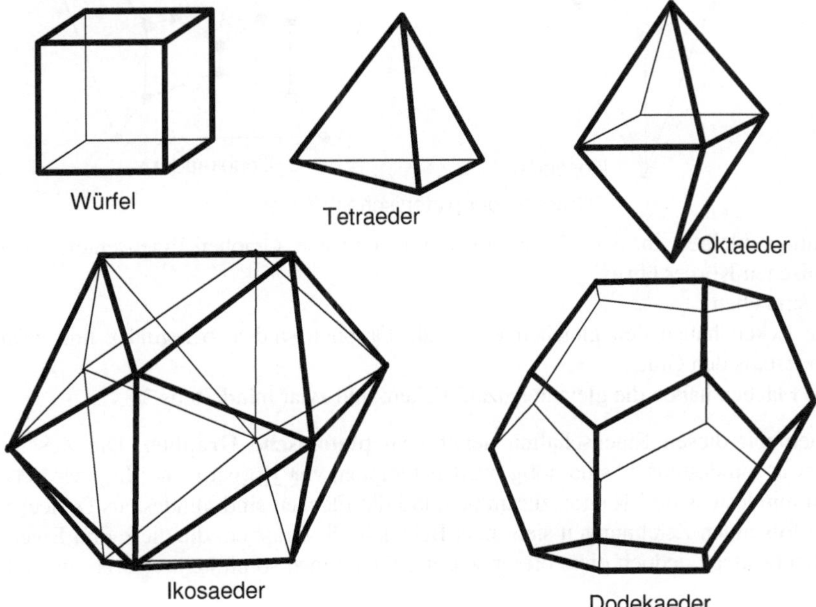

Die fünf platonischen Körper

Es heißt „die" fünf platonischen Körper. Sind es wirklich nur fünf? Wir lassen die Frage zunächst offen und bringen die gesuchten Körper mit Graphen in Verbindung.

Platonische Graphen

Zuerst zeichnen wir die uns schon bekannten platonischen Körper als Graphen.

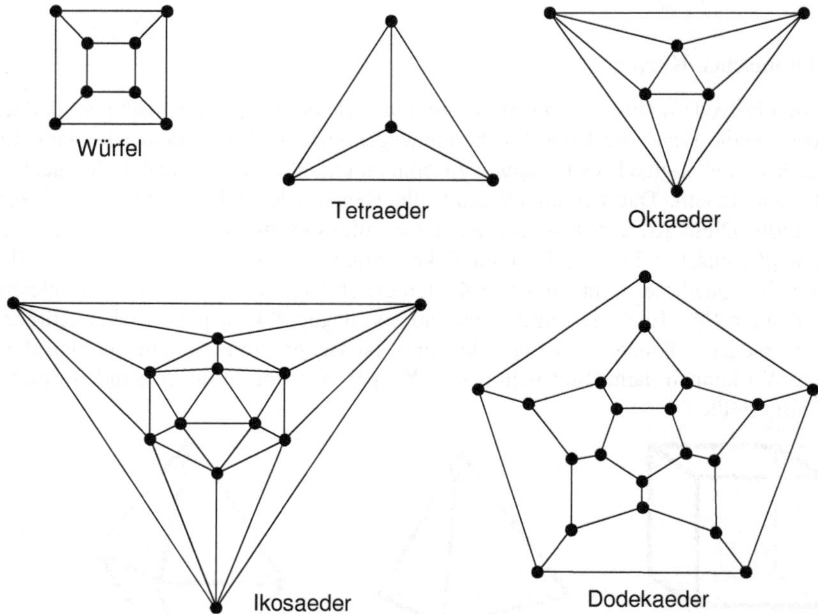

Graphen der platonischen Körper

Allerdings bleiben in den Zeichnungen nur typische Graphen-Eigenschaften der platonischen Körper übrig:

- Sie sind eben.
- Alle Ecken haben den gleichen Grad (die Graphen sind also regulär), und zwar mindestens den Grad 3.
- Alle Flächen haben die gleiche Anzahl Ecken, und zwar mindestens 3.

Graphen mit diesen Eigenschaften nennt man **platonische Graphen**. Die Zusätze „und zwar mindestens 3“ sind nötig, weil es Graphen von Körpern sind: In jeder Ecke treffen mindestens drei Kanten zusammen und die Flächen sind mindestens Dreiecke. In den folgenden Zeichnungen sieht man Beispiele für Graphen, die diese drei Eigenschaften besitzen, jedoch ohne diesen Zusatz. Sie können somit keine Körper darstellen.

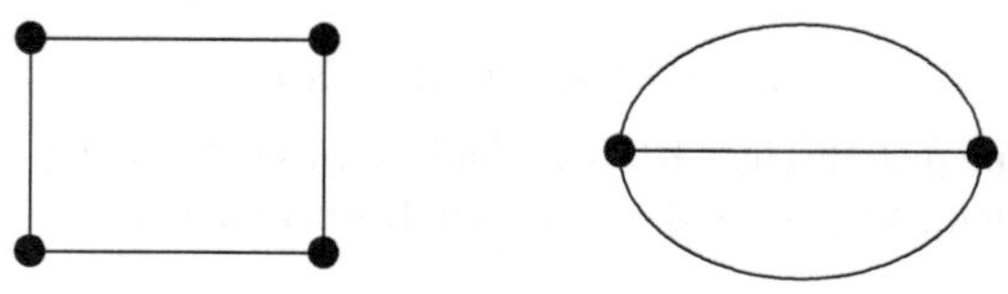

Keine platonischen Graphen

Die platonischen Graphen haben die drei charakteristischen Eigenschaften mit den platonischen Körpern gemeinsam. Der Unterschied ist, dass in einem platonischen Körper zusätzlich die Kanten gleiche Länge und alle Winkel die gleiche Größe haben. Es scheint also prinzipiell leichter zu sein, einen platonischen Graphen zu finden als einen platonischen Körper. Tatsächlich ist es aber nicht so, denn wir werden gleich sehen, dass es nur 5 platonische Graphen gibt, also kann es auch nur 5 platonische Köper geben.

Es gibt nicht mehr als 5 platonische Graphen

Der Beweis dieser Behauptung ist etwas länger als die anderen Beweise und es kommt Bruchrechnung vor. Lassen Sie sich aber nicht davon entmutigen!

Wir verwenden die schon von der eulerschen Formel bekannten Formelzeichen e, f und k.

Zusätzlich benötigen wir noch zwei weitere Formelzeichen. Das eine ist g, die Anzahl der Kanten, die in jeder Ecke enden, g kennen wir schon als den Grad der Ecken. Wir wissen, er ist bei Körpern mindestens 3.

Das zweite Formelzeichen, das wir jetzt brauchen, ist n. Jede Fläche hat die gleiche Anzahl von Ecken und diese Anzahl nennen wir n. Die Flächen sind also n-Ecke, und deshalb ist n mindestens 3.

Zusammengefasst sieht es so aus:

e: die Anzahl der Ecken
f: die Anzahl der Flächen
k: die Anzahl der Kanten
g: der Grad der Ecken
n: die Flächen sind n-Ecke.

Zuerst bedenken wir, dass die Summe aller Eckengrade doppelt so groß wie die Anzahl der Kanten ist, weil jede Kante 2 Ecken hat. Diese Tatsache hatten wir im 4. Kapitel handshaking lemma genannt. In unserem Fall ist die Summe aller Eckengrade $e \cdot g$, also gilt

$$e \cdot g = 2 \cdot k\,.$$

Damit können wir die Eckenzahl durch die Kantenzahl ausdrücken:

$$e = \frac{2 \cdot k}{g}$$

Auch die Anzahl der Flächen können wir durch die Anzahl der Kanten ausdrücken: Jede Fläche hat ja die gleiche Anzahl von Kanten, nämlich n. Und da jede Kante zwei Flächen begrenzt, gilt

$$f \cdot n = 2 \cdot k\,.$$

Daraus ergibt sich für die Anzahl der Flächen:

$$f = \frac{2 \cdot k}{n}\,.$$

Und nun kommt die eulersche Formel zum Zuge:

$$e + f - k = 2$$

Hier setzen wir die beiden Rechenausdrücke für e und f ein:

$$\frac{2 \cdot k}{g} + \frac{2 \cdot k}{n} - k = 2$$

In dieser Gleichung kommt k dreimal vor. Wir teilen beide Seiten der Gleichung durch $2 \cdot k$ und erhalten eine Gleichung mit nur einem k:

$$\frac{1}{g}+\frac{1}{n}-\frac{1}{2}=\frac{1}{k}.$$

Da die Anzahl k der Kanten positiv ist, ist auch $\frac{1}{k}$, der Ausdruck auf der rechten Seite, positiv, und deshalb ist auch der Ausdruck auf der linken Seite positiv.

$$\frac{1}{g}+\frac{1}{n}-\frac{1}{2}>0.$$

Folglich muss $\frac{1}{g}+\frac{1}{n}$ größer als $\frac{1}{2}$ sein:

$$\frac{1}{g}+\frac{1}{n}>\frac{1}{2}$$

Diese Ungleichung ist der Schlüssel zur Lösung unseres Problems. Für g und n kommen nämlich nur die Zahlen 3, 4, 5, . . . in Frage. Wir setzen die kleinsten von ihnen ein und rechnen nach, ob $\frac{1}{g}+\frac{1}{n}$ wirklich größer als $\frac{1}{2}$ ist:

$g=3, \quad n=3: \qquad \frac{1}{3}+\frac{1}{3}=\frac{2}{3}>\frac{1}{2}$

$g=3, \quad n=4: \qquad \frac{1}{3}+\frac{1}{4}=\frac{7}{12}>\frac{1}{2}$

$g=3, \quad n=5: \qquad \frac{1}{3}+\frac{1}{5}=\frac{8}{15}>\frac{1}{2}$

$g=3, \quad n=6: \qquad \frac{1}{3}+\frac{1}{6}=\frac{1}{2}$

$g=4, \quad n=3: \qquad \frac{1}{4}+\frac{1}{3}=\frac{7}{12}>\frac{1}{2}$

$g=4, \quad n=4: \qquad \frac{1}{4}+\frac{1}{4}=\frac{1}{2}$

$g=5, \quad n=3: \qquad \frac{1}{5}+\frac{1}{3}=\frac{8}{15}>\frac{1}{2}$

$g=6, \quad n=3: \qquad \frac{1}{6}+\frac{1}{3}=\frac{1}{2}$

Wir sehen: In 5 Fällen hatten wir Glück und es kommt mehr als $\frac{1}{2}$ heraus. In den anderen Fällen und erst recht, wenn wir noch größere Zahlen für g und n einsetzen, entsteht als Summe $\frac{1}{2}$ oder eine Zahl, die kleiner als $\frac{1}{2}$ ist.

Wir finden also nur diese 5 Möglichkeiten für g und n und sehen daran, dass es höchstens fünf platonische Graphen gibt. Andererseits kennen wir schon fünf solche Graphen. Also gibt es nicht mehr und nicht weniger als 5 platonische Graphen.

Es gibt genau 5 platonische Graphen.

Wir können uns leicht zusätzliche Informationen über diese Graphen verschaffen, indem wir uns außerdem überlegen, wie groß k, e und f sind. Wir führen diese Rechnung für ein Beispiel, den ersten Körper, mit $g = 3$ und $n = 3$, durch:
Wir hatten oben die Gleichung

$$\frac{1}{g}+\frac{1}{n}-\frac{1}{2}=\frac{1}{k}$$

Setzen wir für g und n jeweils 3 ein

$$\frac{1}{3}+\frac{1}{3}-\frac{1}{2}=\frac{1}{k}$$

und rechnen die linke Seite aus, so erhalten wir

$$\frac{1}{6}=\frac{1}{k},$$

also k = 6. e und f können wir ebenfalls mit Gleichungen ausrechnen, die oben vorgekommen sind:

$$e = \frac{2\cdot k}{3} = \frac{2\cdot 6}{3} = 4$$
$$f = \frac{2\cdot k}{n} = \frac{2\cdot 6}{3} = 4$$

Dieser Graph hat also 6 Kanten, 4 Ecken und 4 Flächen. Wir wussten vorher schon, dass in jeder Ecke 3 Kanten zusammenstoßen und dass die Flächen Dreiecke sind. Folglich gehört dieser Graph zum Tetraeder.

Wenn wir für die anderen Werte von g und n die entsprechenden Rechnungen ausführen, erhalten wir die folgende Tabelle.

g	n	k	e	f	Name des Körpers
3	3	6	4	4	Tetraeder
3	4	12	8	6	Würfel („Hexaeder“)
3	5	30	20	12	Dodekaeder
4	3	12	6	8	Oktaeder
5	3	30	12	20	Ikosaeder

Es gibt nur 5 platonische Körper

Wir wissen jetzt: Es gibt genau 5 platonische Graphen. Da jeder platonische Körper zugleich ein platonischer Graph ist, gibt es also auch nicht mehr als 5 platonische Körper. Wir kennen aber schon 5 platonische Körper. Also können wir sagen:

Es gibt genau fünf platonische Körper:
Tetraeder, Würfel, Dodekaeder, Oktaeder, Ikosaeder.

Dass es nicht mehr platonische Graphen als platonische Körper gibt, hat eine interessante Konsequenz: Lässt man bei der Beschreibung der platonischen Körper die gleiche Länge aller Kanten und die gleiche Größe aller Winkel weg, so sind zwar die Anforderungen an den Körper geringer geworden, es gibt aber trotzdem nicht mehr Körper, die die restlichen Eigenschaften erfüllen, nämlich: In jeder Ecke stoßen gleich viele Kanten zusammen und alle Flächen haben gleich viele Ecken. Wenn seine Flächen z.B. Vierecke sein sollen, steht fest, dass der Grad der Ecken 3, die Anzahl der Flächen 6 und die Anzahl der Ecken 8 ist, anders geht es nicht, auch dann nicht, wenn man statt der Quadrate beliebige Vierecke zulässt.

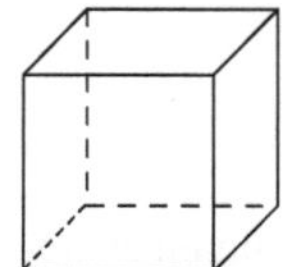 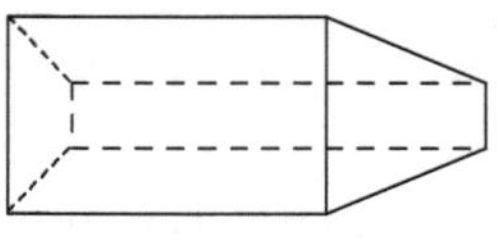

Ein Würfel und ein schiefer Körper
Sie haben den gleichen platonischen Graphen.

Die platonischen Körper sind auf wunderbare Weise regelmäßig und harmonisch, eine Tatsache, die schon in der Antike viele Menschen fasziniert hat. Es gibt genau fünf solche Körper – das hielt man für bedeutsam, denn auch von anderen wesentlichen Dingen gibt es genau fünf: Aristoteles beschreibt fünf Elemente: Feuer, Wasser, Luft, Erde und Äther (oder Himmel oder Geist) Außerdem gibt es fünf Vokale: A, E, I, O, U. Die folgende Übersicht zeigt, was zusammengehört:

A – Feuer – Tetraeder

E – Luft – Oktaeder

I – Erde – Hexaeder

O – Wasser – Ikosaeder

U – Himmel – Dodekaeder

Johannes Kepler hat außerdem eine Verbindung zwischen den damals bekannten fünf Planeten und den fünf platonischen Körpern gesehen: Die Planeten bewegen sich annähernd auf Kugelschalen mit der Sonne als Mittelpunkt. Zwischen diesen Kugeln sind große Zwischenräume, und in diese Zwischenräume passen die platonischen Körper gerade hinein. Kepler stellte sich somit das Universum abwechselnd von einem platonischen Körper und einer Planetensphäre ausgefüllt vor:

Oktaeder
Merkur
Ikosaeder
Venus
Dodekaeder
Erde
Tetraeder
Jupiter
Hexaeder
Saturn

Platonische Körper auf Kugeln

Manche Bälle wirken wie aus lauter Vielecken zusammengesetzt, auf Fußbällen sehen wir z.B. Sechsecke und Fünfecke. Hier beschränken wir uns aber nur auf lauter gleiche Vielecke, und außerdem sollen in jeder Ecke gleich viele von ihnen zusammenstoßen. Man nennt eine lückenlose Belegung einer Fläche mit Vielecken eine **Parkettierung.**

Hier geht es also um Parkettierungen einer Kugel, und zwar um eine mit lauter Vielecken von ein und derselben Art, d.h. die Anzahl der Ecken soll bei allen Vielecken gleich groß sein. Außerdem sollen in jeder Ecke gleich viele Kanten zusammenstoßen. Wir können in solchen Kugeln aufgeblasene Polyeder sehen. Die Polyeder haben dann alle Eigenschaften platonischer Körper. Wie wir wissen, gibt es davon genau fünf und deshalb gibt es genau fünf Möglichkeiten eine Kugel auf die beschriebene Art und Weise, sozusagen platonisch, zu parkettieren. Eine davon ist in der folgenden Zeichnung zu sehen, sie entspricht dem Oktaeder.

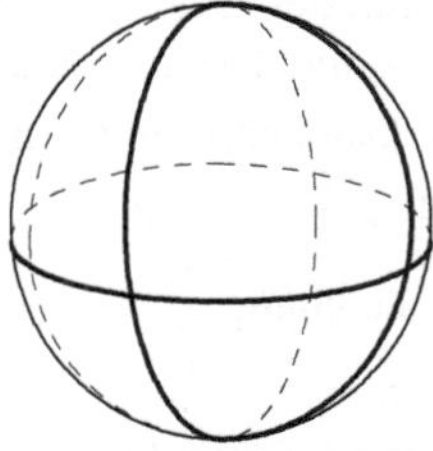

8 Dreiecke auf einer Kugel – wie bei einem Oktaeder

Parkett-Fußboden

Parkett ist eigentlich ein Begriff, der uns vom Fußboden her vertraut ist. Geometrisch handelt es sich dabei um eine lückenlose Belegung einer ebenen Fläche mit lauter gleichen Vielecken. Im einfachsten Fall sind es Quadrate.

Eine Parkettierung mit Quadraten

Wir kümmern uns hierbei nicht um die Ränder, es kommt nur darauf an, dass wir die Belegung der Ebene im Prinzip nach allen Seiten lückenlos fortsetzen können. Außer mit Quadraten ist auch mit Dreiecken eine Parkettierung möglich. Und wie uns die Bienen vormachen, sind auch Sechsecke geeignet.

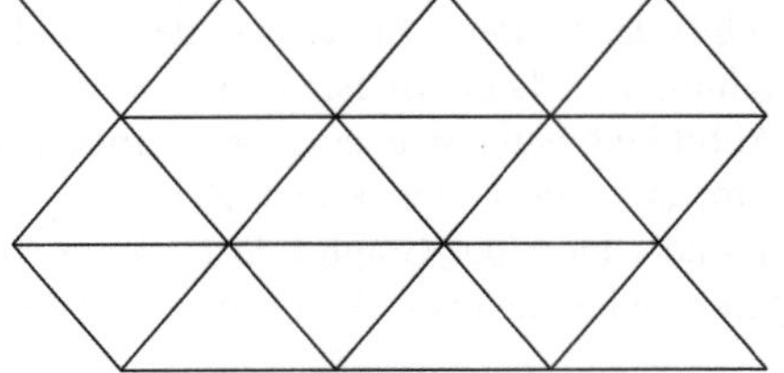

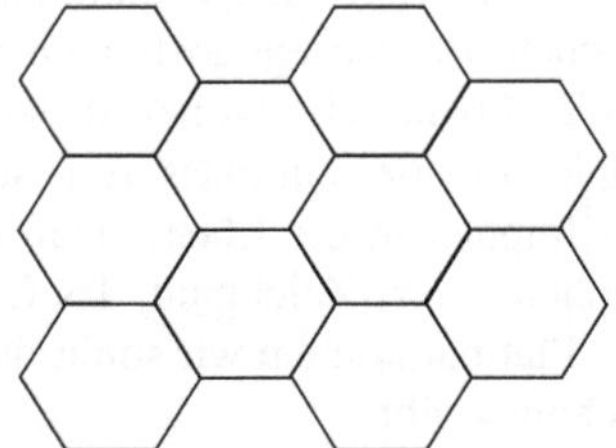

Parkettierungen mit Dreiecken und Sechsecken

Auch hier können wir uns fragen, ob das schon sämtliche Möglichkeiten sind oder ob es noch andere gibt. Die Antwort erhalten wir wieder von der Graphentheorie und wir haben sie schon vorbereitet. Als wir uns nämlich überlegt haben, wie viele platonische Graphen es gibt, kam die Gleichung

$$\frac{1}{g}+\frac{1}{n}-\frac{1}{2}=\frac{1}{k}$$

vor. Sie gilt auch für die Parkettierung der Ebene, weil die Voraussetzungen die gleichen sind wie bei den platonischen Graphen. Zur Erinnerung: g ist die Anzahl der Kanten, die in jeder Ecke zusammenstoßen, n ist die Anzahl der Ecken der Vielecke und k ist die Anzahl sämtlicher Kanten des Graphen. Da wir unser Parkett nach allen Seiten beliebig fortsetzen wollen – zumindest in Gedanken –, wird k beliebig groß und wir können $\frac{1}{k}$ durch 0 ersetzen. Dann entsteht die neue Gleichung

$$\frac{1}{g}+\frac{1}{n}-\frac{1}{2}=0.$$

Wir addieren auf beiden Seiten der Gleichung $\frac{1}{2}$:

$$\frac{1}{g}+\frac{1}{n}=\frac{1}{2}.$$

Das ist eine einschneidende Bedingung für g und n. Es gibt tatsächlich nicht mehr als drei Möglichkeiten, für g und n natürliche Zahlen einzusetzen:

$$\frac{1}{3}+\frac{1}{6}=\frac{1}{2}$$

$$\frac{1}{4}+\frac{1}{4}=\frac{1}{2}$$

$$\frac{1}{6}+\frac{1}{3}=\frac{1}{2}$$

Sie entsprechen den uns schon bekannten Parkettierungen mit Sechsecken, Quadraten und Dreiecken (in dieser Reihenfolge), und das sind auch die einzigen Möglichkeiten.

Zusätzliche Informationen

- Körper „ohne Löcher und Henkel“: Damit sind in der Sprache der Topologie Körper vom Geschlecht 0 gemeint. Oder: Die Euler-Poincaré-Charakteristik ist 2.
- „Dehnen und biegen“: Gemeint sind homöomorphe Abbildungen.
- In diesem Buch wird ein Graph durchweg als ein geometrisches Gebilde aufgefasst, obwohl er nach strenger Definition etwas Abstraktes ist (siehe zusätzliche Informationen zum 1. Kapitel). Man kann dann nicht ohne weiteres von ebenen Graphen sprechen. Bei diesem abstrakten Verständnis des Graphen bildet man den Graphen in die Ebene ab, wobei diese Abbildung ein Isomorphismus im Sinne der Graphentheorie sein muss. Eine solche Abbildung nennt man auch eine **Einbettung** des Graphen in die Ebene. Durch sie wird aus dem Graphen eine Zeichnung des Graphen. Diese Zeichnung des Graphen – aber nicht der Graph selbst – kann eben sein. Plättbar können wir somit diejenigen Graphen nennen, zu denen es eine ebene Zeichnung gibt.

- Die englischen Bezeichnungen kann man leicht verwechseln: plane = eben, planar = plättbar.

- Bei der Suche nach plättbaren Graphen heißt es: „Die Diagonalen liegen ganz innerhalb oder ganz außerhalb des Fünfecks.“ Hierbei wird der jordansche Kurvensatz benutzt: „Ist P ein Punkt im Inneren und Q ein Punkt im Äußeren einer Jordankurve, so schneidet jede stetige Linie, die P und Q verbindet, die Jordankurve mindestens einmal.“ Dabei versteht man unter einer Jordankurve eine geschlossene stetige Kurve, die sich nicht selbst überschneidet. Der jordansche Kurvensatz hört sich wie eine Selbstverständlichkeit an, er ist aber schwer zu beweisen. Auf dem Torus, z.B. einem Autoreifen, kann man sehr wohl eine Jordankurve zeichnen und trotzdem jeden Punkt mit jedem anderen verbinden, ohne die Jordankurve zu überqueren.

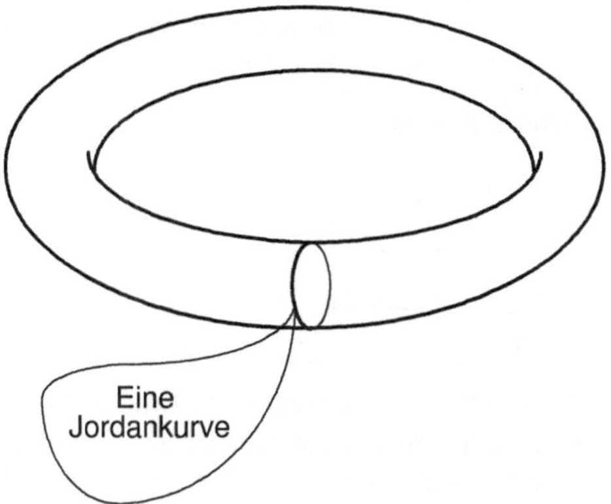

Ein Torus mit einer Jordankurve

Auf dem Torus gilt der jordansche Kurvensatz also nicht, aber in der Ebene gilt er und für ein Fünfeck in der Ebene haben wir ihn benutzt.

- Auch beim Beweis der eulerschen Polyederformel spielt der jordansche Kurvensatz eine Rolle. An einer Stelle lautete die Argumentation etwa so: „Jede Kante begrenzt 2 Flächen. Wenn wir eine Kante entfernen, vereinigen sich diese beiden Flächen zu einer einzigen.“ Hierbei wird die Kante als Jordankurve angesehen, die eine Fläche in zwei Teile teilt.

- Der Beweis der eulerschen Polyederformel lässt sich auch leicht zu einem Beweis durch vollständige Induktion nach der Anzahl der Kanten umbauen.

- Bei den Parkettierungen in der Ebene wird der Begriff des Graphen stillschweigend verallgemeinert: Die Mengen der Ecken und der Kanten dürfen auch unendlich sein. Die benutzte Gleichung für g, n und k gilt aber nur für endliche Graphen. Bei strenger Vorgehensweise wäre hier eine Grenzwert-Betrachtung nötig gewesen.

Aufgaben

1. 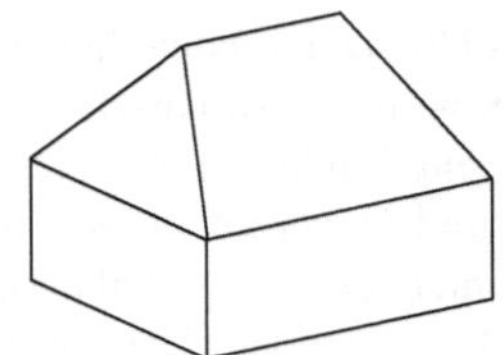

Zeichnen Sie dieses Haus als ebenen Graphen, die Bodenplatte soll die Außenfläche sein.

2. 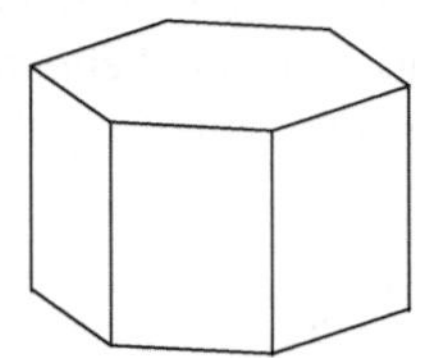

Zeichnen Sie ein sechsseitiges Prisma als ebenen Graphen.
   a. Nehmen Sie als Außenfläche eines der Sechsecke.
   b. Nehmen Sie als Außenfläche eines der Rechtecke.

3. Beschreiben Sie diese Körper:

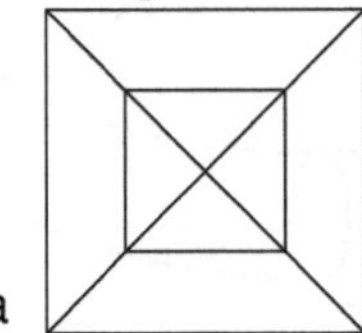

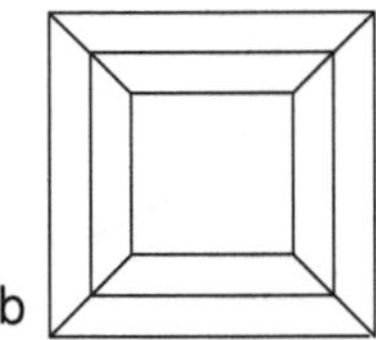

4. Wir sind von dem Problem ausgegangen, bestimmte Körper in einer Ebene darzustellen. Bekanntlich kann man viele Körper als Netz zeichnen und dann zusammenkleben. Das Netz ist also eine Art Bastelanleitung. Sind der Würfel und sein Netz als Graphen isomorph?

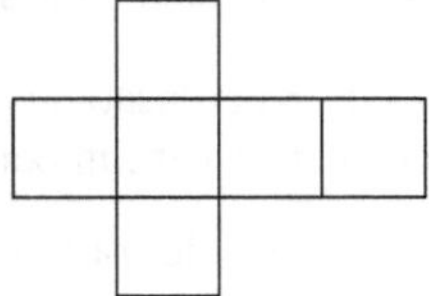

5. Bei diesem Graphen ist C die Außenfläche. Zeichnen Sie ihn neu, so dass A die Außenfläche wird.

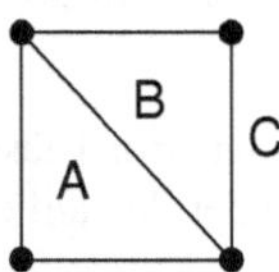

6. Zeichnen Sie die folgenden Graphen neu, so dass A die Außenfläche wird.

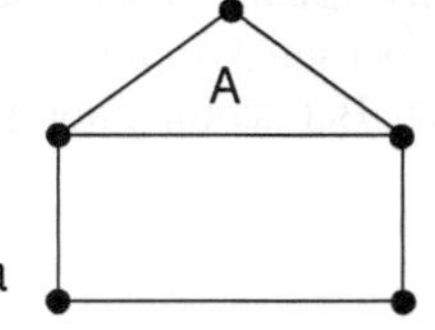

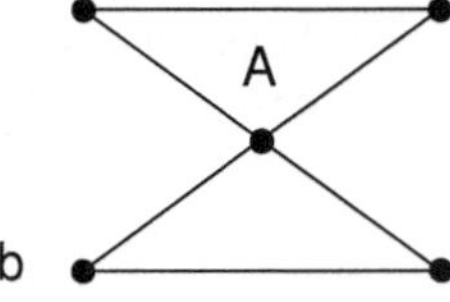

7. Sind das Nikolaus-Haus und die anderen Graphen eben? Welche sind plättbar?

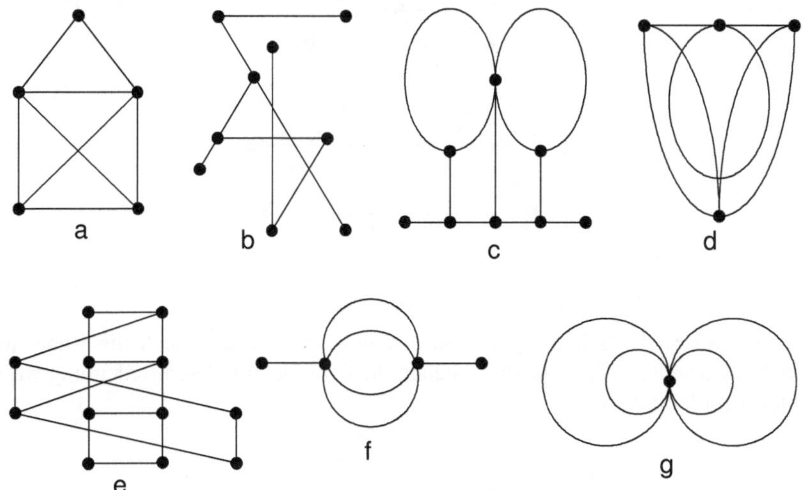

8. Begründen Sie, dass die folgenden Graphen plättbar sind:

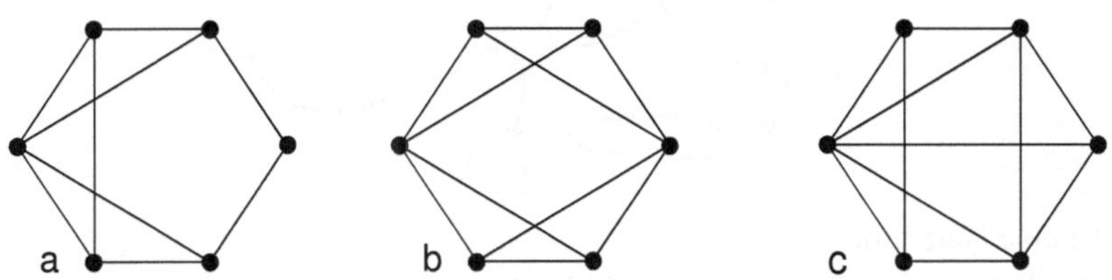

9. Welche vollständigen n-Ecke sind plättbar?
10. Begründen Sie dass die folgenden Graphen nicht plättbar sind.

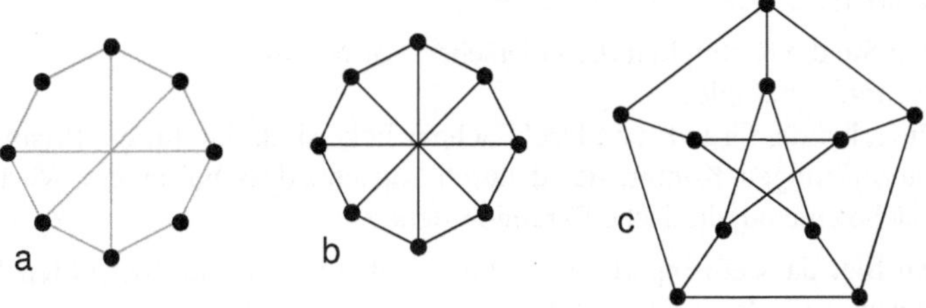

Anleitungen:
Zu a: Zeigen Sie, dass er eine Unterteilung des GWE-Graphen ist.
Zu b: Zeigen Sie, dass er eine Unterteilung des GWE-Graphen als Teilgraph enthält.
Zu c (der Petersen-Graph): Auch hier ist der GWE-Graph verborgen.

11. Ist dieser Graph plättbar?

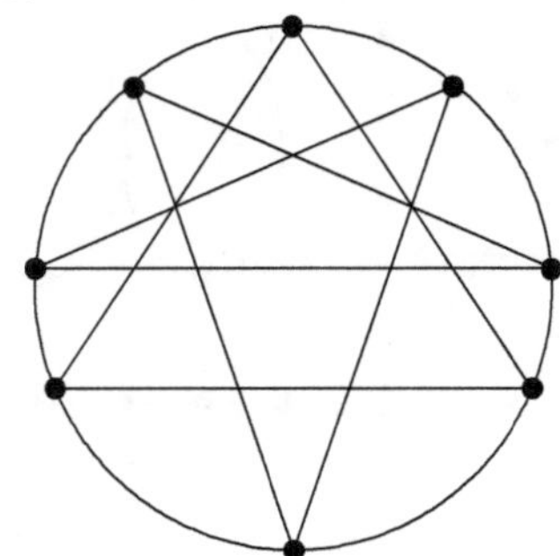

12. Diese elektrische Schaltung soll so geändert werden, dass sich die Kabel nicht mehr überkreuzen. Die Quadrate stehen für Bauteile, um deren Bedeutung wir uns hier nicht kümmern.

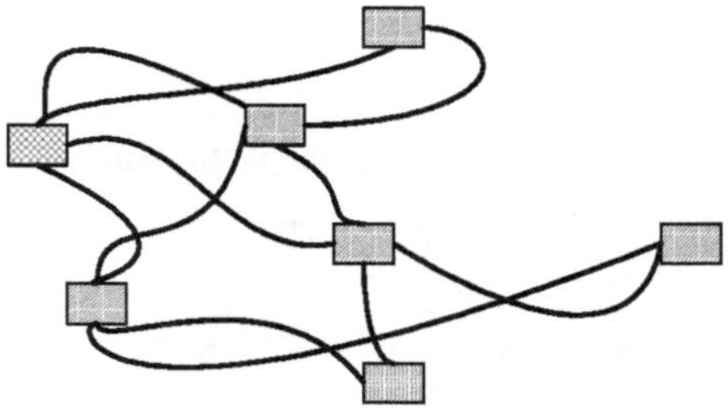

13. Ist eine Unterteilung
    a. eines eulerschen Graphen wieder ein eulerscher Graph?
    b. eines hamiltonschen Graphen wieder ein hamiltonscher Graph?
14. Wenn ein ebener Graph ein Baum ist, hat er nur eine einzige Fläche. Ist dieser Satz umkehrbar?
15. Überprüfen Sie die Richtigkeit der eulerschen Formel für
    a. eine n-seitige Pyramide.
    b. eine Säule, bei der Grund- und Deckfläche n-Ecke sind, d.h. für ein Prisma.
    c. einen sternförmigen Körper, der dadurch entsteht, dass bei einem Würfel auf jeder Fläche eine quadratische Pyramide steht.
16. Begründen Sie, dass ein bipartiter 2-n-Graph plättbar ist und überprüfen Sie an diesem Beispiel die Richtigkeit der eulerschen Formel. In der folgenden Zeichnung sehen Sie als Beispiel einen bipartiten 2 -5-Graphen.

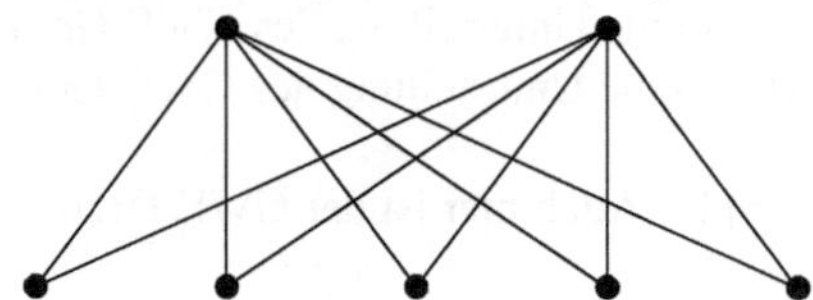

17. Kontrollieren Sie die Richtigkeit der eulerschen Formel für die folgenden ebenen Graphen. g ist wieder das Mühlebrett.

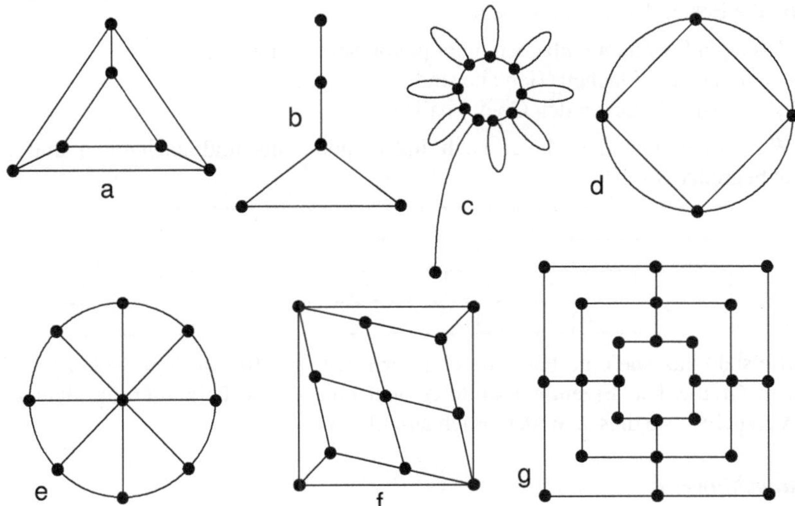

18. Wie groß ist die Anzahl der Ecken, Flächen und Kanten für ein 8 x 8 – Schachbrett? Gilt die eulersche Formel? Als Kanten sehen wir die Seiten der 64 Quadrate an.

19. Lösen Sie die gleiche Aufgabe für ein n x n – Schachbrett.

20. Ein zusammenhängender ebener Graph habe 8 Ecken und 9 Kanten.
    a. Zeichnen Sie ein Beispiel für einen solchen Graphen.
    b. Warum kann es kein Polyeder mit 8 Ecken und 9 Kanten geben?

21. Warum kann es kein Polyeder geben, das 10 Flächen und 14 Kanten hat?

22. Begründen Sie: Bei einem Polyeder mit 8 Ecken und 18 Kanten sind alle Flächen Dreiecke.

23. Ein zusammenhängender ebener Graph hat 10 Flächen und alle Flächen sind Vierecke. Wie viele Ecken und Kanten hat er?

24. Zeichnen Sie – sofern das möglich ist – zusammenhängende ebene Graphen mit
    a. 6 Ecken und 5 Kanten.
    b. 6 Ecken und 10 Kanten.
    c. 4 Ecken und 4 Flächen.
    d. 5 Ecken und 5 Flächen.
    e. 6 Ecken und 6 Flächen.
    f. 4 Kanten und 4 Flächen.
    g. 6 Kanten und 3 Flächen.
    h. 6 Kanten und 2 Flächen.

25. Die Graphen der platonischen Körper:
    a. Welche sind hamiltonsch?
    b. Welche sind eulersch?
    c. Welche sind bipartit?

26. Zeichnen Sie einen zusammenhängenden ebenen Graphen, bei dem
    a. alle Flächen Sechsecke sind.
    b. alle Ecken den Grad 6 haben.
27. Zeichnen Sie einen einfachen nicht platonischen Graphen,
    a. bei dem alle Flächen Vierecke sind.
    b. bei dem alle Ecken den Grad 4 haben.
28. Wir stellen uns die Mauer nach links und rechts und nach oben und unten unbegrenzt vor.

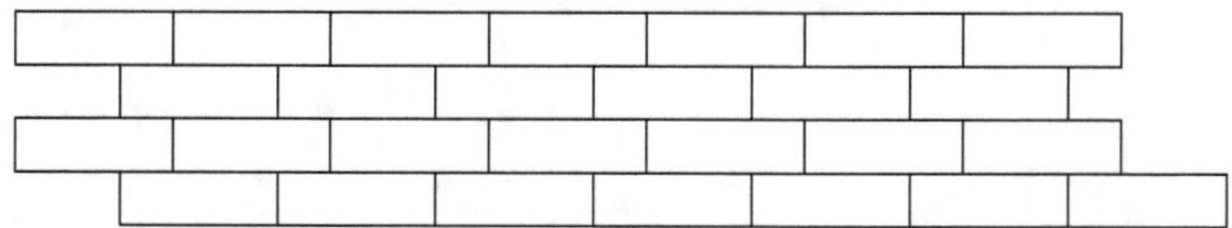

Sie sieht aus wie eine Parkettierung der Ebene mit Rechtecken, wobei jede Ecke den Grad 3 hat. Eigentlich sollte es aber eine solche Parkettierung nicht geben. Versuchen Sie diesen Widerspruch aufzulösen.

Lösungshinweise

1.

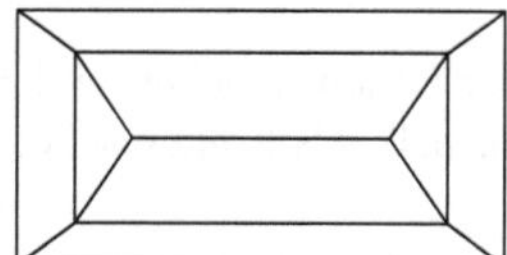

2. Beispiele:

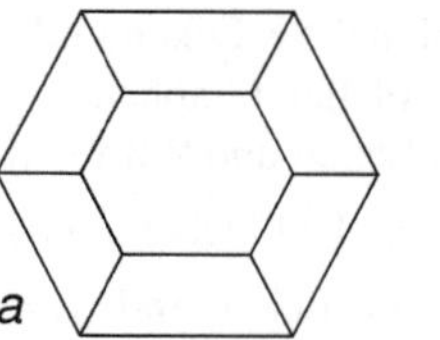

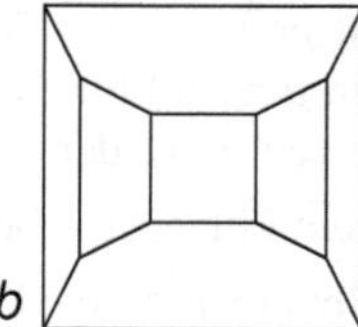

3. a: Zum Beispiel ein Würfel, auf dem eine Pyramide steht.
b. Zum Beispiel ein Würfel, auf dem ein Pyramidenstumpf steht.

4. Natürlich nicht. Schon allein die Anzahl der Ecken ist unterschiedlich!

5. A und B sind Dreiecke, C ist ein Viereck. Es gibt viele Lösungen. Hier ein Beispiel:

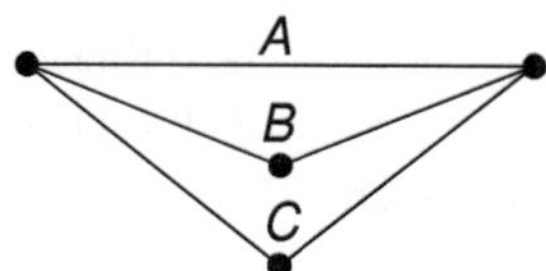

6. Beispiele:

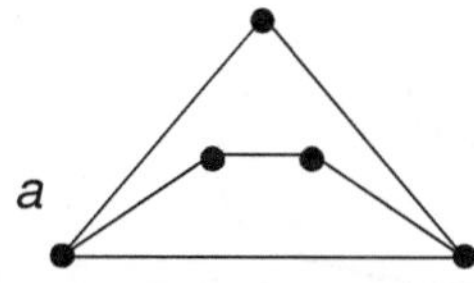

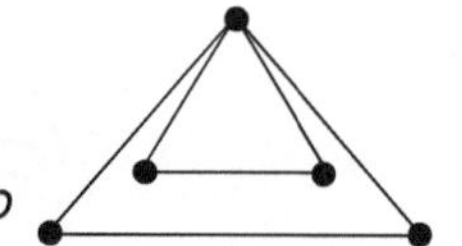

7. Alle sind plättbar; c, f und g sind eben.

8. Wir zeichnen die Graphen als ebene Graphen um:

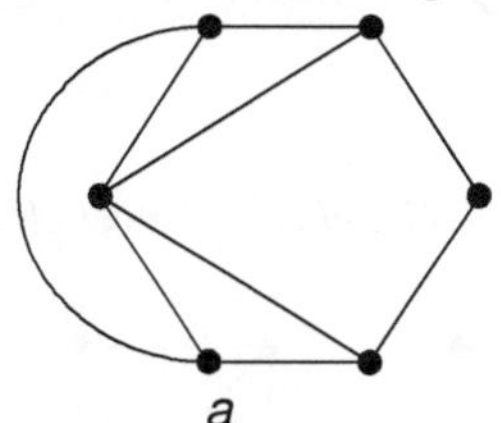

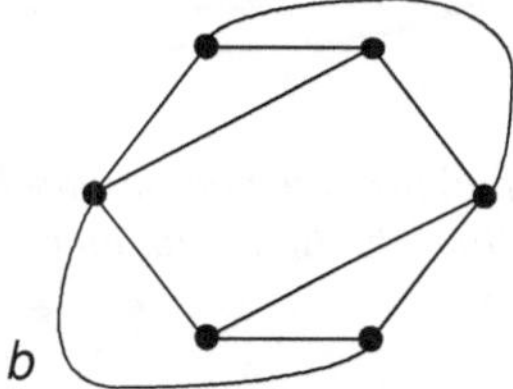

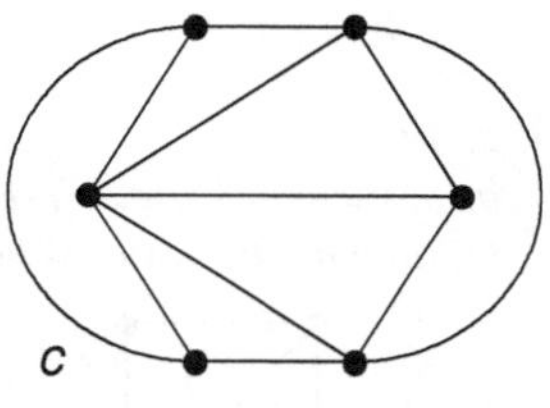

9. Dreiecke und Vierecke sind plättbar, Fünfecke aber nicht. Vollständige n-Ecke mit $n \geq 6$ enthalten ein vollständiges Fünfeck als Teilgraph und sind deshalb ebenfalls nicht plättbar.

10. Man kann die Aufgaben leichter lösen, wenn man die Ecken als erstes benennt.

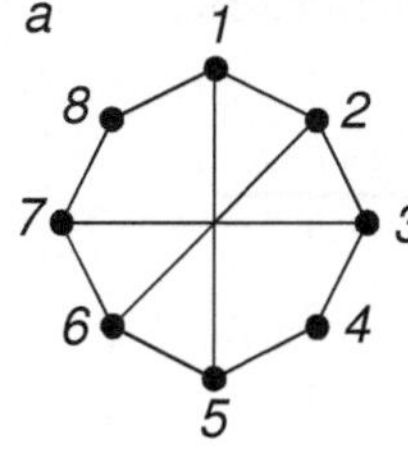

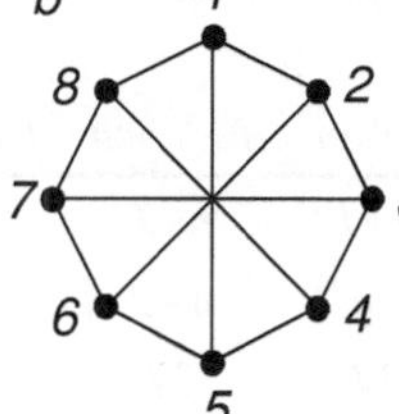

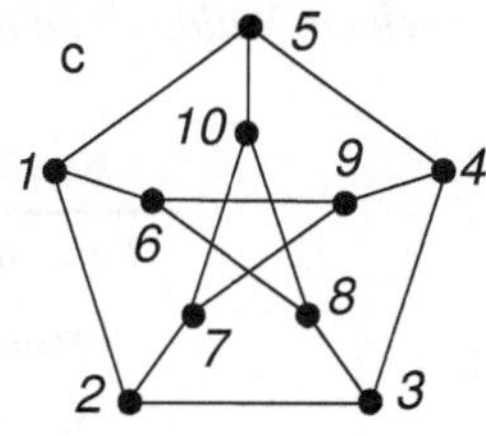

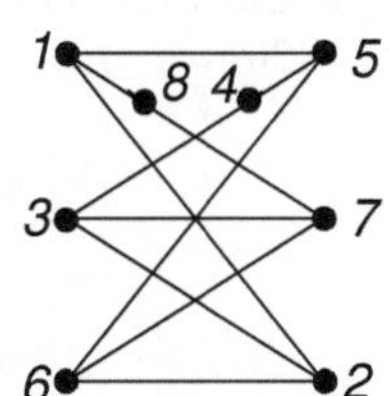

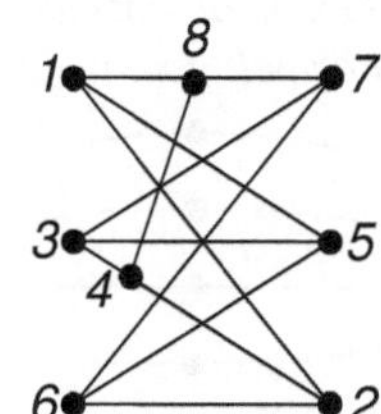

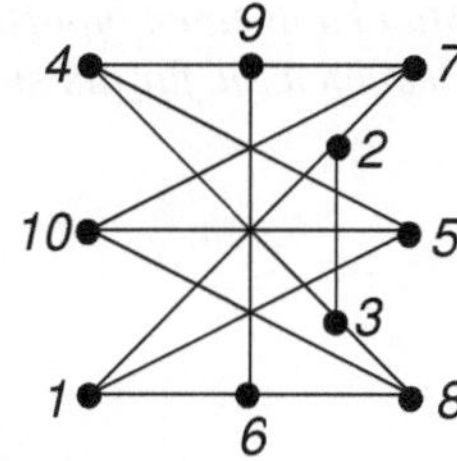

11. Nein, der Graph enthält eine Unterteilung des vollständigen Fünfecks.

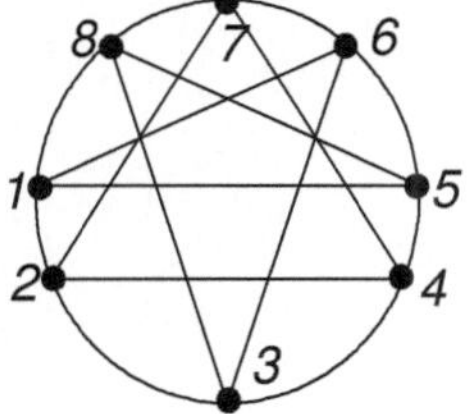

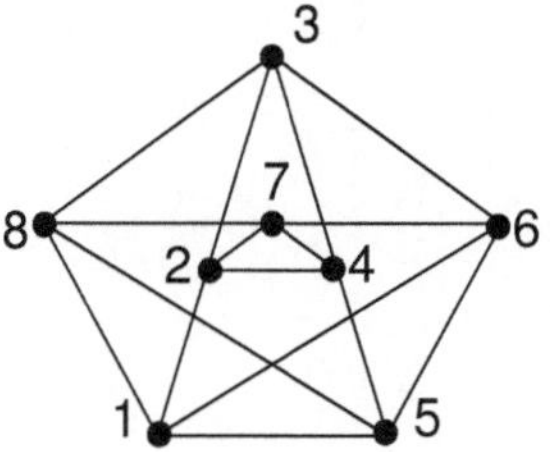

12.

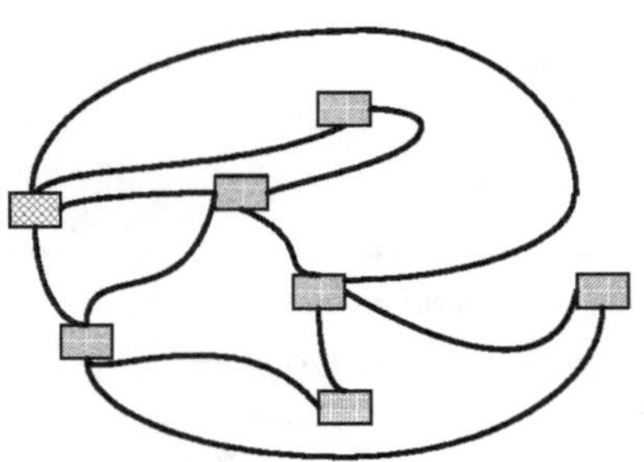

13. a: Ja.

b: Manchmal! Hier ein Beispiel für einen hamiltonschen Graphen mit zwei Unterteilungen. Die erste ist hamiltonsch, die zweite nicht.

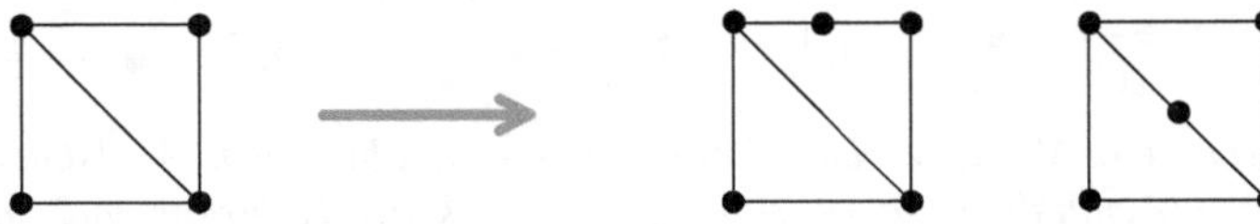

14. Wenn man außerdem voraussetzt, dass der Graph zusammenhängt, lautet die Antwort „ja". Wenn man auf diese zusätzliche Voraussetzung verzichtet, kann es auch ein Wald sein, d.h. ein Graph, der aus mehreren Bäumen besteht.

15.

Körper	*Ecken*	*Flächen*	*Kanten*	*e+f - k*
Pyramide	*n+1*	*n+1*	*2n*	2
Prisma	*2n*	*n+2*	*3n*	2
Stern	*14*	*24*	*36*	2

16. Man kann einen bipartiten 2-n-Graphen umzeichnen (hier für das Beispiel n = 5). Beachten Sie für die eulersche Formel: $e = n + 2,\ f = n,\ k = 2n$

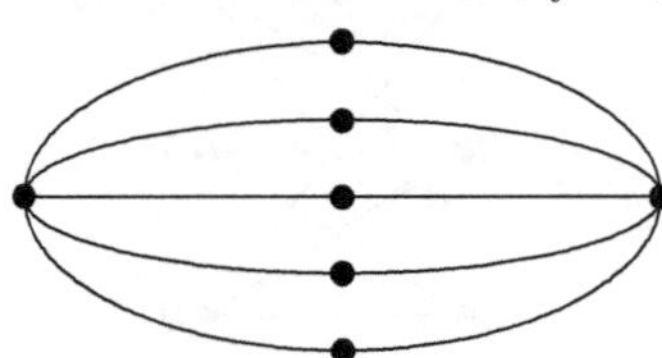

17.

Graph	*Ecken*	*Flächen*	*Kanten*	*e+f - k*
a	*6*	*5*	*9*	*2*
b	*5*	*2*	*5*	*2*
c	*10*	*10*	*18*	*2*
d	*4*	*6*	*8*	*2*
e	*9*	*9*	*16*	*2*
f	*11*	*9*	*18*	*2*
g	*24*	*10*	*32*	*2*

18. $e = 81, f = 65, k = 144$

19. $e = (n+1)^2$, $f = n^2 + 1$, $k = 2n(n+1)$

20. a. Unsere Suche wird erleichtert, wenn wir mit der eulerschen Formel die Anzahl der Flächen berechnen: f = 3. Außer der Außenfläche müssen es also 2 Flächen sein. Die Zeichnung zeigt drei Beispiele.

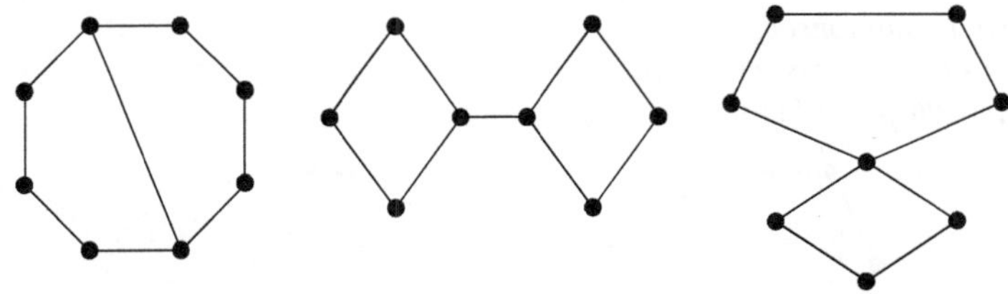

b. Der Körper müsste 3 Flächen haben. Polyeder haben aber mindestens 4 Flächen.

21. Jede der 10 Flächen hat mindestens 3 Kanten. Also gibt es anscheinend 30 Kanten. Aber da jede Kante zu 2 Flächen gehört, sind es in Wirklichkeit mindestens 15 Kanten. Es gibt aber nur 14 Kanten.

22. Mit der eulerschen Formel berechnen wir die Anzahl der Flächen: 12. Da jede der 18 Kanten 2 Flächen begrenzt, haben die Flächen zusammen 36 Kanten (wobei jede Kante doppelt zählt). Die Flächen haben somit im Durchschnitt 3 Kanten. Da keine weniger als 3 Kanten haben kann, sind es genau 3 Kanten für jede Fläche. (Beispiele: eine Doppelpyramide mit einem Sechseck als Grundfläche oder ein Tetraeder, bei dem auf jeder Fläche ein weiteres Tetraeder steht).

23. Der Graph hat genau 20 Kanten und – nach der eulerschen Formel – 12 Ecken. Ein Beispiel:

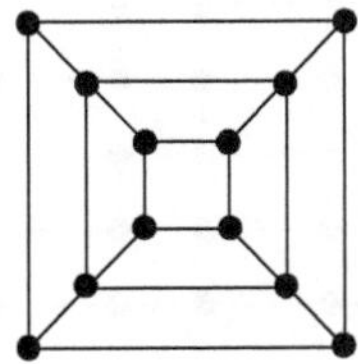

24. *Es ist gut, zuerst mit der eulerschen Formel die Anzahl der Flächen (oder Ecken oder Kanten) auszurechnen. Lösungsbeispiele:*
a. Jeder Baum mit 6 Ecken.

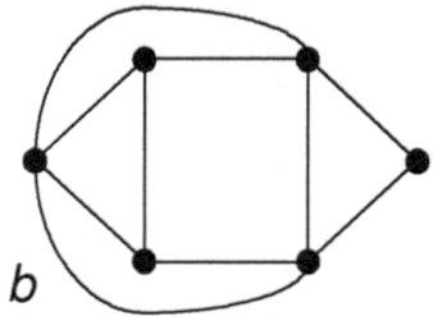

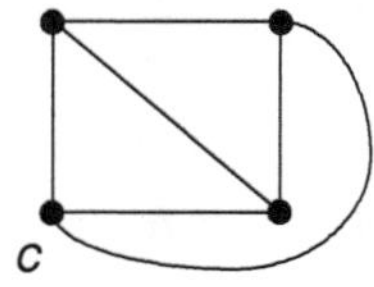

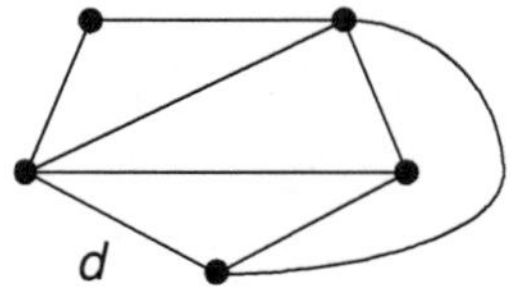

e. Siehe b.
f. Das geht nicht.
g.

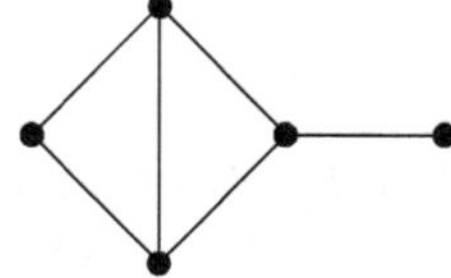

h. Jeder Kreis mit 6 Ecken.

25. *a: Alle sind hamiltonsch.*
b: Nur das Oktaeder ist eulersch.
c: Nur der Würfel ist bipartit.

26.

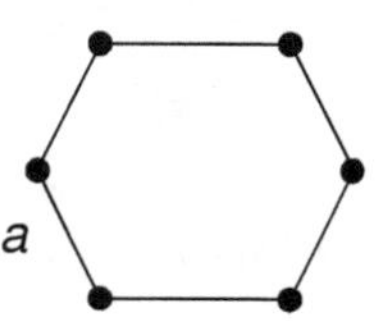

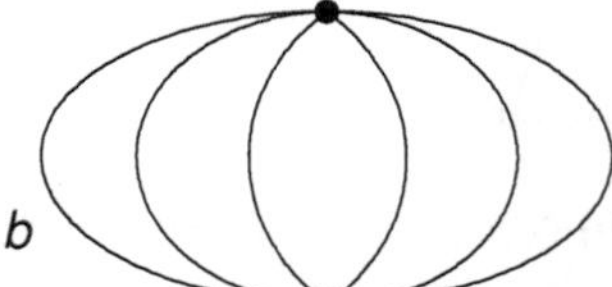

27. *Beispiele:*

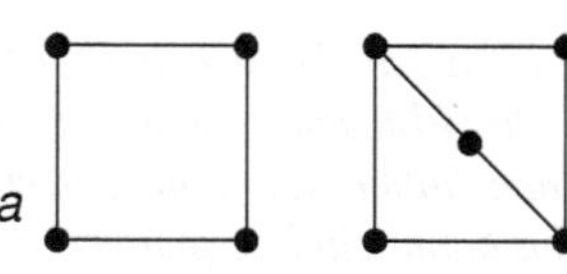

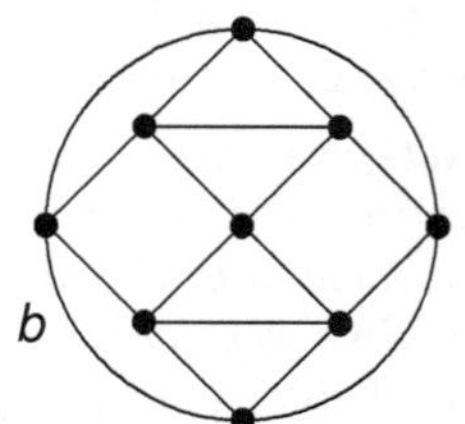

28. *Aus der Sicht der Graphen sind die Mauersteine keine Vierecke, sondern Sechsecke und die Mauersteine sind nur abgewandelte Bienenwaben.*

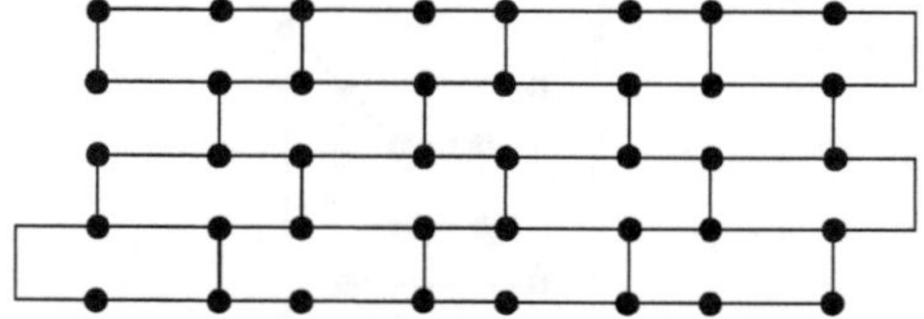

9 Farben

In diesem Kapitel ist auch von ebenen und plättbaren Graphen die Rede. Im 7. Kapitel können Sie sich informieren, was damit gemeint ist.

Farbige Landkarten

Wenn im Atlas die einzelnen Länder deutlich zu erkennen sein sollen, müssen sie sich farblich von einander abheben. Man könnte jedem Land eine eigene Farbe geben. Dann brauchte man für eine Europakarte über 30 verschiedene Farben. Das ist ziemlich viel und man wird deshalb versuchen mit weniger Farben auszukommen und mehreren Länder dieselbe Farbe geben. Zu wenige Farben dürfen es aber auch nicht sein, denn benachbarte Länder müssen verschiedene Farben haben, damit sie deutlich zu unterscheiden sind.

Damit ist die Aufgabe schon gestellt: Eine Landkarte ist so zu färben, dass benachbarte Länder verschiedene Farben haben und insgesamt möglichst wenige Farben verwendet werden. Wir sehen uns einen Teil von Europa an.

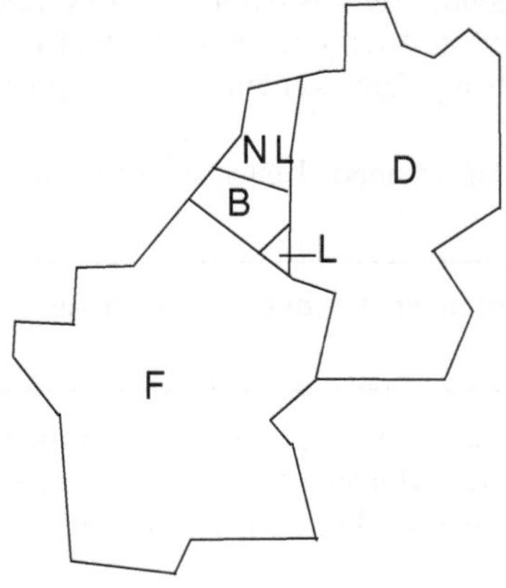

Fünf Länder

3 Farben reichen nicht aus, um diese Länder in der angegebenen Weise anzumalen, aber mit 4 Farben können wir es schaffen. Beziehen wir das Meer in die Färbung ein, so reichen ebenfalls 4 Farben, wenn Luxemburg dieselbe Farbe bekommen darf wie das Meer. Auch bei einer Karte von ganz Europa kommt man tatsächlich mit 4 Farben aus.

Welche Gegend der Welt man auch wählt, 4 Farben reichen immer zum Färben der Landkarte, es gibt keine, bei der man unbedingt 5 Farben benötigt. Man kann sich auch künstliche Landkarten ausdenken, bei denen die Grenzziehung raffinierter ist als in der Realität. Allerdings sollten die Länder zusammenhängend sein. Versuchen Sie einmal die folgende Landkarte zu färben! Länder, die nur eine Ecke gemeinsam haben, dürfen dieselbe Farbe bekommen; wenn sie eine gemeinsame Grenze haben, aber nicht.

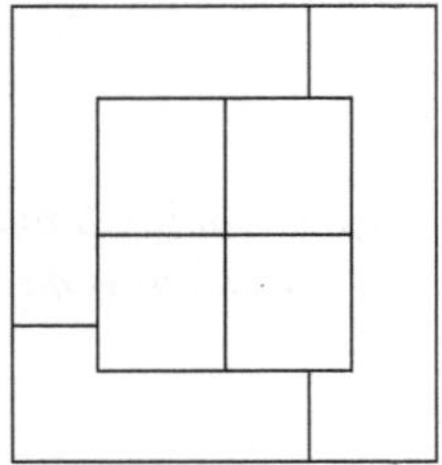

Zum Färben dieser „Landkarte" sollen möglichst wenige Farben verwendet werden.

Eine von mehreren Färbungen kann man bei den Lösungshinweisen zur 1. Aufgabe finden.

Alle realen und alle ausgedachten Landkarten konnte man bisher immer mit 4 Farben färben, bei keiner waren 5 oder mehr Farben nötig. Aber ist das bei allen Landkarten so? Oder wird eines Tages jemand eine Landkarte erfinden, für die man mindestens 5 Farben braucht?

Der Sachverhalt ist ganz einfach, aber die Entscheidung nicht. Die Mathematiker haben sich immer kompliziertere Landkarten ausgedacht, und jede konnten sie mit 4 Farben färben. Aber ein zwingender Beweis dafür, dass das immer geht, fehlte. Über 120 Jahre lang gab es das ungelöste Vierfarbenproblem: Es ist zu beweisen, dass jede Landkarte mit höchstens 4 Farben gefärbt werden kann – oder es ist eine Landkarte zu finden, bei der das nicht geht.

Aber 1976 gelang es den Amerikanern Kenneth Appel und Wolfgang Haken die Vermutung zu beweisen:

Vierfarbensatz: Alle Landkarten können mit höchstens 4 Farben gefärbt werden.

Der Beweis ist allerdings sehr aufwändig, er ist im Wesentlichen ein Computerprogramm mit ursprünglich mehreren Monaten Rechenzeit. Durch Vereinfachungen des Beweises und mit besseren Rechnern geht es heute wesentlich schneller.

Aus Landkarten werden Graphen

Die Färbung von Landkarten können wir erleichtern, indem wir nicht die ganzen Länder ausmalen, sondern nur die Hauptstädte. Um außerdem deutlich zu machen, welche Länder benachbart sind, verbinden wir ihre Hauptstädte durch Linien, die die gemeinsame Grenze genau einmal schneiden. Diese Linien könnten z.B. Eisenbahnstrecken sein. Damit haben wir zu der Landkarte einen Graphen gezeichnet: Die Länder entsprechen den Ecken, und die Ecken werden genau dann durch eine Kante verbunden, wenn die entsprechenden Länder benachbart sind. Die ursprüngliche Landkarte ist unwichtig geworden, wir brauchen sie nicht mehr.

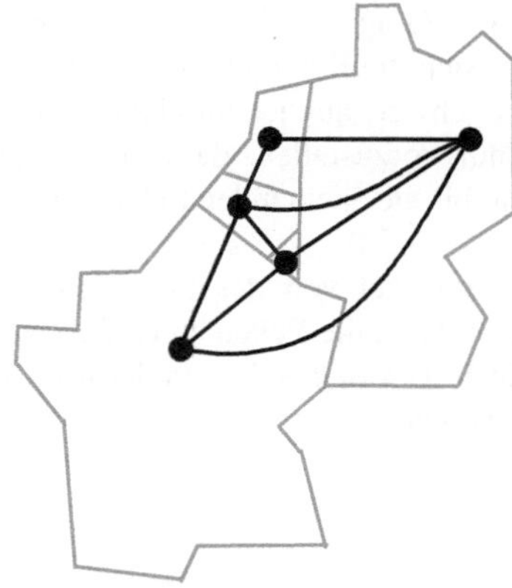

Aus der Landkarte wird ein Graph.

Wir können uns auch Landkarten ausdenken und aus ihnen Graphen machen:

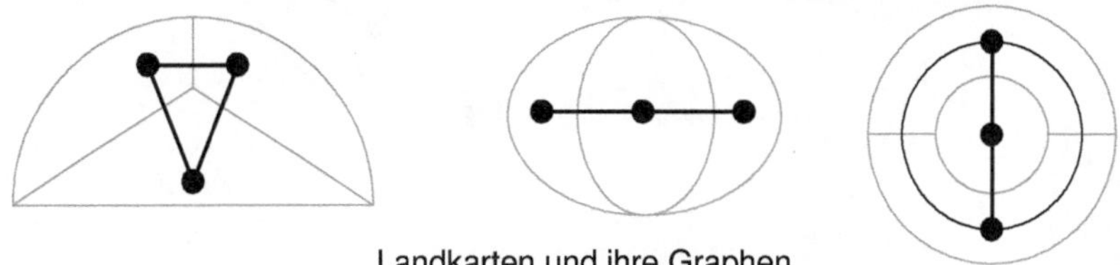

Landkarten und ihre Graphen

Wenn zwei Länder mehrere Grenzabschnitte gemeinsam haben, zeichnet man durch jeden von ihnen eine Kante, wie das letzte Beispiel zeigt. Aber das wirkt sich auf die Färbung nicht aus.

Ähnlich wie hier geht man auch in Sachzusammenhängen vor, die eigentlich mit Landkarten nichts zu tun haben. Will man z.B. die Beziehung des Menschen zur Tierwelt veranschaulichen, so könnte man das folgende Diagramm zeichnen. Der entsprechende Graph ist ebenfalls aussagekräftig.

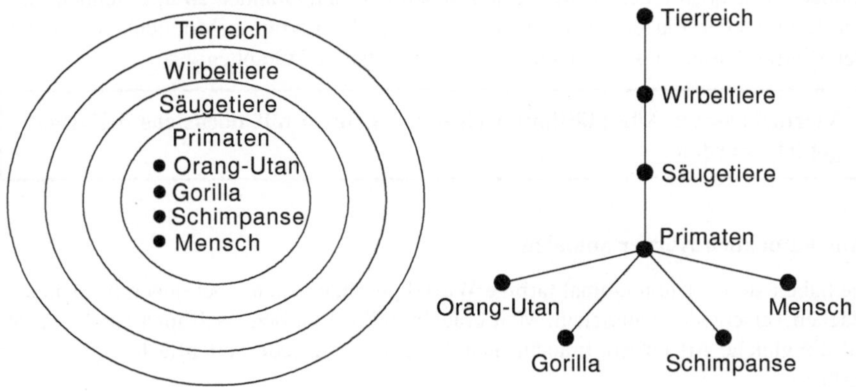

Landkarte und Graph – ein Beispiel aus der Biologie

Zurück zu den Landkarten! Die Graphen, die aus den Landkarten entstehen, haben wir immer so gezeichnet, dass sich die Kanten nicht kreuzen. Also sind diese Graphen eben. Umgekehrt ist es nicht schwer, aus jedem ebenen Graphen eine Landkarte zu machen, wir brauchen uns nur vorzustellen, dass die Hauptstädte der Länder (die Ecken) wachsen und wachsen, bis sie aneinanderstoßen. Die vergrößerten Hauptstädte sind dann die Länder.

Wir übertragen die Färbungsregel von der Landkarte auf den Graphen: Einen Graphen richtig zu färben heißt dann, die Ecken so zu färben, dass benachbarte Ecken verschiedene Farben bekommen. Ein Beispiel ist in der nächsten Zeichnung zu sehen, wobei die Zahlen für Farben stehen.

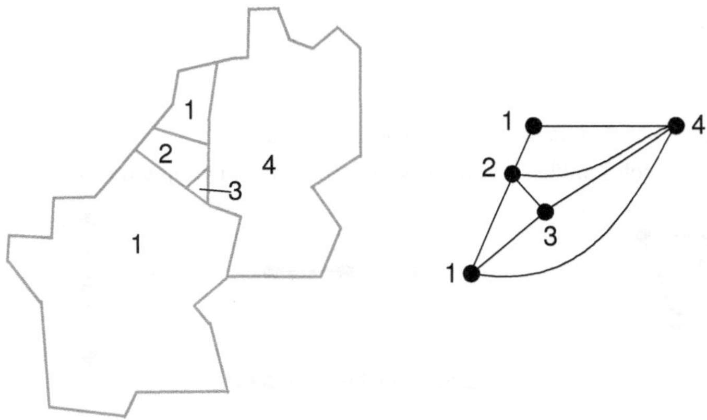

Eine gefärbte Landkarte und ihr gefärbter Graph

Auch wenn wir das Meer wie üblich blau malen wollen, brauchen wir nicht mehr als 4 Farben. Luxemburg muss dann allerdings ebenfalls blau werden. Gleichgültig, ob wir eine Landkarte oder den dazu passenden Graphen färben wollen, der Vierfarbensatz sagt, dass wir dazu nie mehr als 4 Farben benötigen.

Die Graphen, die zu den Landkarten passen – das sind die ebenen Graphen. Wir können sogar noch einen Schritt weiter gehen und den Graphen so umzeichnen, dass sich Kanten überkreuzen. Dadurch ändert sich an den Färbungs-Möglichkeiten nichts. Der Vierfarbensatz ist somit auch ein Satz über plättbare Graphen:

Vierfarbensatz: Alle plättbaren Graphen können mit höchstens 4 Farben gefärbt werden.

Man kann auch Körper anmalen

Sie haben sicher schon einmal farbige Würfel gesehen, solche, bei denen benachbarte Flächen verschiedene aussehen. Man braucht dafür 3 Farben. Will man ein Tetraeder auf die gleiche Art färben, braucht man 4 Farben, weil jede Seitenfläche jede andere berührt.

Wie mag es bei komplizierteren Polyedern sein, z.B. beim Dodekaeder? Die Antwort lautet: Wir brauchen nie mehr als 4 Farben.
Das ergibt sich ganz leicht aus dem Vierfarbensatz. Denken Sie sich – wie im 8. Kapitel beschrieben – das Polyeder ganz flach gemacht zu einem ebenen Graphen. Da wir ihn mit höchstens 4 Farben färben können, brauchen wir diese Färbung nur beizubehalten, wenn wir den Vorgang rückwärts ausführen und unser Polyeder wieder herstellen.

Die Flächen von Polyedern können mit maximal 4 Farben gefärbt werden.

Übrigens braucht man die Polyeder nicht vollflächig anzumalen. Ein Farbtupfer pro Fläche genügt! Diese Farbtupfer können wir als Ecken eines neuen Graphen ansehen, und Kanten denken wir uns dann, wenn die entsprechenden Flächen eine gemeinsame Kante haben. Aus einem Würfel entsteht dann ein Oktaeder, wie die folgende Zeichnung zeigt.

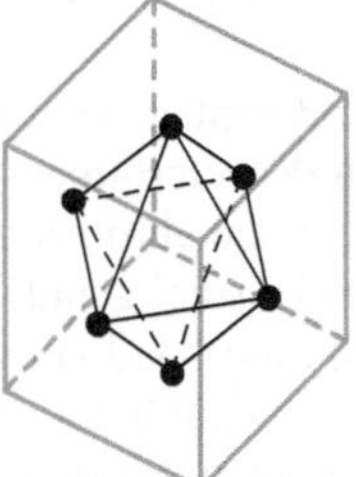

Den 6 Seitenflächen des Würfels entsprechen die 6 Ecken des Graphen.

Ein auf diese Weise entstandener Graph ist immer plättbar, also lässt er sich mit 4 Farben färben. Das Gleiche gilt dann auch für die Seitenflächen des Körpers, was wir hiermit ein zweites Mal bewiesen haben.

Wir färben alle Graphen

Bisher haben wir Graphen gefärbt, die ursprünglich aus Landkarten hervorgegangen sind. Kann man auch andere Graphen färben?

Erinnern wir uns an die Regel: Alle Ecken erhalten Farben, und Ecken, die durch eine Kante verbunden sind, erhalten verschiedene Farben. Das kann aber bei einer Schlinge nicht funktionieren, die entsprechende Ecke müsste zwei verschiedene Farben haben! Aber in allen anderen Fällen braucht man im Extremfall nur jeder Ecke eine andere Farbe zu geben und hat die Aufgabe schon gelöst. Kommen parallele Kanten vor, so ist das für die Färbung unerheblich, denn eine der beiden Kanten bewirkt schon für sich allein, dass die beiden Ecken verschiedene Farben haben; die andere könnte man einfach weglassen. Es ist also sinnvoll, sich beim Färben von Graphen auf Graphen ohne Schlingen und ohne parallele Kanten, d.h. auf einfache Graphen zu beschränken. Wie bei den Landkarten interessiert man sich wieder für die kleinste Anzahl von Farben, mit der ein Graph gefärbt werden kann.
Einen **einfachen Graphen färben** heißt also:

- Jede Ecke erhält eine Farbe.
- Ecken, die eine Kante gemeinsam haben, erhalten verschiedene Farben.
- Es sind möglichst wenige Farben zu verwenden.

Die kleinste Anzahl von Farben, mit der ein Graph gefärbt werden kann, nennt man seine **chromatische Zahl.** Sie wird mit dem griechischen Buchstaben χ (chi) bezeichnet. Einige Beispiele sollen das verdeutlichen, wobei die Farben durch Zahlen ersetzt sind.

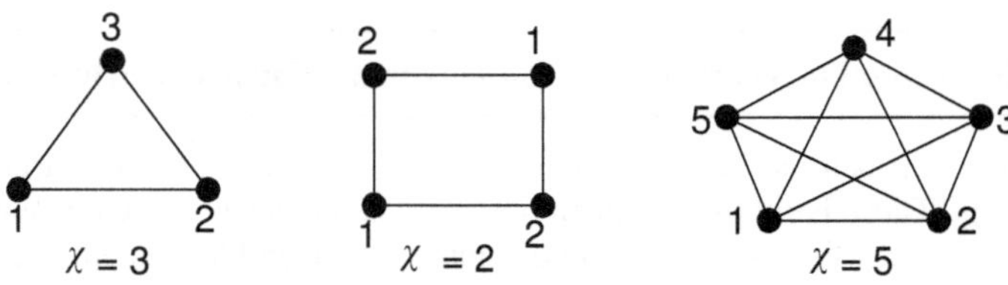

Drei Graphen und ihre chromatischen Zahlen

Für manche Arten von Graphen kann man ohne große Mühe etwas über ihre chromatische Zahl sagen:

Die chromatische Zahl plättbarer Graphen beträgt höchstens 4, das wissen wir schon – denn das ist gerade der Inhalt des Vierfarbensatzes.

Leicht einzusehen ist, dass Dreiecke die chromatische Zahl 3 haben. Kreise haben die chromatische Zahl 2, wenn ihre Eckenzahl gerade ist, und 3, wenn ihre Eckenzahl ungerade ist. In vollständigen n-Ecken muss jede Ecke eine eigene Farbe haben, ihre chromatische Zahl ist also n. Enthält ein Graph ein vollständiges n-Eck als Teilgraph, so braucht man dafür allein schon n Farben, für den ganzen Graphen eventuell mehr. Graphen mit einem Dreieck haben also mindestens die chromatische Zahl 3.

Bipartite Graphen haben die chromatische Zahl 2, denn man kann die Ecken der einen Menge rot und die der anderen Menge blau färben. Dann sind nur rote und blaue Ecken miteinander verbunden. Diese Aussage über bipartite Graphen ist umkehrbar: Hat ein Graph die chromatische Zahl 2 und sind die Ecken rot und blau gefärbt, so sind niemals Ecken mit derselben Farbe miteinander verbunden. Die Menge der roten Ecken und die der blauen Ecken legen dann einen bipartiten Graphen fest. Alle Bäume haben somit die chromatische Zahl 2, denn sie sind bipartit.

Wir nehmen ein früheres Ergebnis hinzu: Ein Graph ist genau dann bipartit, wenn er keinen Kreis mit ungerader Eckenzahl enthält, und fassen zusammen:

Die folgenden Aussagen sind äquivalent:
- **Der Graph ist bipartit.**
- **Der Graph hat die chromatische Zahl 2.**
- **Im Graphen gibt es keinen Kreis mit ungerader Eckenzahl.**

Für Graphen mit der chromatischen Zahl 2 haben wir ein einfaches Kennzeichen gefunden. Für höhere chromatische Zahlen gibt es das leider (noch) nicht.

Ampelschaltungen

Es gibt viele praktische Probleme, die man mit Hilfe von Graphen und Farben lösen kann.

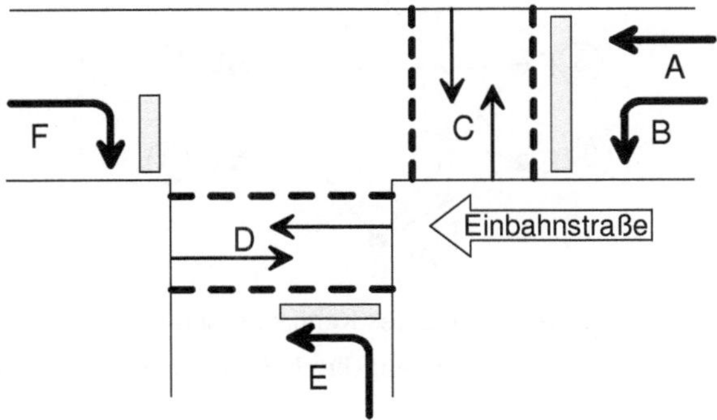

Eine verkehrsreiche Einmündung

An verkehrsreichen Straßenkreuzungen und Einmündungen sollen Ampelanlagen verhindern, dass Fußgänger oder Fahrzuge gleichzeitig unterwegs sind, wenn es zu Kollisionen kommen kann. In unserem Beispiel sollten A und C nicht gleichzeitig grün haben, während sich A und D nicht stören. Wir beschreiben die Situation mit einem Graphen: Den Ecken entsprechen die Verkehrsströme, und Kanten zeichnen wir dann, wenn sich die Verkehrsströme gegenseitig stören. Man nennt einen solchen Graphen auch einen **Konfliktgraphen**.

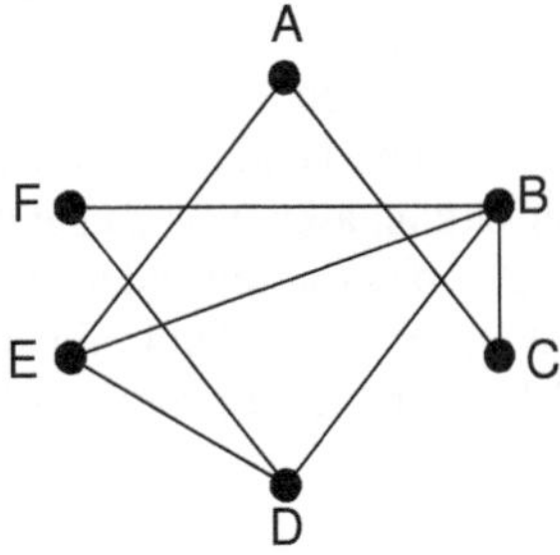

Der Konfliktgraph der Einmündung

Verkehrsströme, die durch eine Kante verbunden sind, dürfen nicht gleichzeitig grün haben. Das würde man erreichen, wenn man jedem Verkehrsstrom einzeln grünes Licht gibt und die anderen jeweils rot haben. Das wären in unserem einfachen Beispiel schon 6 Grünphasen nacheinander – eine Lösung, die zu langen Wartezeiten führt. Wie wir gesehen haben, könnten aber z.B. A und D gleichzeitig grün haben. Es ist also sinnvoll, nach einer minimalen Anzahl von Grünphasen zu suchen.

An dieser Stelle können wir unsere Kenntnisse über das Färben von Graphen einsetzen: Wir färben die Ecken nach unseren Regeln. In der Anwendung auf unsere Aufgabe bedeutet jede Farbe eine Ampelphase, und alle Verkehrsströme mit der gleichen Farbe können gleichzeitig grün haben. Da der Graph Dreiecke enthält (z.B. BED), ist seine chromatische Zahl mindestens 3. Aber man sieht leicht, dass 3 Farben schon reichen. Die Farben sind wieder durch Zahlen ersetzt.

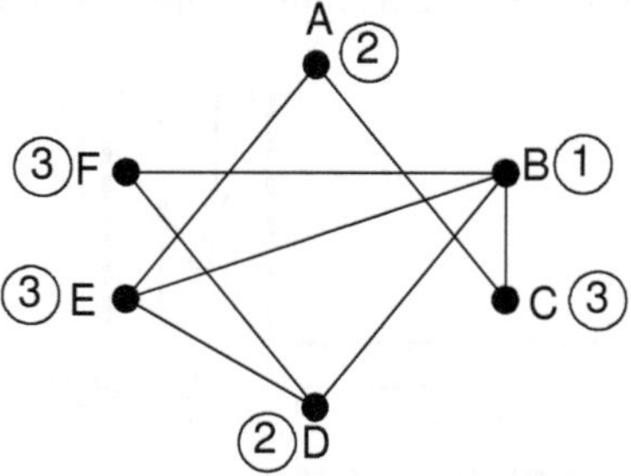

Eine Färbung des Konfliktgraphen

In unserem Beispiel kann also der Verkehr durch 3 aufeinander folgende Grünphasen geregelt werden:

1. B
2. A und D,
3. C, E und F.

Da man den Graphen auch auf andere Weise mit 3 Farben färben kann, können wir der Verkehrsbehörde noch weitere Vorschläge für Ampelschaltungen machen, z.B.

1. A und B
2. D,
3. C, E und F.

Bei dieser einfachen Kreuzung sind für einen absolut sicheren Verkehr – falls sich alle Verkehrsteilnehmer an die Regeln halten – schon 3 Grünphasen nötig. Bei komplizierteren Kreuzungen sind es noch viel mehr. Auf diese Weise wird der Verkehr absolut sicher, aber es entstehen lange Wartezeiten. In der Praxis sucht man nach Kompromissen mit weniger Grünphasen, was zu gefährlichen Situationen führen kann, wenn die Verkehrsteilnehmer nicht aufeinander aufpassen. Bei der Eisenbahn geht man aber den sicheren Weg: Weichen und Signale können nur so gestellt werden, dass die Regeln der Eckenfärbung beachtet werden und Kollisionen ausgeschlossen sind.

Ein moderner Zoo

Als weiteres Beispiel betrachten wir einen Zoologischen Garten, in dem die Tiere nicht unbedingt nach Arten getrennt gehalten werden. Es ist auch möglich verschiedene Tierarten in einem einzigen Gehege unterzubringen. Natürlich kann man nicht Wolf und Schaf zusammensperren, Schaf und Ziege ginge schon eher. Der Zoodirektor hat eine Liste von 7 Tierarten zusammengestellt, die für eine gemeinsame Haltung in Frage kommen, aber nicht jedes Tier verträgt sich mit jedem anderen. In der folgenden Tabelle ist angekreuzt, welche Tiere nicht im selben Gehege sein dürfen.

	Schaf	Gans	Wildschwein	Fuchs	Uhu	Auerhahn	Hase
Schaf			x				
Gans			x	x	x		
Wildschwein	x	x					
Fuchs		x			x	x	x
Uhu		x		x		x	x
Auerhahn				x	x		
Hase				x	x		

Welche Tiere vertragen sich nicht?

Wir zeichnen den Konfliktgraphen mit den Tieren als Ecken und wir zeichnen Kanten, wenn sich die Tiere nicht vertragen. Dann färben wir den Graphen, z.B. so wie in der folgenden Zeichnung.

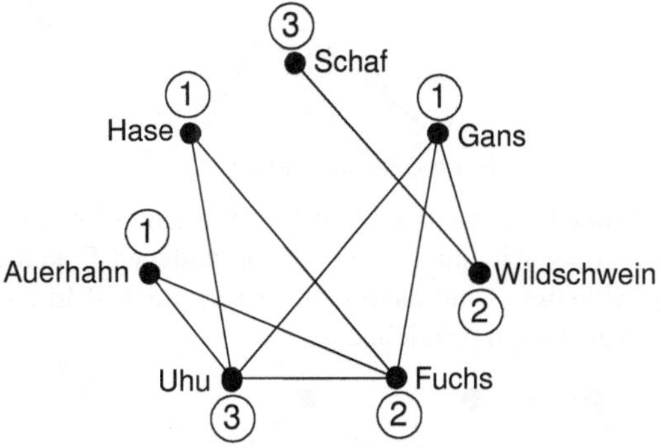

Der Graph für die Tierhaltung

Wir benötigen mindestens 3 Farben, weil der Graph Dreiecke enthält, und wir sehen, dass wir mit 3 Farben bereits auskommen. Den Farben entsprechen die Gehege, und wir haben einen Vorschlag für den Zoodirektor:

Gehege 1: Gans, Auerhahn, Hase
Gehege 2: Wildschwein, Fuchs
Gehege 3: Uhu, Schaf

Das Problem mit den Museumswärtern

In einem Museum ist wichtig, dass das Aufsicht führende Personal jederzeit den gesamten Raum im Auge hat. Wir stellen uns hier eine Gemäldegalerie vor, in der Bilder an den Wänden hängen und nichts die Sicht beeinträchtigt. Zwei Beispiele:

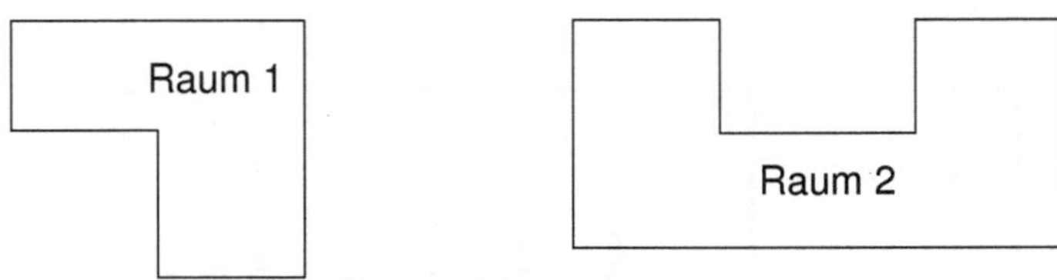

Zwei Museumsräume

In Raum 1 wird ein Museumswärter leicht einen Platz finden, von dem aus er alles überblicken kann. In Raum 2 ist es für einen allein nicht möglich, das Museum wird einen zweiten Wärter einstellen müssen. Heute wird man eher Überwachungskameras benutzen und das Personal flexibler einsetzen. Aber die Aufgabe ist als „Watchman Problem" bekannt, deshalb bleiben wir bei den Museumswärtern.

Richtig schwierig wird es bei einem modernen Museum, wenn der Raum ein beliebiges Polygon ist, wie im folgenden Beispiel.

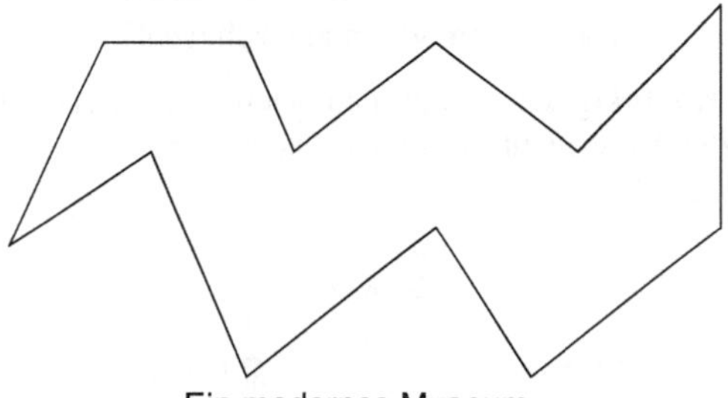
Ein modernes Museum

Aber mit Graphen können wir das Problem leicht lösen. Wir teilen das Museum in lauter Dreiecke ein, wobei wir nur die schon vorhandenen Ecken benutzen. Es gibt dafür mehrere Möglichkeiten. Eine davon ist im folgenden Bild zu sehen, wobei das triangulierte Museum als Graph gezeichnet ist.

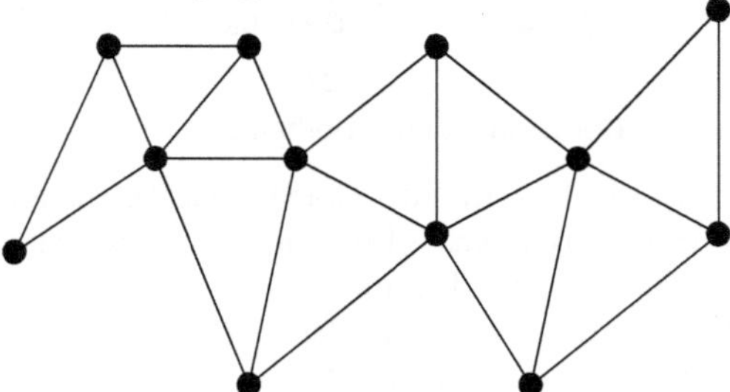
Das moderne Museum als Graph

Und nun färben wir unseren Graphen. Wir kommen mit 3 Farben aus. Bei allen anderen Polygonen, die auf die beschriebene Weise in Dreiecke eingeteilt worden sind, gilt das Gleiche. Wenn wir nun auf alle roten Ecken Wärter stellen, so können sie alle Dreiecke und somit das ganze Museum übersehen. Das Gleiche gilt, wenn wir die Wärter auf alle grünen oder auf alle blauen Ecken verteilen würden. Wir sollten das Aufsichtspersonal auf diejenigen Ecken stellen, deren Farbe am wenigsten oft vorkommt. Die Anzahl dieser Ecken ist $\frac{n}{3}$ oder kleiner, wobei n wieder die Anzahl der Ecken des Graphen, also des Museums, bedeutet, denn die Anzahl der Ecken gleicher Farbe kann nicht für jede Farbe größer als $\frac{n}{3}$ sein. Das Museum in unserem Beispiel hat 12 Ecken. Also müssen 4 Wärter reichen. Tatsächlich reichen sogar 3 Wärter (Aufgabe 16).

Die chromatische Zahl kann nicht größer sein als . . .

Für manche Graphen ist es nicht ganz einfach, die chromatische Zahl herauszufinden. Man kann aber ohne Problem eine Obergrenze für die chromatische Zahl angeben.

Dazu müssen wir die Grade aller Ecken feststellen und uns die größte Gradzahl merken. Zu ihr addieren wir 1. Mehr Farben als die Zahl angibt, die wir so erhalten haben, brauchen wir auf keinen Fall.

Ist g_{max} der höchste Grad einer Ecke, so ist die chromatische Zahl höchstens $g_{max} + 1$.

Und nun die Begründung dieses Satzes: Als Erstes nummerieren wir die Ecken (E_1, E_2, E_3...) und auch die Farbstifte (f_1, f_2, f_3...). Wir beginnen mit der Ecke E_1 und malen sie mit f_1 an. Dann färben wir E_2. Wenn es keine Kante zwischen E_1 und E_2 gibt, verwenden wir für E_2 wieder die Farbe f_1, sonst müssen wir eine neue Farbe nehmen, wir wählen f_2. So arbeiten wir Ecke für Ecke ab und wir verwenden dabei immer die Farbe mit der kleinsten Zahl, die möglich ist. Die höchste Farbnummer benötigen wir bei einer Ecke mit maximalem Grad g_{max}, falls alle benachbarten Ecken unterschiedliche Farben haben. Dann brauchen wir für diese Ecke eine zusätzliche Farbe, die mit der Nummer $g_{max} + 1$.

Es gibt Graphen, in denen man tatsächlich diese Anzahl von Farben braucht, es gibt aber auch viele, bei denen man mit einer kleineren Anzahl von Farben auskommt. In der folgenden Zeichnung sehen Sie dafür je ein einfaches Beispiel.

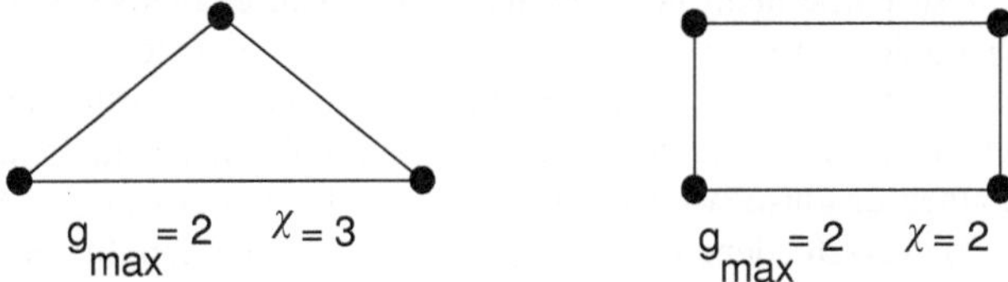

Die chromatische Zahl ist höchstens um 1 größer als der maximale Eckengrad.

Wie viele Farbmuster gibt es?

Bisher haben wir immer darauf geachtet, dass wir mit möglichst wenigen Farben auskommen. Eine andere interessante Fragestellung ergibt sich, wenn wir eine bestimmte Anzahl von Farben zur Verfügung haben, um mit ihnen (oder einem Teil von ihnen) Flächen anzumalen, natürlich wieder so, dass benachbarte Flächen verschiedene Farben bekommen. Aber jetzt geht es darum herauszufinden, wie viele verschiedene Färbungen möglich sind. Wir sehen uns dazu in der nächsten Zeichnung ein einfaches Beispiel an. Es sollen zwei Farben verwendet werden.

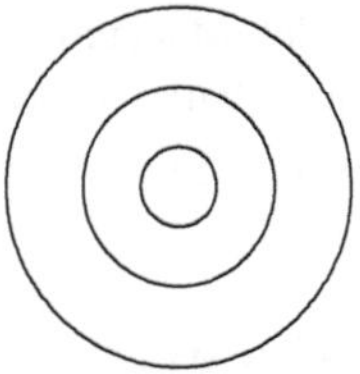

Wie viele Muster mit 2 Farben gibt es?

Es sind nur zwei verschiedene Färbungen möglich:

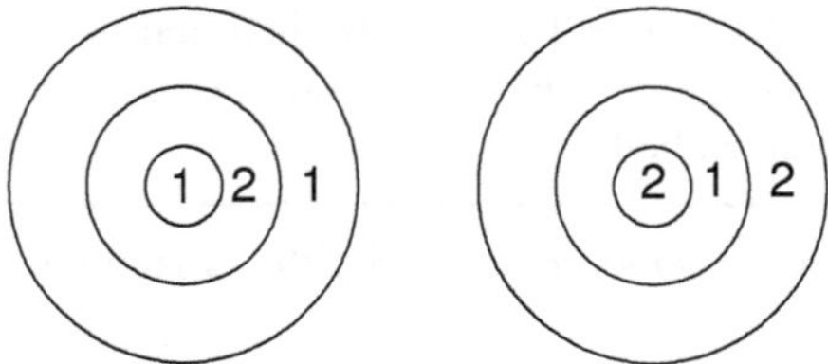

Die beiden einzigen Farbmuster

Wir wissen schon: Es ist nicht nötig die Ringe vollflächig auszumalen, es genügt die Ecken des entsprechenden Graphen zu färben:

Dieselben Farbmuster, als Graphen gezeichnet

Etwas schwieriger wird es, wenn wir denselben Graphen mit mehr als zwei Farben anmalen dürfen. Nehmen wir an, wir haben eine bestimmte Anzahl von Farbtöpfen vor uns! Die Anzahl der Farbtöpfe sei x, so dass wir maximal x Farben verwenden können. Dann haben wir für die erste Ecke alle x Farben zur Auswahl. Für die zweite Ecke dürfen wir diese Farbe nicht noch einmal verwenden, es bleiben $x - 1$ Farben übrig, und zwar bei jeder Farbwahl für die erste Ecke. Für die erste und zweite Ecke zusammen gibt es also $x \cdot (x - 1)$ verschiedene Färbungen. Für die dritte Ecke können wir dann jede Farbe nehmen, nur nicht die, die wir schon für die zweite Ecke verwendet haben. Wir können uns also wieder eine von $x - 1$ Farben aussuchen. Insgesamt gibt es also $x \cdot (x - 1)^2$ verschiedene Farbmuster für unseren Graphen. In der folgenden Zeichnung steht neben jeder Ecke die Anzahl der noch zur Verfügung stehenden Farben, wenn wir mit A anfangen.

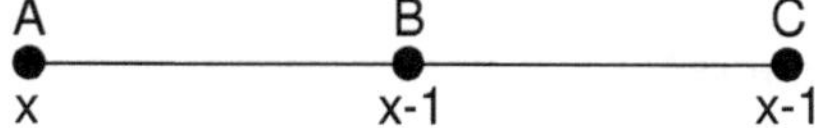

Wie viele Farben sind noch nicht benutzt?

Bei 2 Farben müssen wir in diesen Rechenausdruck für x die Zahl 2 einsetzen und erhalten als Ergebnis, dass 2 Färbungen möglich sind, was wir uns schon vorher überlegt hatten. Mit maximal 3 Farben sind aber schon 12 verschiedene Färbungen möglich.

Anzahl der Farbtöpfe	Anzahl der Färbungen
1	0
2	2
3	12
4	36
5	80

Diesen Lösungsweg können wir auch auf längere Ketten anwenden: Eine Kette mit n Ecken können wir mit x Farben auf $x \cdot (x - 1)^{n-1}$ Arten färben.

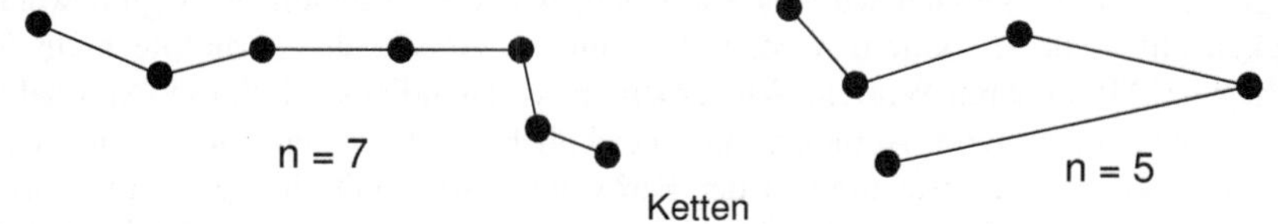

Ketten

Wir können dieses Ergebnis sogar noch stärker verallgemeinern: Es gilt nämlich auch für alle Bäume. Der Gedankengang ist der gleiche wie bei den Ketten, nur die Verzweigungen sind neu und könnten Probleme machen. Wir sehen an dem folgenden Beispiel, dass auch mit den Verzweigungen alles klargeht. Zuerst wird A gefärbt.

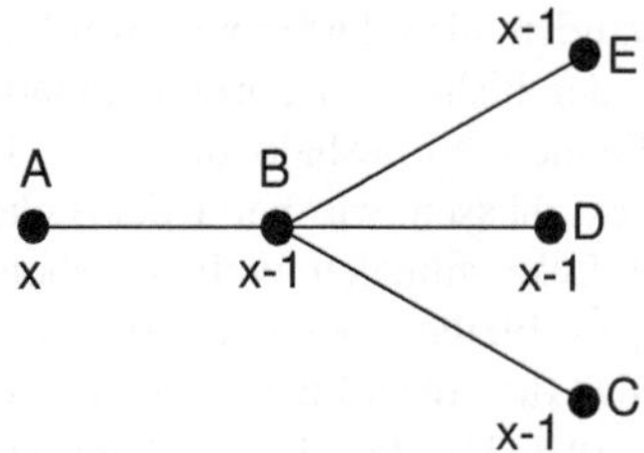

Wie viele Farben sind für die einzelnen Ecken noch frei?

Man kann einen Baum mit n Ecken auf $x \cdot (x - 1)^{n-1}$ Arten färben, wenn maximal x Farben verwendet werden dürfen.

In der Algebra nennt man einen Rechenausdruck, der sich aus x, x^2, x^3,. . . zusammensetzt, ein Polynom. In unserem Fall spricht man von einem **chromatischem Polynom**. Mit ihm können wir für eine gegebene Anzahl von Farben ausrechnen, wie viele Färbungen des Graphen möglich sind.
Auch für einen anderen Graphentyp können wir leicht die Anzahl der Färbungen ausrechnen, beim vollständigen n-Eck. Wir sehen uns zuerst ein Dreieck an, es soll mit 5 Farben gefärbt werden.

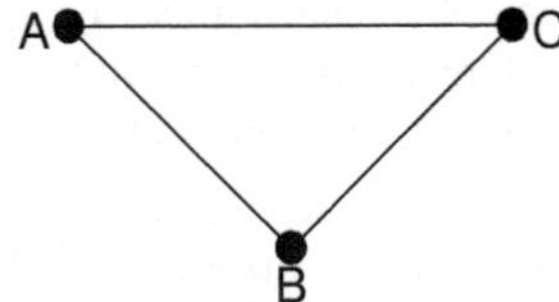

Wie viele Färbungsmöglichkeiten gibt es, wenn wir 5 Farben verwenden dürfen?

Wir beginnen mit einer beliebigen Ecke, z.B. mit A. Um A zu färben, haben wir die Auswahl zwischen allen 5 Farben. Bei jeder Wahl bleiben für die Ecke B noch 4 Farben übrig, da B eine andere Farbe als A erhalten muss. Für A und B zusammen gibt es also $5 \cdot 4 = 20$ Farbkombinationen. Die Ecke C darf weder die Farbe von A noch die von B haben, deshalb haben wir bei jeder Farbkombination von A und B für die Ecke C nur noch 3 Farben zur Wahl und somit gibt es für den ganzen Graphen $20 \cdot 3 = 60$ Färbungsmöglichkeiten mit 5 Farben.

In gleicher Weise können wir uns überlegen, wie viele Färbungen es gibt, wenn die Eckenzahl nicht 3, sondern n ist, und wenn die Anzahl der Farbtöpfe nicht 5, sondern x ist. Mit anderen Worten: Wir färben ein vollständiges n-Eck mit maximal x Farben. Wir beginnen beim Anmalen mit einer beliebigen Ecke. Für diese erste Ecke gibt es noch keine Einschränkung in der Farbwahl, also erhält sie irgendeine der x Farben. Nun nehmen wir uns eine andere Ecke vor, egal welche. Sie ist mit der ersten verbunden, also brauchen wir für sie eine neue Farbe und können nur noch zwischen $x-1$ Farben wählen. Für jede einzelne der x Farben der ersten Ecke stehen somit $x-1$ Farben für die zweite Ecke zur Verfügung und es gibt $x \cdot (x-1)$ verschiedene Farbkombinationen für beide Ecken zusammen. Die dritte Ecke ist mit den beiden schon angemalten Ecken verbunden, also dürfen wir zwei Farben nicht mehr verwenden, und es bleiben für jede der bisherigen Farbkombinationen noch $x-2$ Farben übrig. Die ersten drei Ecken können wir deshalb auf $x \cdot (x-1) \cdot (x-2)$ Arten anmalen. Bei einem vollständigen n-Eck müssen wir bei jeder Ecke zu einer neuen Farbe greifen. Wenn wir die letzte Ecke anmalen wollen, sehen wir, dass schon $n-1$ Farbtöpfe angebrochen sind, es bleiben noch $x-(n-1)$ Farben übrig. Für den ganzen Graphen können wir also die Anzahl der verschiedenen Färbungen so berechnen: $x \cdot (x-1) \cdot (x-2) \cdot \ldots \cdot (x-(n-1))$, und das ist dann das chromatische Polynom des vollständigen n-Ecks .

Die Anzahl der Färbungen eines vollständigen n-Ecks mit maximal x Farben beträgt $x \cdot (x-1) \cdot (x-2) \cdot \ldots \cdot (x-(n-1))$.

Wir brauchen für jede Ecke eine neue Farbe, also muss die Anzahl der Farben mindestens n sein. Haben wir genauso viele Farben wie Ecken, gilt also $x = n$, so vereinfacht sich dieser Rechenausdruck zu $n \cdot (n-1) \cdot (n-2) \cdot \ldots \cdot 1$, wofür man auch n! schreibt (gelesen „n Fakultät").

Ein vollständiges n-Eck hat die chromatische Zahl n. Man kann es auf n! Arten mit n Farben färben.

Noch viel größer wird unsere Kollektion an gefärbten Graphen, wenn die Ecken überhaupt nicht miteinander verbunden sind, also alle isoliert sind. Dann können wir jede Ecke einzeln färben ohne auf die anderen Rücksicht zu nehmen. Nennen wir die Anzahl der Farben wieder x, so können wir für die erste Ecke eine von allen x Farben verwenden, für die zweite – unabhängig von der ersten – ebenfalls alle x Farben. Für beide Ecken zusammen ist also die Anzahl der Farbkombinationen $x \cdot x$, und bei n Ecken sind es x^n verschiedene Färbungen.

Stehen zur Färbung eines kantenlosen Graphen mit n Ecken x Farben zur Verfügung, so gibt es x^n verschiedene Färbungsmöglichkeiten.

Bei 3 Ecken und 5 Farben können wir also $5 \cdot 5 \cdot 5 = 125$ verschiedene Farbkombinationen erzeugen.

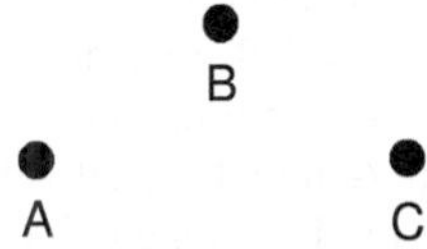

Man kann diesen Graphen auf 125 Arten mit 5 Farben färben.

Chromatische Polynome für beliebige Graphen

Für drei besondere Arten von Graphen haben wir soeben die Anzahl der Färbungsmöglichkeiten und damit die chromatischen Polynome berechnet. Zugleich ergibt sich aus den Begründungen ein Verfahren, mit dem wir diese Färbungen auch wirklich finden können. Nützlich wäre ein Algorithmus, der uns das für jeden beliebigen Graphen ermöglicht. Tatsächlich gibt es einen solchen Algorithmus, man kann mit ihm sogar die chromatische Zahl berechnen.

Die Idee ist leicht zu beschreiben: Man verkleinert schrittweise den ursprünglichen Graphen, sieht sich genau an, wie sich dabei die Anzahl der Färbungen ändert, bis man auf Graphen stößt, für die man die Anzahl der Färbungen schon kennt. Verfolgt man den begangenen Weg rückwärts, so kann man die Anzahl der Färbungen des ursprünglichen Graphen berechnen.

Im Einzelnen sieht das Verfahren aber etwas komplizierter aus: Als Erstes löschen wir in dem Graphen eine Kante. In dem folgenden Beispiel ist es die Kante zwischen A und B.

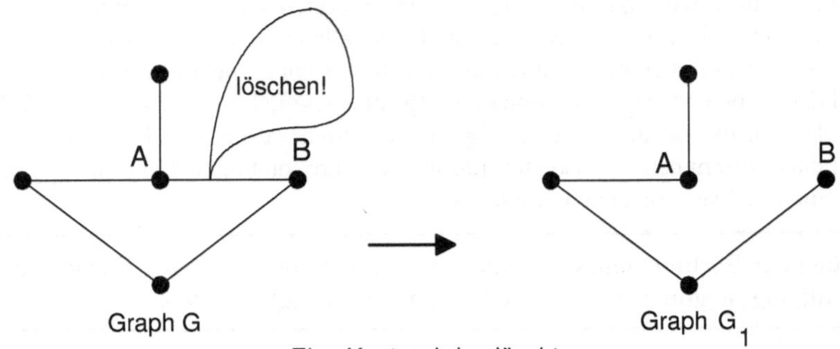

Eine Kante wird gelöscht.

Dadurch vergrößert sich die Anzahl der Färbungsmöglichkeiten. Vorher mussten nämlich A und B unbedingt verschiedene Farben haben. Nachdem ihre Verbindungskante entfernt worden ist, dürfen A und B aber auch gleich gefärbt sein. Der neue Graph G_1 hat also alle Färbungen des ursprünglichen Graphen G und zusätzlich diejenigen Färbungen von G, in denen A und B regelwidrig gleich gefärbt sind. Diese zusätzlichen Färbungen sind genau die Färbungen eines neuen Graphen G_2, der aus G dadurch entsteht, dass die Kante AB zusammengezogen wird, bis die Ecken A und B zusammenfallen. Wie diese Kontraktion aussehen könnte, zeigt die nächste Zeichnung.

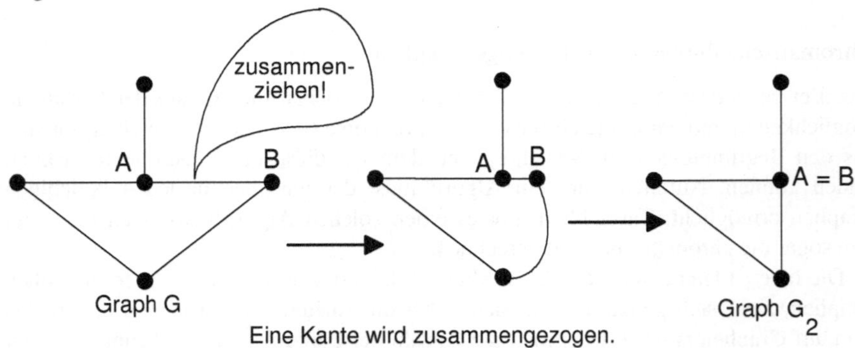

Eine Kante wird zusammengezogen.

Für G_1 gibt es ebenso viele Färbungen wie für G und G_2 zusammen. Bezeichnen wir mit F die Anzahl der Färbungen, kann man das als Formel aufschreiben:

$$F(G_1) = F(G) + F(G_2)$$

oder, da wir die Anzahl der Färbungen von G suchen:

$$F(G) = F(G_1) - F(G_2) .$$

In unserem Beispiel kennen wir für G_1 die Anzahl der Färbungen bereits, denn G_1 ist eine Kette. Auf G_2 müssen wir das Verfahren des Löschens und Zusammenziehens einer Kante ein weiteres Mal anwenden, wie es die folgende Zeichnung zeigt.

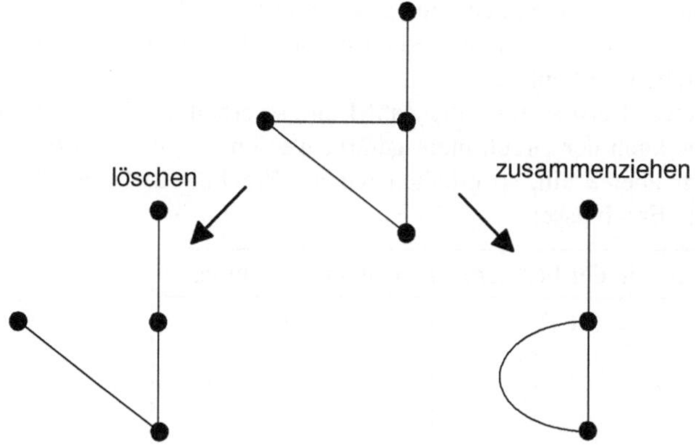

Eine Kante wird gelöscht und zusammengezogen.

Beim Zusammenziehen entstehen hier zwei parallele Kanten. Aber da dies für die Färbung keine Rolle spielt, beachten wir nur eine von ihnen. Nun sehen wir, dass zwei Ketten entstanden sind. Die Anzahl ihrer Färbungen können wir bereits berechnen und somit auch die Anzahl der Färbungen von G. Wir fassen unsere Vorgehensweise zusammen und nennen die Anzahl der Farbtöpfe wieder x:

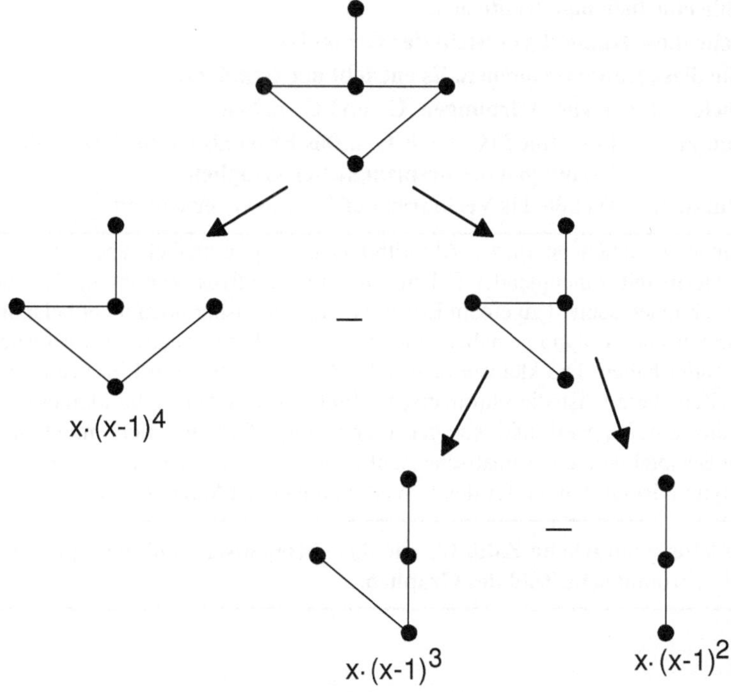

Schema zur Berechnung der Färbungsmöglichkeiten

Die Anzahl der Färbungen des Graphen können wir nun folgendermaßen berechnen: $x \cdot (x-1)^4 - (x \cdot (x-1)^3 - x \cdot (x-1)^2)$). Dieser Rechenausdruck ist das chromatische Polynom des ursprünglichen Graphen.

Setzen wir in unserem Beispiel für x die Zahl 1 ein, so erhalten wir 0 als Ergebnis. Klar: Mit nur 1 Farbe kann der Graph nicht gefärbt werden, es gibt 0 Färbungsmöglichkeiten. Setzen wir aber 2 ein, so erhalten wir als Ergebnis 2. In der folgenden Tabelle stehen weitere Ergebnisse:

Anzahl der Farbtöpfe	Anzahl der Färbungen
1	0
2	2
3	36
4	224
5	1.040

An dem Beispiel können wir erkennen, wie wir bei beliebigen Graphen vorgehen können:

Auf wie viele Arten kann ein Graph gefärbt werden?
- **Wähle eine beliebige Kante aus.**
- **Lösche diese Kante. Es entsteht der Graph G_1.**
- **Ziehe diese Kante zusammen. Es entsteht der Graph G_2.**
- **Ist bekannt, wie viele Färbungen G_1 und G_2 haben?**

Wenn ja: **Berechne $F(G_1) - F(G_2)$. Das Ergebnis ist die Anzahl der Färbungen des ursprünglichen Graphen.**

Wenn nein: **Wende das Verfahren auf G_1 und G_2 erneut an.**

Für kleinere Graphen ist dieser Algorithmus ganz praktikabel, aber der Aufwand wächst enorm mit zunehmender Eckenzahl. Ein effektives Verfahren, das auch bei größeren Graphen schnell zu einem Ergebnis führt, ist bisher noch nicht bekannt.

Die chromatischen Polynome haben eine interessante Eigenschaft, die wir bisher noch nicht erwähnt haben: Die kleinste natürliche Zahl, die uns beim Einsetzen für x eine positive Zahl liefert, ist die chromatische Zahl des Graphen. Alle kleineren Zahlen liefern uns eine 0, weil mit weniger Farben eine Färbung nicht möglich ist. In unserem Beispiel ist die chromatische Zahl 2, wie wir leicht sehen, und das chromatische Polynom ist tatsächlich für den x-Wert 2 zum ersten Male positiv.

Die kleinste natürliche Zahl, für die das chromatische Polynom positiv ist, ist die chromatische Zahl des Graphen.

Bekanntschaftsgraphen

In jeder Gruppe von Menschen kennen sich einige und einige kennen sich nicht. Um die Situation des Kennens und Nicht-Kennens übersichtlich darzustellen, bietet sich wieder ein Graph an. Die Personen entsprechen den Ecken und die Kanten zeigen an, wer sich kennt. Die folgende Zeichnung zeigt ein Beispiel.

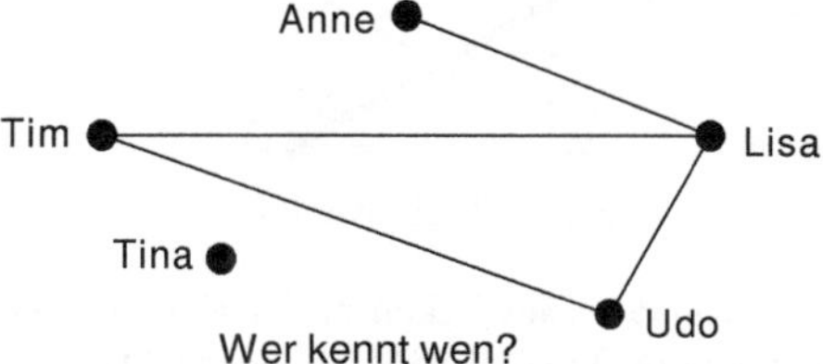

Wer kennt wen?

Es gibt aber noch eine andere Möglichkeit, die Bekanntschaftsverhältnisse durch einen Graphen darzustellen. Dabei verwenden wir Farben. Wir malen aber jetzt nicht die Ecken, sondern die Kanten an. In unserem Beispiel sieht das Verfahren so aus: Wir verbinden zuerst jede Person mit jeder anderen - wir zeichnen also ein vollständiges Vieleck. Dann färben wir die Kanten zwischen den Personen, die sich kennen rot. Für die Kanten zwischen denjenigen, die sich nicht kennen, verwenden wir eine andere Farbe, etwa blau, oder wir lassen sie ungefärbt. Für unser Beispiel entsteht dann der folgende Graph mit gefärbten Kanten:

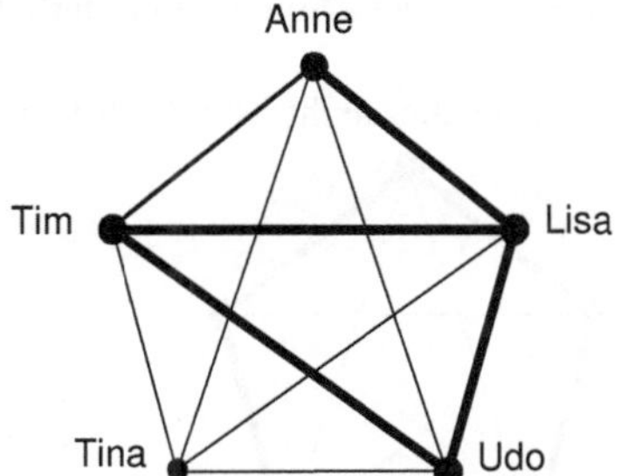

Dieselbe Bekanntschaft, aber eine andere Darstellungsart
Die roten Kanten sind hier dick gezeichnet.

Mit der Farb-Methode können wir eine interessante Tatsache beweisen: Wenn Sie 6 Personen sehen, können Sie sicher sein, dass es darunter 3 gibt, von denen jeder jeden kennt, oder es gibt 3, von denen keiner einen der anderen kennt. In der Sprache der Graphen heißt das: Wenn man die Kanten eines vollständigen Sechsecks beliebig rot und blau färbt, entsteht automatisch ein rotes oder ein blaues Dreieck.

Der Beweis ist nicht schwer: Wir wählen in dem vollständigen Sechseck eine beliebige Ecke aus. In ihr enden 5 Kanten. Einige dieser Kanten sind vielleicht rot, vielleicht aber auch gar keine. Da 5 eine ungerade Zahl ist, sind entweder die roten oder die blauen Kanten in der Mehrheit. Es könnten z.B. (mindestens) 3 rote Kanten sein. In der folgenden Zeichnung ist die Situation für die Ecke A mit 3 roten Kanten dargestellt.

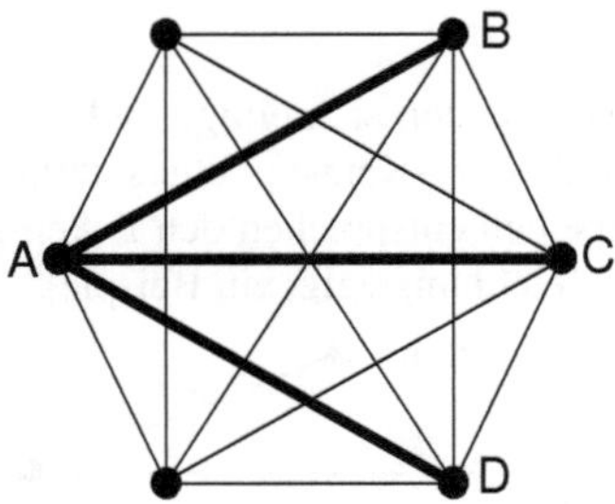

In A enden 3 rote Kanten.

- Sind (mindestens) zwei von den End-Ecken dieser Kanten ebenfalls durch eine rote Kante verbunden (in unserem Beispiel BD, DC oder CD), so erhalten wir ein rotes Dreieck.
- Gibt es aber zwischen den Ecken B, C und D keine einzige rote Kante, so bilden diese Ecken offensichtlich ein blaues Dreieck.

Haben an der Ecke A die blauen Kanten die Mehrheit, so muss man in der Beweisführung die Wörter „rot" und „blau" vertauschen. Es bleibt dabei: Man kann die Kanten eines vollständigen Sechsecks nicht anders mit 2 Farben färben, als dass mindestens ein einfarbiges Dreieck entsteht.

Von 6 Studenten haben 3 dieselbe Vorlesung besucht, oder es gibt 3, von denen keine 2 dieselbe Vorlesung besucht haben. Solche und ähnliche Aussagen sind also auf jeden Fall richtig.

Bei 5 Personen gilt diese Aussage aber nicht, wie das folgende Beispiel zeigt:

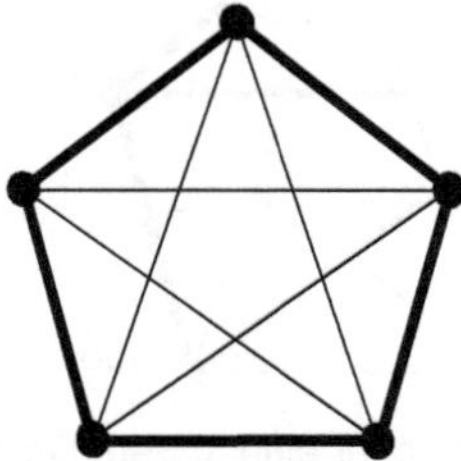
Es gibt weder ein rotes noch ein blaues Dreieck.

Aber bei 7 Personen können wir wieder Dreiergruppen von Personen, die sich kennen und die sich nicht kennen, finden, denn wir brauchen nur eine Person nicht zu beachten und können dann das vorher gewonnene Ergebnis anwenden. Wie es bei mehr als 7 Personen ist, können wir uns nun leicht denken. Wir halten das Ergebnis fest:

Färbt man die Kanten eines vollständigen n-Ecks mit 2 Farben, so entsteht mindestens ein einfarbiges Dreieck. Das gilt für $n \geq 6$.

Befreundet – bekannt – unbekannt

Schwieriger wird es, wenn wir die Beziehungen der Menschen differenzierter sehen:

- Sie sind befreundet.
- Sie kennen sich, sind aber nicht befreundet.
- Sie kennen sich nicht.

Wir können das wieder durch einen Graphen darstellen und seine Kanten färben, wobei wir diesmal aber 3 Farben brauchen.

Im vorigen Abschnitt haben wir 2 Farben verwendet und stets ein einfarbiges Dreieck erhalten. Es könnte sein, dass auch bei jeder beliebigen Färbung der Kanten eines vollständigen Sechsecks mit 3 Farben ein einfarbiges Dreieck entsteht. Das ist aber nicht so, wie das folgende Beispiel zeigt.

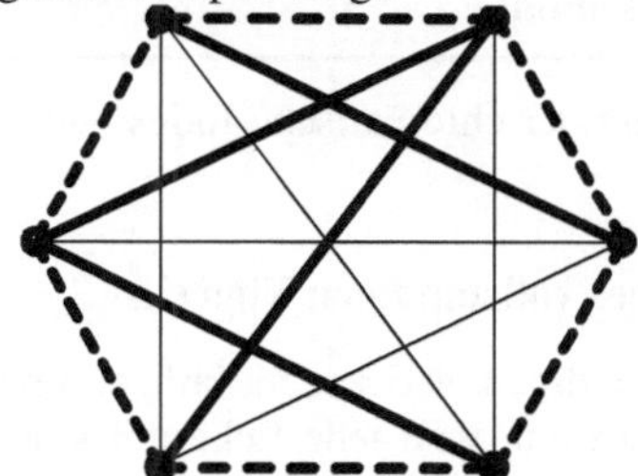

Drei Farben, aber kein einfarbiges Dreieck

Das Gleiche würden wir bei einem Siebeneck erhalten. Es ist sogar möglich ein vollständiges Sechzehneck zu zeichnen und die Kanten so mit 3 Farben anzumalen, dass kein einziges einfarbiges Dreieck entsteht. Aber mit einem Siebzehneck geht es nicht: Es entsteht immer mindestens ein einfarbiges Dreieck. Den Beweis lassen wir aus.

Kantenfärbung mit strengen Regeln

Wir haben soeben gesehen, dass es interessante Aufgaben geben kann, die man durch Färbung von Kanten lösen kann. Dabei haben wir bisher keine Rücksicht darauf genommen, welche Farben die anderen Kanten haben. Wollen wir aber die Kanten nach den gleichen Regeln färben, wie wir früher die Ecken gefärbt haben, so müssen wir strenger sein: Kanten mit einer gemeinsamen Ecke dürfen nicht die gleiche Farbe haben. In der folgenden Zeichnung sehen Sie einen Graphen mit einer Kantenfärbung in diesem Sinne, wobei die Zahlen für Farben stehen.

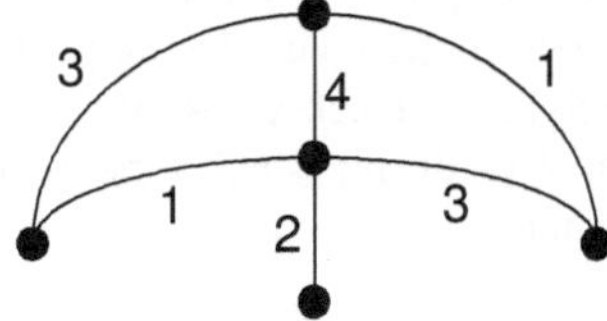

Eine erlaubte Kantenfärbung

Es wurden 4 Farben verwendet. Geht es auch mit weniger? Natürlich nicht, weil es eine Ecke gibt, in der 4 Kanten enden, und diese Kanten müssen verschiedene Farben haben.

Die Anzahl der Farben, die man mindestens braucht um die Kanten eines Graphen so zu färben, dass keine zwei Kanten mit gleicher Farbe zusammenstoßen, nennt man den **chromatischen Index** des Graphen. Der chromatische Index des vorigen Graphen ist also 4. Das hatten wir mit dem maximalen Eckengrad begründet und diese Begründung passt auch auf jeden anderen Graphen. Also erhalten wir schon ein kleines Ergebnis:

Der chromatische Index ist mindestens so groß wie der größte Eckengrad, der in dem Graphen vorkommt.

Wir werden gleich sehen, dass der chromatische Index auch nicht viel größer werden kann als diese Mindestzahl.

Der chromatische Index eines vollständigen Vielecks

Um die <u>Ecken</u> eines vollständigen n-Ecks zu färben, braucht man mindestens n Farben. Das sieht man schnell ein, weil jede Ecke mit jeder anderen verbunden ist. Aber wie ist es bei der Färbung von <u>Kanten</u>? Hier ist eine schnelle Antwort leichtsinnig. Das liegt unter anderem an der großen Anzahl von Kanten.

Wir machen es so wie viele Mathematiker, wenn sie vor einer schwierigen Frage stehen: Sie betrachten erst einmal einfache Beispiele. Versuchen Sie also die Kanten der vollständigen Vielecke mit den Eckenzahlen 2, 3, 4, 5 und 6 mit möglichst wenigen Farben nach der strengen Regel zu färben, bevor Sie weiterlesen!

Ihre Ergebnisse müssten in der folgenden Tabelle enthalten sein.

Anzahl der Ecken	2	3	4	5	6	7	8
Anzahl der benötigten Farben	1	3	3	5	5	7	7

Das Ergebnis sieht seltsam aus: Anscheinend benötigt man $n-1$ Farben, wenn n gerade ist, und n Farben, wenn n ungerade ist. Dass das wirklich so ist, zeigt der folgende Beweis. Er ist etwas lang. Wir brauchen also Geduld.

Wir beginnen mit einem vollständigen Vieleck mit ungerader Eckenzahl und zeichnen es ausnahmsweise schön symmetrisch, obwohl wir wissen, dass das keinen Einfluss auf die Graphen-Eigenschaften hat. Dann geht durch eine Ecke und die gegenüberliegende Seite eine Symmetrieachse. Es gibt – je nach Eckenzahl – mehrere Diagonalen, die einen rechten Winkel mit der Symmetrieachse bilden. In der folgenden Zeichnung ist das angedeutet.

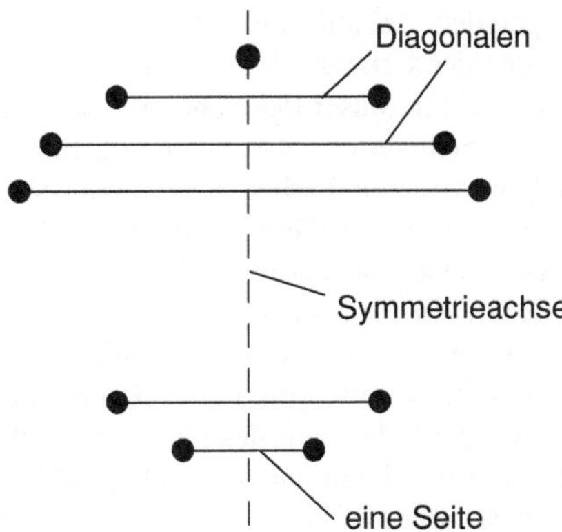

Ein vollständiges Vieleck mit ungerader Eckenzahl
Es sind alle Ecken, aber nur ein Teil der Kanten eingezeichnet.

Diese Kanten sind alle parallel zueinander und können dieselbe Farbe erhalten, z.B. rot.

Durch jede Ecke geht eine Symmetrieachse und jede Symmetrieachse legt eine Seite und ein System paralleler Diagonalen fest. Wir geben ihnen jeweils eine andere Farbe. Dabei bekommt wirklich jede einzelne Kante eine Farbe, keine Kante bekommt zwei Farben und in keiner Ecke enden Kanten mit der gleichen Farbe. Wir brauchen also bei unserer Färbemethode so viele Farben, wie es Ecken gibt, d.h. n Farben. Der chromatische Index ist also höchstens n.

Andererseits braucht man mindestens $n - 1$ Farben, weil alle Ecken den Grad $n - 1$ haben.

Als chromatischer Index kommen also nur n oder $n - 1$ in Frage.

Wir werden gleich sehen, dass $n - 1$ falsch sein muss. Dazu nehmen wir probeweise an, jemand hätte bei ungerader Eckenzahl n die Kanten eines vollständigen n-Ecks mit $n - 1$ Farben gefärbt.

Wir zählen die Kanten, die mit einer bestimmten Farbe, sagen wir wieder mit rot, gefärbt sind. Diese roten Kanten verbinden je zwei Ecken zu Paaren. Aber da n ungerade ist, können auf diese Weise nicht sämtliche Ecken zu Paaren gebündelt werden, mindestens eine Ecke bleibt übrig. Die Anzahl der roten Kanten ist also höchstens $\frac{1}{2} \cdot (n - 1)$. Das Entsprechende gilt auch für alle anderen Farben. Wäre die Anzahl aller verwendeten Farben wie angenommen $n - 1$, so hätten wir somit höchstens $(n - 1) \cdot \frac{1}{2} \cdot (n - 1)$ Kanten gefärbt, und das müssten dann auch sämtliche Kanten sein. Wie wir aber schon wissen, ist die Anzahl der Kanten eines vollständigen n-Ecks $\frac{1}{2} \cdot n \cdot (n - 1)$. Diese Zahl ist größer als die, die wir gerade berechnet haben.

Also kann die Mindestzahl der Farben nicht $n - 1$ sein. Aber mit n Farben klappt es, was wir uns oben schon überlegt haben.

Und wie ist es bei einer geraden Anzahl von Ecken? Wir stellen uns also jetzt ein vollständiges Vieleck mit gerader Eckenzahl vor. Entfernen wir vorübergehend eine Ecke und mit ihr alle Kanten, die in dieser Ecke enden, so erhalten wir ein vollständiges Vieleck mit einer um 1 verringerten, also einer ungeraden Eckenzahl. Wie wir inzwischen wissen, brauchen wir zum Färben der Kanten so viele Farben, wie es Ecken gibt. Wir erinnern uns an unsere Färbe-Methode (siehe z.B. die letzte Zeichnung). Bei ihr fehlt in jeder Ecke eine Farbe, und zwar in jeder Ecke eine andere. Verbinden wir nun diese Ecken mit der vorübergehend entfernten Ecke, so wissen wir sofort, wie wir diese neuen Kanten färben können, nämlich mit der jeweils fehlenden Farbe. Unser neuer Graph, d.h. der ursprüngliche Graph braucht also nicht mehr Farben als der alte. Wenn wir die Eckenzahl des Graphen wieder n nennen, kommen wir zum Färben der Kanten mit n − 1 Farben aus, und damit ist bei einem vollständigen Vieleck schon die Mindestzahl erreicht.

Zusammengefasst erhalten wir das folgende Resultat:

Um die Kanten eines vollständigen n-Ecks zu färben, braucht man
- **n Farben, wenn n ungerade ist,**
- **n − 1 Farben, wenn n gerade ist.**

Für den chromatischen Index kommen nur zwei Werte in Frage

Für ein vollständiges n-Eck ist der chromatische Index n − 1 oder n. Wenn man dieses Ergebnis des vorigen Abschnitts richtig liest, gilt es sogar für sämtliche Graphen:

In einem einfachen Graphen ist der chromatische Index gleich dem maximalen Eckengrad oder um 1 größer als der maximale Eckengrad (Satz von Vizing).

Dass man mindestens so viele Farben benötigt, wie der maximale Eckengrad angibt, ist leicht einzusehen. Aber dass man damit oder eventuell einer einzigen zusätzlichen Farbe bereits auskommt, ist nicht selbstverständlich. Auch diesen Beweis lassen wir hier aus, weil er zu lang ist.

In der Mathematik gibt es noch viele ungelöste Probleme. Eins davon ist: Woran kann man erkennen, ob man zum Färben der Kanten die kleinere oder die größere Anzahl von Farben braucht?

Für vollständige n-Ecke kennen wir die Antwort. Auch bei bipartiten Graphen weiß man Bescheid.

In jedem bipartiten Graphen ist der chromatische Index gleich dem maximalen Eckengrad (Satz von König).

DÈNES KÖNIG (1884 - 1944), ein ungarischer Mathematiker, hat 1936 ein Buch über Graphentheorie veröffentlicht. Seit Euler genau 200 Jahre zuvor das Königsberger Brückenproblem gelöst hat, gab es immer wieder kluge Köpfe, die sich mit Einzelproblemen befasst haben, von denen wir heute sagen, dass sie zur Graphentheorie gehören. Aber König war der Erste, der dazu systematische Forschungen angestellt hat, und sein Buch gilt als das erste über dieses Gebiet der Mathematik. Deshalb kann man sich darüber streiten, ob Euler oder König der Begründer der Graphentheorie ist.

Von König wird berichtet, dass er sich um die Förderung junger mathematischer Begabungen besonders gekümmert hat. So lagen ihm die Mathematik-Wettbewerbe für Schüler in seinem Heimatland am Herzen und er hat sich auch Aufgaben dazu ausgedacht.

Während der deutschen Besatzungszeit half er bedrängten Kollegen, bis er für sich selbst, da er jüdischer Abstammung war, keinen Ausweg sah und aus dem Leben schied.

Demnach müsste man die Kanten des folgenden Graphen mit 4 Farben färben können. Versuchen Sie es einmal! Bei den Lösungshinweisen zu Aufgabe 12 finden Sie eine Möglichkeit.

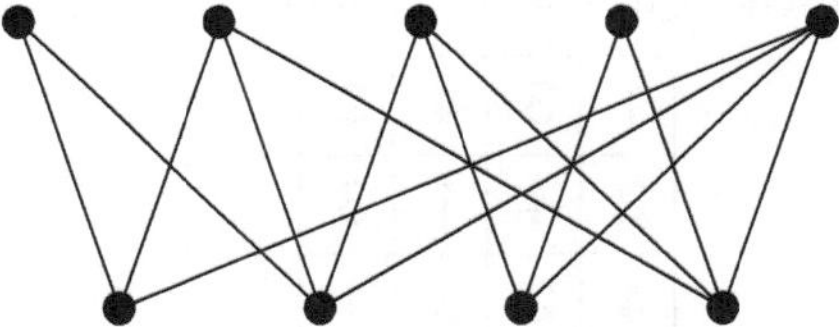

Zum Färben der Kanten reichen 4 Farben.

Den Beweis dieses Satzes lassen wir hier ebenfalls aus. Aber für den Sonderfall eines <u>vollständigen</u> bipartiten Graphen ist die Begründung nicht schwer:

Die Ecken der einen Menge nennen wir $A_1, A_2, A_3, ...A_m$, die der anderen $B_1, B_2, B_3, ...B_n$. Dann haben alle Ecken der A-Menge den Grad n und die der B-Menge den Grad m. Im folgenden Beispiel ist m = 5 und n = 4, die A-Ecken haben den Grad 4, die B-Ecken haben den Grad 5.

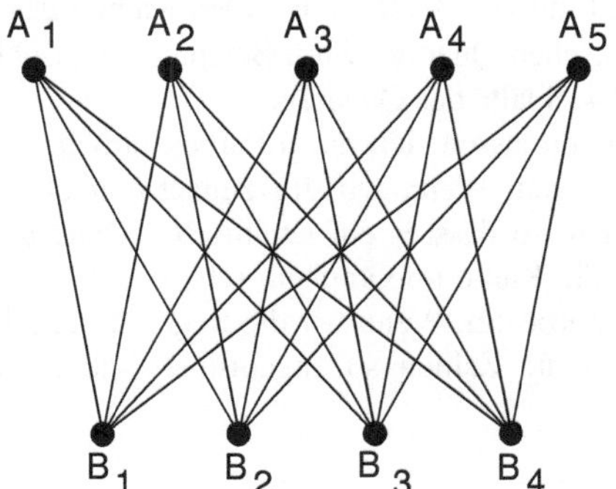

Ein vollständiger bipartiter 5-4-Graph

Ist nun $m \geq n$, so ist m der maximale Eckengrad, und alle Ecken der B-Menge haben diesen Grad. Wir färben nun die Kanten, die von B_1 zu den Ecken der A-Menge führen, der Reihe nach mit den Farben 1, 2, 3, ... , m. Danach färben wir die Kanten, die von B_2 ausgehen, mit den Farben 2, 3, 4, ... , m, 1, d.h. in derselben Reihenfolge, aber um eine Farbe versetzt. So fahren wir bis B_n fort. Dann sind alle Kanten gefärbt, und es ist garantiert, dass weder bei der B-Menge noch bei der A-Menge in einer Ecke gleich gefärbte Kanten zusammentreffen. Wie angekündigt, haben wir nur m Farben verwendet. Ist $m < n$, so führt die entsprechende Argumentation, bei der wir nur m und n, sowie A und B vertauschen, zum selben Ergebnis. Den Satz von König haben wir damit für vollständige bipartite Graphen bewiesen.

Lateinische Quadrate und Sudoku-Rätsel

Vielleicht kennen Sie Rätsel- und Denksportaufgaben mit magischen Quadraten, bei denen die Summe der Zahlen in jeder Zeile, Spalte und Diagonalen gleich ist.
Etwas Ähnliches sind lateinische Quadrate. Bei ihnen stehen in jeder Zeile und in jeder Spalte die gleichen Zahlen, und zwar jede genau einmal. Die Zeichnung zeigt ein Beispiel für ein lateinisches Quadrat mit 4 Zahlen.

1	3	4	2
2	4	1	3
4	2	3	1
3	1	2	4

Ein lateinisches Quadrat

Was haben lateinische Quadrate mit Farben zu tun?

Die Antwort lautet: Die Aufgabe, ein lateinisches Quadrat für n Zahlen herzustellen, ist die gleiche wie die, die Kanten eins vollständigen bipartiten n-n-Graphen zu färben. Um das einzusehen, bezeichnen wir die Ecken des bipartiten Graphen wieder mit $A_1, A_2, A_3, \ldots A_n$ und mit $B_1, B_2, B_3, \ldots B_n$. Den Kanten des Graphen entsprechen die Positionen im lateinischen Quadrat: Zum Beispiel entspricht der Kante A_2B_4 das Feld in der 2. Zeile und 4. Spalte des Quadrats.

Die Kanten des Graphen lassen sich mit n Farben färben, wie wir gesehen haben. Wir nummerieren sie: 1,....,n. Wenn wir ein zunächst noch leeres Quadrat haben, können wir es jetzt füllen, so dass es ein lateinisches Quadrat wird: Wir suchen zu jedem Feld im Quadrat die Kante im Graphen, sehen nach, welche Farbe sie hat und tragen die Nummer der Farbe ein. Wenn wir die Regel zum Färben der Kanten eingehalten haben, sind dann die Zahlen so angeordnet, wie es in einem lateinischen Quadrat sein soll.

Für unser Beispiel-Quadrat mit $n = 4$ würde eine Kantenfärbung so aussehen:

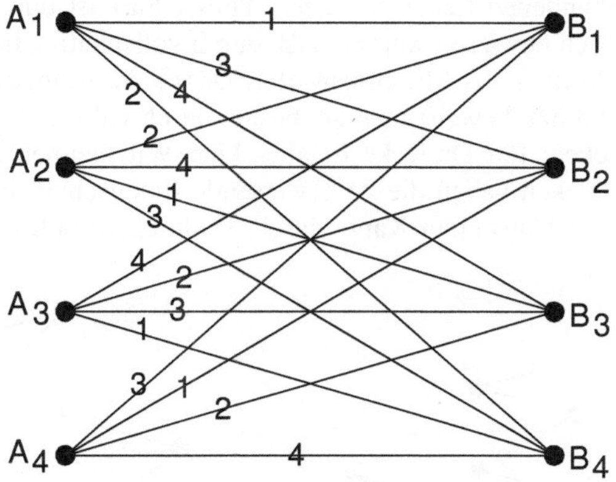

Die Kantenfärbung zum lateinischen Quadrat

Diese Kantenfärbung entspricht der Verteilung der Zahlen in unserem lateinischen Quadrat, wie Sie leicht nachprüfen können.

Wenn Sie schon einmal ein Sudoku gelöst haben, werden Sie gemerkt haben, dass lateinische Quadrate und Sudokus miteinander verwandt sind. Wenn wir wieder die Zeilen und Spalten als Ecken nehmen, erhalten wir einen bipartiten Graphen, diesmal einen mit 81 Kanten. Das Sudoku lösen, heißt dann, die Kanten dieses Graphen zu färben – allerdings mit eine Erschwernis: Die Kanten, die zum selben Block des Sudokus gehören, müssen unterschiedliche Farben bekommen. Wenn wir die Zeilen mit $a_1, a_2, a_3, b_1, b_2, b_3, c_1, c_2, c_3$ und die Spalten mit$x_1, x_2, x_3, y_1, y_2, y_3, z_1, z_2, z_3$ bezeichnen, müssen also außerdem Kanten zwischen den gleichen Buchstaben unterschiedliche Farben haben. Wir können also die Aufgabe, ein Sudoku zu lösen, mit dem Modell des Graphen beschreiben, aber hilfreich ist diese Beschreibung leider nicht.

Es gibt noch eine andere Beschreibung der Sudoku-Aufgabe mit Graphen: Jedes Kästchen entspricht einer Ecke. Der Graph hat also 81 Ecken. Wir verbinden diejenigen Ecken durch eine Kante, die nicht die gleiche Farbe haben dürfen. Das sind für jede Zeile und für jede Spalte 36 Kanten und für jeden Block 18 Kanten (weil ein Teil der Kanten bereits bei den Zeilen und Kanten gezählt wurde). Es sind also insgesamt $2 \cdot 9 \cdot 36 + 9 \cdot 18 = 810$ Kanten. In diesem Graphen müssten wir dann die Ecken färben – eine Aufgabe, die ebenfalls keinen Spaß macht.

Sudoku-Spieler gehen normalerweise anders vor als hier beschrieben. Aber Sie sehen, es ist eine Aufgabe, die man mit dem Modell des Graphen beschreiben kann.

Zusätzliche Informationen

- Zu dem Satz über bipartite Graphen: Statt „Der Graph hat die chromatische Zahl 2.“ müsste es eigentlich heißen, „. . . ≤ 2“, weil auch ein Graph ohne jede Kante bipartit ist.

- Zu dem Problem der Museumswärter: Jedes Polygon kann man triangulieren und dabei nur die vorhandenen Ecken benutzen. Dieser Satz ist durchaus nicht trivial und müsste eigentlich bewiesen werden, z.B. durch vollständige Induktion.
- Noch etwas zum Problem der Museumswärter: Dass jedes triangulierte Polygon die chromatische Zahl 3 hat, beweist man am besten durch vollständige Induktion nach der Anzahl der Ecken: Für Dreiecke ist alles klar. Wir nehmen an, alle Polygone mit weniger als n Ecken haben die zu beweisende Eigenschaft. Ein Polygon mit n Ecken schneiden wir längs einer Kante durch. Dadurch zerfällt es in zwei kleinere Polygone.

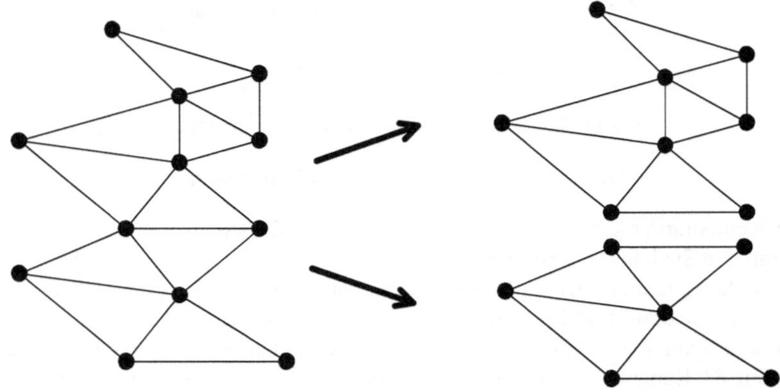

Das Polygon wird geteilt.

Diese können wir nach Induktionsannahme mit 3 Farben färben. An der Schnittkante stimmen die Farben eventuell nicht überein. Aber das können wir durch Austausch der Farben in dem einen Teilgraphen in Ordnung bringen. Wenn wir dann die beiden Teilgraphen wieder zusammenfügen, haben wir den Graphen mit n Ecken ebenfalls mit 3 Farben gefärbt.
- Für die Anzahl der Färbungsmöglichkeiten eines vollständigen n-Ecks können wir auch die in der Kombinatorik übliche Schreibweise verwenden: $\binom{x}{n} \cdot n!$.
- Zum chromatischen Polynom: Dass es tatsächlich ein Polynom ist, müsste man eigentlich beweisen. Der Beweis ist nicht schwer, man muss nur das Verfahren des Löschens und Zusammenziehens so weit fortsetzen, bis man Graphen erhält, die aus Bäumen und isolierten Ecken bestehen.

  Der Grad des chromatischen Polynoms ist gleich der Anzahl der Ecken des Graphen. Der Koeffizient von x^{n-1} ist die Anzahl der Kanten.

Aufgaben

1. Die einzelnen Teilflächen sind farbig anzumalen, und zwar so, dass Flächen, die aneinander grenzen, verschiedene Farben bekommen und möglichst wenige Farben benötigt werden. Die Außenfläche („das Meer") soll nicht gefärbt werden.

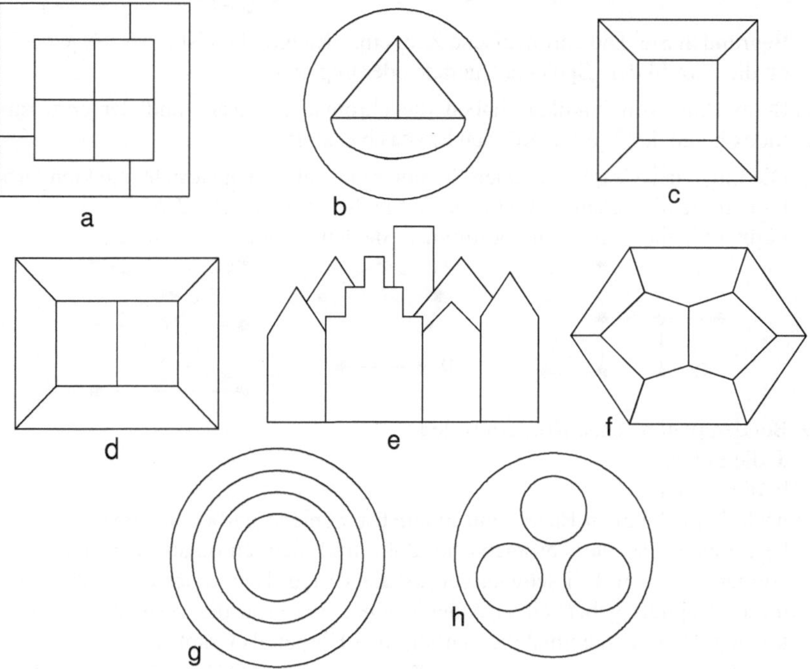

2. Zeichnen Sie die Graphen zu den Landkarten der vorigen Aufgabe.
3. Zeichnen Sie die Graphen zu den Landkarten der Aufgabe 1, aber diesmal soll die Außenfläche mit einbezogen werden. Es genügen die Graphen zu b, c und h.
4. Zeichnen Sie Landkarten zu den folgenden ebenen Graphen.

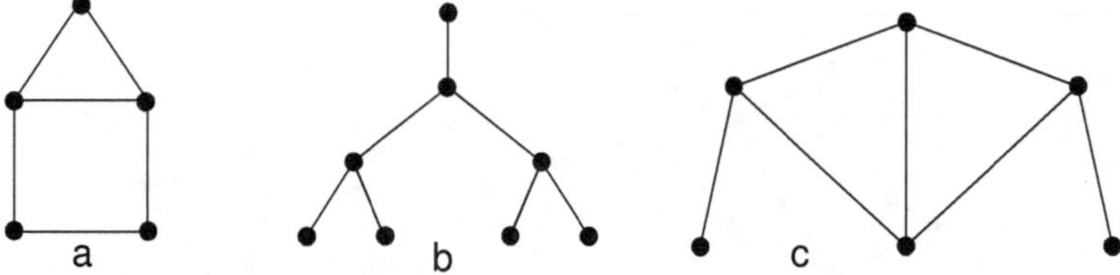

5. Eine Landkarte mit 3 Ländern so zu zeichnen, dass jedes Land mit jedem anderen eine gemeinsame Grenze hat, ist sehr leicht.
   a. Können Sie die gleiche Aufgabe für 4 Länder lösen?
   b. Können Sie die gleiche Aufgabe für 5 Länder lösen?

6. Graphen wie die in der folgenden Zeichnung heißen **Radgraphen**.

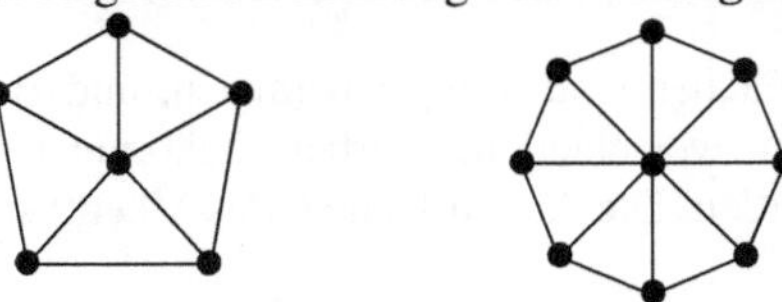

Begründen Sie: Die chromatische Zahl eines Radgraphen ist 3 oder 4, je nachdem, ob die Anzahl der „Speichen" gerade oder ungerade ist.

7. Beim Haus von Nikolaus haben die chromatische Zahl und der chromatische Index beide den Wert 4. Können Sie das bestätigen?

8. Die folgenden Graphen können Sie unter verschiedenen Gesichtspunkten färben: Färben Sie die Ecken und bestimmen Sie die chromatische Zahl. Färben Sie die Kanten und bestimmen Sie den chromatischen Index.

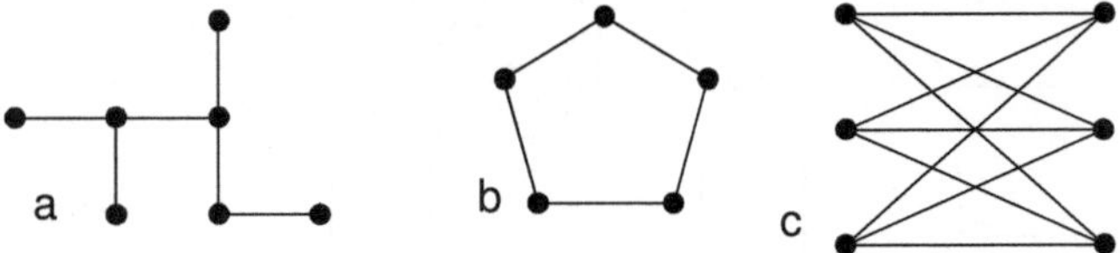

9. Bei den platonischen Körpern sollen
   a. die Ecken
   b. die Kanten

   nach den bekannten Regeln mit möglichst wenigen Farben angemalt werden, d.h. bestimmen Sie die chromatische Zahl und den chromatischen Index. Diese Aufgabe ist zum Teil schwieriger als die vorige. Einige der eingerahmten Sätze dieses Kapitels geben einen Anhaltspunkt, wie groß die gesuchten Zahlen sein können. Hier noch einmal die platonischen Körper als Graphen:

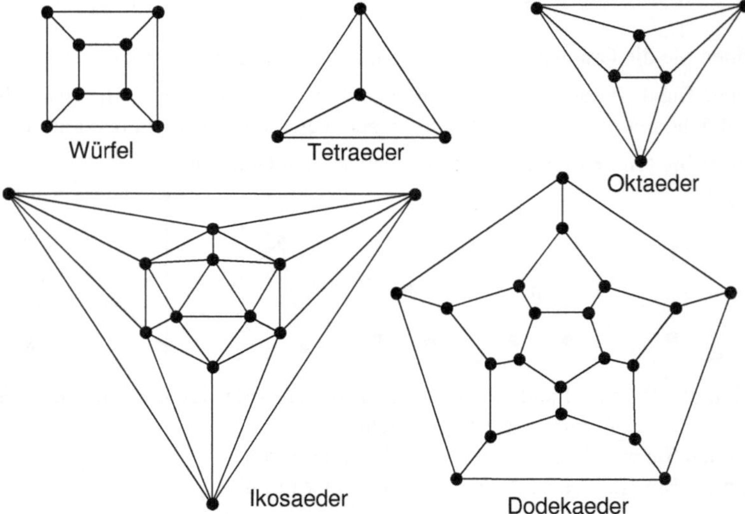

10. Ebenfalls etwas schwierig: Welche chromatische Zahl und welchen chromatischen Index hat der Petersen-Graph?

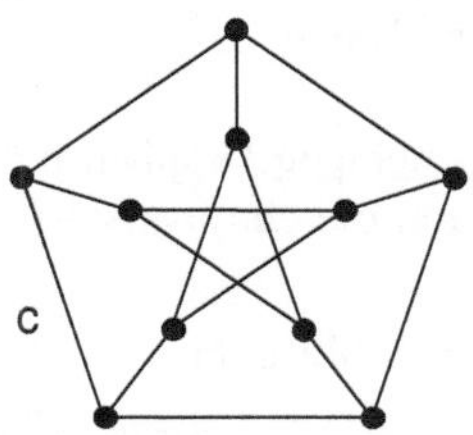

11. Welche Graphen haben den chromatischen Index 1?
    Welche Graphen haben den chromatischen Index 2?
12. Begründen Sie, dass der chromatische Index 4 ist, indem Sie die Kanten färben.

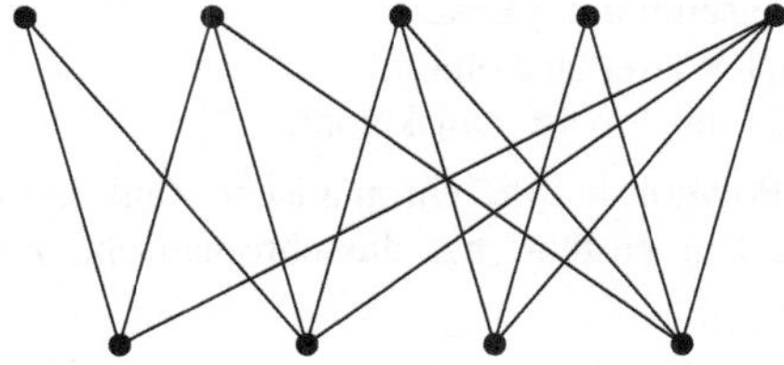

13. Enthält ein Graph ein Dreieck, so ist seine chromatische Zahl mindestens 3. Ist dieser Satz umkehrbar?
14. An einem Gymnasium werden folgende Leistungskurse angeboten:
    Deutsch, Englisch, Französisch, Mathematik, Physik, Biologie und Geschichte.
    Die Schüler wählen zwei davon, jedoch mit der Einschränkung, dass mindestens eins der Fächer Deutsch, Englisch, Französisch und Mathematik gewählt werden muss. Aus der folgenden Tabelle kann man sehen, wie viele Schüler die einzelnen Kombinationen gewählt haben.

	D	En	Fr	Ma	Ph	Bi	Ge
De		7	7	5	0	2	7
En			8	0	5	6	7
Fr				7	0	0	0
Ma					9	5	0

Die Schule möchte allen Schülern ermöglichen Kurse der gewählten Fächerkombination zu besuchen. Solche Kurse dürfen also nicht gleichzeitig stattfinden. Wie viele verschiedene Zeiten müssen im Stundenplan reserviert werden?

15. Eine Kante entfernen:
    a. Wie wir wissen, hat ein vollständiges n-Eck die chromatische Zahl n. Begründen Sie: Entfernt man eine Kante, so hat der Restgraph die chromatische Zahl n – 1.
    b. Entfernt man in einem beliebigen Graphen mit der chromatischen Zahl n eine Kante, so hat der Restgraph die chromatische Zahl n – 1. Begründen Sie, dass das falsch ist.

16. Noch einmal zu dem modernen Museum.

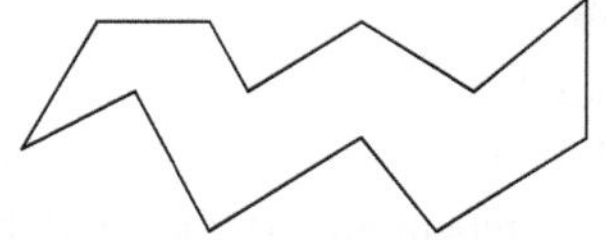

Unsere Überlegung führte dazu, dass 4 Wärter reichen um das Museum zu überwachen. Zeigen Sie, dass bereits 3 Wärter reichen.

17. Zeichnen Sie ein Museum mit 6 Ecken,
    a. bei dem man mit 1 Wärter auskommt.
    b. bei dem man nicht mit 1 Wärter auskommt.

18. Ein trianguliertes Polygon hat die chromatische Zahl 3. Aber nicht jeder Graph, der nur aus Dreiecken besteht, hat die chromatische Zahl 3. Finden Sie ein Beispiel!

19. Zeichnen Sie je einen Graphen, in dem der maximale Grad einer Ecke 5 ist und der außerdem die chromatischen Zahl 6, 5, 4, 3 oder 2 hat.

20. Bestimmen Sie die chromatischen Polynome für die folgenden nicht zusammenhängenden Graphen:

a. b.

21. Bestimmen Sie das chromatische Polynom für ein Viereck.

22. Auf wie viele Arten können die Ecken eines Kreises mit 5 Ecken gefärbt werden, wenn 3 Farben verwendet werden dürfen? Wie ist es, wenn höchstens 4 (oder 5, . . .) Farben zur Verfügung stehen?

23. Noch eine Aufgabe zum Nikolaus-Haus:
    a. Bestimmen Sie das chromatische Polynom.
    b. Wie viele verschiedene Färbungen der Ecken sind mit 4 Farben möglich?
    c. Wie viele verschiedene Färbungen sind mit maximal 5 Farben möglich?

24. Für Flaggen mit 3 Längsstreifen stehen 6 Farben zur Verfügung: schwarz, rot, gelb, weiß, grün, blau. Zwei gleiche Farben dürfen nicht übereinander sein. Rot - weiß - rot ist also erlaubt, rot - rot - weiß aber nicht. Wie viele solche Flaggen gibt es?

25. In dem kleinen Land Graphistan stehen Wahlen bevor und es wird über die Zusammensetzung der neuen Regierung spekuliert. Es gibt einen Ministerpräsidenten, einen Innenminister, einen Außenminister, einen Justizminister und einen Finanzminister. Drei Parteien haben Chancen sich an der Regierung zu beteiligen. Wer den Ministerpräsidenten stellt, erhält kein weiteres Ministerium. Innenministerium und Außenministerium sollen nicht in den Händen derselben Partei sein, desgleichen Innenministerium und Justizministerium. Wie viele verschiedene Regierungen sind möglich?
26. Man braucht 6 Farben, um die Kanten dieses Graphen zu färben. Ist das ein Widerspruch zum Satz von Vizing?

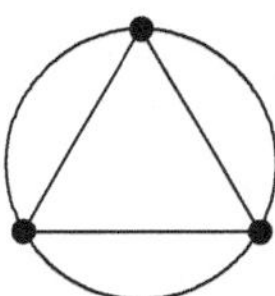

27. Für eine Schulklasse mit 28 Schülern soll ein Elternsprechtag veranstaltet werden. Es gibt 8 Lehrer. Bei ihnen haben sich unterschiedlich viele Eltern angemeldet: Die Zahl der Anmeldungen liegt zwischen 5 und 12. Die Eltern wollen 0 bis 5 Lehrer aufsuchen Für jedes Gespräch werden 10 Minuten veranschlagt. Wie lange dauert der Elternsprechtag mindestens?

Lösungshinweise

1. *Es gibt immer mehrere Möglichkeiten. Eine davon ist hier angegeben, wobei die Zahlen für die Farben stehen.*

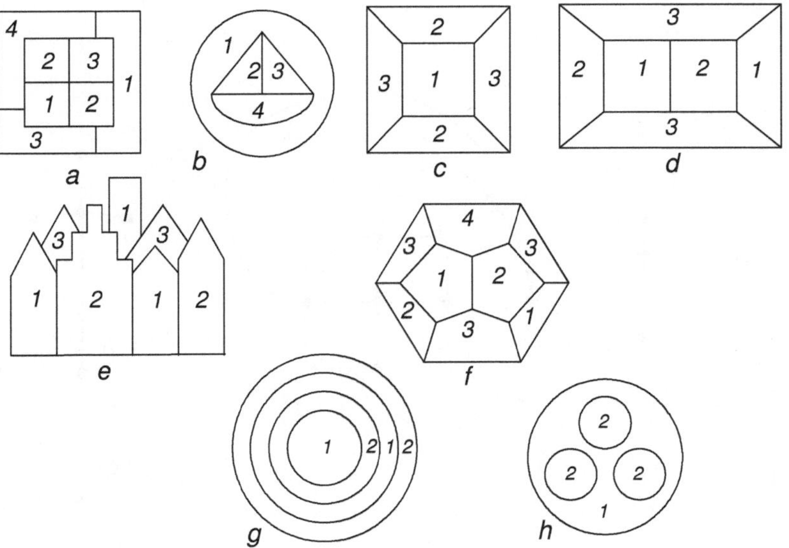

2.

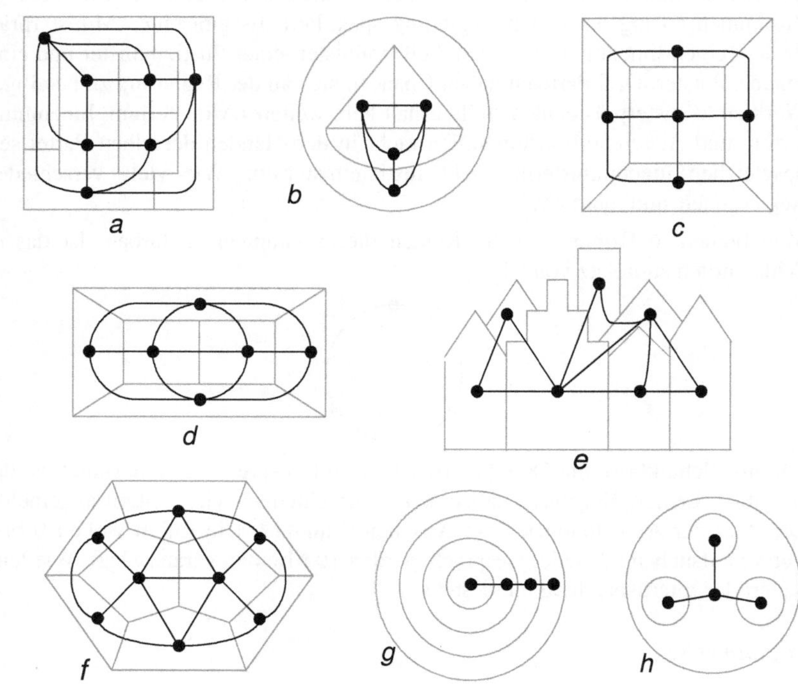

3.

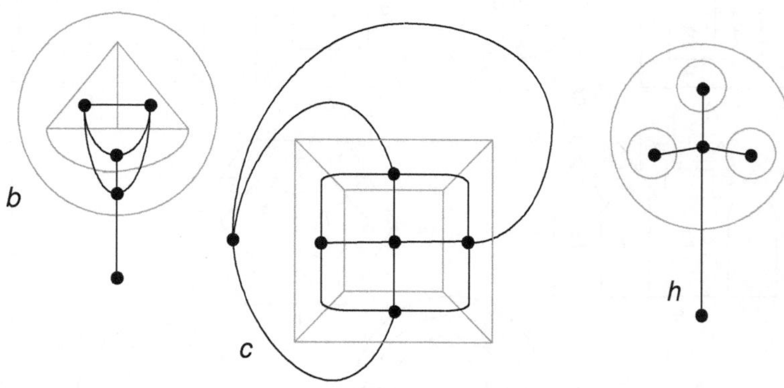

4. *Für den Graphen a sehen Sie hier zwei Lösungsbeispiele, einmal ohne und einmal mit Außenfläche.*

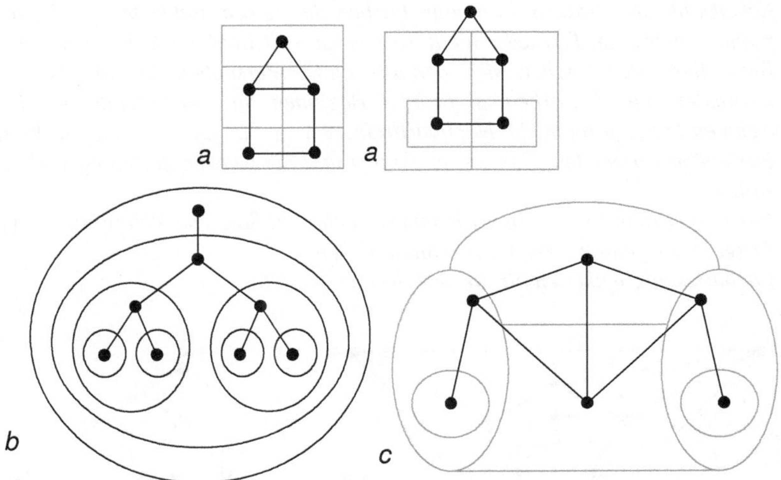

5. *Die entsprechenden Graphen sind (a) das vollständige Viereck und (b) das vollständige Fünfeck. Das erste ist plättbar, daraus ergibt sich eine Lösung. Das vollständige Fünfeck ist aber nicht plättbar, also ist die Aufgabe (b) nicht lösbar!*
6. *Die Nabe muss eine andere Farbe bekommen als die übrigen Ecken. Und der Kreis (die „Felge") hat die chromatische Zahl 2 oder 3.*
7. *Das Nikolaus-Haus enthält ein vollständiges Viereck, deshalb muss die chromatische Zahl mindestens 4 sein. Es gibt Ecken mit dem Grad 4, also muss der chromatische Index mindestens 4 sein. Wie man sieht, reichen jeweils 4 Farben.*

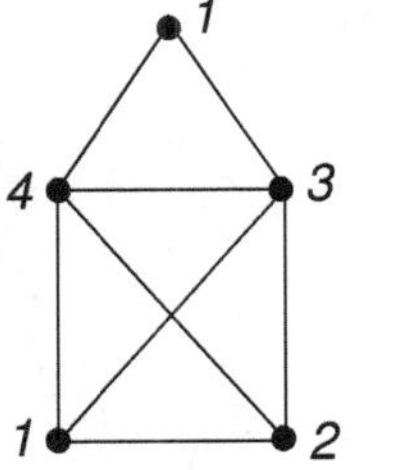

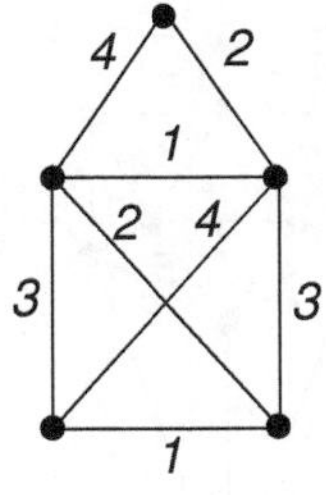

8.

Graph	*Chromat. Zahl*	*Chromat. Index*
a	2	3
b	3	3
c	2	3

9. *Weil Polyeder als Graphen eben sind, beträgt ihre chromatische Zahl höchstens 4. Alle platonischen Körper, außer der Würfel, haben Kreise mit ungerader Eckenzahl, also braucht man zum Färben der Ecken mindestens 3 Farben. Die reichen aber beim Tetraeder nicht, weil er ein vollständiges Viereck ist.*
Beim Ikosaeder reichen sie ebenfalls nicht. Versuchen Sie die Ecken eines Ikosaeders mit 3 Farben zu färben! Beginnen Sie mit irgendeinem Dreieck. Nehmen Sie sich dann die Nachbardreiecke vor. Sie sind gezwungen, bestimmte Farben zu verwenden. Fahren Sie so fort und Sie werden auf einen Widerspruch stoßen.
Für den chromatischen Index kommen nach dem Satz von Vizing nur 2 Werte in Frage. Hier genügt stets der maximale Eckengrad.
Färbungsmöglichkeiten für die schwierigeren Fälle:

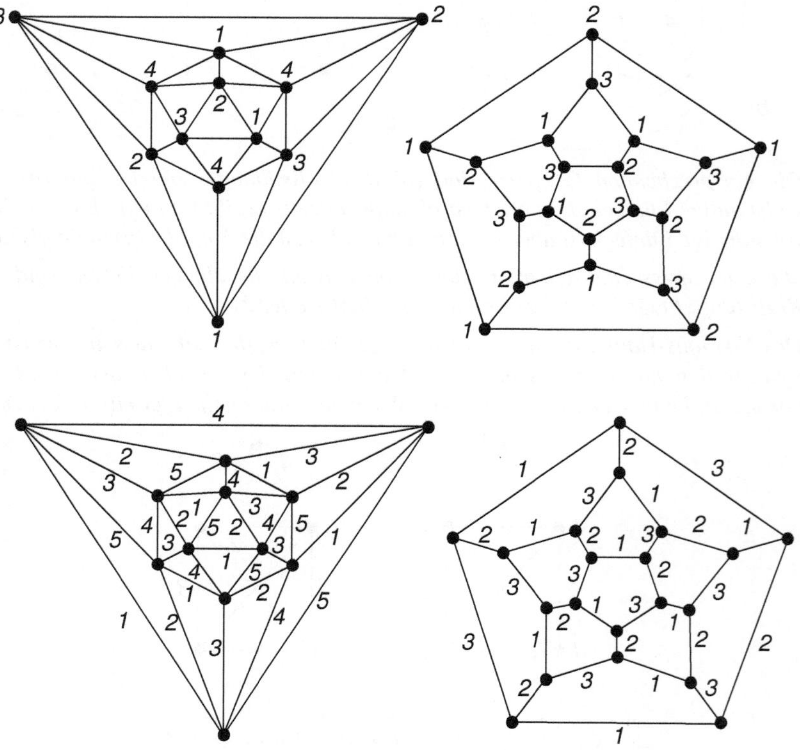

10. *Die chromatische Zahl ist 3.*
Dass der chromatische Index nicht 3 ist, finden Sie heraus, wenn Sie zuerst die Kanten des äußeren Fünfecks mit 3 Farben färben. Dafür gibt es im Wesentlichen nur eine Möglichkeit (2 Farben je zweimal, 1 Farbe einmal), aber sie führt in eine Sackgasse.

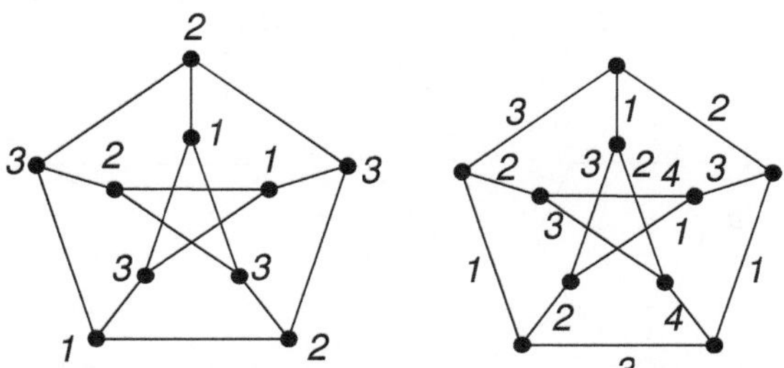

Die Kanten des Petersen-Graphen lassen sich nicht mit 3 Farben färben – daraus ergibt sich eine Begründung, dass er nicht hamiltonsch ist. Hätte der Petersen-Graph nämlich einen hamiltonschen Kreis, so wäre dies ein Kreis mit 10 Ecken. Wir könnten seine 10 Kanten mit 2 Farben, z.B. mit rot und blau färben. Es blieben noch 5 Kanten übrig. Bedenken Sie, dass alle Ecken den Grad 3 haben und dass davon schon zwei Grade für den hamiltonschen Kreis vergeben sind! Deshalb haben von diesen 5 Kanten keine zwei eine Ecke gemeinsam. Wir könnten sie alle mit ein und derselben Farbe färben, z.B. grün, und hätten damit eine korrekte Kantenfärbung mit 3 Farben, was aber nicht geht.

11. *Chromatischer Index 1: Alle Graphen, die aus isolierten Kanten bestehen.*
Chromatischer Index 2: Alle Kreise mit gerader Eckenzahl und alle Ketten.

12.

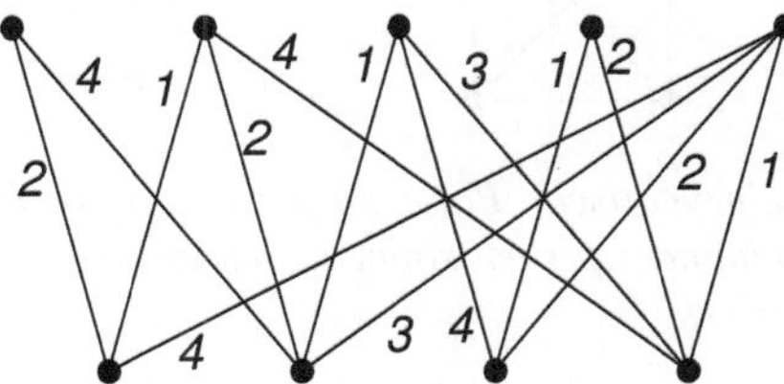

13. *Nein, z.B. hat ein Kreis mit 5 Ecken ebenfalls die chromatische Zahl 3.*

14. *Die Unterrichtsfächer entsprechen den Ecken eines Graphen. Sie werden verbunden, wenn sie nicht gleichzeitig stattfinden dürfen. Da die chromatische Zahl 3 ist, müssen 3 verschiedene Zeiten für die Kurse reserviert werden.*

15. a. *Die Ecken, die nicht mehr verbunden sind, erhalten dieselbe Farbe. Dann braucht man nur* n − 1 *Farben.*
    b. *Ein Baum (mit mindestens 3 Kanten) ist ein passendes Gegenbeispiel.*

16. Eine Eckenfärbung:

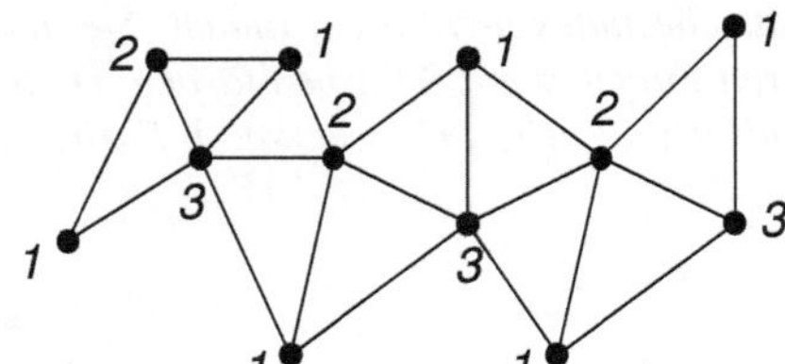

17. Beispiele:

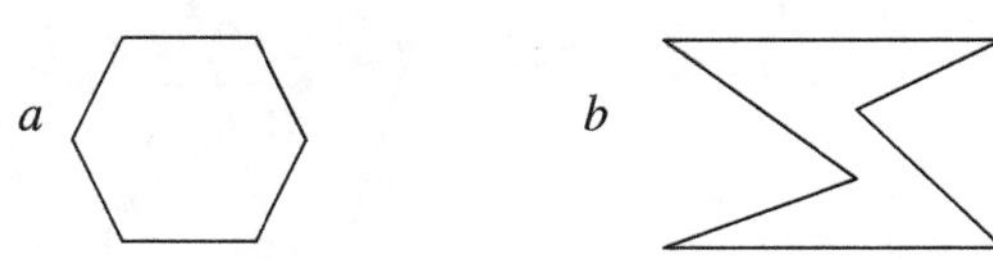

18. Beispiel:

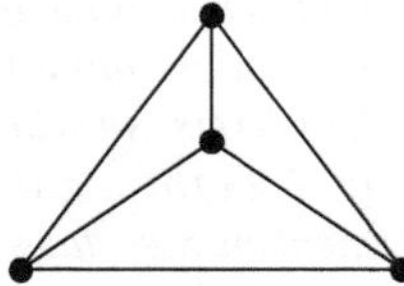

19. $\chi = 6$*: Ein vollständiges Sechseck.*
$\chi = 5, 4, 3, 2$*: z.B. vollständige Vielecke mit Zusatzkanten:*

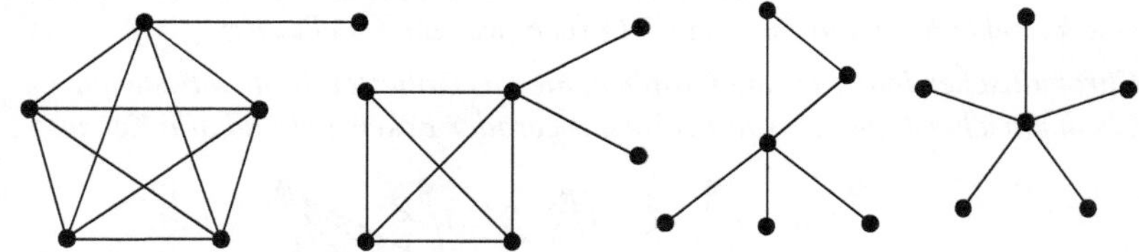

20. Wir errechnen das chromatische Polynom für jede Komponente einzeln. Da wir sie unabhängig voneinander färben können, werden die chromatischen Polynome miteinander multipliziert.

a. $(x(x-1)\cdot(x-2))^2$

b. $x^2\cdot(x-1)$

21. $x\cdot(x-1)^3 - x\cdot(x-1)\cdot(x-2)$.
Nach Umformung ergibt sich daraus $x\cdot(x-1)\cdot(x^2-3x+3)$.

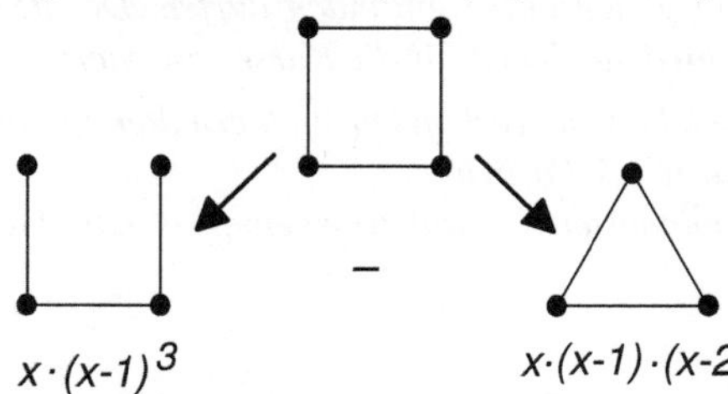

22. *Wir bestimmen zuerst das chromatische Polynom. Für den zusammengezogenen Graphen ergibt es sich aus der vorigen Aufgabe.*

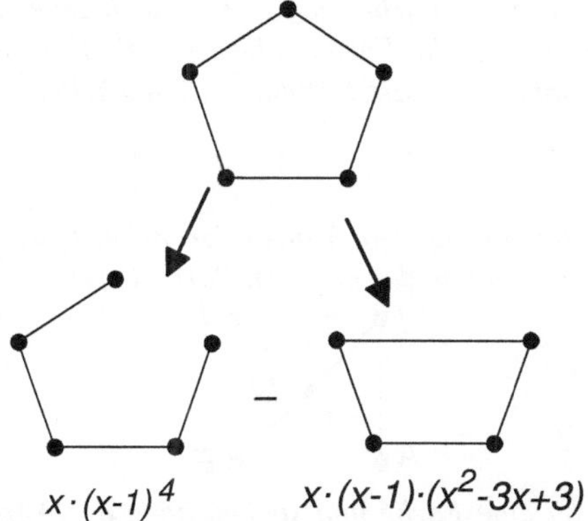

Insgesamt entsteht $x \cdot (x-1)^4 - x \cdot (x-1) \cdot (x^2 - 3x + 3)$,
umgeformt: $x \cdot (x-1) \cdot (x-2) \cdot (x^2 - 2x + 2)$. *Wir haben bei 3 Farben 30 Möglichkeiten den Graphen zu färben.*

23.

a..

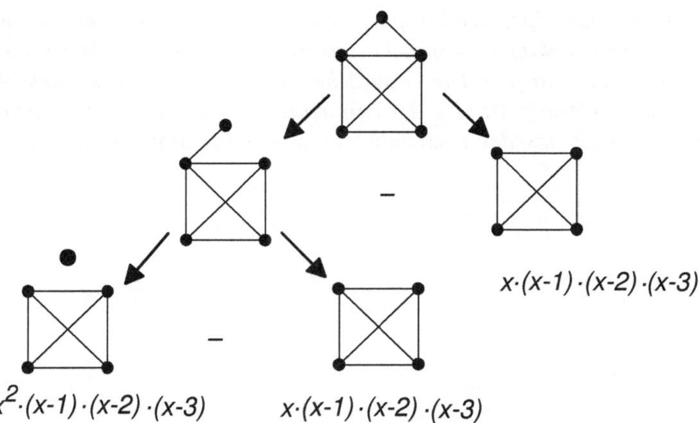

Das chromatische Polynom ist also
$x^2 \cdot (x-1) \cdot (x-2) \cdot (x-3) - 2 \cdot x \cdot (x-1) \cdot (x-2) \cdot (x-3)$. *Wenn man will, kann man diesen Rechenausdruck umformen zu* $x \cdot (x-1) \cdot (x-2)^2 \cdot (x-3)$. *Wir sehen übrigens, dass für 1, 2 oder 3 Farben 0 Färbungsmöglichkeiten herauskommen, was ja auch von vornherein klar war.*
Anderer Lösungsweg: Der Graph enthält ein vollständiges Viereck, für dieses gibt es $x \cdot (x-1) \cdot (x-2) \cdot (x-3)$ *Färbungsmöglichkeiten. Die Spitze des Nikolaus-Hauses kann mit allen Farben gefärbt werden außer mit zweien. Also muss man das Zwischenergebnis mit* $x-2$ *multiplizieren und erhält ebenfalls* $x \cdot (x-1) \cdot (x-2)^2 \cdot (x-3)$.

b. Für x = 4 entsteht erstmals ein Zahl, die nicht 0 ist, nämlich 48. Auf diese überraschend hohe Zahl kann man auch direkt kommen: Auf die 4 Ecken des vollständigen Vierecks lassen sich die 4 Farben auf 24 verschiedene Arten verteilen. Die Dachspitze kann dann die gleiche Farbe haben wie die linke oder wie die rechte untere Ecke. Also verdoppeln sich die Färbungsmöglichkeiten.

c. 360

24. $6 \cdot 5 \cdot 5 = 150$

25. Der Graph für diese Regierung: Die Ministerien nehmen wir als Ecken, Kanten zeichnen wir, wenn sie nicht von der gleichen Partei besetzt werden sollen.

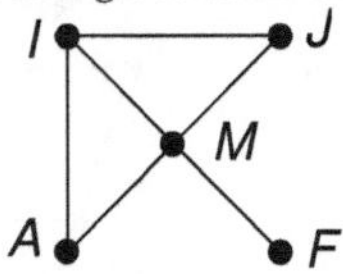

Wir geben jeder Partei eine Farbe und suchen nach der Anzahl der Färbungen mit 3 Farben. Ergebnis: 12. Falls Sie das chromatische Polynom berechnet haben, hier zur Kontrolle das Ergebnis in der Schreibweise als Produkt: $x \cdot (x-1) \cdot (x-2) \cdot (x^2-3x+2)$.

26. Nein. Der Satz von Vizing gilt für einfache Graphen.

27. Wir denken an einen bipartiten Graphen. Die Lehrer und die Eltern bilden die Eckenmengen. Die geplanten Gespräche entsprechen den Kanten. Wir färben die Kanten nach unseren Regeln. Die Gespräche mit gleicher Farbe können gleichzeitig stattfinden. Gesucht ist also der chromatische Index. Er ist nach dem Satz von König 12, weil das der maximale Eckengrad ist. Man braucht also 120 Minuten.

Was ist was?

Ein kleines Wörterbuch der Graphentheorie

Diese Zusammenstellung von Definitionen enthält auch Begriffe, die nur in den zusätzlichen Hinweisen vorkommen. Die Zahlen geben an, auf welcher Seite der Begriff erklärt wird.

Adjazenzmatrix: Eine Tabelle, in die eingetragen ist, wie viele Kanten zwischen 2 Ecken vorhanden sind. → 9

aufspannender Baum: Ein Baum, der alle Ecken des Graphen enthält. → 84

Ausgangsgrad: Der Ausgangsgrad einer Ecke eines Digraphen ist die Anzahl der gerichteten Kanten, die von dieser Ecke weg führen. → 134

Baum: Ein zusammenhängender Graph, der keinen Kreis enthält. → 79

bewerteter Graph: Ein Graph, bei dem jeder Kante eine Zahl zugeordnet ist. → 53

bipartit: Ein Graph heißt bipartit, wenn sich seine Ecken so in zwei Mengen einteilen lassen, dass es nur Kanten zwischen den Ecken der einen Menge und denen der anderen Menge gibt. → 109, 124

Blatt = Ein Knoten mit dem Grad 1 (bei Bäumen) → 79

Bogen = Eine gerichtete Kante

Brücke: Eine Brücke ist eine Kante mit einer speziellen Eigenschaft: Entfernt man sie aus dem Graphen und ist dann der Restgraph nicht mehr zusammenhängend, so war die Kante, die man entfernt hat, eine Brücke. Bäume bestehen nur aus Brücken. → 84

chromatischer Index: Die Anzahl der Farben, die man mindestens braucht, um die Kanten eines Graphen zu färben. → 218

chromatisches Polynom: Ein Rechenausdruck, mit dem man für einen Graphen die Anzahl der Färbungen mit einer vorgegebenen Anzahl von Farben berechnen kann. → 209

chromatische Zahl: Die Anzahl der Farben, die man mindestens braucht, um die Ecken eines Graphen zu färben. → 202

Digraph: Ein gerichteter Graph. In ihm haben alle Kanten eine Richtung. → 133, 154

eben: Ein Graph heißt eben, wenn sich keine Kanten überkreuzen. → 168

Ecke: Siehe Graph

Einbettung: Man kann einen Graphen in eine Ebene (oder auf eine Kugel) abbilden, wobei der ursprüngliche Graph und sein Bild isomorph sind. Eine solche Abbildung nennt man eine Einbettung des Graphen in die Ebene (oder die Kugel). Durch sie wird aus dem Graphen eine Zeichnung des Graphen. → 186

einfacher Graph: Ein Graph ohne Schlingen und ohne parallele Kanten. → 3

Eingangsgrad: Der Eingangsgrad einer Ecke eines Digraphen ist die Anzahl der gerichteten Kanten, die zu dieser Ecke hin führen. → 134

eulersche Tour: Ein Kantenzug, der durch jede Kante des Graphen genau einmal führt und der an seinem Anfangspunkt endet. → 21

eulerscher Digraph: Ein Digraph, der eine eulersche Tour mit Beachtung der Richtungen enthält. → 139

eulerscher Graph: Ein Graph, der eine eulersche Tour enthält. → 22

Fläche: In einem ebenen Graphen begrenzen die Kanten Flächen. → 175

färben: (1) Den Ecken eines Graphen Farben so zuordnen, dass Ecken, die miteinander verbunden sind, verschiedene Farben erhalten. → 202

(2) Den Kanten eines Graphen Farben zuordnen

(a) ohne Einschränkung → 203

(b) so dass Kanten, die eine Ecke gemeinsam haben, verschiedene Farben erhalten. → 205

gelabelter Graph: Siehe Label

gerichtete Kante, gerichteter Kantenzug . . . : Eine Kante, eine Folge von Kanten . . . in einem Digraphen. Dabei ist die durch die Pfeile festgelegte Richtung zu beachten. → 133, 154

geschlossener Kantenzug: Ein Kantenzug, bei dem Anfangs- und Endecke übereinstimmen. → 25

Grad: Der Grad einer Ecke ist die Anzahl der Kanten, die in dieser Ecke enden. → 4

Graph: Ein Graph besteht aus einer nicht leeren Menge von Ecken und einer Menge von Kanten. Jede Kante endet in zwei Ecken, die auch zusammenfallen können. → 2, 9

GWE-Graph: Der Graph, der Gas-, Wasser- und Elektrizitätswerk mit drei Häusern verbindet. Oder: Ein vollständiger bipartiter (3,3) - Graph. → 172

hamiltonscher Digraph: Ein Digraph, der einen gerichteten hamiltonschen Kreis enthält. → 139

hamiltonscher Graph: Ein Graph, der einen hamiltonschen Kreis enthält. → 37

hamiltonscher Kreis: Ein Kreis, der alle Ecken des Graphen enthält. → 39

isolierte Ecke: Eine Ecke, in der keine Kante endet. → 3

isomorph: (1) Zwei Graphen nennt man isomorph, wenn man den einen Graphen so umzeichnen kann, dass der andere Graph entsteht. → 5, 9

(2) Zwei Digraphen nennt man isomorph, wenn dabei außerdem die Richtungen der Kanten berücksichtigt werden. → 135

Kante: Siehe Graph.

Kantenzug: Eine Folge von aneinandergrenzenden Kanten: AB - BC - CD - ... Ein Kantenzug kann geschlossen oder offen sein. Er darf auch dieselbe Kante mehrmals enthalten. → 21, 31

Knoten = Ecke

Komponente: Ein Graph, der nicht zusammenhängend ist, besteht aus zusammenhängenden Teilgraphen. Man nennt sie Komponenten. → 9

Kreis: Ein geschlossener Weg. → 46

Label: Eine Benennung der Ecken des Graphen, die beachtet werden soll. → 8

löschen einer Ecke: Entfernt man aus einem Graphen eine Ecke und mit ihr sämtliche Kanten, die in dieser Ecke enden, so sagt man von dem Rest des Graphen, er sei durch Löschung dieser Ecke entstanden. → 45, 55

Matching: Ein Teilgraph, in dem von jeder Ecke höchstens eine Kante ausgeht. → 119

Mehrfachkanten = parallele Kanten

offener Kantenzug: Ein Kantenzug, bei dem Anfangs- und Endecke verschieden sind. → 25

paar = bipartit

parallele Kanten: Zwei oder mehr Kanten, die in den gleichen Ecken enden. → 3

Parkettierung: Eine lückenlose Einteilung einer Fläche (z.B. einer Kugel oder einer Ebene) in lauter Teilflächen. → 185

Petersen-Graph: → 13

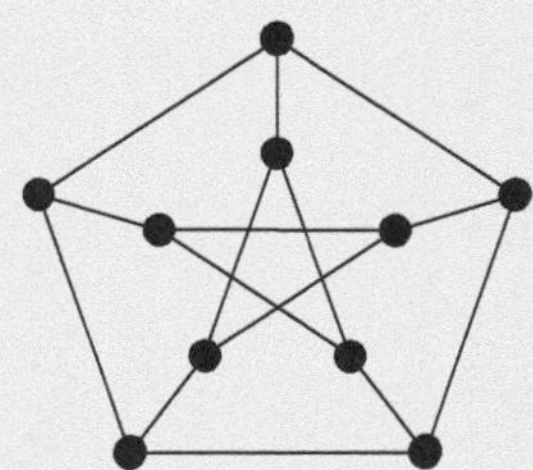

planar = plättbar

platonischer Graph: Ein ebener Graph, in dem alle Ecken den gleichen Grad haben, und zwar mindestens 3, und alle Flächen von der gleichen Anzahl von Kanten begrenzt werden, und zwar von mindestens 3. → 180

platonischer Körper: Ein Polyeder, bei dem alle Begrenzungsflächen regelmäßige Vielecke mit der gleichen Eckenzahl sind und bei dem in jeder Ecke gleich viele von diesen Vielecken zusammenstoßen. → 179

plättbar: Ein Graph heißt plättbar, wenn er sich als ebener Graph umzeichnen lässt (zu ihm isomorph ist). → 169

Polyeder: Ein Körper, der von ebenen Flächen begrenzt wird. → 166

Quelle: In einem Digraphen eine Ecke mit dem Eingangsgrad 0. → 155

Radgraph: Ein Graph, der aus einem Kreis und einer zusätzlichen Ecke („Nabe") besteht und in dem alle Ecken des Kreises mit der Nabe verbunden sind. → 226

regulär: Ein Graph heißt regulär, wenn alle Ecken den gleichen Grad haben. → 48

Schlinge: Eine Kante, bei der Anfangs- und End-Ecke übereinstimmen. → 3

Senke: In einem Digraphen eine Ecke mit dem Ausgangsgrad 0. → 154

stark zusammenhängend: Einen Digraphen nennt man stark zusammenhängend, wenn es von jeder Ecke zu jeder anderen einen gerichteten Weg gibt. → 136

Teilgraph: Ein Teilgraph eines Graphen entsteht, wenn man in dem gegebenen Graphen Kanten entfernt oder wenn man in ihm Ecken entfernt und mit ihnen sämtliche Kanten, die in ihnen enden. → 46

Tour: Ein Kantenzug, der aus lauter verschiedenen Kanten besteht. → 21

transitiver Digraph: Ein Digraph wird transitiv genannt, wenn für jeweils drei Ecken gilt: Wenn eine Kante von A nach B gerichtet ist und eine von B nach C, so gibt es auch eine gerichtete Kante von A nach B. → 144

Turniergraph: Ein Digraph, der aus einem vollständigen n-Eck hervorgegangen ist. → 139

Unterteilung: Eine Unterteilung eines Graphen ist ein Graph, der dadurch entsteht, dass man in Kanten zusätzliche Ecken einfügt. → 173

vollständiger bipartiter Graph: Ein bipartiter Graph, bei dem jede Ecke der einen Menge mit jeder Ecke er anderen Menge genau einmal verbunden ist. → 125

vollständiger Graph = vollständiges n-Eck

vollständiges n-Eck: Ein einfacher Graph, in dem jede Ecke mit jeder anderen Ecke verbunden ist. → 30

Wald: Ein Graph, der keinen Kreis enthält. Er besteht also aus einem Baum oder aus mehreren Bäumen. → 98

Weg: Ein Kantenzug, der jede seiner Ecken nur einmal enthält, der sich also nicht selbst überkreuzt. → 47

zusammenhängender Graph: Ein Graph, in dem es von jeder Ecke zu jeder anderen einen Kantenzug gibt. Andernfalls besteht er aus zwei oder mehr Komponenten. → 3, 21

Literatur

[1] AIGNER, M., BEHRENDS, E. (Herausgeber): Alles Mathematik. Vieweg+Teubner, Wiesbaden 2008

[2] AIGNER, M.: Diskrete Mathematik. Vieweg, Wiesbaden 2006

[3] AIGNER, M.: Graphentheorie. Skript der Vorlesung von 1991, Freie Universität Berlin

[4] ARNOLD, B.: Elementare Topologie. Vandenhoek & Ruprecht, Göttingen 1964.

[5] BELL, E.T.: Die großen Mathematiker. Econ, Düsseldorf und Wien 1967

[6] BEUTELSPACHER, A. und ZSCHIEGNER, M.-A.: Diskrete Mathematik für Einsteiger. Vieweg, Wiesbaden 2007

[7] BIGGS. N.; LLOYD, E.K.; WILSON, R.: Graph Theory 1736 - 1936. Clarendon Press, Oxford 1976

[8] BODENDIEK, R. und LANG, R.: Lehrbuch der Graphentheorie. Band 1 und Band 2. Spektrum Akademischer Verlag, Heidelberg - Berlin - Oxford 1996.

[9] BOLLOBÁS, B.: Graph Theorie, 3. Auflage. Springer, New York 1990

[10] CHVATAL; V.: A Combinatorial Theorem in Plane Geometry. In: Journal of Combinatorial Theory (B) 18, 1975, Seiten 39 - 41

[11] CLARK, J. und HOLTON, D.A.: Graphentheorie. Spektrum Akademischer Verlag, Heidelberg, Berlin, Oxford 1994.

[12] CONRAD, A. u.a.: Wie es einem Springer gelingt, Schachbretter von beliebiger Größe zwischen beliebig vorgegebenen Anfangs- und Endfeldern vollständig abzureiten. In: Spektrum der Wissenschaft, Februar 1992, Seiten 10-14

[13] EULER, L.: Solutio problematis ad geometriam situs pertinentis. In: Euler: Gesammelte Werke, Band 7 (Serie 1) Seiten 1-10.

[14] DIESTEL, R.: Graphentheorie, 3. Auflage. Springer, Berlin 2006

[15] FISK, S.: A Short Prove of Chvatal's Watchman Theorem. In: Journal of Combinatorial Theory (B) 24, 1978, Seite 374

[16] FUJII, J. Puzzles and Graphs. National Council of Teachers of Mathematics, Washington 1966

[17] GALLAI, T.: Dènes König – Ein biographischer Abriß. In: Teubner-Archiv zur Mathematik, Band 6, Leipzig 1986.

[18] GARDNER, M: Graphen für Kannibalen und Missionare, Wölfe, Ziegen und Kohlköpfe. In: Spektrum der Wissenschaft, Mai 1980, Seiten 16-22.

[19] GREEN, N.: Unterrichtsvorschläge zur diskreten Mathematik. In: Mathematik lehren, Heft 84, Seiten 60-64

[20] GRITZMANN, P. und BRANDENBERG, R. Das Geheimnis des kürzesten Weges. Springer, Berlin, Heidelberg, New York 2004

[21] GRÖTSCHEL, M. und PADBERG, M.: Die optimierte Odyssee. In: Spektrum der Wissenschaft, April 1999, Seiten 76ff

[22] HOLTON, D.A. UND SHEEHAN, J.: The Petersen Graph. Univ. Press, Cambridge 1993

[23] HUßMANN, S. und LUTZ-WESTPHAL, B. (Herausgeber): Kombinatorische Optimierung erleben. Vieweg+Teubner, Wiesbaden 2007

[24] JAINTA, P.: Von Graphen und Grafen. In: Alpha 8/1996, Seiten 32-37

[25] JAMNITZER, W.: Perspectiva corporum regularum. Biermann + Boukes, ohne Ort und Jahr

[26] JEGER, M.: Elementare Begriffe und Sätze aus der Theorie der Graphen. In: Der Mathematikunterricht Jahrgang 20, Heft 4, Seiten 11-64

[27] JUNGNICKEL, D.: Graphen, Netzwerke und Algorithmen, 2. Auflage. BI-Wiss.-Verl., Mannheim, Wien, Zürich 1990

[28] LENZ, H.: Graphentheorie. Skript zur Vorlesung, gehalten im Sommersemester 1992 an der Freien Universität Berlin

[29] LESSNER, G.: Elemente der Topologie und Graphentheorie. Herder, Freiburg im Breisgau 1980

[30] MATOUŠEK, J. und NEŠETŘIL, J.: Diskrete Mathematik. Springer, Berlin, Heidelberg, New York 2002

[31] O´CONNOR, J.J. and ROBERTSON, E.F.: Kazimierz Kuratowski http://www-history.mcs.st-and.ac.uk/~history/Mathematicians/Kuratowski.html

[32] ORE, O.: Graphs and their Uses. The Mathematical Association of America, Washington 1990.

[33] PADBERG, F.: Teilbarkeitsgraphen von Teilermengen. In: Der Mathematikunterricht, Jahrgang 19, Heft 2, Seiten 16-35

[34] TITTMANN, P.: Graphentheorie. Hanser, München 2003

[35] TOFT, B.: Julius Petersen (1839 - 1910) - Matematikeren og Mennesket http://www.imada.sdu.dk/~btoft/julius.html

[36] TYSIAK, W.: Graphentheoretische Heuristiken zum Travelling Salesman Problem. In: Der mathematische und naturwissenschaftliche Unterricht, Jahrgang 49, Heft 7, Seiten 400-406

[37] VOLKMANN, L.: Graphen und Digraphen. Springer, Wien 1997

[38] WALKER, J.: Labyrinthwandern mit Methode. In: Spektrum der Wissenschaft, Februar 1987, Seiten 144-149

[39] WILSON, R.J. and WATKINS, J.J.: Graphs. John Wiley & Sons, New York 1990

[40] WYNANDS, A.: Spiele auf Graphen. In: Der Mathematikunterricht, Jahrgang 19, Heft 2, Seiten 36-56

[41] WEST, D.: Introduction to Graph Theory, 2. Auflage. Prentice Hall, Upper Saddle River, NJ, 2001

[42] WINZEN, W.: Anschauliche Topologie. Dieserweg-Salle, Frankfurt am Main 1975.

[43] YOUNG, L.: Mathematicians and Their Times. North-Holland Publ. Co,. Amsterdam, New York, Oxford 1981.

Stichwortverzeichnis

A

Adjazenzmatrix 9
Algorithmus
~ für chromatisches Polynom 211-214
~ von Dijkstra 54, 93-96, 123
~ Greedy 92, 96
~ von Hierholzer 27
~ von Kruskal 99
Ameise 81
Ampelschaltung 203
APPEL, K. 198
ARISTOTELES 184
Ausgangsgrad 134
Außenfläche 167
Ausstellung 28

B

Bäcker 54
Baukosten 92
Baum 79, 98, 111, 209
~ aufspannender 84-86
~ minimaler aufspannender 91-92
befreundet 217
Bekanntschaft 215
Bewertung 53
Bindfäden 89-90
Blatt 79, 90
Bogen 154
Briefträger 34, 96-98, 102, 122-123
Brötchen 54
Brücke 84, 137

C

CALEY, A. 86
Chinese Postman Problem 97
chromatisches Polynom 209-214, 224
chromatische Zahl 202-214, 223-224
chromatischen Index 218-222

D

Digraph 133, 154
~ eulerscher 139
~ hamiltonscher 139, 144
DIJKSTRA, E.W. 96
Diktator 146
DIRAC, P. 42, 55
Dodekaeder 51, 179-180, 183-184, 226
Domino 29, 35
Duschmittel 158

E

ebener Graph
Ecke 2, 9
edge 9
Einbahnstraßen 135-137
Einbettung 186
Eingangsgrad 134
elektrische Schaltpläne 134, 174
Elektrizitätswerk 172
Elemente 184
Elternsprechtag 229
EULER, L. 20
Euler-Poincaré-Charakteristik 186
eulersche Formel 175-181
eulersche Polyederformel 178, 187

F

Fachwerkhäuser 114-117
Fahrgastinformationssystem 95-96
färben 197, 202, 215, 217
Farbmuster 207
Fischteiche 89-90
Fläche 175-186
Flaggen 228
Fluglinien 75, 102, 117
Frühstück 109, 122
Fünfeck, vollständiges 58, 170-173, 177

G

Gaswerk 172
Grad 4
Graph 2, 9
~ bewerteter 53, 91-98, 123, 154
~ bipartiter 109, 124, 190, 202, 220-222
~ ebener 168, 175-177, 186, 200
~ einfacher 3, 72, 202
~ eulerscher 22, 31, 40, 122, 125
~ gelabelter 8, 98
~ gerichteter 133, 154
~ GWE- 172-174, 177-178
~ hamiltonscher 39, 125, 144
~ kantenloser 9, 2, 211
~ Petersen- 13, 59, 157,189, 227
~ plättbarer 169-174, 186, 200
~ platonischer 180-183
~ regulärer 48, 75, 127, 180
~ Turnier- 139-149
~ vollständiger 30
~ vollständiger bipartiter 125, 171
~ zusammenhängender 3, 21, 83, 137
größter gemeinsamer Teiler 153
GUAN, M. 97

H

Hackordnung 157
HAKEN, W. 198
HAMILTON, W.R. 40
Hamiltons Spiel 51
handshaking lemma 72-74, 178
Heiratssatz 120-122
Heiratsvermittlung 118-120
Hexaeder 183
HIERHOLZER, C.F.B. 27
Höhlen 86-89
homöomorphe Abbildung 186

I

Ikosaeder 179-180, 183-184, 226
Irrgärten 86-90
Isomorphie ~ von Graphen 5, 9
~ von Digraphen 135

J

Jordankurve 187

K

Kante 2, 9
~ gerichtete 134, 154
~ parallele 3
Kantenfärbung 215-222
Kantenzug 21, 28, 31, 47, 98
~ geschlossener 25, 46
~ gerichteter 154
Käse 60
KEPLER, J. 184
kleinstes gemeinsames Vielfaches 153
Knoten 2
Kochrezept 133
KÖNIG, D. 220-221
König 146-148
Königsberger Brückenproblem 20
Kohlenwasserstoff 80
Komponente 9
Konfliktgraph 203
Kongress 126
Kreis 46, 111-114
~ gerichteter 134
~ hamiltonscher 39, 41-45, 47-48, 51
KRUSKAL 99
KURATOWSKI, K. 173

L

Label 8, 98
Labyrinth 86-89
Landkarte 197-200
lateinisches Quadrat 222
Leistungskurs 227
löschen ~ Ecke 44, 55
~ Kante 211-213

M

Matching 119-123
~ maximales 120
~ perfektes 120, 123, 124
Mauer 192
Maus 60
Mehrfachkanten 3
Montageanleitung 133
Mühlebrett 57, 157, 191
Müllabfuhr 98, 123
Museum 28, 205-207, 224, 228

N

Nahverkehrsnetz 95-96
n-Eck, vollständiges 30, 35, 47-48, 74, 85-86, 189, 123, 124, 210, 215, 218-220, 224, 228
Netzwerk 154
Nikolaus, Haus von ~ 1-5, 10, 21, 33, 58, 100, 127, 156, 189, 226, 228
Nim 150

O

Oktaeder 34, 179-180, 183-184, 226

P

paar 109
Paketauto 123
Parkettierung 185-186, 187
Party 75
PETERSEN, J. 13
planar 169, 187
plane 187
Planeten 184
Platine 174
platonischer Körper 179, 183-184, 226
Polyeder 166-169, 175, 201
Polygon 206, 224
Produktionsprozess 54
Pyramide 167, 179

Q

Quelle 155, 159

R

Radgraph 226
Ranking 143-145
Relation 154
runder Tisch 52
Rundfahrt 39, 51, 52-53
Rundgang (Museum) 28

S

Schachbrett 48-50, 114-115, 191
Schlinge 3
Sechseck, vollständiges 58, 123, 124, 215
Senke 155, 159
Sitzordnung 52
Springer (Schach) 50
Städtetour 39
Stadtrundfahrten 98
Stammbaum 81
stark zusammenhängend 136-137, 144
Straßenbahn 89-90
Straßendienst 34
Straßennetz 91
Sudoku 222
Sympathie 134

T

Tabelle 7-8, 9, 35, 156
Tagesablauf 133
Teilergraph 152-153
Teilgraph 44-46, 173
Tetraeder 179-180, 183-184, 226
Tour 21
~ eulersche 21, 26, 57
~ geschlossene 25
transitiv 144-145
Traveling Salesman Problem 53-54
Triangulieren 206, 224
Turm (Schach) 48-50, 114
Turnier 7, 74, 139

U

Überfahrt-Problem 149-150
Umfüllaufgabe 151
unbekannt 217

Unterteilung 173

V

Versorgungssystem 85
vertex 9
Viereck, vollständiges 58, 110
Vierfarbensatz 200
Vizekönig 146
VIZING, V.G. 220, 229
Vokale 184

W

Wald 98
Wasserwerk 172
Watchman Problem 206
Weg 46, 81-82, 98
~ gerichteter 134, 140-143
~ kürzester 92-96, 123
Wohnung 33, 101
Wolf, Ziege und Kohlkopf 149
Würfel 34, 166-167, 179-180, 183-184, 188, 226
~ nicht transitive 153
Würfelnetz 188

Z

Zoologischer Garten 204
zusammenziehen 212